高等职业院校基础课规划教材

高等数学

Advanced Mathematics

主　编　周海青　陈玉清

副主编　陆海霞　李为芹　郭　帅

南京大学出版社

图书在版编目(CIP)数据

高等数学 / 周海青,陈玉清主编. — 南京:南京
大学出版社,2017.8
ISBN 978 - 7 - 305 - 18973 - 9

Ⅰ. ①高… Ⅱ. ①周… ②陈… Ⅲ. ①高等数学—高
等职业教育—教材 Ⅳ. ①O13

中国版本图书馆 CIP 数据核字(2017)第 164970 号

出版发行 南京大学出版社
社　　址　南京市汉口路 22 号　　　　邮　编　210093
出 版 人　金鑫荣
书　　名　**高等数学**
主　　编　周海青　陈玉清
责任编辑　薛 艳 吴 汀　　　　　编辑热线　025 - 83593962
照　　排　南京南琳图文制作有限公司
印　　刷　盐城市华光印刷厂
开　　本　787×1092　1/16　印张 18　字数 438 千
版　　次　2017 年 8 月第 1 版　2017 年 8 月第 1 次印刷
ISBN 978 - 7 - 305 - 18973 - 9
定　　价　35.00 元

网址:http://www.njupco.com
官方微博:http://weibo.com/njupco
官方微信号:njupress
销售咨询热线:(025) 83594756

前　言

本书是高等职业技术学院及高等专科学校教学用书，依照教育部颁布的《高等专科教育课程教学基本要求》，并结合编者们多年从事高等数学教学实践的经验编写而成．在编写教材时，我们以提高高职高专教育教学质量，培养高素质应用型人才为目的，力求教材内容紧扣大纲，"以应用为目的，以必须、够用为度"，以"强化概念，注重应用"为依据．在保证科学、合理性的基础上，注重学生基本运算能力、分析问题与解决问题能力的培养，减少理论论证，力求信息量大，适用面宽，内容通俗易懂，层次清晰，便于不同层面的学生学习．本教材具有以下特点：

1. 本教材的编者们在力求体现高等数学学科的科学性与体系结构的同时，针对高职高专学生的实际情况，选取了本学科的基础内容和专业所需的内容，及学生继续学习的内容．既注重从实际问题引入基本概念，又注重基本概念的几何解释、经济背景和物理意义．突出实际应用的例子，便于学生理解掌握，并达到学以致用的目的．

2. 本教材体现高职高专学生的不同层次与要求，将基本要求与拓宽知识面相结合，编写了文理并用的教学内容．一部分内容根据大纲要求，以"必需、够用"为度，结合各专业的需要而编写，属高职高专学生必需掌握的基本内容，另一部分内容为部分学生"专转本""专接本"和其他继续学习而编写的．

3. 本教材共10章，教学时数140学时左右．各院校可根据实际情况决定内容的选取．本教材系高职高专教材，也可作为"专转本"、"专接本"的相关辅导教材或参考书．

4. 本教材在第一版的基础上，习题由原来的改编成 A、B 组，每一章最后增加了总复习题，以便学生复习，总结，也为了更多学有余力的同学参考．

本教材由周海青、陈玉清、陆海霞等修订编写，在修订过程中办公室的各位同事给予了大力支持与帮助，在此表示感谢．

由于编者的水平有限，加之时间紧，书中难免有缺点和错误，恳请专家、同行和广大读者批评指正．

编　者

2017 年 4 月

目　　录

第一章 函数、极限与连续

数学是关于现实世界的空间形式和数量关系的科学.初等数学主要研究常量和相对静止状态,而高等数学主要研究变量和运动状态.

函数、极限和连续都是高等数学的基本概念.函数是客观世界中变量之间依从关系的反映,是科学技术和经济等领域中表达自然规律的基本概念,也是高等数学的主要研究对象;极限和连续是研究微积分所必备的工具.本章通过简要复习函数的基本知识,学习极限和连续的概念,掌握极限的运算,为进一步学习后面的知识打下基础.

第一节 函 数

一、数集与区间

高等数学中常用的数集包括自然数集(记作 **N**)、整数集(记作 **Z**)、有理数集(记作 **Q**)与实数集(记作 **R**).

在表示数值范围时,常用区间表示.区间包括四种有限区间和五种无限区间.

(1) 有限区间

设 a,b 都是给定的实数,且 $a<b$,则称数集 $\{x\mid a<x<b,x\in \mathbf{R}\}$ 为**开区间**,记为 (a,b),即

$$(a,b)=\{x\mid a<x<b,x\in \mathbf{R}\}.$$

类似地,有**闭区间**:

$$[a,b]=\{x\mid a\leqslant x\leqslant b,x\in \mathbf{R}\}$$

和**半开半闭区间**:

$$[a,b)=\{x\mid a\leqslant x<b,x\in \mathbf{R}\},$$
$$(a,b]=\{x\mid a<x\leqslant b,x\in \mathbf{R}\}.$$

对于以上区间,a,b 均称为它们的**端点**,并称 a 为**左端点**,b 为**右端点**.由于 a,b 都是有限数,因此以上四种区间统称为**有限区间**.

(2) 无限区间

引入记号 $+\infty$(读作"正无穷大")及 $-\infty$(读作"负无穷大"),则可类似地表示区间:

$$(-\infty,+\infty)=\mathbf{R};$$
$$(-\infty,b)=\{x\mid x<b,x\in \mathbf{R}\};$$
$$(-\infty,b]=\{x\mid x\leqslant b,x\in \mathbf{R}\};$$
$$(a,+\infty)=\{x\mid x>a,x\in \mathbf{R}\};$$

$$[a, +\infty) = \{x \mid x \geqslant a, x \in \mathbf{R}\}.$$

二、邻域

定义 1 设 a 与 δ 是两个实数,且 $\delta > 0$,则称数集 $\{x \mid a - \delta < x < a + \delta, x \in \mathbf{R}\}$ 为点 a 的 δ 邻域,记为 $U(a, \delta)$,即

$$U(a, \delta) = \{x \mid a - \delta < x < a + \delta, x \in \mathbf{R}\} = \{x \mid |x - a| < \delta, x \in \mathbf{R}\}.$$

其中,点 a 叫作该邻域的**中心**,δ 叫作该邻域的**半径**(见图 1-1).

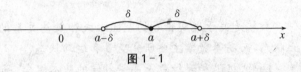

图 1-1

若把邻域 $U(a, \delta)$ 的中心 a 去掉,则所得的数集称为点 a 的**去心邻域**,记为 $\mathring{U}(a, \delta)$,即

$$\mathring{U}(a, \delta) = \{x \mid 0 < |x - a| < \delta, x \in \mathbf{R}\}.$$

三、函数的概念

1. 函数的定义

我们在观察或研究某种自然现象或技术的过程中,常会遇到两种不同的量.一种是在某过程中保持不变、取一个固定数值的量,称为**常量**,如圆周率 π、重力加速度 g、北京至南京的直线距离等,通常用字母 a, b, c 等表示;另一种是在某过程中会起变化的、可在一定的范围内取不同数值的量,称为**变量**,如自然界中的温度、变速运动物体的速度、经济问题中的商品的价格等,通常用字母 x, y, z, t 等表示.函数的实质就是描述变量间相互依赖关系的一种数学模型,我们先看几个例子.

例 1 圆的半径 r 与圆面积 S 之间的关系为 $S = \pi r^2$.该公式表示了 S 与 r 之间的对应关系.

例 2 某种保险丝的熔断电流 I 和直径 D 之间的对应关系,如表 1-1 所示:

表 1-1

D/mm	0.508	0.538	0.61	0.71	0.813	0.915	1.22	1.63	1.83
I/A	3.0	3.5	4.0	5.0	6.0	7.0	10.0	16.0	19.0

例 3 某厂家生产一种产品的产量 Q 与由该产品所获得的利润 L 之间的关系由一条曲线来确定,如图 1-2 所示.

通过这条曲线可知,当产量 $Q = 80$ 时,厂家获得的利润 $L = 50$;当产量 $Q = 110$ 时,厂家获得的利润 $L = 120$.

上述例子虽然来自不同的领域,但都有一个共同的特征,即每个例子都描述了联系两个量之间的对应法则.当取定 r、D、Q 的值时,另一个量 S、I、L 的值就根据各自的对应法则被唯一确定,这就构成了函数.下面给出函数的定义:

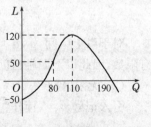

图 1-2

定义 2 设 x、y 为两个变量,D 为一个非空实数集合.若存在一个确定的对应规则 f,使得对于数集 D 中的任意一个数 x,按照 f 都有唯一确定的 y 值与之对应,则称变量 y 为变

量 x 的**函数**,记作

$$y = f(x), x \in D.$$

其中,x 称为**自变量**,y 称为**函数**或**因变量**,D 称为函数 $f(x)$ 的**定义域**.

对于确定的 $x_0 \in D$ 所对应的唯一的 y 值 y_0,称为函数 $y = f(x)$ 在点 $x = x_0$ 处的**函数值**,记作

$$f(x_0), f(x)|_{x=x_0} \text{ 或 } y|_{x=x_0}.$$

全体函数值的集合 $\{y \mid y = f(x), x \in D\}$ 称为函数 $y = f(x)$ 的**值域**,记作 M.

从函数的定义不难看出,**定义域和对应法则是确定一个函数的两个要素**.因此,对于两个函数来说,当且仅当它们的定义域和对应法则都相同时才表示同一个函数,而与变量用什么字母表示无关.如:函数 $y = f(x), x \in D$ 也可用 $y = f(t), t \in D$ 或 $u = f(x), x \in D$ 表示;而函数 $y = x$ 与 $y = \dfrac{x^2}{x}$ 却不是同一个函数,因为它们的定义域不同.

2. 函数的定义域

函数的定义域就是使式子有意义的一切实数组成的集合,这种定义域又称为函数的**自然定义域**.一般地,求函数的自然定义域时,有以下几种限制自变量取值的基本情况:

① 对于分式 $\dfrac{1}{P(x)}$,要求分母 $P(x) \neq 0$;

② 对于偶次根式 $\sqrt[2n]{Q(x)}$(n 为正整数),要求被开方数 $Q(x) \geqslant 0$;

③ 对于对数式 $\log_a R(x)$($a > 0$ 且 $a \neq 1$),要求真数部分 $R(x) > 0$;

④ 对于反正弦式 $\arcsin S(x)$ 与反余弦式 $\arccos S(x)$,要求 $-1 \leqslant S(x) \leqslant 1$.

求函数定义域的方法:观察所给函数表达式是否含有上述几种基本情况.如果函数表达式含上述几种基本情况中的一种或多种,则解相应的不等式或不等式组,得到函数的定义域;如果函数表达式不含上述几种基本情况中的任何一种,则说明对自变量取值没有任何限制,所以函数定义域为全体实数,即 $D = (-\infty, +\infty)$.

例4 求下列函数的定义域:

(1) $y = \dfrac{2}{x^2 - 2x}$;   (2) $y = \sqrt{x^2 - 9}$;

(3) $y = \arcsin \dfrac{x+1}{3}$;   (4) $y = \dfrac{\ln(4 - 2x)}{x + 1}$.

解 (1) 要使得式子有意义,则必须

$$x^2 - 2x \neq 0,$$

解得 $x \neq 0$ 且 $x \neq 2$,即定义域为 $(-\infty, 0) \cup (0, 2) \cup (2, +\infty)$.

(2) 要使得式子有意义,则必须

$$x^2 - 9 \geqslant 0,$$

解得 $x \leqslant -3$ 或 $x \geqslant 3$,即定义域为 $(-\infty, -3] \cup [3, +\infty)$.

(3) 要使得式子有意义,则必须

$$-1 \leqslant \frac{x+1}{3} \leqslant 1,$$

解得 $-4 \leqslant x \leqslant 2$,即定义域为 $[-4, 2]$.

（4）要使得式子有意义，则必须

$$\begin{cases} 4-2x>0, \\ x+1\neq 0, \end{cases}$$

解得 $x<2$ 且 $x\neq -1$，即定义域为 $(-\infty,-1)\cup(-1,2)$.

例 5 求函数 $y=\dfrac{\arcsin(x-1)}{\sqrt{4-x^2}}+\log_3(2x-1)$ 的定义域.

解 要使得式子有意义，则必须

$$\begin{cases} -1\leqslant x-1\leqslant 1, \\ 4-x^2>0, \\ 2x-1>0, \end{cases}$$

解得 $\dfrac{1}{2}<x<2$，即定义域为 $\left(\dfrac{1}{2},2\right)$.

3. 函数值

在函数 $y=f(x),x\in D$ 的表达式中，自变量 x 用数 $x_0\in D$ 代入所得到的数值就是函数值 $y|_{x=x_0}$，即 $f(x_0)$.

例 6 设函数 $f(x)=3x-2$，求 $f(1),f(-1),f(x_0),f(-x),f[f(x)]$.

解 这是已知函数的表达式，求函数在指定点的函数值或函数表达式的问题，易看出该函数对 x 取任何数值都有意义.

$f(1)$ 是当自变量 x 取 1 时的函数值，即

$$f(1)=3\times 1-2=1.$$

同理可得
$$f(-1)=3\times(-1)-2=-5;$$
$$f(x_0)=3x_0-2;$$
$$f(-x)=3\times(-x)-2=-3x-2;$$
$$f[f(x)]=3f(x)-2=3(3x-2)-2=9x-8.$$

例 7 设函数 $f(x)=x^2,\varphi(x)=2^x$，则 $f[\varphi(x)]=$ _____.

解 由 $f(x)=x^2$，得

$$f[\varphi(x)]=[\varphi(x)]^2=(2^x)^2=4^x.$$

例 8 已知函数 $f(x+1)=x^2-x+1$，求 $f(x)$.

解 令 $x+1=t$，则 $x=t-1$，所以

$$f(t)=(t-1)^2-(t-1)+1=t^2-3t+3,$$

从而 $f(x)=x^2-3x+3$.

4. 函数的表示法

函数 $f(x)$ 的具体表达方式是不尽相同的，这就产生了函数的不同表示法. 函数常用的表示法有三种，即解析法、列表法和图形法.

根据函数的解析表达式的不同形式，函数也可分为显函数、隐函数和分段函数三种.

① **显函数** 函数 y 可由自变量 x 的表达式直接表示. 例如，$y=x^2-1$.

② **隐函数** 因变量与自变量的对应关系由一个二元方程 $F(x,y)=0$ 来确定. 例如，

$x + 3y = \mathrm{e}^{xy}$.

③ **分段函数** 函数在其定义域的不同范围内具有不同的表达式. 例如, 绝对值函数

$$y = |x| = \begin{cases} x, & x \geqslant 0, \\ -x, & x < 0. \end{cases}$$

需要注意的是, 分段函数仍是一个函数.

分段函数的定义域为各段自变量取值集合的并集. 在求分段函数的函数值时, 应先确定自变量取值范围, 再按相应的式子进行计算.

例 9 设函数 $f(x) = \begin{cases} x - 1, & -1 \leqslant x < 0, \\ 0, & x = 0, \\ x + 1, & x > 0. \end{cases}$ 求: (1) 函数 $f(x)$ 的定义域; (2) $f(0), f(-1), f(2)$.

解 (1) 分段函数的定义域是各段自变量取值范围之和, 所以其定义域为 $D = [-1, +\infty)$.

(2) $f(0) = 0, f(-1) = -1 - 1 = -2, f(2) = 2 + 1 = 3$.

例 10 某化肥厂现有尿素 1 500 吨, 每吨定价为 1 200 元, 总销售量在 1 000 吨及以内时, 按原定价出售, 超过 1 000 吨时, 超过部分打 9 折出售. 求该厂销售总收入与总销售量的函数关系并指出其定义域.

解 设销售总收入为 y 元, 销售总量为 x 吨, 依题意可得

$$y = \begin{cases} 1\,200x, & 0 < x \leqslant 1\,000, \\ 1\,200 \times 1\,000 + 1\,200 \times 0.9 \times (x - 1\,000), & 1\,000 < x \leqslant 1\,500. \end{cases}$$

它的定义域为 $(0, 1\,500]$.

四、函数的几种特性

1. 奇偶性

定义 3 设函数 $y = f(x)$ 的定义域 D 关于原点对称, 如果对于任意点 $x \in D$, 有 $f(-x) = -f(x)$, 则称函数 $f(x)$ 为**奇函数**; 如果对于任意点 $x \in D$, 有 $f(-x) = f(x)$, 则称函数 $f(x)$ 为**偶函数**. 既不是奇函数也不是偶函数的函数称为**非奇非偶函数**.

奇函数的图像关于原点对称 (见图 1-3), 偶函数的图像关于 y 轴对称 (见图 1-4). 例如, 函数 $y = \sin x$、$y = \tan x$ 是奇函数, $y = \cos x$ 是偶函数.

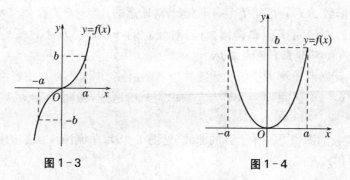

图 1-3　　　　　　　　　　图 1-4

例 11 判断函数 $f(x) = \dfrac{2^x - 1}{2^x + 1}$ 的奇偶性.

解 函数的定义域为 $(-\infty, +\infty)$,关于原点对称.又

$$f(-x) = \frac{2^{-x} - 1}{2^{-x} + 1} = \frac{1 - 2^x}{1 + 2^x} = -f(x),$$

所以函数 $f(x) = \dfrac{2^x - 1}{2^x + 1}$ 为奇函数.

例 12 判断函数 $f(x) = \ln(x + \sqrt{x^2 + 1})$ 的奇偶性.

解 函数的定义域为 $(-\infty, +\infty)$,关于原点对称.又

$$f(-x) = \ln(-x + \sqrt{x^2 + 1}) = \ln \frac{(\sqrt{x^2 + 1} - x)(\sqrt{x^2 + 1} + x)}{\sqrt{x^2 + 1} + x}$$

$$= \ln \frac{1}{\sqrt{x^2 + 1} + x} = \ln(\sqrt{x^2 + 1} + x)^{-1}$$

$$= -\ln(\sqrt{x^2 + 1} + x) = -f(x),$$

所以该函数是奇函数.

2. 有界性

定义 4 设函数 $y = f(x)$ 的定义域为 D,数集 $I \subset D$.若存在一个正数 M,使得对于任意的 $x \in I$,恒有 $|f(x)| \leqslant M$,则称函数 $f(x)$ 在区间 I 上**有界**;否则称函数 $f(x)$ 在区间 I 上**无界**.

例如,正弦函数 $y = \sin x$ 在其定义域 $(-\infty, +\infty)$ 内有界,因为对任意实数 $x \in (-\infty, +\infty)$,恒有 $|\sin x| \leqslant 1$;反正切函数 $y = \arctan x$ 在其定义域 $(-\infty, +\infty)$ 内有界,因为对任意实数 $x \in (-\infty, +\infty)$,恒有 $|\arctan x| < \dfrac{\pi}{2}$;反比例函数 $y = \dfrac{1}{x}$ 在区间 $(0, 1)$ 内是无界函数,因为可以取无限接近于零的正数,使得函数的绝对值 $\left| \dfrac{1}{x} \right|$ 大于任何预先给定的正数 M,但易见该函数在区间 $[1, +\infty)$ 内有界.因此,我们说一个函数是有界的还是无界的,应同时指出其自变量的相应范围.

3. 单调性

定义 5 设函数 $f(x)$ 在区间 I 上有定义,若对任意的 $x_1, x_2 \in I$ 且 $x_1 < x_2$,恒有 $f(x_1) < f(x_2)$,则称 $f(x)$ 在区间 I 上**单调增加**;若对任意的 $x_1, x_2 \in I$ 且 $x_1 < x_2$,恒有 $f(x_1) > f(x_2)$,则称 $f(x)$ 在区间 I 上**单调减少**.

单调增加的函数和单调减少的函数统称为单调函数,并称区间 I 是该函数的单调区间.例如,对于函数 $y = x^2$,区间 $(-\infty, 0)$ 为它的单调减少区间,区间 $(0, +\infty)$ 为它的单调增加区间.

单调增加函数的图像是一条上升的曲线(见图 1-5),单调减少函数的图像是一条下降的曲线(见图 1-6).

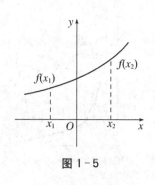

图 1-5

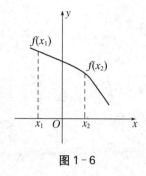

图 1-6

4. 周期性

定义 6　设函数 $y = f(x)$ 的定义域为 D，如果存在一个不为零的常数 T，使得对于任意的 $x \in D$，都有
$$f(x + T) = f(x),$$
则称函数 $y = f(x)$ 为**周期函数**，T 为**周期**. 如果 T 有最小的正数，则称为**最小正周期**.

对于每个周期函数来说，定义中的 T 有无穷多个，通常所说的周期函数的周期都是指它的最小正周期. 如 $y = \sin x$ 和 $y = \cos x$ 都是以 2π 为周期的周期函数，$y = \tan x$ 和 $y = \cot x$ 都是以 π 为周期的周期函数.

五、初等函数

1. 基本初等函数

我们将在中学数学中学习过的常数函数、幂函数、指数函数、对数函数、三角函数、反三角函数等六类函数统称为**基本初等函数**. 下面做简单复习：

(1) **常数函数**　形如 $y = C$（C 为常数）的函数称为**常数函数**.

它的定义域为 $(-\infty, +\infty)$，值域是数集 $\{C\}$. 它是偶函数，其图像是一条关于 y 轴对称的直线，如图 1-7 所示.

(2) **幂函数**　形如 $y = x^{\alpha}$（α 为任意实数）的函数称为**幂函数**.

它的定义域由 α 的具体值而定. 例如，若 $\alpha = n$（n 为正整数），则 $y = x^n$ 的定义域是 $(-\infty, +\infty)$；若 $\alpha = -n$（n 为正整数），则 $y = x^{-n} = \dfrac{1}{x^n}$ 的定义域是 $(-\infty, 0) \bigcup (0, +\infty)$；若 $\alpha = \dfrac{1}{n}$（n 为正整数），则

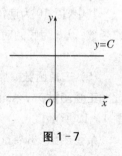

图 1-7

$y = \dfrac{1}{x^n} = \sqrt[n]{x}$ 的定义域是 $(-\infty, +\infty)$（n 为奇数）或 $[0, +\infty)$（n 为偶数）.

当 $\alpha > 0$ 时，函数 $y = x^{\alpha}$ 的图像通过原点 $(0, 0)$ 和 $(1, 1)$，在 $(0, +\infty)$ 内单调增加，如图 1-8 所示.

当 $\alpha < 0$ 时，函数 $y = x^{\alpha}$ 的图像不过原点，但仍通过点 $(1, 1)$，在 $(0, +\infty)$ 内单调减少，如图 1-9 所示.

当 α 为奇数时，函数 $y = x^{\alpha}$ 是奇函数；当 α 为偶数时，函数 $y = x^{\alpha}$ 是偶函数.

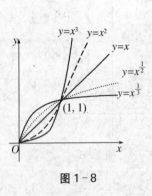

图 1-8

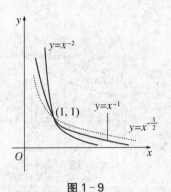

图 1-9

(3) **指数函数**　形如 $y = a^x (a > 0$ 且 $a \neq 1)$ 的函数称为**指数函数**.

它的定义域为 $(-\infty, +\infty)$，值域为 $(0, +\infty)$. 其图像都经过点 $(0,1)$ 且位于 x 轴的上方，如图 1-10 所示.

当 $a > 1$ 时，函数 $y = a^x$ 是单调增加的；当 $0 < a < 1$ 时，函数 $y = a^x$ 是单调减少的. 最常用的指数函数是以 $e = 2.718\ 281\ 8\cdots$ 为底的指数函数 $y = e^x$.

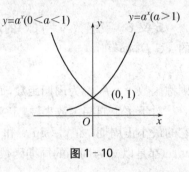

图 1-10

(4) **对数函数**　形如 $y = \log_a x (a > 0$ 且 $a \neq 1)$ 的函数称为**对数函数**.

由于对数函数与指数函数互为反函数，因此对数函数的定义域为 $(0, +\infty)$，值域为 $(-\infty, +\infty)$. 其图像都经过点 $(1,0)$ 且位于 y 轴的右侧，如图 1-11 所示.

当 $a > 1$ 时，函数 $y = \log_a x$ 单调增加；当 $0 < a < 1$ 时，函数 $y = \log_a x$ 单调减少.

其中，以 10 为底的对数函数 $y = \log_{10} x = \lg x$，称为常用对数函数；以 e 为底的对数函数 $y = \log_e x = \ln x$，称为**自然对数函数**.

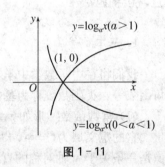

图 1-11

(5) **三角函数**　常用的三角函数有如下四个.

正弦函数　$y = \sin x$，定义域为 $(-\infty, +\infty)$，值域为 $[-1, 1]$，是奇函数且周期为 2π，如图 1-12 所示.

余弦函数　$y = \cos x$，定义域为 $(-\infty, +\infty)$，值域为 $[-1, 1]$，是偶函数且周期为 2π，如图 1-13 所示.

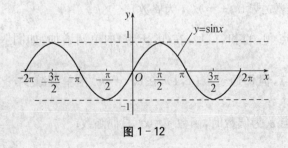

图 1-12

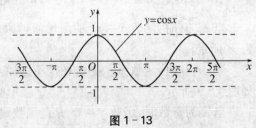

图 1-13

正切函数 $y = \tan x$,定义域为 $\left\{ x \left| x \neq k\pi + \dfrac{\pi}{2}, k \in \mathbf{Z} \right. \right\}$,值域为 $(-\infty, +\infty)$,是奇函数且周期为 π,如图 1-14 所示.

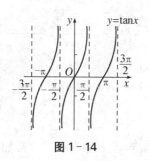

图 1-14

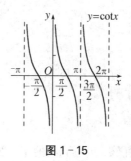

图 1-15

余切函数 $y = \cot x$,定义域为 $\{ x | x \neq k\pi, k \in \mathbf{Z} \}$,值域为 $(-\infty, +\infty)$,是奇函数且周期为 π,如图 1-15 所示.

另外,三角函数中还有**正割函数** $y = \sec x = \dfrac{1}{\cos x}$ 以及**余割函数** $y = \csc x = \dfrac{1}{\sin x}$.

(6) **反三角函数** 反三角函数是三角函数的反函数,反三角函数有如下四个.

反正弦函数 $y = \arcsin x$,它是正弦函数 $y = \sin x \left(x \in \left[-\dfrac{\pi}{2}, \dfrac{\pi}{2} \right], y \in [-1, 1] \right)$ 的反函数,其定义域为 $[-1, 1]$,值域为 $\left[-\dfrac{\pi}{2}, \dfrac{\pi}{2} \right]$,是有界、单调增加的奇函数,如图 1-16 所示.

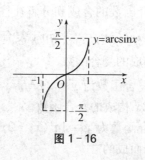

图 1-16

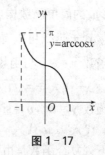

图 1-17

反余弦函数 $y = \arccos x$,它是余弦函数 $y = \cos x (x \in [0, \pi], y \in [-1, 1])$ 的反函数,其定义域为 $[-1, 1]$,值域为 $[0, \pi]$,是有界、单调减少的非奇非偶函数,如图 1-17 所示.

反正切函数 $y = \arctan x$,它是正切函数 $y = \tan x \left(x \in \left(-\dfrac{\pi}{2}, \dfrac{\pi}{2} \right), y \in (-\infty, +\infty) \right)$ 的反函数,其定义域为 $(-\infty, +\infty)$,值域为 $\left(-\dfrac{\pi}{2}, \dfrac{\pi}{2} \right)$,是有界、单调增加的奇函数,如图 1-18 所示.

反余切函数 $y = \text{arccot}\, x$,它是余切函数 $y = \cot x (x \in (0, \pi), y \in (-\infty, +\infty))$ 的反函数,其定义域为 $(-\infty, +\infty)$,值域为 $(0, \pi)$,是有界、单调减少的非奇非偶函数,如图 1-19 所示.

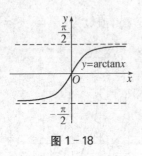

图 1-18

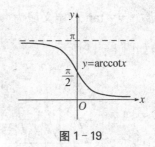

图 1-19

2. 复合函数

定义 7 设函数 $y=f(u)$ 的定义域为 D，函数 $u=\varphi(x)$ 的值域为 M. 如果 $M\cap D\neq\varnothing$，则 y 通过中间变量 u 构成 x 的函数，称为由 $y=f(u)$ 和 $u=\varphi(x)$ 构成的**复合函数**，记为 $y=f[\varphi(x)]$. 其中，x 称为自变量，y 称为因变量，u 称为中间变量. 通常又将 $y=f(u)$ 称为外层函数，简称外函数；$u=\varphi(x)$ 称为内层函数，简称内函数.

如 $y=\sin 4x$ 就是由 $y=\sin u$ 与 $u=4x$ 构成的复合函数，$y=\sin u$ 为外函数，$u=4x$ 为内函数，u 称为中间变量.

注：① 不是任何两个函数都可以构成一个复合函数，例如 $y=\ln u$ 和 $u=-(x^2+1)$ 就不能构成复合函数. 因为对任意 x，函数 $u=-(x^2+1)<0$，但 $y=\ln u$ 中必须 $u>0$ 才有意义.

② 复合函数不仅可以有一个中间变量，还可以有多个中间变量，这些中间变量是经过多次复合产生的. 如函数 $y=e^u$，$u=\sin v$，$v=\sqrt{x}$ 复合成函数 $y=e^{\sin\sqrt{x}}$，这里 u,v 都是中间变量.

③ 复合函数通常不一定是由单纯的基本初等函数复合而成，而更多的是由基本初等函数经过四则运算形成的简单函数构成的，这样复合函数的合成和分解往往是对简单函数来说的. 如函数 $y=\sqrt{x^2+\sin x}$ 可以看成由函数 $y=\sqrt{u}$ 与 $u=x^2+\sin x$ 复合而成.

例 13 求由函数 $y=\sqrt{u}$ 与函数 $u=1+x^2$ 构成的复合函数.

解 将 $u=1+x^2$ 代入 $y=\sqrt{u}$ 中，可得所求复合函数为 $y=\sqrt{1+x^2}$.

例 14 求由函数 $y=u^2$，$u=\sin v$，$v=x^2+2x$ 构成的复合函数.

解 依次将 v 代入 u、u 代入 y，可得所求复合函数为 $y=\sin^2(x^2+2x)$.

例 15 指出下列复合函数是由哪些函数复合而成的.

(1) $y=\tan(2-x^2)$；　　　(2) $y=\ln\sin\dfrac{1}{x}$；　　　(3) $y=e^{\sqrt{\arcsin(x+1)}}$.

解 (1) $y=\tan(2-x^2)$ 由函数 $y=\tan u$，$u=2-x^2$ 复合而成.

(2) $y=\ln\sin\dfrac{1}{x}$ 由函数 $y=\ln u$，$u=\sin v$，$v=\dfrac{1}{x}$ 复合而成.

(3) $y=e^{\sqrt{\arcsin(x+1)}}$ 由函数 $y=e^u$，$u=\sqrt{v}$，$v=\arcsin w$，$w=x+1$ 复合而成.

3. 初等函数

由基本初等函数经过有限次四则运算（加、减、乘、除）以及有限次复合而成的，并且可以用一个数学式子表示的函数称为**初等函数**. 例如，$y=xe^x+2\arctan\sqrt[3]{\dfrac{1+\cos^2 x}{1+\sin^2 x}}$，$y=\ln(1+$

$x^2) - 2^{\sqrt{\sin x + e^x}}$ 等都是初等函数. 初等函数是高等数学的主要研究对象.

注: 分段函数一般不是初等函数.

六、函数关系的建立

1. 建立函数关系举例

要把实际问题中变量之间的函数关系正确抽象出来,首先应分析哪些是常量,哪些是变量,然后确定选取哪个为自变量,哪个为因变量,最后根据题意建立它们之间的函数关系,同时给出函数的定义域.

例 16 工厂要建造一个容积为 V_0 的无盖圆柱形容器,试建立其表面积与底面半径之间的函数关系.

解 设该圆柱形容器的底面半径为 r,高为 h,表面积为 S,则
$$S = S_{侧} + S_{底} = 2\pi rh + \pi r^2.$$

因为容积 V_0 一定,且 $V_0 = \pi r^2 h$,即 $h = \dfrac{V_0}{\pi r^2}$,因此可得该容器的表面积与底面半径之间的函数关系为
$$S = \frac{2V_0}{r} + \pi r^2 \quad (r > 0).$$

例 17 旅客乘坐火车可免费携带不超过 20 kg 的物品,超过 20 kg 而不超过 50 kg 的部分,每千克交费 0.2 元,超过 50 kg 的部分每千克交费 0.3 元,求运费 y 元与携带物品重量 x kg 的函数关系.

解 当 $x \in [0, 20]$ 时,$y = 0$;

当 $x \in (20, 50]$ 时,$y = (x - 20) \times 0.2 = 0.2x - 4$;

当 $x \in (50, +\infty)$ 时,$y = 30 \times 0.2 + (x - 50) \times 0.3 = 0.3x - 9$.

所以,运费 y 元与携带物品重量 x kg 的函数关系为
$$y = \begin{cases} 0, & 0 \leqslant x \leqslant 20, \\ 0.2x - 4, & 20 < x \leqslant 50, \\ 0.3x - 9, & x > 50. \end{cases}$$

例 18 在机械中常遇到一种曲柄连杆机构,如图 1-20 所示,当半径为 r 的主动轮以等角速度 ω 旋转时,长为 l 的连杆 AB 就带动滑块 B 在槽内作水平往返运动. 设运动从 $\varphi = 0$ 开始,试求滑块 B 的运动规律.

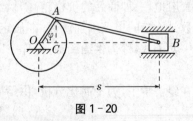

图 1-20

解 设滑块 B 到主动轮中心 O 的距离为 s,由题意知,s、φ 和时间 t 均为变量,且 $\varphi = \omega t$,而 ω、r 和 l 都是常量,故滑块的运动规律可以用 s 作为 t 的函数来描述,由几何关系可以得到
$$s = OC + CB = r\cos\varphi + \sqrt{l^2 - (AC)^2} = r\cos\varphi + \sqrt{l^2 - r^2 \sin^2\varphi}.$$
将 $\varphi = \omega t$ 代入,则可得滑块的运动规律为
$$s = r\cos\omega t + \sqrt{l^2 - r^2 \sin^2\omega t}, \quad t \in [0, +\infty).$$

2. 常用的经济函数

(一) 需求函数与供给函数

在研究市场问题时,常常会涉及两个重要的函数,即需求函数和供给函数.

需求是指消费者在一定时期内在各种可能的价格下愿意而且能够购买的该商品的数量.一种商品的需求数量是由许多因素决定的,例如:商品的价格、消费者的收入水平、相关商品的价格、消费者的偏好等等.在诸多的因素中,商品的价格是最主要的因素.一般地,一种商品的价格越高,需求量就越小;相反,价格越低,需求量就越大.显然需求函数是价格的单调减少函数.如果只考虑商品的价格变化对商品需求量的影响,而忽略其他因素对需求量的影响,那么市场需求量 Q 可视为该商品价格 p 的一元函数,称为**需求函数**,记作

$$Q = Q(p).$$

在经济学中,为了简化分析,需求函数常表示为价格的线性函数,即

$$Q = a - bp \quad (a > 0, b > 0).$$

需求函数 $Q = Q(p)$ 的反函数,就是**价格函数**,记作 $p = p(Q)$,也反映商品的需求和价格的关系.

例 19 设某电子产品的月销售量 Q 是价格 p 的线性函数.当价格为 580 元时,每月售出 800 件;当价格为 680 元时,每月售出 600 件,试求需求函数和价格函数.

解 设 $Q = a - bp \ (a > 0, b > 0)$,由题意得

$$\begin{cases} a - 580b = 800, \\ a - 680b = 600. \end{cases}$$

解方程组得 $a = 1960, b = 2$,得需求函数为

$$Q = 1960 - 2p.$$

从上式中解出 p,即得价格函数为

$$p = 980 - \frac{1}{2}Q.$$

供给是与需求相对应的概念,需求是就市场中的消费者而言的,供给是就市场中的生产销售者而言的.供给是指生产者在一定时期内,在各种可能的价格下愿意而且能够提供出售的该商品的数量.一种商品的供给数量是由许多因素决定的,显然主要因素是商品的价格.一般地,一种商品的价格越高,供给量就越大;相反,价格越低,供给量就越小.显然,供给函数是价格的单调增加函数.在假定其他因素不变的条件下,供给量 S 可视为该商品价格 p 的一元函数,称为**供给函数**,记作

$$S = S(p).$$

在经济学中,为了简化分析,供给函数也常表示为价格的线性函数,即

$$S = c + dp \quad (c > 0, d > 0).$$

例 20 设某电子产品开发商每月向商场供给量 S 是价格 p 的线性函数.当价格为 580 元时,每月提供 800 件;当价格为 680 元时,每月多提供 100 件,试求供给函数.

解 设 $S = c + dp \ (c > 0, d > 0)$,由题意得

$$\begin{cases} c + 580d = 800, \\ c + 680d = 900. \end{cases}$$

解方程组得 $c=220, d=1$. 所以供给函数为

$$S = 220 + p.$$

在经济学中,当市场上某种商品的需求量与供给量相等时,需求量与供给量持平,则该商品市场处于平衡状态,称为**供需平衡**或**市场均衡**. 此时该商品的市场价格称为**市场均衡价格**,记作 p_0;对应的供求量称为**市场均衡数量**,记作 Q_0,如图 $1-21$ 所示.

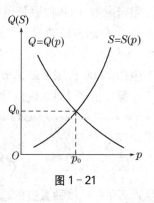

图 1 - 21

当市场价格 $p > p_0$ 时,供应量将增加而需求量减少,市场"供过于求",商品过剩,必然导致价格下跌;当市场价格 $p < p_0$ 时,供应量将减少而需求量增加,市场"供不应求",商品短缺,必然导致价格上涨. 就一般而言,市场上的商品价格总是围绕均衡价格波动,并最终稳定在均衡价格附近.

(二) 成本函数、收入函数和利润函数

在产品的生产和经营活动中,人们总希望尽可能降低成本、提高收入和增加利润. 而成本、收入和利润这些经济变量都与产品的产量或销售量 Q 密切相关,它们都可以看作 Q 的函数,我们分别称之为**总成本函数**、**总收入函数**和**总利润函数**,并分别记为 $C(Q)$、$R(Q)$ 和 $L(Q)$.

(1) 成本函数

成本是指厂商为生产一定数量的产品所耗费的生产要素的价格总额,由固定成本 C_0 和可变成本 $C_1(Q)$ 两部分组成,即

$$C(Q) = C_0 + C_1(Q),$$

其中固定成本 C_0 与产量 Q 无关,如厂房、设备费等;可变成本 $C_1(Q)$ 随产量 Q 的增加而增加,如原材料、能源、加工费等.

平均成本是指生产一定数量的产品,平均每单位产品的成本. 生产 Q 个单位产品时的平均成本为

$$\overline{C} = \frac{C(Q)}{Q} = \frac{C_0}{Q} + \frac{C_1(Q)}{Q}.$$

(2) 收入函数(也叫收益函数)

收入是指生产者销售一定数量的商品所得的全部收入. 总收入函数与产品的单价和产量或销售量有关. 如果产品的单位售价为 p,销售量为 Q,则总收入函数为

$$R(Q) = p \cdot Q.$$

平均收入是指生产者销售一定数量的商品,平均每单位产品所得的收入. 销售 Q 个单位产品时的平均收入为

$$\overline{R} = \frac{R(Q)}{Q} = p.$$

(3) 利润函数

利润 L 就是总收益 R 与总成本 C 之差,于是总利润函数为

$$L(Q) = R(Q) - C(Q).$$

显然,当 $L > 0$ 时,生产者盈利;当 $L < 0$ 时,生产者亏损;当 $L = 0$ 时,生产者既不盈利

也不亏损,即收支相抵.我们将满足方程 $L(Q)=0$ 的点 Q_0 称为**盈亏平衡点**(又称保本点).

例 21 设某服装有限公司每年的固定成本是 100 000 元,要生产某个式样的服装 Q 件,除固定成本外,每件服装还要花费 100 元,即生产 Q 件这种服装的可变成本为 $100Q$ 元,则生产 Q 件服装的总成本可表示为函数:

$$C(Q)=100Q+100\,000.$$

求生产 1 000 件服装的总成本和平均成本,5 000 件呢?

解 生产 1 000 件该种服装的总成本为

$$C(1\,000)=100\times 1\,000+100\,000=200\,000(元),$$

平均成本为

$$\overline{C}(1\,000)=\frac{C(1\,000)}{1\,000}=\frac{200\,000}{1\,000}=200(元).$$

生产 5 000 件该种服装的总成本为

$$C(5\,000)=100\times 5\,000+100\,000=600\,000(元),$$

平均成本为

$$\overline{C}(5\,000)=\frac{C(5\,000)}{5\,000}=\frac{600\,000}{5\,000}=120(元).$$

例 22 某旅游公司调查发现,有一种短途往返游览,售出的票数 Q 是票价 p 的线性函数.当票价为 50 元时,有 40 人买票;当票价为 80 元时,只能卖出 10 张票.试写出该种短途游览项目的需求函数 Q,并确定总收益 R 与票数 Q 的函数关系.

解 设 $Q=a-bp$,根据题意有

$$\begin{cases} 40=a-50b, \\ 10=a-80b. \end{cases}$$

解之得 $a=90,b=1$,即需求函数为

$$Q=90-p.$$

于是 $p=90-Q$,所以总收益 R 与票数 Q 的函数关系为

$$R=pQ=(90-Q)Q=90Q-Q^2.$$

例 23 已知某产品的成本函数为 $C(Q)=2Q^2-4Q+21$,供给函数 $Q=p-6$,求该产品的利润函数,并说明该产品的盈亏情况.

解 因为 $C(Q)=2Q^2-4Q+21$,由题意得收入函数为

$$R(Q)=p\cdot Q=(Q+6)\cdot Q=Q^2+6Q,$$

所以利润函数为

$$\begin{aligned} L(Q)&=R(Q)-C(Q)=(Q^2+6Q)-(2Q^2-4Q+21) \\ &=-Q^2+10Q-21. \end{aligned}$$

又由 $L(Q)=0$ 可得盈亏平衡点 $Q=3$ 或 $Q=7$.

容易看出,当 $Q>7$ 或 $Q<3$ 时,$L(Q)<0$,说明亏损;当 $3<Q<7$ 时,$L(Q)>0$,说明盈利.

习题 1−1

A 组

1. 判断下列各组函数是否相同？为什么？

(1) $f(x) = \dfrac{x^2 + 2x - 3}{x + 3}$ 与 $g(x) = x - 1$；

(2) $f(x) = \lg x^3$ 与 $g(x) = 3\lg x$；

(3) $f(x) = \lg x^2$ 与 $g(x) = 2\lg x$；

(4) $f(x) = \sqrt{1 - \cos^2 x}$ 与 $g(x) = \sin x$．

2. 求下列函数的定义域：

(1) $y = \dfrac{x^2}{1 + x}$；

(2) $y = \sqrt{3x - x^2}$；

(3) $y = \log_2(x^2 - 5x + 4)$；

(4) $y = \arccos \dfrac{2x - 1}{7}$；

(5) $y = \dfrac{\sqrt{9 - x^2}}{x - 1}$；

(6) $y = \begin{cases} -x, & -1 \leqslant x \leqslant 0 \\ \sqrt{3 - x}, & 0 < x < 2 \end{cases}$．

3. 设函数 $f(x) = 2x^2 + 2x - 4$，求 $f(0), f(1), f(a) + f(b), f(x^2)$．

4. 设函数 $f(x) = \begin{cases} 2x + 1, & x < 0, \\ 0, & x = 0, \\ x^2 - 1, & x > 0, \end{cases}$ 求 $f\left(-\dfrac{1}{2}\right), f(0), f\left(\dfrac{1}{2}\right)$．

5. 设函数 $f(x) = \dfrac{1 - x}{1 + x}$，求 $f\left(\dfrac{1}{x}\right), \dfrac{1}{f(x)}$．

6. 判断下列函数的奇偶性：

(1) $f(x) = \sqrt{1 - x^2}$；

(2) $f(x) = 2^x - 2^{-x}$；

(3) $f(x) = \lg \dfrac{1 - x}{1 + x}$；

(4) $f(x) = x^3 + 4$；

(5) $f(x) = x^2 \sin x$；

(6) $f(x) = \dfrac{\cos x}{1 + x^2}$．

7. 指出下列函数是由哪些函数复合而成的：

(1) $y = \sqrt{3x^2 + 1}$；

(2) $y = \log_3(1 + 10^x)$；

(3) $y = \cos 5x$；

(4) $y = \arctan(3 - x)$；

(5) $y = e^{\sin x^2}$；

(6) $y = \sin^4 5x$；

(7) $y = \ln\ln\ln x$；

(8) $y = \lg \arcsin(5x^4 + 2)$．

8. 在半径为 r 的球内嵌入一个内接圆柱，试将圆柱的体积 V 表示为其高 h 的函数．

9. 某厂生产某种产品，固定成本为 160 元，每生产一件产品需增加 8 元，又知产品的单价为 15 元，试写出：(1) 总成本 $C(q)$ 与产量 q 的函数关系及平均成本函数 $\overline{C}(q)$；(2) 总收益 $R(q)$ 与产量 q 的函数关系；(3) 总利润函数 $L(q)$ 与产量 q 的函数关系．

B 组

1. 求下列函数的定义域:

(1) $y = \lg(x+1) + \arcsin(x+1)$;　　(2) $y = \sqrt{3-x} + \dfrac{1}{\ln(x+1)}$

(3) $y = \arctan\dfrac{1}{x} + \sqrt{2-x}$;　　(4) $y = \sqrt{\left(\dfrac{1}{2}\right)^x - 16}$

2. 已知函数 $f(x)$ 的定义域为 $[0,4]$, 求函数 $f(x^2)$ 的定义域.

3. 已知函数 $f(\sin x) = \cos 2x + 1$, 求 $f(x)$, $f(\cos x)$.

4. 设 $f\left(x + \dfrac{1}{x}\right) = x^2 + \dfrac{1}{x^2}$, 求 $f(x)$.

5. 判断下列函数的奇偶性:

(1) $y = a^x - a^{-x} (a>0)$;　　(2) $y = xf(x^2)$;

(3) $y = \ln(x + \sqrt{1+x^2})$;　　(4) $y = x^3 + 4$;

(5) $y = \sqrt[3]{(1-x)^2} + \sqrt[3]{(1+x)^2}$;　　(6) $y = \sin x + \cos x$.

6. 指出下列函数是由那些函数复合而成的:

(1) $y = \sqrt[5]{\sin(x^2+1)}$;　　(2) $y = \arctan\dfrac{x-1}{x+1}$;

(3) $y = \tan\sqrt[3]{\sin\left(x + \dfrac{1}{2}\right)^2}$;　　(4) $y = e^{\arctan(1+\ln x)}$.

第二节　极限的概念

　　极限是高等数学中最基本的概念之一,是研究函数的导数和定积分的工具.极限的思想和方法是微积分中的关键内容.理解极限的概念,熟练掌握求极限的方法,对学习高等数学有着重要的作用.

　　极限的思想是由求某些实际问题的精确解而产生的.例如,我国古代数学家刘徽(公元3世纪)利用圆内接正多边形来推算圆面积的方法——割圆术,就是极限思想在几何学上的应用.本节将首先给出数列极限的定义.

一、数列的极限

　　古人云:"一尺之棰,日取其半,万世不竭."意思是说:一尺长的木棰,每天取它的一半,永远取不尽.我们把每天取后剩下的部分记为

$$\frac{1}{2}, \frac{1}{4}, \frac{1}{8}, \cdots, \frac{1}{2^n}, \cdots$$

　　像这样按一定规律排列的一列数 $y_1, y_2, \cdots, y_n, \cdots$ 称为无穷数列,简称**数列**,记作 $\{y_n\}$. 数列 $\{y_n\}$ 中的每一个数称为数列的项,而第 n 项 y_n 称为**通项**或**一般项**.

　　数列可以看成自变量定义在正整数集上的函数.例如:

① $y_n = \dfrac{1}{n}$, 即 $1, \dfrac{1}{2}, \dfrac{1}{3}, \cdots, \dfrac{1}{n}, \cdots$;

② $y_n = \dfrac{n}{n+1}$，即 $\dfrac{1}{2}, \dfrac{2}{3}, \dfrac{3}{4}, \cdots, \dfrac{n}{n+1}, \cdots$；

③ $y_n = (-1)^n$，即 $-1, 1, -1, 1, \cdots, (-1)^n, \cdots$；

④ $y_n = 2^n$，即 $2, 4, 8, \cdots, 2^n, \cdots$.

观察上面 4 个数列，可以看出，随着数列的项数 n 不断增大，数列 $\left\{\dfrac{1}{n}\right\}$ 无限趋近于常数 0；数列 $\left\{\dfrac{n}{n+1}\right\}$ 无限趋近于 1；数列 $\{(-1)^n\}$ 在 -1 与 1 之间来回摆动，不趋近于任何一个常数；数列 $\{2^n\}$ 无限增大. 由此可见，当项数九限增大时，数列通项的变化趋势有两种情况，要么无限趋近于某个确定的常数，要么无法趋近于一个常数. 将此现象抽象，便可以得到数列极限的描述性定义.

定义 8　对于数列 $\{y_n\}$，如果当 n 无限增大时，y_n 无限趋近于某个确定的常数 A，则称常数 A 为数列 $\{y_n\}$ 当 n 趋于无穷大时的**极限**，或称数列 $\{y_n\}$ **收敛于 A**，记作

$$\lim_{n\to\infty} y_n = A \text{ 或 } y_n \to A\text{（当 } n \to \infty \text{ 时）}.$$

反之，称数列 $\{y_n\}$ 没有极限或发散.

根据定义 8，对于数列 $\left\{\dfrac{1}{n}\right\}$ 与数列 $\left\{\dfrac{n}{n+1}\right\}$，显然有 $\lim\limits_{n\to\infty}\dfrac{1}{n} = 0$ 与 $\lim\limits_{n\to\infty}\dfrac{n}{n+1} = 1$，即 $n \to \infty$ 时，数列是收敛的；对于数列 $\{(-1)^n\}$ 与数列 $\{2^n\}$，当 $n \to \infty$ 时，数列是发散的.

注：请读者熟记以下两个基本数列的极限：

① $\lim\limits_{n\to\infty} C = C$（$C$ 为常数）；　　　　② $\lim\limits_{n\to\infty} q^n = 0$（$|q| < 1$）.

二、函数的极限

数列可以看作自变量为正整数 n 的函数：$y_n = f(n)$，数列 $\{y_n\}$ 的极限为 A，即当自变量 n 取正整数且无限增大（$n \to \infty$）时，对应的函数值 $f(n)$ 无限接近数 A. 若将数列极限概念中自变量 n 和函数值 $f(n)$ 的特殊性撇开，可以由此引出函数极限的一般概念：在自变量 x 的某个变化过程中，如果对应的函数值 $f(x)$ 无限接近于某个确定的常数 A，则常数 A 就称为自变量 x 在该变化过程中函数 $f(x)$ 的极限. 显然，极限 A 是与自变量 x 的变化过程紧密相关的，下面将分类进行讨论.

1. 自变量趋向于无穷大时函数的极限

定义 9　如果当 x 的绝对值无限增大时，$f(x)$ 无限接近于某个确定的常数 A，则称常数 A 为函数 $f(x)$ 当 $x \to \infty$ 时的**极限**，记作

$$\lim_{x\to\infty} f(x) = A \text{ 或 } f(x) \to A \ (x \to \infty).$$

如果在上述定义中，限制 x 只取正值或者只取负值，即有

$$\lim_{x\to +\infty} f(x) = A \text{ 或 } \lim_{x\to -\infty} f(x) = A,$$

则称常数 A 为函数 $f(x)$ 当 $x \to +\infty$ 或 $x \to -\infty$ 时的**极限**.

注意到 $x \to \infty$ 意味着同时考虑 $x \to +\infty$ 与 $x \to -\infty$，可以得到下面的定理：

定理 1　$\lim\limits_{x\to\infty} f(x) = A$ 的充分必要条件是 $\lim\limits_{x\to -\infty} f(x) = \lim\limits_{x\to +\infty} f(x) = A$.

例 24　讨论极限 $\lim\limits_{x\to -\infty} \dfrac{1}{x}$，$\lim\limits_{x\to +\infty} \dfrac{1}{x}$ 及 $\lim\limits_{x\to\infty} \dfrac{1}{x}$.

解 观察函数 $y=\dfrac{1}{x}$ 的图形（见图 1-22）易知：当 $-x$ 无限

增大（即 $x\to-\infty$）时，函数 $y=\dfrac{1}{x}$ 无限接近于 0；当 x 无限增大

（即 $x\to+\infty$）时，函数 $y=\dfrac{1}{x}$ 也无限接近于 0，因此有

$$\lim_{x\to-\infty}\frac{1}{x}=0,\ \lim_{x\to+\infty}\frac{1}{x}=0,$$

从而 $\lim\limits_{x\to\infty}\dfrac{1}{x}=0$.

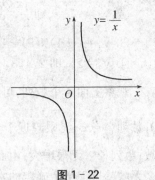

图 1-22

例 25 讨论极限 $\lim\limits_{x\to-\infty}\arctan x$ 及 $\lim\limits_{x\to+\infty}\arctan x$，并判断 $\lim\limits_{x\to\infty}\arctan x$ 是否存在．若存在，值为多少？

解 观察函数 $y=\arctan x$ 的图形（见图 1-23）易知：当 $x\to$

$-\infty$ 时，$y=\arctan x$ 无限接近于常数 $-\dfrac{\pi}{2}$；当 $x\to+\infty$ 时，$y=$

$\arctan x$ 无限接近于常数 $\dfrac{\pi}{2}$，因此有

$$\lim_{x\to-\infty}\arctan x=-\frac{\pi}{2},\ \lim_{x\to+\infty}\arctan x=\frac{\pi}{2}.$$

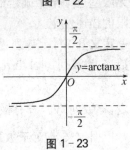

图 1-23

由于 $\lim\limits_{x\to-\infty}\arctan x\neq\lim\limits_{x\to+\infty}\arctan x$，从而 $\lim\limits_{x\to\infty}\arctan x$ 不存在．

例 26 讨论极限 $\lim\limits_{x\to\infty}a^x\ (a>1)$．

解 观察函数 $y=a^x\ (a>1)$ 的图形（见图 1-24）易知：当

$x\to-\infty$ 时，$y=a^x\ (a>1)$ 无限接近于常数 0，因此有 $\lim\limits_{x\to-\infty}a^x=0$

$(a>1)$；当 $x\to\infty$ 时，函数 $y=a^x\ (a>1)$ 不会无限接近于任何一

个常数，因此 $\lim\limits_{x\to+\infty}a^x\ (a>1)$ 不存在，从而 $\lim\limits_{x\to\infty}a^x\ (a>1)$ 不存在．

例 27 讨论极限 $\lim\limits_{x\to\infty}\sin x$ 与 $\lim\limits_{x\to\infty}\cos x$．

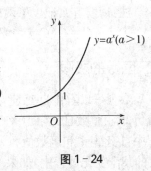

图 1-24

解 观察正弦函数 $y=\sin x$ 及余弦函数 $y=\cos x$ 的图形（见图 1-13、图 1-14）易知：
当 $x\to+\infty$（或 $-\infty$，或 ∞）时，相应的函数 y 的值在区间 $[-1,1]$ 上振荡，都不能无限接近于
任何常数，因此极限：

$$\lim_{x\to-\infty}\sin x,\ \lim_{x\to+\infty}\sin x,\ \lim_{x\to\infty}\sin x$$

以及

$$\lim_{x\to-\infty}\cos x,\ \lim_{x\to+\infty}\cos x,\ \lim_{x\to\infty}\cos x$$

都不存在．

2. 自变量趋向于某一实数时函数的极限

现在研究自变量 x 趋向于某一实数 x_0（即 $x\to x_0$）时，函数 $f(x)$ 的变化趋势．

我们先来考察当 $x\to1$ 时，函数 $f(x)=\dfrac{x^2-1}{x-1}$ 的变化趋势．

观察函数 $f(x)=\dfrac{x^2-1}{x-1}$ 的图像，它实质上是直线 $y=x+1$ 上除去点 $(1,2)$ 以外的部分

(见图 1-25). 函数在 $x=1$ 处没有定义, 但是当 x 无限趋近于 1 时 (可以从 $x=1$ 处的左右两边趋近于 1), 函数 $f(x)=\dfrac{x^2-1}{x-1}$ 的值无限趋近于 2. 此时我们就说当 x 无限趋近于 1(但不等于 1)时, 函数 $f(x)=\dfrac{x^2-1}{x-1}$ 以 2 为极限.

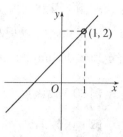

图 1-25

一般地, 有如下定义:

定义 10 设函数 $y=f(x)$ 在点 x_0 的某个邻域内有定义(点 x_0 本身可以除外), 若当 x 无限接近于 x_0(但 $x\neq x_0$)时, 函数 $f(x)$ 无限接近于一个常数 A, 则称常数 A 为**函数 $f(x)$ 当 $x\to x_0$ 时的极限**, 记作

$$\lim_{x\to x_0}f(x)=A \text{ 或 } f(x)\to A(x\to x_0).$$

由定义 10 可知, $\lim\limits_{x\to 1}\dfrac{x^2-1}{x-1}=2$.

例 28 求极限: (1) $\lim\limits_{x\to 2}(2x-1)$; (2) $\lim\limits_{x\to 3}\dfrac{x^2-9}{x-3}$.

解 (1) 当 $x\to 2$ 时, $2x-1$ 无限接近于 3, 所以

$$\lim_{x\to 2}(2x-1)=3.$$

(2) 当 $x\to 3$ 时, $\dfrac{x^2-9}{x-3}$ 无限接近于 6, 所以

$$\lim_{x\to 3}\dfrac{x^2-9}{x-3}=6.$$

注: ① 当 $x\to x_0$ 时, 函数 $f(x)$ 的极限是否存在, 与函数 $f(x)$ 在点 x_0 处是否有定义无关.

② 由极限的定义容易得到以下两个结论: $\lim\limits_{x\to x_0}x=x_0$, $\lim\limits_{x\to x_0}C=C(C$ 为常数).

在某些问题中, 需要考虑自变量 x 从 x_0 的左侧或从 x_0 的右侧趋于 x_0 时, 函数 $f(x)$ 的变化趋势. 这就引出了下面的单侧极限的概念.

定义 11 设函数 $y=f(x)$ 在点 x_0 的某个左(或右)邻域内有定义, 若当 x 从 x_0 的左(或右)侧无限接近于 x_0 时, $f(x)$ 无限接近于某一个确定的常数 A, 则称函数 $f(x)$ 在点 x_0 处的**左(或右)极限**是 A, 记为

$$\lim_{x\to x_0^-}f(x)=A \quad (\text{或} \lim_{x\to x_0^+}f(x)=A),$$

有时也记为

$$f(x_0-0)=A \quad (\text{或} f(x_0+0)=A).$$

左极限 $\lim\limits_{x\to x_0^-}f(x)$ 与右极限 $\lim\limits_{x\to x_0^+}f(x)$ 统称为**单侧极限**.

注意到 $x\to x_0$ 意味着同时考虑 $x\to x_0^-$ 与 $x\to x_0^+$, 可以得到下面的定理:

定理 2 $\lim\limits_{x\to x_0}f(x)=A$ 的充分必要条件是 $\lim\limits_{x\to x_0^-}f(x)=\lim\limits_{x\to x_0^+}f(x)=A$.

例 29 设函数 $f(x)=\begin{cases}x+1, & x\leqslant 0, \\ 1-x, & x>0,\end{cases}$ 讨论函数 $f(x)$ 在 $x=0$ 处的极限.

解 函数 $f(x)$ 在 $x=0$ 处左右的表达式不同, 因此讨论它的极限必须考虑 $x=0$ 处的

左、右极限. 因为

$$\lim_{x\to 0^-} f(x) = \lim_{x\to 0^-} (x+1) = 1, \lim_{x\to 0^+} f(x) = \lim_{x\to 0^+} (1-x) = 1,$$

据定理 2 知,$\lim_{x\to 0} f(x) = 1$.

例 30 设函数 $f(x) = \begin{cases} x, & x<1, \\ 3x+1, & x\geqslant 1, \end{cases}$ 试判断 $\lim_{x\to 1} f(x)$ 是否存在.

解 函数 $f(x)$ 在 $x=1$ 处左右的表达式不同,因此讨论它的极限必须考虑 $x=1$ 处的左、右极限. 因为

$$\lim_{x\to 1^-} f(x) = \lim_{x\to 1^-} x = 1, \lim_{x\to 1^+} f(x) = \lim_{x\to 1^+} (3x+1) = 4,$$

所以 $\lim_{x\to 1^-} f(x) \neq \lim_{x\to 1^+} f(x)$,据定理 2 知,$\lim_{x\to 1} f(x)$ 不存在.

例 31 设函数 $f(x) = \begin{cases} a+3x, & x<1, \\ 2, & x=1, \\ 1+x^2, & x>1, \end{cases}$ 试问当 a 为何值时 $\lim_{x\to 1} f(x)$ 存在?

解 因为

$$\lim_{x\to 1^-} f(x) = \lim_{x\to 1^-} (a+3x) = a+3,$$

$$\lim_{x\to 1^+} f(x) = \lim_{x\to 1^+} (1+x^2) = 2,$$

由极限存在的充分必要条件知,要使 $\lim_{x\to 1} f(x)$ 存在,则必有

$$\lim_{x\to 1^-} f(x) = \lim_{x\to 1^+} f(x),$$

即 $a+3 = 2$,得 $a = -1$. 故当 $a = -1$ 时,$\lim_{x\to 1} f(x)$ 存在.

三、无穷大量与无穷小量

1. 无穷大量

定义 12 如果在 $x\to \alpha$ 时,函数 $f(x)$ 的绝对值无限地增大,则称函数 $f(x)$ 在 $x\to \alpha$ 时为**无穷大量**,简称无穷大,记作

$$\lim_{x\to \alpha} f(x) = \infty.$$

注:在本段讨论中,记号"$\lim_{x\to \alpha}$"中的 α 是指下列六种情况中的任意一种:有限数 x_0、x_0^+、x_0^-、∞、$+\infty$、$-\infty$.

如果在定义中,将"函数 $f(x)$ 的绝对值无限增大"改为"函数 $f(x)$ 取正值无限增大或取负值无限减小",就称函数 $f(x)$ 在 $x\to \alpha$ 时为**正无穷大**(或**负无穷大**),分别记作 $\lim_{x\to \alpha} f(x) = +\infty$(或 $\lim_{x\to \alpha} f(x) = -\infty$).

例如,当 $x\to 0$ 时,$\left|\dfrac{1}{x}\right|$ 无限增大,故 $\dfrac{1}{x}$ 是在 $x\to 0$ 时的无穷大,即 $\lim_{x\to 0} \dfrac{1}{x} = \infty$;当 $x\to 0^-$ 时,$\dfrac{1}{x}$ 取负值无限减小,故 $\dfrac{1}{x}$ 是当 $x\to 0^-$ 时的负无穷大,即 $\lim_{x\to 0^-} \dfrac{1}{x} = -\infty$;当 $x\to 0^+$ 时,$\dfrac{1}{x}$ 取正值无限增大,故 $\dfrac{1}{x}$ 是当 $x\to 0^+$ 时的正无穷大,即 $\lim_{x\to 0^+} \dfrac{1}{x} = +\infty$.

注：① 无穷大是变量（函数），不能理解为绝对值很大的数，例如10^{10}，$e^{1\,000}$等都是常数，而不是无穷大.

② 当$x\to\alpha$时为无穷大的函数$f(x)$，按通常的意义来说，极限是不存在的，因为"∞"不是数，只是个记号.但为了叙述函数这一性质的方便，我们也说"函数的极限是无穷大".

③ 无穷大总是和自变量的变化趋势相对应的，例如$f(x)=\dfrac{1}{x}$，当$x\to 0$时，$f(x)=\dfrac{1}{x}\to\infty$为无穷大，而当$x\to 1$时，$f(x)=\dfrac{1}{x}\to 1$就不是无穷大了.所以，说一个函数是无穷大时，必须同时指出它此时自变量的变化趋势.

2. 无穷小量

（1）无穷小的概念

定义 13　如果$\lim\limits_{x\to\alpha}f(x)=0$，则称$f(x)$当$x\to\alpha$时为**无穷小量**，简称为**无穷小**.

例如，（1）$\lim\limits_{x\to 0}\sin x=0$，所以当$x\to 0$时，$\sin x$是无穷小；

（2）$\lim\limits_{x\to 1}\ln x=0$，所以当$x\to 1$时，$\ln x$为无穷小；

（3）$\lim\limits_{x\to\infty(+\infty,-\infty)}\dfrac{1}{x}=0$，所以当$x\to\infty(+\infty,-\infty)$时，$\dfrac{1}{x}$为无穷小；

（4）$\lim\limits_{n\to\infty}\left(\dfrac{1}{2}\right)^n=0$，所以当$n\to\infty$时，$\left(\dfrac{1}{2}\right)^n$为无穷小.

注：① 无穷小是以零为极限的变量（函数），不要把一个绝对值很小的数误认为是无穷小.例如，$10^{-2\,012}$虽然非常小，但它不以零为极限，所以不是无穷小.零是可以作为无穷小的唯一常数.

② 和无穷大一样，无穷小也是相对于x的某个变化过程而言的.例如，当$x\to\infty$时，$\dfrac{1}{x}$是无穷小；当$x\to 2$时，$\dfrac{1}{x}$就不是无穷小.

（2）无穷小的运算性质

根据无穷小的定义可推出无穷小具有如下一些性质（在自变量的同一变化过程中）：

性质 1　有限个无穷小的代数和（差）仍是无穷小.

性质 2　有限个无穷小的乘积仍是无穷小.

性质 3　有界变量（函数）与无穷小的乘积仍为无穷小.特别地，常数与无穷小的乘积也仍是无穷小.

例 32　求$\lim\limits_{x\to\infty}\dfrac{\sin x}{x}$.

解　因为$\lim\limits_{x\to\infty}\dfrac{1}{x}=0$，因此当$x\to\infty$时，$\dfrac{1}{x}$是无穷小.又$|\sin x|\leqslant 1$，因此$\sin x$是有界变量.据性质 3 知，当$x\to\infty$时，$\dfrac{\sin x}{x}$是无穷小，即$\lim\limits_{x\to\infty}\dfrac{\sin x}{x}=0$.

例 33　求$\lim\limits_{x\to 0}(x^2+\sin x)\left(1+\cos\dfrac{1}{x}\right)$.

解　因为$\lim\limits_{x\to 0}(x^2+\sin x)=0$，因此当$x\to 0$时，$x^2+\sin x$是无穷小.又$\left|1+\cos\dfrac{1}{x}\right|\leqslant 2$，

所以 $1+\cos\dfrac{1}{x}$ 是有界变量. 据性质 3 知, $\lim\limits_{x\to 0}(x^2+\sin x)\left(1+\cos\dfrac{1}{x}\right)=0$.

定理 3 $\lim\limits_{x\to a}f(x)=A$ 的充分必要条件是在 a 的某个去心邻域内有 $f(x)=A+\beta$,其中 β 是当 $x\to a$ 时的无穷小,即 $\lim\limits_{x\to a}\beta=0$.

3. 无穷大与无穷小的关系

无穷大与无穷小之间有着密切的关系. 例如,当 $x\to 0$ 时,函数 $\dfrac{1}{x}$ 是无穷小,但其倒数 x 则是同一变化过程中的无穷小;又如,当 $x\to\infty$ 时,函数 $\dfrac{1}{x^2}$ 是无穷小,但其倒数 x^2 则是同一变化过程中的无穷大. 故我们可得无穷大与无穷小有如下的对应关系:

定理 4 在同一变化过程中,无穷大的倒数为无穷小;非零无穷小的倒数为无穷大. 即:

若 $\lim\limits_{x\to a}f(x)=\infty$,则 $\lim\limits_{x\to a}\dfrac{1}{f(x)}=0$;若 $\lim\limits_{x\to a}f(x)=0(f(x)\neq 0)$,则 $\lim\limits_{x\to a}\dfrac{1}{f(x)}=\infty$.

推论 若 $\lim\limits_{x\to a}f(x)=0(f(x)\neq 0)$,$\lim\limits_{x\to a}g(x)=A\neq 0$,则 $\lim\limits_{x\to a}\dfrac{g(x)}{f(x)}=\infty$.

例 34 求 $\lim\limits_{x\to 3}\dfrac{x^2+1}{x-3}$.

解 由于 $\lim\limits_{x\to 3}(x-3)=0$,又 $\lim\limits_{x\to 3}(x^2+1)=10\neq 0$,故

$$\lim\limits_{x\to 3}\frac{x-3}{x^2+1}=\frac{0}{10}=0.$$

由无穷小与无穷大的倒数关系,得

$$\lim\limits_{x\to 3}\frac{x^2+1}{x-3}=\infty.$$

*4. 无穷小的比较

(1) 无穷小比较的概念

我们知道,当 $x\to 0$ 时,x、x^2、$4x$、$\sqrt{x}$ 都是无穷小,但 $\lim\limits_{x\to 0}\dfrac{x^2}{x}=0$,$\lim\limits_{x\to 0}\dfrac{\sqrt{x}}{x}=\infty$,$\lim\limits_{x\to 0}\dfrac{4x}{x}=4$. 可见,两个无穷小之商的极限存在着很大的差异,这种情况反映了两个无穷小趋于零的"快慢"程度的不同:x^2 比 x 快些,$\sqrt{x}$ 比 x 慢些,$4x$ 与 x 差不多. 为了准确地描述无穷小的这种性质,我们引进"无穷小的阶"的概念.

定义 14 设函数 $f(x)$、$g(x)(g(x)\neq 0)$在 $x\to a$ 时都是无穷小,那么

① 若 $\lim\limits_{x\to a}\dfrac{f(x)}{g(x)}=0$,则称 $f(x)$ 是比 $g(x)$**高阶的无穷小**,或称 $g(x)$ 是比 $f(x)$**低阶的无穷小**,记作 $f(x)=o(g(x))(x\to a)$.

② 若 $\lim\limits_{x\to a}\dfrac{f(x)}{g(x)}=\infty$,则称 $f(x)$ 是比 $g(x)$**低阶的无穷小**.

③ 若 $\lim\limits_{x\to a}\dfrac{f(x)}{g(x)}=C(C\neq 0)$,则称 $f(x)$ 与 $g(x)$ 是**同阶无穷小**. 特别地,若 $C=1$,则称 $f(x)$ 与 $g(x)$ 是**等价无穷小**,记作 $f(x)\sim g(x)(x\to a)$.

例如,就前述四个无穷小 x、x^2、$4x$、$\sqrt{x}(x\to 0)$ 而言,根据定义知道,x^2 是比 x 高阶的无穷小,$\sqrt{x}$ 是比 x 低阶的无穷小,$4x$ 与 x 是同阶无穷小.

应该注意的是,并非任意两个无穷小都能进行比较.例如,当 $x\to\infty$ 时,$\dfrac{1}{x}$ 与 $\dfrac{1}{x}\sin x$ 都是

无穷小,即 $\lim\limits_{x\to\infty}\dfrac{1}{x}=0$,$\lim\limits_{x\to\infty}\dfrac{1}{x}\sin x=0$. 但 $\lim\limits_{x\to\infty}\dfrac{\dfrac{1}{x}\sin x}{\dfrac{1}{x}}=\lim\limits_{x\to\infty}\sin x$ 不存在.

(2) 等价无穷小及其应用

当 $x\to 0$ 时,有下列几个常用的等价无穷小关系:
$$\sin x\sim x,\quad \tan x\sim x,\quad \arcsin x\sim x,\quad \arctan x\sim x,$$
$$\ln(1+x)\sim x,\quad \mathrm{e}^x-1\sim x,\quad 1-\cos x\sim\frac{1}{2}x^2,$$
$$a^x-1\sim x\ln a(a>0\text{ 且 }a\neq 1),\quad (1+x)^\alpha-1\sim\alpha x(\alpha\neq 0).$$

注:在上述常用的等价无穷小关系中,可用任意一个无穷小 $\beta(x)$ 代替其中的无穷小 x. 例如,当 $x\to 1$ 时,有 $(x-1)^2\to 0$,从而 $\sin(x-1)^2\sim(x-1)^2$(当 $x\to 1$ 时).

下述定理显示了等价无穷小在求极限过程中的作用.

定理 5 设 $x\to\alpha$ 时,$F(x)\sim f(x)$,$G(x)\sim g(x)$,且 $\lim\limits_{x\to\alpha}\dfrac{f(x)}{g(x)}=A$($A$ 为常数或无穷大),则
$$\lim_{x\to\alpha}\frac{F(x)}{G(x)}=\lim_{x\to\alpha}\frac{f(x)}{g(x)}=A.$$

证明 由定理的假设条件,我们有
$$\lim_{x\to\alpha}\frac{F(x)}{G(x)}=\lim_{x\to\alpha}\frac{F(x)}{f(x)}\cdot\frac{f(x)}{g(x)}\cdot\frac{g(x)}{G(x)}$$
$$=1\cdot\lim_{x\to\alpha}\frac{f(x)}{g(x)}\cdot 1=\lim_{x\to\alpha}\frac{f(x)}{g(x)}=A.$$

这一定理告诉我们,在求积或商的极限时,若有因式是无穷小,则可用与其等价的无穷小来替换它.

例 35 求 $\lim\limits_{x\to 0}\dfrac{\ln(1+2x)}{\sin x}$.

解 当 $x\to 0$ 时,$\sin x\sim x$,$\ln(1+2x)\sim 2x$,因此
$$\lim_{x\to 0}\frac{\ln(1+2x)}{\sin x}=\lim_{x\to 0}\frac{2x}{x}=2.$$

例 36 求 $\lim\limits_{x\to 0}\dfrac{(\mathrm{e}^x-1)\ln(1+x)}{\tan x\arcsin x}$.

解 当 $x\to 0$ 时,$\mathrm{e}^x-1\sim x$,$\ln(1+x)\sim x$,$\tan x\sim x$,$\arcsin x\sim x$,因此
$$\lim_{x\to 0}\frac{(\mathrm{e}^x-1)\ln(1+x)}{\tan x\arcsin x}=\lim_{x\to 0}\frac{x\cdot x}{x\cdot x}=1.$$

例 37 求 $\lim\limits_{x\to 0}\dfrac{\tan x-\sin x}{\sin^3 2x}$.

解 当 $x\to 0$ 时,$\sin 2x\sim 2x$,$\sin^3 2x\sim(2x)^3$,因此

$$\lim_{x\to 0}\frac{\tan x-\sin x}{\sin^3 2x}=\lim_{x\to 0}\frac{\tan x-\sin x}{(2x)^3}=\lim_{x\to 0}\frac{\dfrac{\sin x}{\cos x}-\sin x}{8x^3}$$

$$=\frac{1}{8}\lim_{x\to 0}\frac{\sin x}{x}\cdot\frac{1-\cos x}{x^2}=\frac{1}{8}\cdot 1\cdot\frac{1}{2}=\frac{1}{16}.$$

注:等价无穷小只能替换极限式中的整体因式部分而不能替换加、减项部分.在本例中,若用 x 替换分子中的 $\tan x$ 及 $\sin x$,则得到错误的结果:

$$\lim_{x\to 0}\frac{\tan x-\sin x}{\sin^3 2x}=\lim_{x\to 0}\frac{x-x}{(2x)^3}=0.$$

习题 1-2

A 组

1. 观察下列数列一般项 x_n 的变化趋势,写出它们的极限:

(1) $x_n=\dfrac{1}{3^n}$;　　　　　(2) $x_n=(-1)^n\dfrac{1}{n}$;　　　　　(3) $x_n=2+\dfrac{1}{n^3}$;

(4) $x_n=\dfrac{n-2}{n+2}$;　　　　　(5) $x_n=(-1)^n n$.

2. 函数 $f(x)$ 在点 x_0 处存在极限是函数 $f(x)$ 在点 x_0 处有定义的(　　　).

(a) 充分而非必要条件　　　　　(b) 必要而非充分条件

(c) 充分必要条件　　　　　　　(d) 无关条件

3. 分析函数的变化趋势,求下列函数的极限:

(1) $\lim\limits_{x\to 3}(3x-2)$;　　　　　　　(2) $\lim\limits_{x\to 0}\sin x$;

(3) $\lim\limits_{x\to\infty}\dfrac{1-3x}{x}$;　　　　　　　(4) $\lim\limits_{x\to 0}(1-\sqrt{1-x^2})$.

4. 设函数 $f(x)=\mathrm{e}^{-x}$,问 $\lim\limits_{x\to+\infty}f(x)$,$\lim\limits_{x\to-\infty}f(x)$ 及 $\lim\limits_{x\to\infty}f(x)$ 是否存在? 为什么?

5. 设函数 $f(x)=\begin{cases}x+4, & x<1,\\ \sqrt{x}, & x\geqslant 1,\end{cases}$ 问 $\lim\limits_{x\to 1}f(x)$ 是否存在? 为什么?

6. 设函数 $f(x)=\begin{cases}\cos x, & x<0,\\ x+1, & x\geqslant 0,\end{cases}$ 讨论当 $x\to 0$ 时的极限是否存在.若存在,极限值为多少?

7. 判断下列说法是否正确:

(1) 非常大的数是无穷大,非常小的数是无穷小;　　　　　　　　　　(　　)

(2) 两个无穷大的和一定是无穷大;　　　　　　　　　　　　　　　　(　　)

(3) 无穷大与常数的乘积必是无穷大;　　　　　　　　　　　　　　　(　　)

(4) 零是无穷小;　　　　　　　　　　　　　　　　　　　　　　　　(　　)

(5) 无穷小是一个函数;　　　　　　　　　　　　　　　　　　　　　(　　)

(6) 两个无穷小的商是无穷小.　　　　　　　　　　　　　　　　　　(　　)

8. 指出下列哪些是无穷小量,哪些是无穷大量:

(1) $\dfrac{1 + (-1)^n}{n} (n \to \infty)$;   (2) $\dfrac{\sin x}{1 + \cos x} (x \to 0)$;   (3) $\dfrac{x + 1}{x^2 - 4} (x \to 2)$.

9. 利用无穷小的性质求极限：

(1) $\lim\limits_{x \to 0} x \sin \dfrac{1}{x}$;   (2) $\lim\limits_{x \to \infty} \dfrac{\sin x}{x^2}$;

(3) $\lim\limits_{x \to 0} (x + \sin x)$;   (4) $\lim\limits_{x \to 0} x \tan x$.

10. 当 $x \to 0$ 时，$x - x^2$ 与 $x^2 - x^3$ 相比，哪一个是高阶无穷小？

B 组

1. 观察下列数列一般项 x_n 的变化趋势，写出它们的极限：

(1) $x_n = \left(\dfrac{2}{3}\right)^n$;   (2) $x_n = (-1)^n \left(\dfrac{n}{n+1}\right)^n$;

(3) $x_n = \left(\dfrac{3^n}{1 + 3^n}\right)$;   (4) $x_n = \dfrac{(-1)^n}{(n+1)^2}$.

2. 分析函数的变化趋势，求下列函数的极限：

(1) $\lim\limits_{x \to \infty} \sin \dfrac{1}{x}$;   (2) $\lim\limits_{x \to \infty} \left(\dfrac{5}{4}\right)^x$;

(3) $\lim\limits_{x \to 1} \dfrac{x^2 - 1}{x - 1}$;   (4) $\lim\limits_{x \to e} \ln x$.

3. 已知函数 $f(x) = \begin{cases} 3^x, & x < 0, \\ x + k, & x \geqslant 0 \end{cases}$ 的 $\lim\limits_{x \to 0} f(x)$ 存在，求 k.

4. 利用无穷小量的性质求极限：

(1) $\lim\limits_{x \to 1} (x^2 - 1) \sin \dfrac{1}{x - 1}$;   (2) $\lim\limits_{x \to \infty} \dfrac{\arctan x}{x^2}$.

5. 比较下列无穷小量的阶：

(1) $x^2 - 4$ 与 $x - 2 (x \to 2)$;   (2) x^2 与 $\sqrt{1 + x^2} - 1 (x \to 0)$.

6. 利用等价无穷小的性质求下列极限：

(1) $\lim\limits_{x \to 0} \dfrac{\arctan 3x}{5x}$;   (2) $\lim\limits_{x \to 0} \dfrac{e^{5x} - 1}{\sin x}$;   (3) $\lim\limits_{x \to 0} \dfrac{\sqrt{1 + x \sin x} - 1}{x \tan x}$.

第三节 极限的运算

为了方便极限运算，我们给出极限的运算法则与两个重要极限，证明不作要求.

一、极限的运算法则

我们将给出极限的四则运算法则和复合函数的极限运算法则. 在下面的讨论中，记号 "$\lim\limits_{x \to \alpha}$" 中的 α 是指结论对于有限数 x_0、x_0^+、x_0^-、∞、$+\infty$、$-\infty$ 中任意一种均成立.

定理 6（极限的四则运算法则） 设 $\lim\limits_{x \to \alpha} f(x)$、$\lim\limits_{x \to \alpha} g(x)$ 都存在，且 $\lim\limits_{x \to \alpha} f(x) = A$，$\lim\limits_{x \to \alpha} g(x) = B$，则：

(1) $\lim\limits_{x \to \alpha} [f(x) \pm g(x)]$ 存在，且 $\lim\limits_{x \to \alpha} [f(x) \pm g(x)] = \lim\limits_{x \to \alpha} f(x) \pm \lim\limits_{x \to \alpha} g(x) = A \pm B$，即和差

的极限等于极限的和差；

(2) $\lim\limits_{x\to a}[f(x)\cdot g(x)]$ 存在，且 $\lim\limits_{x\to a}[f(x)\cdot g(x)]=\lim\limits_{x\to a}f(x)\cdot\lim\limits_{x\to a}g(x)=A\cdot B$，即积的极限等于极限的积；

(3) $\lim\limits_{x\to a}\dfrac{f(x)}{g(x)}(\lim\limits_{x\to a}g(x)\neq0)$ 存在，且 $\lim\limits_{x\to a}\dfrac{f(x)}{g(x)}=\dfrac{\lim\limits_{x\to a}f(x)}{\lim\limits_{x\to a}g(x)}=\dfrac{A}{B}(B\neq0)$，即商的极限等于极限的商．

推论 1 如果 $\lim\limits_{x\to a}f(x)$ 存在，C 为常数，则 $\lim\limits_{x\to a}C\cdot f(x)$ 存在，且 $\lim\limits_{x\to a}[Cf(x)]=C\lim\limits_{x\to a}f(x)$，即常数系数可以提到极限符号外面．

推论 2 如果 $\lim\limits_{x\to a}f(x)$ 存在，n 为正整数，则 $\lim\limits_{x\to a}[f(x)]^n$ 存在，且 $\lim\limits_{x\to a}[f(x)]^n=[\lim\limits_{x\to a}f(x)]^n$，即 n 次方的极限等于极限的 n 次方．

注：① 法则(1)和(2)均可推广到有限多个函数的情形．

② 上述定理给求极限带来了很大的方便，但应注意，运用该定理的前提是被运算的各个函数的极限必须存在，并且，在除法运算中，还要求分母的极限不为零．

例 38 求 $\lim\limits_{x\to3}(x^2-3x+5)$．

解 $\lim\limits_{x\to3}(x^2-3x+5)=\lim\limits_{x\to3}x^2-\lim\limits_{x\to3}3x+\lim\limits_{x\to3}5$

$=(\lim\limits_{x\to3}x)^2-3\lim\limits_{x\to3}x+5=3^2-3\cdot3+5=5.$

当遇到多项式函数在 x_0 处的极限时，此极限就等于该函数在 x_0 处的函数值．即

$$\lim\limits_{x\to x_0}(a_0x^n+a_1x^{n-1}+\cdots+a_n)=a_0x_0^n+a_1x_0^{n-1}+\cdots+a_n(a_0\neq0).$$

例 39 求 $\lim\limits_{x\to2}\dfrac{3x-5}{x^2-2x+7}$．

解 因为当 $x\to2$ 时，$x^2-2x+7\to7\neq0$，由商的极限的运算法则，有

$$\lim\limits_{x\to2}\dfrac{3x-5}{x^2-2x+7}=\dfrac{\lim\limits_{x\to2}(3x-5)}{\lim\limits_{x\to2}(x^2-2x+7)}=\dfrac{3\times2-5}{2^2-2\times2+7}=\dfrac{1}{7}.$$

由此可知，当遇到有理分式函数在 x_0 处的极限时，若分母的极限不为零，则此极限就等于该函数在 x_0 处的函数值．即

$$\lim\limits_{x\to x_0}\dfrac{f(x)}{g(x)}=\dfrac{f(x_0)}{g(x_0)}(\lim\limits_{x\to x_0}g(x)\neq0).$$

例 40 求 $\lim\limits_{x\to\infty}\left(1+\dfrac{1}{x}\right)\left(2+\dfrac{2}{x^2}\right)\left(3-\dfrac{3}{x^3}\right)$．

解 $\lim\limits_{x\to\infty}\left(1+\dfrac{1}{x}\right)\left(2+\dfrac{2}{x^2}\right)\left(3-\dfrac{3}{x^3}\right)=\lim\limits_{x\to\infty}\left(1+\dfrac{1}{x}\right)\cdot\lim\limits_{x\to\infty}\left(2+\dfrac{2}{x^2}\right)\cdot\lim\limits_{x\to\infty}\left(3-\dfrac{3}{x^3}\right)$

$=(1+0)(2+0)(3+0)=6.$

例 41 求 $\lim\limits_{x\to1}\dfrac{3x+2}{x^2-2x+1}$．

解 当 $x\to1$ 时，$x^2-2x+1\to0$，$3x+2\to5\neq0$，不能直接用商的极限法则．

我们可考虑倒数的极限：

$$\lim\limits_{x\to1}\dfrac{x^2-2x+1}{3x+2}=\dfrac{\lim\limits_{x\to1}(x^2-2x+1)}{\lim\limits_{x\to1}(3x+2)}=\dfrac{0}{5}=0,$$

由无穷大与无穷小的关系知：$\lim\limits_{x \to 1} \dfrac{3x+2}{x^2-2x+1} = \infty$.

由此可知，当遇到分母的极限为零、分子的极限不为零的分式函数的极限时，可利用倒数的极限及无穷大与无穷小的关系来确定原式的极限.

例 42　求 $\lim\limits_{x \to 2} \dfrac{x^2+x-6}{x^2-4}$.

解　当 $x \to 2$ 时，分子、分母的极限都为零，不能直接用商的极限法则，但它们都有趋于零的公因式 $x-2$，约去这个公因式，即有

$$\lim_{x \to 2} \frac{x^2+x-6}{x^2-4} = \lim_{x \to 2} \frac{(x+3)(x-2)}{(x+2)(x-2)} = \lim_{x \to 2} \frac{x+3}{x+2} = \frac{5}{4}.$$

由此可知，当遇到分子、分母的极限都为零（这类极限通常称为 $\dfrac{0}{0}$ 型未定式极限）的有理分式函数极限时，一般先对分子、分母因式分解，约去趋向于零的公因式，然后再求极限.

例 43　求 $\lim\limits_{x \to 5} \dfrac{\sqrt{x+4}-3}{x-5}$.

解　这是 $\dfrac{0}{0}$ 型未定式极限，且分子含有根式，需借助于根式有理化，从而约去趋向于零的公因式 $x-5$.

$$\begin{aligned}
\lim_{x \to 5} \frac{\sqrt{x+4}-3}{x-5} &= \lim_{x \to 5} \frac{(\sqrt{x+4}-3)(\sqrt{x+4}+3)}{(x-5)(\sqrt{x+4}+3)} \\
&= \lim_{x \to 5} \frac{x-5}{(x-5)(\sqrt{x+4}+3)} \\
&= \lim_{x \to 5} \frac{1}{\sqrt{x+4}+3} = \frac{1}{6}.
\end{aligned}$$

由此可知，当遇到 $\dfrac{0}{0}$ 型非有理函数未定式极限时，若分子或分母中含有根式，可先对分子或分母进行有理化，约去零因式，再求极限.

例 44　$\lim\limits_{x \to 3} \dfrac{\sqrt{x}-\sqrt{3}}{\sqrt{2x+3}-3}$.

解　这是 $\dfrac{0}{0}$ 型未定式极限，且分子、分母都含有根式，需分子、分母同时有理化，从而约去趋向于零的公因式 $x-3$.

$$\begin{aligned}
\lim_{x \to 3} \frac{\sqrt{x}-\sqrt{3}}{\sqrt{2x+3}-3} &= \lim_{x \to 3} \frac{(\sqrt{x}-\sqrt{3})(\sqrt{x}+\sqrt{3})(\sqrt{2x+3}+3)}{(\sqrt{x}+\sqrt{3})(\sqrt{2x+3}-3)(\sqrt{2x+3}+3)} \\
&= \lim_{x \to 3} \frac{(x-3)(\sqrt{2x+3}+3)}{(\sqrt{x}+\sqrt{3})(2x-6)} \\
&= \lim_{x \to 3} \frac{\sqrt{2x+3}+3}{2(\sqrt{x}+\sqrt{3})} = \frac{6}{4\sqrt{3}} = \frac{\sqrt{3}}{2}.
\end{aligned}$$

例 45　求 $\lim\limits_{x \to \infty} \dfrac{5x^2+x-6}{x^3+2}$.

解 当 $x \to \infty$ 时,分子、分母同时趋于 ∞(这类极限通常称为 $\dfrac{\infty}{\infty}$ 型未定式极限),不能直接用商的极限法则. 此时可以将分子、分母同除以它们的最高次幂 x^3 后求极限.

$$\lim_{x \to \infty} \frac{5x^2 + x - 6}{x^3 + 2} = \lim_{x \to \infty} \frac{\dfrac{5}{x} + \dfrac{1}{x^2} - \dfrac{6}{x^3}}{1 + \dfrac{2}{x^3}} = \frac{\displaystyle\lim_{x \to \infty} \left(\frac{5}{x} + \frac{1}{x^2} - \frac{6}{x^3} \right)}{\displaystyle\lim_{x \to \infty} \left(1 + \frac{2}{x^3} \right)} = \frac{0 + 0 - 0}{1 + 0} = 0.$$

例 46 求 $\displaystyle\lim_{x \to \infty} \dfrac{4x^3 + x + 1}{2x^3 + 5}$.

解 这是 $\dfrac{\infty}{\infty}$ 型未定式极限,根据上例,可将分子、分母同除以它们的最高次幂 x^3 后求极限.

$$\lim_{x \to \infty} \frac{4x^3 + x + 1}{2x^3 + 5} = \lim_{x \to \infty} \frac{4 + \dfrac{1}{x^2} + \dfrac{1}{x^3}}{2 + \dfrac{5}{x^3}} = \frac{4 + 0 + 0}{2 + 0} = 2.$$

由此可知,当遇到像这种分子、分母都是多项式的 $\dfrac{\infty}{\infty}$ 型未定式极限时,先将分子、分母同除以它们的最高次幂,然后再求极限.

一般地,当 $x \to \infty$ 时,有下面的结论:

$$\lim_{x \to \infty} \frac{a_0 x^n + a_1 x^{n-1} + \cdots + a_n}{b_0 x^m + b_1 x^{m-1} + \cdots + b_m} = \begin{cases} 0, & n < m, \\[2mm] \dfrac{a_0}{b_0}, & n = m, \\[2mm] \infty, & n > m \end{cases} \text{(其中 } a_0 \text{、} b_0 \neq 0, n \text{、} m \text{ 为非负整数)}.$$

例 47 求 $\displaystyle\lim_{x \to 1} \left(\dfrac{1}{x-1} - \dfrac{2}{x^2-1} \right)$.

解 因为 $\displaystyle\lim_{x \to 1} \dfrac{1}{x-1}$、$\displaystyle\lim_{x \to 1} \dfrac{2}{x^2-1}$ 不存在,所以不能直接用差的极限法则,可先通分化简,再求极限.

$$\lim_{x \to 1} \left(\frac{1}{x-1} - \frac{2}{x^2-1} \right) = \lim_{x \to 1} \frac{x + 1 - 2}{x^2 - 1} = \lim_{x \to 1} \frac{x-1}{x^2-1} = \lim_{x \to 1} \frac{1}{x+1} = \frac{1}{2}.$$

由此可知,当遇到两个有理分式差的极限时,若这两个有理分式都是无穷大,可先将它们通分,然后再求极限.

例 48 求极限 $\displaystyle\lim_{x \to +\infty} \left(\sqrt{x^2 + x + 1} - \sqrt{x^2 - x + 1} \right)$.

解 因为 $\displaystyle\lim_{x \to +\infty} \sqrt{x^2 + x + 1}$、$\displaystyle\lim_{x \to +\infty} \sqrt{x^2 - x + 1}$ 不存在,所以不能直接用差的极限法则,可先分子有理化,再求极限.

$$\lim_{x \to +\infty} \left(\sqrt{x^2 + x + 1} - \sqrt{x^2 - x + 1} \right)$$

$$= \lim_{x \to +\infty} \frac{\left(\sqrt{x^2 + x + 1} - \sqrt{x^2 - x + 1} \right)\left(\sqrt{x^2 + x + 1} + \sqrt{x^2 - x + 1} \right)}{\sqrt{x^2 + x + 1} + \sqrt{x^2 - x + 1}}$$

$$= \lim_{x \to +\infty} \frac{2x}{\sqrt{x^2 + x + 1} + \sqrt{x^2 - x + 1}}$$

$$= \lim_{x \to +\infty} \frac{2}{\sqrt{1 + \dfrac{1}{x} + \dfrac{1}{x^2}} + \sqrt{1 - \dfrac{1}{x} + \dfrac{1}{x^2}}} = \frac{2}{2} = 1.$$

由此可知,当遇到两个根式差的极限时,若这两个根式都是无穷大,可先将它们看作分母为 1 的分式进行分子有理化,然后再求极限.

定理 7(复合函数的极限运算法则)　设函数 $y = f[g(x)]$ 是由函数 $y = f(u)$ 与函数 $u = g(x)$ 复合得到的,若 $\lim\limits_{x \to a} g(x) = u_0$($u_0$ 为某一实数),$\lim\limits_{u \to u_0} f(u) = A$,且在 a 的某去心邻域内有 $g(x) \neq u_0$,则

$$\lim_{x \to a} f[g(x)] = \lim_{u \to u_0} f(u) = A.$$

注:定理 7 表明,若函数 $f(u)$ 和 $g(x)$ 满足该定理的条件,则作代换 $u = g(x)$,可把求 $\lim\limits_{x \to a} f[g(x)]$ 化为求 $\lim\limits_{u \to u_0} f(u)$,其中 $u_0 = \lim\limits_{x \to a} g(x)$.

例 49　求 $\lim\limits_{x \to \frac{\pi}{8}} \sin 2x$.

解　令 $u = 2x$,则函数 $y = \sin 2x$ 可看作是由 $y = \sin u$ 与 $u = 2x$ 复合而成的.因为 $x \to \dfrac{\pi}{8}$,$u = 2x \to \dfrac{\pi}{4}$,且 $u \to \dfrac{\pi}{4}$ 时 $\sin u \to \dfrac{\sqrt{2}}{2}$,所以

$$\lim_{x \to \frac{\pi}{8}} \sin 2x = \lim_{u \to \frac{\pi}{4}} \sin u = \sin \frac{\pi}{4} = \frac{\sqrt{2}}{2}.$$

例 50　求 $\lim\limits_{x \to \infty} 2^{\frac{1}{x}}$.

解　令 $u = \dfrac{1}{x}$,则 $\lim\limits_{x \to \infty} \dfrac{1}{x} = 0$,且 $\lim\limits_{u \to 0} 2^u = 1$,所以

$$\lim_{x \to \infty} 2^{\frac{1}{x}} = \lim_{u \to 0} 2^u = 1.$$

二、两个重要极限

1. $\lim\limits_{x \to 0} \dfrac{\sin x}{x} = 1$

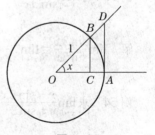

图 1 - 26

证明　因为 $\dfrac{\sin(-x)}{-x} = \dfrac{-\sin x}{-x} = \dfrac{\sin x}{x}$,即 $\dfrac{\sin x}{x}$ 是偶函数,

因此可只考虑 $x \to 0^+$ 的情形,不妨设 $0 < x < \dfrac{\pi}{2}$.在以 1 为半径的圆 O 内取圆心角 $\angle AOB = x$,在点 A 处作圆的切线.设该切线与 OB 的延长线交于 D,再从点 B 作 OA 的垂直线,设垂足为 C(见图 1 - 26).于是有

$$x = \overset{\frown}{AB},\ \sin x = |BC|,\ \tan x = \frac{|BC|}{|OC|} = \frac{|AD|}{|OA|} = |AD|.$$

由于

$$S_{\triangle BOA} < S_{扇形 BOA} < S_{\triangle DOA},$$

而 $S_{\triangle BOA} = \dfrac{1}{2}|OA| \cdot |BC| = \dfrac{1}{2}\sin x$,$S_{扇形 BOA} = \dfrac{1}{2}|OA| \cdot \overset{\frown}{AB} = \dfrac{1}{2}x$,$S_{\triangle DOA} = \dfrac{1}{2}|OA| \cdot$

$|AD| = \dfrac{1}{2}\tan x$，因此有

$$\dfrac{1}{2}\sin x < \dfrac{1}{2}x < \dfrac{1}{2}\tan x,$$

即有

$$\sin x < x < \tan x.$$

同除以 $\sin x$ 得

$$1 < \dfrac{x}{\sin x} < \dfrac{1}{\cos x},\text{亦即}\ \cos x < \dfrac{\sin x}{x} < 1.$$

由于 $\lim\limits_{x \to 0^+}\cos x = 1,\ \lim\limits_{x \to 0^+}1 = 1$，因此 $\lim\limits_{x \to 0^+}\dfrac{\sin x}{x} = 1$.

由于 $\dfrac{\sin x}{x}$ 为偶函数，因此 $\lim\limits_{x \to 0^-}\dfrac{\sin x}{x} = \lim\limits_{x \to 0^+}\dfrac{\sin x}{x} = 1$. 故证得 $\lim\limits_{x \to 0}\dfrac{\sin x}{x} = 1$.

特别强调的是，应用该重要极限时应注意它的格式：在某一个变化过程中，分子、分母的极限都是零（我们称它为 $\dfrac{0}{0}$ 型），且分子是分母的正弦. 即可形象地表示为

$$\lim_{\square \to 0}\dfrac{\sin \square}{\square} = 1\ (\square\text{代表某一变量或函数}).$$

例 51 求 $\lim\limits_{x \to 0}\dfrac{\sin 3x}{x}$.

解 $\lim\limits_{x \to 0}\dfrac{\sin 3x}{x} = \lim\limits_{x \to 0}\dfrac{3\sin 3x}{3x} \xlongequal{\text{令}3x = t} 3\lim\limits_{t \to 0}\dfrac{\sin t}{t} = 3.$

例 52 求 $\lim\limits_{x \to 0}\dfrac{\tan x}{x}$.

解 $\lim\limits_{x \to 0}\dfrac{\tan x}{x} = \lim\limits_{x \to 0}\dfrac{1}{\cos x} \cdot \dfrac{\sin x}{x} = \lim\limits_{x \to 0}\dfrac{1}{\cos x} \cdot \lim\limits_{x \to 0}\dfrac{\sin x}{x} = 1 \cdot 1 = 1.$

例 53 求 $\lim\limits_{x \to 0}\dfrac{\sin 3x}{\sin 5x}$.

解 $\lim\limits_{x \to 0}\dfrac{\sin 3x}{\sin 5x} = \lim\limits_{x \to 0}\dfrac{3x}{5x} \cdot \dfrac{\dfrac{\sin 3x}{3x}}{\dfrac{\sin 5x}{5x}} = \dfrac{3}{5} \cdot \dfrac{1}{1} = \dfrac{3}{5}.$

例 54 求 $\lim\limits_{x \to 0}\dfrac{x - \sin 2x}{x + \sin 2x}$.

解 $\lim\limits_{x \to 0}\dfrac{x - \sin 2x}{x + \sin 2x} = \lim\limits_{x \to 0}\dfrac{\dfrac{1}{2} - \dfrac{\sin 2x}{2x}}{\dfrac{1}{2} + \dfrac{\sin 2x}{2x}} = \dfrac{\dfrac{1}{2} - 1}{\dfrac{1}{2} + 1} = -\dfrac{1}{3}.$

例 55 求 $\lim\limits_{x \to 0}\dfrac{1 - \cos x}{x^2}$.

解 $\lim\limits_{x \to 0}\dfrac{1 - \cos x}{x^2} = \lim\limits_{x \to 0}\dfrac{2\sin^2\dfrac{x}{2}}{x^2} = \lim\limits_{x \to 0}\dfrac{1}{2}\left(\dfrac{\sin\dfrac{x}{2}}{\dfrac{x}{2}}\right)^2 = \dfrac{1}{2} \cdot 1^2 = \dfrac{1}{2}.$

例 56　求 $\lim\limits_{n\to\infty}2^n\sin\dfrac{\pi}{2^n}$.

解　$\lim\limits_{n\to\infty}2^n\sin\dfrac{\pi}{2^n}=\lim\limits_{n\to\infty}\pi\cdot\dfrac{\sin\dfrac{\pi}{2^n}}{\dfrac{\pi}{2^n}}=\pi\cdot1=\pi.$

2. $\lim\limits_{x\to\infty}\left(1+\dfrac{1}{x}\right)^x=\mathrm{e}$

先考虑自变量 x 取正整数 n 时，这个极限变成

$$\lim\limits_{n\to\infty}\left(1+\dfrac{1}{n}\right)^n.$$

应用"单调有界数列必收敛"可以证明上式极限存在，并将它记为 e，即

$$\lim\limits_{n\to\infty}\left(1+\dfrac{1}{n}\right)^n=\mathrm{e}.$$

当 n 足够大，如 $n=m$ 时，可以计算得 e 的近似值：

$$\mathrm{e}\approx\left(1+\dfrac{1}{m}\right)^m.$$

这样，可计算得 e = 2.718 281 8…，这是一个无理数. 再应用夹逼定理证明

$$\lim\limits_{x\to\infty}\left(1+\dfrac{1}{x}\right)^x=\mathrm{e}.$$

由于整个证明过程比较复杂，这里不予证明. 特别强调的是，应用该重要极限时应注意它的格式：在某一变化过程中，底的极限为 1，指数是无穷大（我们称它为 1^∞ 型），且底中 1 加的部分与指数是倒数关系. 即可形象地表示为

$$\lim\limits_{\square\to0}(1+\square)^{\frac{1}{\square}}=\mathrm{e}(\square\text{代表某一变量或函数}).$$

例 57　求 $\lim\limits_{x\to\infty}\left(1+\dfrac{2}{x}\right)^x$.

解　$\lim\limits_{x\to\infty}\left(1+\dfrac{2}{x}\right)^x=\lim\limits_{x\to\infty}\left(1+\dfrac{2}{x}\right)^{\frac{x}{2}\cdot2}=\left[\lim\limits_{x\to\infty}\left(1+\dfrac{2}{x}\right)^{\frac{x}{2}}\right]^2=\mathrm{e}^2.$

例 58　求 $\lim\limits_{x\to\infty}\left(1-\dfrac{1}{2x}\right)^x$.

解　$\lim\limits_{x\to\infty}\left(1-\dfrac{1}{2x}\right)^x=\lim\limits_{x\to\infty}\left[\left(1+\dfrac{1}{-2x}\right)^{-2x}\right]^{-\frac{1}{2}}=\mathrm{e}^{-\frac{1}{2}}.$

例 59　求 $\lim\limits_{x\to0}(1-5x)^{\frac{2}{x}}$.

解　$\lim\limits_{x\to0}(1-5x)^{\frac{2}{x}}=\lim\limits_{x\to0}[1+(-5x)]^{-\frac{1}{5x}\cdot(-10)}=\lim\limits_{x\to0}[(1-5x)^{-\frac{1}{5x}}]^{-10}=\mathrm{e}^{-10}.$

例 60　求 $\lim\limits_{x\to\infty}\left(1+\dfrac{3}{2x}\right)^{4x+3}$.

解　$\lim\limits_{x\to\infty}\left(1+\dfrac{3}{2x}\right)^{4x+3}=\lim\limits_{x\to\infty}\left(1+\dfrac{3}{2x}\right)^{4x}\cdot\left(1+\dfrac{3}{2x}\right)^3=\lim\limits_{x\to\infty}\left(1+\dfrac{3}{2x}\right)^{\frac{2x}{3}\cdot6}=\mathrm{e}^6.$

例 61　求 $\lim\limits_{x\to\infty}\left(\dfrac{3+x}{2+x}\right)^{2x}$.

解　（方法一）$\lim\limits_{x\to\infty}\left(\dfrac{3+x}{2+x}\right)^{2x}=\lim\limits_{x\to\infty}\left[\dfrac{(2+x)+1}{2+x}\right]^{2x}=\lim\limits_{x\to\infty}\left[\left(1+\dfrac{1}{2+x}\right)\right]^{2x}$

$$= \lim_{x \to \infty} \left(1 + \frac{1}{2+x}\right)^{2 \cdot (2+x) - 4}$$

$$= \lim_{x \to \infty} \left[\left(1 + \frac{1}{2+x}\right)^{2+x}\right]^2 \cdot \left(1 + \frac{1}{2+x}\right)^{-4} = e^2 \cdot 1 = e^2.$$

（方法二）$\lim_{x \to \infty} \left(\frac{3+x}{2+x}\right)^{2x} = \lim_{x \to \infty} \left(\dfrac{\frac{3}{x}+1}{\frac{2}{x}+1}\right)^{2x} = \lim_{x \to \infty} \dfrac{\left(1+\frac{3}{x}\right)^{2x}}{\left(1+\frac{2}{x}\right)^{2x}} = \dfrac{e^6}{e^4} = e^2.$

例 62 已知 $\lim\limits_{x \to \infty} \left(1 + \frac{k}{x}\right)^x = e^{\frac{1}{2}}$，求常数 k.

解 $\lim\limits_{x \to \infty} \left(1 + \frac{k}{x}\right)^x = \lim\limits_{x \to \infty} \left[\left(1 + \frac{k}{x}\right)^{\frac{x}{k}}\right]^k = e^k.$

由已知条件，有 $e^k = e^{\frac{1}{2}}$. 故 $k = \frac{1}{2}$.

*例 63 证明：$\lim\limits_{x \to 0} \dfrac{\ln(1+x)}{x} = 1.$

证明 $\lim\limits_{x \to 0} \dfrac{\ln(1+x)}{x} = \lim\limits_{x \to 0} \ln(1+x)^{\frac{1}{x}} = \ln e = 1.$

*例 64 证明：$\lim\limits_{x \to 0} \dfrac{e^x - 1}{x} = 1.$

证明 令 $e^x - 1 = t$，则 $e^x = 1 + t$，$x = \ln(1+t)$，且当 $x \to 0$ 时，$t \to 0$. 于是

$$\lim_{x \to 0} \frac{e^x - 1}{x} = \lim_{t \to 0} \frac{t}{\ln(1+t)} = 1.$$

习题 1-3

A 组

1. 下列计算错在哪里？

(1) $\lim\limits_{x \to 2} \dfrac{x^2 - 4}{x - 2} = \dfrac{\lim\limits_{x \to 2}(x^2 - 4)}{\lim\limits_{x \to 2}(x - 2)} = \dfrac{0}{0} = 1$；

(2) $\lim\limits_{x \to 2} \dfrac{x^2 - 3}{x - 2} = \dfrac{\lim\limits_{x \to 2}(x^2 - 3)}{\lim\limits_{x \to 2}(x - 2)} = \dfrac{1}{0} = \infty$.

2. 求下列极限：

(1) $\lim\limits_{x \to 2}(3x^2 - 2x + 1)$；

(2) $\lim\limits_{x \to \frac{\pi}{2}} x \sin x$；

(3) $\lim\limits_{x \to 1} \left(\dfrac{x^2 + x + 1}{2x - 1} + 2\right)$；

(4) $\lim\limits_{x \to \infty} \left(1 + \dfrac{1}{3x}\right)\left(2 - \dfrac{1}{x^2}\right)$；

(5) $\lim\limits_{x \to 5} \dfrac{\sqrt{x-1}+2}{\sqrt{x+4}+3}$；

(6) $\lim\limits_{x \to -1} \dfrac{x^2 + 3x + 4}{x^2 - x - 2}$.

3. 求下列极限：

(1) $\lim\limits_{x \to 5} \dfrac{x^2 - 5x}{x^2 - 25}$；

(2) $\lim\limits_{x \to 3} \dfrac{x^2 - 4x + 3}{x^2 - x - 6}$；

(3) $\lim\limits_{x \to 2} \dfrac{\sqrt{5x-1}-3}{x-2}$；

(4) $\lim\limits_{x \to 0} \dfrac{\sqrt{1+x} - \sqrt{1-x}}{x}$；

(5) $\lim\limits_{x\to 1}\dfrac{x-1}{\sqrt{1+x}-\sqrt{3-x}}$；

(6) $\lim\limits_{x\to 3}\dfrac{\sqrt{x-2}-1}{\sqrt{x+1}-2}$.

4. 求下列极限：

(1) $\lim\limits_{x\to\infty}\dfrac{1\,000x^2+3x+100}{x^3+1}$；

(2) $\lim\limits_{x\to\infty}\dfrac{x^3+1}{100x^2+x+1}$；

(3) $\lim\limits_{x\to-\infty}\dfrac{3x^4+4x^2+1}{4x^4+3x^3+x}$；

(4) $\lim\limits_{x\to-\infty}\dfrac{(x^3+1)(5x-2)}{(x^2+1)^2}$；

(5) $\lim\limits_{x\to\infty}\dfrac{x+2}{x^2+1}\sin x$；

(6) $\lim\limits_{n\to\infty}\dfrac{\sqrt{n^2-n}+n}{7n+3}$；

(7) $\lim\limits_{x\to 2}\left(\dfrac{1}{x-2}-\dfrac{2}{x^2-4}\right)$；

(8) $\lim\limits_{x\to+\infty}\left(\sqrt{x^2+1}-\sqrt{x^2-1}\right)$.

5. 求下列极限：

(1) $\lim\limits_{x\to 0}\cos(\sin x)$；

(2) $\lim\limits_{x\to\infty}2^{\sin\frac{1}{x}}$；

(3) $\lim\limits_{x\to\infty}\ln\left(1+\dfrac{1}{x^2}\right)$；

(4) $\lim\limits_{x\to-\infty}\arctan e^x$.

6. 求下列极限：

(1) $\lim\limits_{x\to 0}\dfrac{\sin 5x}{3x}$；

(2) $\lim\limits_{x\to 0}\dfrac{\sin^2 x}{x}$；

(3) $\lim\limits_{x\to 0}\dfrac{\tan 2x}{x}$；

(4) $\lim\limits_{x\to 1}\dfrac{\sin(x^2-1)}{x-1}$；

(5) $\lim\limits_{x\to 0}\dfrac{\sin(\sin x)}{x}$；

(6) $\lim\limits_{n\to\infty}n\sin\dfrac{4}{n}$.

7. 求下列极限：

(1) $\lim\limits_{x\to\infty}\left(1+\dfrac{1}{x}\right)^{5x}$；

(2) $\lim\limits_{n\to\infty}\left(1-\dfrac{4}{n}\right)^{2n}$；

(3) $\lim\limits_{x\to 0}(1+3x)^{\frac{3}{x}}$；

(4) $\lim\limits_{n\to\infty}\left(1+\dfrac{1}{n}\right)^{6n+2}$；

(5) $\lim\limits_{x\to 0}\left(\dfrac{2-x}{2}\right)^{\frac{2}{x}}$；

(6) $\lim\limits_{x\to\infty}\left(\dfrac{x+3}{x+1}\right)^{x}$.

8. 已知函数 $f(x)=\begin{cases}\dfrac{\sin 2x}{x}, & x<0,\\ a\cos x, & x\geqslant 0\end{cases}$ 在 $x=0$ 处存在极限，求常数 a.

B 组

1. 判断下列运算是否正确？如果错，错在哪里？

(1) $\lim\limits_{x\to 0}x^2\sin\dfrac{1}{x}=\lim\limits_{x\to 0}x^2\cdot\lim\limits_{x\to 0}\sin\dfrac{1}{x}=0\cdot\lim\limits_{x\to 0}\sin\dfrac{1}{x}=0$；

(2) $\lim\limits_{x\to 1}\left(\dfrac{1}{x-1}-\dfrac{2}{x^2-1}\right)=\lim\limits_{x\to 1}\dfrac{1}{x-1}-\lim\limits_{x\to 1}\dfrac{2}{x^2-1}=\infty-\infty=0$.

2. 求下列极限：

(1) $\lim\limits_{x\to\frac{1}{2}}(27x^2-3)(6x+5)$；

(2) $\lim\limits_{x\to\infty}\dfrac{(2x+1)^3(x-3)^2}{x^5+4}$；

(3) $\lim\limits_{x\to 4}\dfrac{\sqrt{2x+1}-3}{\sqrt{x}-2}$;

(4) $\lim\limits_{x\to\infty}\dfrac{(2x^2-8)^8(3x^2+1)^2}{(2x^2+1)^{10}}$;

(5) $\lim\limits_{x\to 0}\dfrac{1-\sqrt{1+x^2}}{x^2}$;

(6) $\lim\limits_{x\to\infty}x^2\left(\dfrac{1}{x+1}-\dfrac{1}{x-1}\right)$;

(7) $\lim\limits_{x\to\infty}\left(\dfrac{3-2x}{2-2x}\right)^x$;

(8) $\lim\limits_{x\to 0}(1+\tan x)^{\cot x}$.

3. 已知极限 $\lim\limits_{x\to 1}\dfrac{x^2-3x+k}{x-1}$ 存在, 求常数 k 和极限值.

第四节　函数的连续性

在客观世界中, 许多现象、运动都是连续不间断变化的. 例如, 一天中气温随时间的变化而不间断地变化、植物连续不间断地生长、曲线 $y=\ln x$ 是连续不间断的. 为了确切地描述一个变量随另一个变量的这种不间断地变化, 在这一节中引进函数的连续性概念.

一、函数的连续性

1. 连续函数的概念

为了描述函数的连续性, 我们先引入函数增量的概念.

如图 1-27 所示, 设函数 $y=f(x)$ 在点 x_0 的某个邻域内有定义, 当自变量 x 从初值 x_0 变化到终值 x 时, 称差 $x-x_0$ 为自变量 x 在 x_0 处的改变量或增量, 记作 Δx, 即 $\Delta x=x-x_0$. 相应地, 函数 $f(x)$ 在终值 x 处的函数值与初值 x_0 处的函数值的差称为函数的改变量或增量, 记作 Δy, 即

$$\Delta y=f(x)-f(x_0).$$

说明: ① Δx 和 Δy 可以是正值, 也可以是负值, 也可以为零.

② 因为 $\Delta x=x-x_0$, 所以 $x=x_0+\Delta x$, 因而

$$\Delta y=f(x_0+\Delta x)-f(x_0).$$

例如, 函数 $f(x)=x^2+1$, 当自变量 x 在点 x_0 处取得增量 Δx(即 x 由 x_0 变化到 $x_0+\Delta x$)时, 函数相应的增量为

$$\Delta y=f(x_0+\Delta x)-f(x_0)=[(x_0+\Delta x)^2+1]-(x_0^2+1)=2x_0\Delta x+(\Delta x)^2.$$

从几何图形上看, 若函数 $f(x)$ 在点 x_0 处不断开(即连续), 如图 1-28 所示, 则当 x 在 x_0 处取得微小增量 Δx 时, 函数相应的增量 Δy 也很小, 且当 Δx 趋于 0 时, Δy 也趋于 0, 即 $\lim\limits_{\Delta x\to 0}\Delta y=0$. 相反, 若函数 $f(x)$ 在点 x_0 处断开(即不连续), 如图 1-29 所示, 则即使有 Δx 趋于 0, Δy 也不趋于 0.

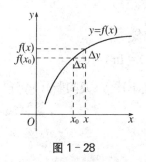

图 1-28

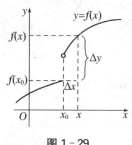

图 1-29

定义 15 设函数 $f(x)$ 在点 x_0 的某个邻域内有定义,若当自变量 x 在点 x_0 处的增量 Δx 趋于零时,函数相应的增量 Δy 也趋于零,即

$$\lim_{\Delta x \to 0} \Delta y = 0,$$

则称函数 $f(x)$ 在点 x_0 处**连续**,点 x_0 称为 $f(x)$ 的**连续点**.否则,称函数 $f(x)$ 在点 x_0 处**不连续**或**间断**,点 x_0 称为 $f(x)$ 的**间断点**.

这表明,函数 $f(x)$ 在点 x_0 处连续的直观意义是:当自变量的改变量 Δx 为无穷小时,函数相应的改变量 Δy 也为无穷小.

在定义 15 中,若令 $x = x_0 + \Delta x$,即 $\Delta x = x - x_0$,相应地 $\Delta y = f(x) - f(x_0)$,则当 $\Delta x \to 0$ 时,有 $x \to x_0$,且 $\lim\limits_{\Delta x \to 0} \Delta y = \lim\limits_{x \to x_0} [f(x) - f(x_0)] = 0$,即

$$\lim_{x \to x_0} f(x) = f(x_0).$$

于是我们可得函数连续定义的另一种表述:

定义 16 设函数 $f(x)$ 在点 x_0 的某邻域内有定义,若 $\lim\limits_{x \to x_0} f(x) = f(x_0)$,则称函数 $f(x)$ 在点 x_0 处**连续**,点 x_0 称为函数 $f(x)$ 的**连续点**;否则,称函数 $f(x)$ 在点 x_0 处**不连续**或**间断**,点 x_0 称为函数 $f(x)$ 的**间断点**.

例 65 讨论函数 $f(x) = \begin{cases} \dfrac{x^2-1}{x-1}, & x \neq 1, \\ 2, & x = 1 \end{cases}$ 在点 $x = 1$ 处的连续性.

解 因为 $f(1) = 2$,且

$$\lim_{x \to 1} f(x) = \lim_{x \to 1} \frac{x^2-1}{x-1} = \lim_{x \to 1} (x+1) = 2,$$

显然 $\lim\limits_{x \to 1} f(x) = f(1)$,所以函数 $f(x)$ 在点 $x = 1$ 处连续.

由定义 16 可知函数 $f(x)$ 在点 x_0 处连续必须同时满足以下三个条件:

(1) 函数 $f(x)$ 在点 x_0 处有定义;

(2) $\lim\limits_{x \to x_0} f(x)$ 存在(记为 A);

(3) $A = \lim\limits_{x \to x_0} f(x)$.

要函数 $f(x)$ 在点 x_0 处连续,这三个条件缺一不可.只要三个条件之一不成立,则 $f(x)$ 在点 x_0 处间断.

例 66 讨论函数 $f(x) = \begin{cases} \mathrm{e}^x, & x < 0, \\ 0, & x = 0, \\ \ln(1+x), & x > 0 \end{cases}$ 在 $x = 0$ 处的连续性.

解 因为 $f(0)=0$，又

$$\lim_{x \to 0^-} f(x) = \lim_{x \to 0^-} e^x = e^0 = 1,$$

$$\lim_{x \to 0^+} f(x) = \lim_{x \to 0^+} \ln(1+x) = \ln 1 = 0,$$

显然 $\lim\limits_{x \to 0^-} f(x) \neq \lim\limits_{x \to 0^+} f(x)$，从而函数 $f(x)$ 在 $x=0$ 处不连续（或间断）．

2．左连续与右连续

类似于左、右极限，我们有左、右连续的概念．

定义 17 设函数 $f(x)$ 在点 x_0 的某个左（或右）邻内有定义，且

$$\lim_{x \to x_0^-} f(x) = f(x_0) \ (或 \lim_{x \to x_0^+} f(x) = f(x_0)),$$

则称函数 $f(x)$ 在点 x_0 处**左（或右）连续**．

根据上述定义，可得如下定理：

定理 8 函数 $f(x)$ 在点 x_0 处连续的充分必要条件是函数 $f(x)$ 在点 x_0 处既左连续又右连续．

例 67 讨论函数 $f(x) = \begin{cases} 2x+1, & x \leqslant 0, \\ \cos x, & x > 0 \end{cases}$ 在点 $x=0$ 处的连续性．

解 由于

$$\lim_{x \to 0^-} f(x) = \lim_{x \to 0^-} (2x+1) = 1 = f(0),$$

$$\lim_{x \to 0^+} f(x) = \lim_{x \to 0^+} \cos x = 1 = f(0),$$

因此该函数 $f(x)$ 在点 $x=0$ 处左连续且右连续．据定理 8 知，函数 $f(x)$ 在点 $x=0$ 处连续．

例 68 讨论函数 $f(x) = \begin{cases} x+1, & x < 1, \\ x^2, & x \geqslant 1 \end{cases}$ 在点 $x=1$ 处的连续性．

解 由于

$$\lim_{x \to 1^+} f(x) = \lim_{x \to 1^+} x^2 = 1 = f(1),$$

$$\lim_{x \to 1^-} f(x) = \lim_{x \to 1^-} (x+1) = 2 \neq f(1),$$

因此该函数 $f(x)$ 在点 $x=1$ 处右连续但不左连续．据定理 8 知，函数 $f(x)$ 在点 $x=1$ 处间断．

例 69 已知函数 $f(x) = \begin{cases} x^3-2, & x < 2, \\ kx, & x \geqslant 2 \end{cases}$ 在点 $x=2$ 处连续，试求常数 k．

解 因为 $f(x)$ 在点 $x=2$ 处连续，因此 $\lim\limits_{x \to 2^-} f(x) = \lim\limits_{x \to 2^+} f(x) = f(2)$．又

$$\lim_{x \to 2^-} f(x) = \lim_{x \to 2^-} (x^3-2) = 6, \lim_{x \to 2^+} f(x) = \lim_{x \to 2^+} kx = 2k,$$

从而 $2k=6$，故得 $k=3$．

3．连续函数与连续区间

若函数 $f(x)$ 在开区间 (a,b) 内的每一点都连续，则称函数 $f(x)$ **在区间 (a,b) 内连续**．

设函数 $f(x)$ 在区间 (a,b) 内连续，且在区间左端点 a 处右连续，在区间右端点 b 处左连续，则称 $f(x)$ **在闭区间 $[a,b]$ 上连续**．函数 $f(x)$ 在 $[a,b)$（或 $(a,b]$）上连续是指 $f(x)$ 在 (a,b) 内连续，且在左端点 a（或右端点 b）处右（或左）连续．

设函数 $f(x)$ 在某区间上连续，即 $f(x)$ 是该区间上的连续函数，该区间又称为 $f(x)$ 的**连**

续区间.从几何图形上看,连续函数的图形是一条连续不间断的曲线.

基本初等函数在其定义域内是连续的.

二、函数的间断点及其分类

由函数在某点连续的定义可知,若函数 $f(x)$ 在点 x_0 处连续的三个条件之一不成立,则点 x_0 是函数 $f(x)$ 的间断点:

(1) $f(x)$ 在点 x_0 处没有定义;

(2) $f(x)$ 在点 x_0 处有定义但 $\lim\limits_{x \to x_0} f(x)$ 不存在;

(3) $f(x)$ 在点 x_0 处有定义,且 $\lim\limits_{x \to x_0} f(x)$ 存在,但是 $\lim\limits_{x \to x_0} f(x) \neq f(x_0)$.

函数 $f(x)$ 的间断点通常可分为两类:

① 设点 x_0 为函数 $f(x)$ 的间断点,且 $\lim\limits_{x \to x_0^-} f(x)$、$\lim\limits_{x \to x_0^+} f(x)$ 都存在,则称点 x_0 为函数 $f(x)$ 的**第一类间断点**.

函数的第一类间断点又可分为可去间断点和跳跃间断点:设点 x_0 是函数 $f(x)$ 的第一类间断点,若 $\lim\limits_{x \to x_0^-} f(x) = \lim\limits_{x \to x_0^+} f(x)$(即 $\lim\limits_{x \to x_0} f(x)$ 存在),则称点 x_0 为函数 $f(x)$ 的(第一类)**可去间断点**;若 $\lim\limits_{x \to x_0^-} f(x) \neq \lim\limits_{x \to x_0^+} f(x)$(此时 $\lim\limits_{x \to x_0} f(x)$ 不存在),则称点 x_0 为函数 $f(x)$ 的(第一类)**跳跃间断点**.

② 设点 x_0 是函数 $f(x)$ 的间断点,且 $\lim\limits_{x \to x_0^-} f(x)$、$\lim\limits_{x \to x_0^+} f(x)$ 之中至少有一个不存在,则称点 x_0 为 $f(x)$ 的**第二类间断点**.

函数的第二类间断点通常有无穷间断点和振荡间断点:设点 x_0 是函数 $f(x)$ 的第二类间断点,若 $f(x)$ 在点 x_0 处的左、右极限中至少有一个是无穷大,则称点 x_0 为函数 $f(x)$ 的**无穷间断点**;而当 $x \to x_0$ 时,函数 $f(x)$ 在点 x_0 的某邻域内无限振荡,则称点 x_0 为函数 $f(x)$ 的**振荡间断点**.

例 70 找出下列函数的间断点并指明类型:

(1) $f(x) = \dfrac{\sin x}{x}$;　　　　(2) $f(x) = \sin \dfrac{1}{x}$.

解 (1) 函数 $f(x) = \dfrac{\sin x}{x}$ 在点 $x = 0$ 处无定义,因此点 $x = 0$ 是函数 $f(x)$ 的间断点.又因为 $\lim\limits_{x \to 0} f(x) = \lim\limits_{x \to 0} \dfrac{\sin x}{x} = 1$,所以 $x = 0$ 是函数 $f(x)$ 的第一类(可去)间断点.

(2) 函数 $f(x)$ 在点 $x = 0$ 处没有定义,因此 $f(x)$ 在点 $x = 0$ 处间断.又因为当 $x \to 0$ 时,$f(x) = \sin \dfrac{1}{x}$ 振荡无极限,故 $x = 0$ 是 $f(x)$ 的第二类(振荡)间断点.

例 71 讨论函数 $f(x) = \begin{cases} (x-1)\sin \dfrac{1}{x-1}, & x \neq 1, \\ 1, & x = 1 \end{cases}$ 在点 $x = 1$ 处的连续性.若间断,则指出间断点的类型.

解 因为 $\lim\limits_{x \to 1} f(x) = \lim\limits_{x \to 1} (x-1)\sin \dfrac{1}{x-1} = 0$,而 $f(1) = 1$,显然 $\lim\limits_{x \to 1} f(x) \neq f(1)$,从而点

$x=1$ 是函数 $f(x)$ 的第一类（可去）间断点.

例 72 讨论函数 $f(x)=\begin{cases} 2^x, & x<0, \\ 1, & x=0, \\ x-1, & x>0 \end{cases}$ 在点 $x=0$ 处是否连续.若间断,则指出间断点的类型.

解 因为 $\lim\limits_{x\to 0^-}f(x)=\lim\limits_{x\to 0^-}2^x=1$, $\lim\limits_{x\to 0^+}f(x)=\lim\limits_{x\to 0^+}(x-1)=-1$,所以 $x=0$ 是函数 $f(x)$ 的第一类（跳跃）间断点.

例 73 讨论函数 $f(x)=\begin{cases} x, & x\leqslant 0, \\ \dfrac{1}{x}, & x>0 \end{cases}$ 在点 $x=0$ 处的连续性.若间断,则指出间断点的类型.

解 因为 $\lim\limits_{x\to 0^-}f(x)=\lim\limits_{x\to 0^-}x=0$, $\lim\limits_{x\to 0^+}f(x)=\lim\limits_{x\to 0^+}\dfrac{1}{x}=+\infty$,即函数 $f(x)$ 在点 $x=0$ 的右极限不存在,所以 $x=0$ 为函数 $f(x)$ 的第二类（无穷）间断点.

三、初等函数的连续性

若已知函数 $f(x)$ 在点 x_0 处连续,则由定义 16 可得 $\lim\limits_{x\to x_0}f(x)=f(x_0)$,这为求函数的极限开辟了一条新的途径.我们已经知道六类基本初等函数在其定义域内是连续的,其次,还可以证明两个函数经过和、差、积、商（分母不为零）以及复合运算后仍是连续函数.于是,再由初等函数的定义,我们可以得到下面的定理:

定理 9 一切初等函数在其定义域内都是连续的.

例 74 求下列极限:(1) $\lim\limits_{x\to 0}\dfrac{\ln(1+x^2)}{\cos x}$;(2) $\lim\limits_{x\to 2}e^{\sqrt{5-2x}}$.

解 (1) 因为 $\dfrac{\ln(1+x^2)}{\cos x}$ 是初等函数,且 $x=0$ 在其定义域内,所以

$$\lim\limits_{x\to 0}\dfrac{\ln(1+x^2)}{\cos x}=\dfrac{\ln 1}{\cos 0}=\dfrac{0}{1}=0.$$

(2) 因为 $e^{\sqrt{5-2x}}$ 是初等函数,且 $x=2$ 在其定义域内,所以

$$\lim\limits_{x\to 2}e^{\sqrt{5-2x}}=e^{\sqrt{5-2\times 2}}=e.$$

四、闭区间上连续函数的性质

在闭区间上的连续函数具有一些重要的性质,由于它们的证明涉及严密的实数理论,故我们不加证明予以介绍.

定理 10(最大、最小值定理) 设函数 $f(x)$ 在闭区间 $[a,b]$ 上连续,则函数 $f(x)$ 在 $[a,b]$ 上一定有最大值 M 和最小值 m,即存在点 x_1、$x_2\in[a,b]$,使得 $m=f(x_1)\leqslant f(x)\leqslant f(x_2)=M$, $x\in[a,b]$.如图 1-30 所示.

推论 设函数 $f(x)$ 在闭区间 $[a,b]$ 上连续,则 $f(x)$ 在 $[a,b]$ 上有界.

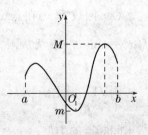

图 1-30

应该注意,定义在开区间内的连续函数未必有上述定理中的结论.例如函数 $y = \tan x$ 在 $\left(-\dfrac{\pi}{2}, \dfrac{\pi}{2}\right)$ 内连续,但它在这个区间内无界,且没有最大值和最小值.

定理 11(介值定理) 设函数 $f(x)$ 在闭区间 $[a, b]$ 上连续,μ 为介于最大值和最小值之间的任意一个数,则至少存在一点 $\xi \in (a, b)$,使得 $f(\xi) = \mu$. 如图 1-31 所示.

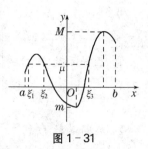

图 1-31

设函数 $f(x)$,若存在点 x_0 使得 $f(x_0) = 0$,则称点 x_0 为函数 $f(x)$ 的零点.

推论(零点定理) 设函数 $f(x)$ 在闭区间 $[a, b]$ 上连续,且 $f(a) \cdot f(b) < 0$,则至少存在一点 $\xi \in (a, b)$,使得 $f(\xi) = 0$.

推论表明:连续函数 $f(x)$ 满足 $f(a) \cdot f(b) < 0$,则方程 $f(x) = 0$ 在区间 (a, b) 内至少有一个根,如图 1-32 所示.

例 75 证明方程 $x e^x = 1$ 在区间 $(0, 1)$ 内至少有一个实根.

证明 令 $f(x) = x e^x - 1$,显然函数 $f(x)$ 在 $[0, 1]$ 上连续. 又 $f(0) = -1 < 0, f(1) = e - 1 > 0$,即有 $f(0) \cdot f(1) < 0$,所以由零点定理可得,在 $(0, 1)$ 内至少存在一点 ξ 使得 $f(\xi) = 0$,即方程 $x e^x = 1$ 在区间 $(0, 1)$ 内至少有一个实根.

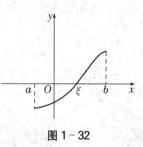

图 1-32

习 题 1-4

A 组

1. 讨论函数 $f(x) = \begin{cases} x^2 \sin \dfrac{1}{x}, & x \neq 0, \\ 0, & x = 0 \end{cases}$ 在 $x = 0$ 处的连续性.

2. 讨论函数 $f(x) = \begin{cases} x^2, & 0 \leqslant x \leqslant 1, \\ 2 - x, & 1 < x \leqslant 2 \end{cases}$ 的连续性.

3. 已知函数 $f(x) = \begin{cases} \dfrac{\sin 2x}{x}, & x < 0, \\ x^2 - 2k, & x \geqslant 0 \end{cases}$ 在 $x = 0$ 处连续,求常数 k 的值.

4. 指出下列函数的间断点,并指明类型.

(1) $y = \dfrac{2}{x - 3}$;

(2) $y = \dfrac{x^2 - 1}{x^2 - 3x + 2}$;

(3) $y = \arctan \dfrac{1}{x - 1}$;

(4) $f(x) = \begin{cases} x - 1, & x \neq 0, \\ 1, & x = 0. \end{cases}$

5. 证明方程 $x^2 \cos x - \sin x = 0$ 在区间 $\left(\pi, \dfrac{3}{2}\pi\right)$ 内至少有一个实根.

6. 证明方程 $x = \cos x$ 至少有一个正实根.

B组

1. 已知函数 $f(x)=\begin{cases} 3x+2, & x\leqslant 0, \\ x^2+a, & 0<x\leqslant 1, \\ \dfrac{b}{x}, & x>1 \end{cases}$ 是连续函数,求常数 a、b 的值.

2. 判断函数 $f(x)=\begin{cases} x+\dfrac{1}{x}, & x\neq 0, \\ 0, & x=0 \end{cases}$ 在 $x=0$ 处是否连续,若不连续,请指出是哪一类

间断点.

3. 确定常数 k 的值,使下列函数为连续函数:

(1) $f(x)=\begin{cases} (1+x)^{\frac{2}{x}}, & x\neq 0, \\ k, & x\geqslant 0; \end{cases}$
(2) $f(x)=\begin{cases} kx+1, & x<1, \\ 2k+\ln x, & x\geqslant 1. \end{cases}$

4. 设函数 $f(x)$ 在区间 $[0,1]$ 上连续,且 $0\leqslant f(x)\leqslant 1$,证明至少存在一点 $\xi\in[0,1]$,使得 $f(\xi)=\xi$.

总复习题一

1. 单项选择题

(1) 设函数 $f(x)$ 的定义域为 $[0,1]$,则 $f(2x-1)$ 的定义域为,则(   ).

 A. $[-1,1]$ B. $[0,1]$ C. $\left[\dfrac{1}{2},1\right]$ D. $\left[-\dfrac{1}{2},\dfrac{1}{2}\right]$

(2) $f(x)=\begin{cases} x^3, & x\in[-3,0], \\ -x^3, & x\in(0,2] \end{cases}$ 是(   ).

 A. 奇函数   B. 偶函数   C. 有界函数   D. 周期函数

(3) 当 $x\to 2$ 时,下列变量中为无穷大量的是(   ).

 A. $f(x)=\dfrac{x^2-4}{x-2}$ B. $f(x)=e^{\frac{1}{x-2}}$ C. $f(x)=2^{\frac{1}{x-2}}$ D. $f(x)=\dfrac{x+2}{x-2}$

(4) 下列极限中正确的是(   ).

 A. $\lim\limits_{x\to 0}\left(1+\dfrac{1}{x}\right)^x=e$ B. $\lim\limits_{x\to 0}\left(\dfrac{1}{x}-\dfrac{1}{\sin x}\right)=0$

 C. $\lim\limits_{x\to\infty}\dfrac{\sin x}{x}=1$ D. $\lim\limits_{x\to 0}\dfrac{\sin 2x}{\ln(1-x)}=2$

(5) $x=0$ 是 $f(x)=\sin x\sin\dfrac{1}{x}$ 的(   ).

 A. 可去间断点   B. 跳跃间断点   C. 连续点   D. 第二类间断点

2. 填空题

(1) 已知 $\lim\limits_{x\to\infty}\dfrac{a^2+bn-5}{3n-2}=2$,则 $a=$ _____,$b=$ _____.

(2) $\lim\limits_{x\to 0}\sqrt{x^2+1}=$ _____.

(3) $\lim\limits_{x \to \infty} 2^{x^2} =$ ＿＿＿＿＿＿＿＿＿＿．

(4) 当 $x \to 0$ 时，$e^{2x} - 1$ 是 $\sin x$ 的＿＿＿＿＿＿＿阶无穷小．

(5) $x = 0$ 是函数 $f(x) = x\sin\dfrac{1}{x}$ 的第＿＿＿＿＿＿＿类间断点．

3．计算下列极限

(1) $\lim\limits_{n \to \infty}\dfrac{3n+1}{2n+1}$；

(2) $\lim\limits_{x \to 1}(2x-1)$；

(3) $\lim\limits_{x \to 1}\dfrac{2x-3}{x^2-5x+4}$；

(4) $\lim\limits_{x \to \infty}\dfrac{3x^3+4x^2+2}{7x^3+5x^2-3}$；

(5) $\lim\limits_{x \to \infty}\dfrac{3x^2-2x-1}{2x^3-x^2+5}$；

(6) $\lim\limits_{x \to \infty}\dfrac{2x^3-x^2+5}{3x^2-2x+1}$；

(7) $\lim\limits_{x \to 1}\left(\dfrac{1}{1-x}-\dfrac{3}{1-x^3}\right)$；

(8) $\lim\limits_{x \to 0}\dfrac{\sin 2x}{\sin 6x}$；

(9) $\lim\limits_{x \to 0}\dfrac{1-\cos 2x}{x\sin x}$；

(10) $\lim\limits_{x \to 0}(1-x)^{\frac{1}{x}}$；

(11) $\lim\limits_{x \to \infty}(1-x)^{kx}$（$k$ 为常数）．

第二章 导数与微分

这一章,我们将在函数极限的基础上研究微分学.在微分学中,导数和微分是两个最基本的概念,可以说是微分学的精髓.导数刻画函数相对于自变量的变化率,微分指明自变量有微小变化时函数的变化幅度大小.本章从实例出发引进导数的概念,然后再导出导数的基本运算法则和主要公式,以及微分的概念.

第一节 导数的概念

一、引例

第一章讨论了函数与极限,它们反映了变量之间的依赖关系与变量变化的趋势.在许多实际问题中,需进一步研究变量之间相对变化快慢的程度问题,如物体运动的速度、人口的增长、成本的变化率等.这些问题在数学上可以归结为自变量的增量与相应的函数的增量之间的一种"比率"关系,也就是函数的变化率,数学上叫作导数.下面先从两个实际问题分析中引出导数的概念.

1. 变速直线运动的瞬时速度问题

引例 1 假设一物体做变速直线运动,在$[0,T]$这段时间所经过的路程(距离)为s,则s是时间t的函数:$s = s(t)$.求该物体在时刻$t_0 \in [0,T]$的瞬时速度$v(t_0)$.

首先考虑物体在时刻t_0附近很短一段时间内的运动.设物体从t_0到$t_0 + \Delta t$这段时间间隔内路程从$s(t_0)$变化到$s(t_0 + \Delta t)$,其路程改变量为

$$\Delta s = s(t_0 + \Delta t) - s(t_0).$$

于是,物体从t_0到$t_0 + \Delta t$这段时间间隔内的平均速度为

$$\overline{v} = \frac{\Delta s}{\Delta t} = \frac{s(t_0 + \Delta t) - s(t_0)}{\Delta t}.$$

当时间间隔长度Δt很小时,可以认为物体在时间间隔$[t, t_0 + \Delta t]$内近似做匀速运动.因此,可以用物体在这段时间间隔内的平均速度$\overline{v}$作为t_0时刻瞬时速度$v(t_0)$的近似值,且Δt越小,其近似程度越高.

当$\Delta t \to 0$时,我们把平均速度$\overline{v}$的极限称为物体在时刻t_0的瞬时速度$v(t_0)$,即

$$v(t_0) = \lim_{\Delta t \to 0} \frac{\Delta s}{\Delta t} = \lim_{\Delta t \to 0} \frac{s(t_0 + \Delta t) - s(t_0)}{\Delta t}.$$

2. 平面曲线的切线斜率问题

引例2　设曲线 C 是函数 $y = f(x)$ 的图形，求曲线 C 在点 $M(x_0, y_0)$ 处的切线的斜率.

如图 2−1 所示，设点 $N(x_0 + \Delta x, y_0 + \Delta y)(\Delta x \neq 0)$ 为曲线 C 上的另一点，连接点 M 和点 N 的直线 MN 称为曲线 C 的割线.设割线 MN 的倾斜角为 φ，那么它的斜率为

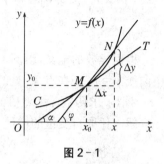

$$k_{MN} = \tan \varphi = \frac{\Delta y}{\Delta x} = \frac{f(x_0 + \Delta x) - f(x_0)}{\Delta x}.$$

而当点 N 沿曲线 C 趋近于点 M 时，割线 MN 的倾斜角 φ 趋近于切线 MT 的倾斜角 α，所以割线 MN 的斜率 $\tan \varphi$ 趋近于切线 MT 的斜率 $\tan \alpha$，即切线 MT 的斜率正是割线 MN 的斜率当点 N 沿曲线 C 趋近于点 M（即 $\Delta x \to 0$）时的极限.因此，曲线 C 在点 $M(x_0, y_0)$ 处的切线斜率为

图 2−1

$$k_{MT} = \tan \alpha = \lim_{\Delta x \to 0} \tan \varphi = \lim_{\Delta x \to 0} \frac{\Delta y}{\Delta x} = \lim_{\Delta x \to 0} \frac{f(x_0 + \Delta x) - f(x_0)}{\Delta x}.$$

在自然科学和工程技术等领域中，还有很多非均匀变化的问题，诸如物质比热、电流强度、线密度等等，尽管它们有着不同的实际意义，但最终都可归结为形如上述两例中出现的函数的增量与自变量的增量之比当自变量的增量趋于零时的极限，即 $\lim\limits_{\Delta x \to 0} \dfrac{\Delta y}{\Delta x}$.这种具有特定结构的极限就是所要讨论的函数的导数.

二、导数的概念

1. 导数的定义

定义1　设函数 $y = f(x)$ 在点 x_0 的某邻域内有定义，当自变量 x 在点 x_0 处取得增量 $\Delta x(\Delta x \neq 0$ 且 $x_0 + \Delta x$ 仍在该邻域内）时，相应地，函数 $y = f(x)$ 有增量

$$\Delta y = f(x_0 + \Delta x) - f(x_0).$$

如果当 $\Delta x \to 0$ 时，增量比 $\dfrac{\Delta y}{\Delta x}$ 的极限

$$\lim_{\Delta x \to 0} \frac{\Delta y}{\Delta x} = \lim_{\Delta x \to 0} \frac{f(x_0 + \Delta x) - f(x_0)}{\Delta x} \tag{2-1}$$

存在，那么称函数 $y = f(x)$ 在点 x_0 处**可导**，且称此极限值为函数 $y = f(x)$ 在点 x_0 处的**导数**，记作 $f'(x_0)$，也可记作 $y'|_{x = x_0}$，$\dfrac{\mathrm{d}y}{\mathrm{d}x}\Big|_{x = x_0}$，$\dfrac{\mathrm{d}f(x)}{\mathrm{d}x}\Big|_{x = x_0}$ 或 $\dfrac{\mathrm{d}}{\mathrm{d}x}f(x)\Big|_{x = x_0}$ 等.即

$$f'(x_0) = \lim_{\Delta x \to 0} \frac{\Delta y}{\Delta x} = \lim_{\Delta x \to 0} \frac{f(x_0 + \Delta x) - f(x_0)}{\Delta x}. \tag{2-2}$$

若式（2−1）的极限不存在，则称函数 $y = f(x)$ 在点 x_0 处**不可导**.

函数 $f(x)$ 在点 x_0 处可导也可称为函数 $f(x)$ 在点 x_0 处**具有导数**或**导数存在**.

导数的定义还可以采用不同的表达形式：

在式（2−2）中，若令 $h = \Delta x$，则有

$$f'(x_0) = \lim_{h \to 0} \frac{f(x_0 + h) - f(x_0)}{h}.$$

若令 $x = x_0 + \Delta x$，则 $\Delta x = x - x_0$，$\Delta y = f(x) - f(x_0)$，且当 $\Delta x \to 0$ 时，$x \to x_0$，于是函数 $y = f(x)$ 在点 x_0 处的导数 $f'(x_0)$ 的表示式(2-2)可写成

$$f'(x_0) = \lim_{x \to x_0} \frac{f(x) - f(x_0)}{x - x_0}. \tag{2-3}$$

根据导数的定义，引例 1 中变速直线运动的瞬时速度可表示为 $v(t_0) = s'(t_0)$，引例 2 中曲线 $y = f(x)$ 在点 x_0 处的切线的斜率可表示为 $k_{切} = f'(x_0)$。

例 1 求函数 $y = x^2$ 在点 x_0 处的导数。

解 任取自变量的增量 Δx，相应地，函数 $y = x^2$ 的增量为

$$\Delta y = (x_0 + \Delta x)^2 - x_0^2 = 2x_0 \Delta x + (\Delta x)^2.$$

于是

$$y'|_{x=x_0} = \lim_{\Delta x \to 0} \frac{\Delta y}{\Delta x} = \lim_{\Delta x \to 0} \frac{2x_0 \Delta x + (\Delta x)^2}{\Delta x} = \lim_{\Delta x \to 0} (2x_0 + \Delta x) = 2x_0.$$

例如，当 $x_0 = 1$ 时，得到 $y'|_{x=1} = 2 \times 1 = 2$；当 $x_0 = 3$ 时，得到 $y'|_{x=3} = 2 \times 3 = 6$。

例 2 设函数 $f(x)$ 在点 x_0 处可导，且 $f'(x_0) = 4$，求 $\lim_{h \to 0} \frac{f(x_0 + h) - f(x_0 - 2h)}{h}$。

解 由于 $\lim_{h \to 0} \frac{f(x_0 + h) - f(x_0 - 2h)}{h}$

$$= \lim_{h \to 0} \frac{f(x_0 + h) - f(x_0) - [f(x_0 - 2h) - f(x_0)]}{h}$$

$$= \lim_{h \to 0} \frac{f(x_0 + h) - f(x_0)}{h} - \lim_{h \to 0} \frac{f(x_0 - 2h) - f(x_0)}{-2h} \cdot (-2)$$

$$= f'(x_0) + 2f'(x_0) = 3f'(x_0),$$

由已知 $f'(x_0) = 4$，因此

$$\lim_{h \to 0} \frac{f(x_0 + h) - f(x_0 - 2h)}{h} = 3 \times 4 = 12.$$

例 3 设函数 $f(x)$ 在点 $x = 2$ 处连续，且 $\lim_{x \to 2} \frac{f(x)}{x - 2} = 2$，求 $f'(2)$。

解 因为函数 $f(x)$ 在点 $x = 2$ 处连续，所以有 $\lim_{x \to 2} f(x) = f(2)$。又由 $\lim_{x \to 2} \frac{f(x)}{x - 2} = 2$ 可知 $f(2) = 0$，从而

$$f'(2) = \lim_{x \to 2} \frac{f(x) - f(2)}{x - 2} = \lim_{x \to 2} \frac{f(x)}{x - 2} = 2.$$

2. 导函数

设函数 $y = f(x)$ 在开区间 I 内的每一点处都可导，则称函数 $y = f(x)$ 在 I 内可导。

设函数 $y = f(x)$ 在开区间 I 内可导，则对于 I 内的每一个 x 值，都有唯一确定的导数值 $f'(x)$ 与之对应，因此 $f'(x)$ 仍是 x 的一个函数，称其为函数 $y = f(x)$ 的**导函数**，记作 $f'(x)$，y'，$\dfrac{dy}{dx}$，$\dfrac{df(x)}{dx}$ 或 $\dfrac{d}{dx}f(x)$，等等。

在式(2-2)中，把 x_0 换成 x，即得函数 $y = f(x)$ 的导函数定义：

$$y' = f'(x) = \lim_{\Delta x \to 0} \frac{f(x + \Delta x) - f(x)}{\Delta x}.$$

显然函数 $y = f(x)$ 在点 x_0 处的导数,就是其导函数 $f'(x)$ 在点 x_0 处的函数值,即 $f'(x_0) = f'(x)|_{x = x_0}$.

方便起见,在不会引起混淆的情况下,常常将导函数简称为导数.

在例 1 中,以 x 替代 x_0 便得到函数 $y = x^2$ 的导(函)数 $y' = 2x$,而函数 $y = x^2$ 在点 $x = 3$ 处的导数(值)为 $y'|_{x=3} = 2x|_{x=3} = 6$.

3. 左、右导数

我们应用极限来定义函数 $f(x)$ 在某一点 x_0 处的导数.在第一章中,我们定义了左、右极限,同样,我们可以定义函数 $f(x)$ 在点 x_0 处的左、右导数.

定义 2 设函数 $f(x)$ 在点 x_0 及其左(或右)邻域内有定义.若左(或右)极限

$$\lim_{\Delta x \to 0^-} \frac{f(x_0 + \Delta x) - f(x_0)}{\Delta x} \left(或 \lim_{\Delta x \to 0^+} \frac{f(x_0 + \Delta x) - f(x_0)}{\Delta x} \right)$$

存在,则称此左(或右)极限为函数 $f(x)$ 在点 x_0 处的**左(或右)导数**,记作 $f'_-(x_0)$(或 $f'_+(x_0)$),即

$$f'_-(x_0) = \lim_{\Delta x \to 0^-} \frac{f(x_0 + \Delta x) - f(x_0)}{\Delta x} \left(或 f'_+(x_0) = \lim_{\Delta x \to 0^+} \frac{f(x_0 + \Delta x) - f(x_0)}{\Delta x} \right).$$

根据左、右极限与极限的关系,我们有下面的定理:

定理 1 函数 $f(x)$ 在点 x_0 处可导的充分必要条件是 $f(x)$ 在点 x_0 处的左、右导数都存在且相等.

注:① 定理 1 常用于判定分段函数在分界点处的可导性.

② 通常地,函数 $f(x)$ 在闭区间 $[a,b]$ 上可导是指,$f(x)$ 在开区间 (a,b) 内可导,且在左端点 a 右导数存在,在右端点 b 左导数存在.

例 4 讨论函数 $f(x) = \begin{cases} x\sin\dfrac{1}{x}, & x \neq 0, \\ 0, & x = 0 \end{cases}$ 在点 $x = 0$ 处的可导性.

解 由于 $\lim_{x \to 0} \dfrac{f(x) - f(0)}{x} = \lim_{x \to 0} \dfrac{x\sin\dfrac{1}{x} - 0}{x} = \lim_{x \to 0}\sin\dfrac{1}{x}$ 不存在,所以函数 $f(x)$ 在 $x = 0$ 处不可导.而且 $\lim_{x \to 0^-}\sin\dfrac{1}{x}$,$\lim_{x \to 0^+}\sin\dfrac{1}{x}$ 也不存在,因而 $f(x)$ 在 $x = 0$ 处的左、右导数都不存在.

例 5 求函数 $f(x) = \begin{cases} \sin x, & x < 0, \\ \ln(1+x), & x \geq 0 \end{cases}$ 在点 $x = 0$ 处的导数.

解 首先 $f(0) = \ln(1+0) = 0$,然后

$$f'_-(0) = \lim_{x \to 0^-} \frac{f(x) - f(0)}{x} = \lim_{x \to 0^-} \frac{\sin x - 0}{x} = 1,$$

$$f'_+(0) = \lim_{x \to 0^+} \frac{f(x) - f(0)}{x} = \lim_{x \to 0^+} \frac{\ln(1+x) - 0}{x} = 1,$$

因此 $f'_-(0) = f'_+(0)$.据定理 1 知,函数 $f(x)$ 在 $x = 0$ 处可导,且 $f'(0) = 1$.

三、导数的几何意义

当函数 $y = f(x)$ 在点 x_0 处可导时,由引例 2 知,函数 $y = f(x)$ 在点 x_0 处的导数 $f'(x_0)$ 就是曲线 $y = f(x)$ 在点 $(x_0, f(x_0))$ 处的切线的斜率,即 $k_{切} = f'(x_0)$. 这就是导数的几何意义.

于是,当函数 $y = f(x)$ 在点 x_0 处可导时,曲线 $y = f(x)$ 在点 $(x_0, f(x_0))$ 处的**切线方程**为

$$y - f(x_0) = f'(x_0)(x - x_0).$$

曲线 $y = f(x)$ 上过点 $(x_0, f(x_0))$ 且与切线垂直的直线称为**法线**. 当 $f'(x_0) \neq 0$ 时,曲线 $y = f(x)$ 在点 $(x_0, f(x_0))$ 处的**法线方程**为

$$y - f(x_0) = -\frac{1}{f'(x_0)}(x - x_0).$$

当 $f'(x_0) = 0$ 时,该法线方程为 $x = x_0$.

如果函数 $y = f(x)$ 在点 x_0 处连续且导数为无穷大,则曲线 $y = f(x)$ 在点 $(x_0, f(x_0))$ 处的切线方程为

$$x = x_0,$$

法线方程为

$$y = y_0.$$

例 6 求曲线 $y = x^2$ 在点 $(1,1)$ 处的切线方程和法线方程.

解 因为 $y' = 2x$,因此曲线 $y = x^2$ 在点 $(1,1)$ 处的切线的斜率为

$$k_{切} = y'|_{x=1} = 2x|_{x=1} = 2.$$

于是,所求的切线方程为

$$y - 1 = 2(x - 1),即 \ 2x - y - 1 = 0.$$

所求的法线方程为

$$y - 1 = -\frac{1}{2}(x - 1),即 \ x + 2y - 3 = 0.$$

四、可导与连续的关系

定理 2 若函数 $y = f(x)$ 在点 x_0 处可导,则 $f(x)$ 在点 x_0 处必连续.

证明 设函数 $y = f(x)$ 在点 x_0 处可导,则有

$$\lim_{\Delta x \to 0} \frac{\Delta y}{\Delta x} = f'(x_0),$$

因此

$$\lim_{\Delta x \to 0} \Delta y = \lim_{\Delta x \to 0} \frac{\Delta y}{\Delta x} \cdot \Delta x = \lim_{\Delta x \to 0} \frac{\Delta y}{\Delta x} \cdot \lim_{\Delta x \to 0} \Delta x = f'(x_0) \cdot 0 = 0.$$

由连续的定义知,函数 $y = f(x)$ 在点 x_0 处连续.

应该注意的是,函数在某点处连续,是函数在该点可导的必要条件,而不是充分条件. 也就是说,函数在某点处连续时在该点却未必可导. 但定理 2 的逆否命题是成立的,即**若函数在某一点处不连续,则它在该点一定不可导**.

例 7 讨论函数 $f(x) = |x|$ 在点 $x = 0$ 处的连续性与可导性.

解 ① 因为 $f(0) = 0$,又

$$\lim_{x \to 0^-} f(x) = \lim_{x \to 0^-} (-x) = 0,$$

$$\lim_{x \to 0^+} f(x) = \lim_{x \to 0^+} x = 0,$$

所以函数 $f(x) = |x|$ 在点 $x = 0$ 处连续.

② 由于 $f'_-(0) = \lim_{\Delta x \to 0^-} \dfrac{f(0 + \Delta x) - f(0)}{\Delta x} = \lim_{\Delta x \to 0^-} \dfrac{|\Delta x| - 0}{\Delta x} = \lim_{\Delta x \to 0^-} \dfrac{-\Delta x}{\Delta x} = -1,$

$f'_+(0) = \lim_{\Delta x \to 0^+} \dfrac{f(0 + \Delta x) - f(0)}{\Delta x} = \lim_{\Delta x \to 0^+} \dfrac{|\Delta x| - 0}{\Delta x} = \lim_{\Delta x \to 0^+} \dfrac{\Delta x}{\Delta x} = 1,$

显然 $f'_-(0) \neq f'_+(0)$,据定理 1 知,函数 $y = |x|$ 在 $x = 0$ 处不可导.如图 2-2 所示.

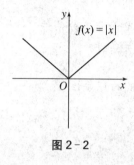

图 2-2

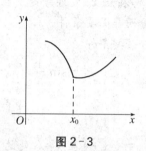

图 2-3

一般地,如果曲线 $y = f(x)$ 的图形在点 x_0 处出现"尖点"(见图 2-2、图 2-3),则它在该点不可导.因此,如果函数在一个区间内可导,则其图形不会出现"尖点",或者说它是一条连续的光滑曲线.

例 8 已知函数 $f(x) = \begin{cases} x^2, & x \leqslant 3, \\ ax + b, & x > 3 \end{cases}$ 在点 $x = 3$ 处可导,问:a, b 的值为多少?

解 因为函数 $f(x)$ 在点 $x = 3$ 处可导,所以函数 $f(x)$ 在点 $x = 3$ 处连续,从而

$$\lim_{x \to 3^-} f(x) = \lim_{x \to 3^+} f(x) = f(3).$$

又由于 $\lim_{x \to 3^-} f(x) = \lim_{x \to 3^-} x^2 = 9$, $\lim_{x \to 3^+} f(x) = \lim_{x \to 3^+} (ax + b) = 3a + b$,因此

$$3a + b = 9.$$

由于函数 $f(x)$ 在点 $x = 3$ 处可导,因此 $f'_-(3) = f'_+(3)$. 又

$$f'_-(3) = \lim_{x \to 3^-} \dfrac{f(x) - f(3)}{x - 3} = \lim_{x \to 3^-} \dfrac{x^2 - 9}{x - 3} = \lim_{x \to 3^-} (x + 3) = 6,$$

$$f'_+(3) = \lim_{x \to 3^+} \dfrac{f(x) - f(3)}{x - 3} = \lim_{x \to 3^+} \dfrac{ax + b - 9}{x - 3} = \lim_{x \to 3^+} \dfrac{ax - 3a}{x - 3} = a,$$

从而 $a = 6$.代入 $3a + b = 9$,得 $b = 9 - 3a = -9$.

习题 2-1

A 组

1. 已知函数 $f(x)$ 在点 x_0 处可导,且导数值 $f'(x_0) = 6$,求极限 $\lim\limits_{\Delta x \to 0} \dfrac{f(x_0 - 2\Delta x) - f(x_0)}{\Delta x}$.

2. 已知 $\lim\limits_{x \to 0} \dfrac{f(1+3x) - f(1)}{x} = \dfrac{1}{3}$，求导数值 $f'(1)$.

3. 设函数在点 x_0 处可导，且 $\lim\limits_{h \to 0} \dfrac{f(x_0 + kh) - f(x_0)}{h} = \dfrac{1}{4} f'(x_0)(f'(x_0) \neq 0)$，求常数 k 的值.

4. 设 $f(x)$ 在 $x = 2$ 处连续，且 $\lim\limits_{x \to 2} \dfrac{f(x)}{x - 2} = 2$，求 $f'(2)$.

5. 求曲线 $y = e^x$ 在点 $(0,1)$ 处的切线方程和法线方程.

6. 求曲线 $y = x^2 - x + 2$ 在点 $(1,2)$ 处的切线方程和法线方程.

7. 函数 $f(x)$ 在点 x_0 处连续是其在点 x_0 处可导的（　　）.

(a) 充分而非必要条件　　　　　　(b) 必要而非充分条件

(c) 充分必要条件　　　　　　　　(d) 无关条件

8. 讨论函数 $f(x) = \begin{cases} x^2 \sin \dfrac{1}{x}, & x \neq 0, \\ 0, & x = 0 \end{cases}$ 在 $x = 0$ 处的可导性.

B组

1. 求函数 $y = \sqrt{x+1}$ 在 $x = 3$ 处的导数.

2. 求函数 $y = \dfrac{1}{x^2}$ 的导数.

3. 讨论函数 $f(x) = \begin{cases} x^2 + 1, & 0 \leqslant x \leqslant 1, \\ 2x, & 1 < x \leqslant 2 \end{cases}$ 在 $x = 1$ 处的可导性.

4. 讨论函数 $f(x) = \begin{cases} 0, & x < a, \\ \dfrac{x-a}{b-a}, & a \leqslant x < b, \\ \dfrac{x-b}{b-a} + 1, & x \geqslant b \end{cases}$ 在 $x = a, x = b$ 处的可导性.

第二节　函数的求导法则

求函数的变化率——导数，是理论研究和实践应用中经常遇到的一个问题，但根据定义求导往往非常繁琐，有时甚至不可行. 本节将建立一系列的求导法则来帮助大家较为简便地求出函数的导数.

一、导数的基本公式

首先，我们可以利用导数的定义求得一些基本初等函数的导数.

例9　求常数函数 $f(x) = C$ 的导数，其中 C 为任一给定的常数.

解　　　$f'(x) = \lim\limits_{\Delta x \to 0} \dfrac{f(x + \Delta x) - f(x)}{\Delta x} = \lim\limits_{\Delta x \to 0} \dfrac{C - C}{\Delta x} = \lim\limits_{\Delta x \to 0} 0 = 0.$

于是常数函数的导数为零，即　　　　　　　　$(C)' = \mathbf{0}.$

例10　求函数 $f(x) = x^n (n$ 为正整数$)$ 的导数.

解 $f'(x) = \lim\limits_{\Delta x \to 0} \dfrac{f(x + \Delta x) - f(x)}{\Delta x} = \lim\limits_{\Delta x \to 0} \dfrac{(x + \Delta x)^n - x^n}{\Delta x}$

$\qquad = \lim\limits_{\Delta x \to 0}\left[nx^{n-1} + \dfrac{n(n-1)}{2!}x^{n-2}\Delta x + \cdots + (\Delta x)^{n-1}\right] = nx^{n-1}.$

于是有 $\qquad\qquad\qquad\qquad\qquad (x^n)' = nx^{n-1}.$

一般地, $\qquad\qquad\qquad\qquad\qquad (x^\alpha)' = \alpha x^{\alpha-1}(\alpha \in \mathbf{R}).$

例如,$(x)' = 1 \cdot x^0 = 1, (\sqrt{x})' = (x^{\frac{1}{2}})' = \dfrac{1}{2}x^{-\frac{1}{2}} = \dfrac{1}{2\sqrt{x}}, \left(\dfrac{1}{x}\right)' = (x^{-1})' = -x^{-2} = -\dfrac{1}{x^2},$

$\left(\dfrac{1}{\sqrt{x}}\right)' = (x^{-\frac{1}{2}})' = -\dfrac{1}{2}x^{-\frac{3}{2}} = -\dfrac{1}{2\sqrt{x^3}}.$

例 11 求函数 $f(x) = \log_a x (a > 0, a \neq 1)$ 的导数.

解 $f'(x) = \lim\limits_{\Delta x \to 0} \dfrac{f(x + \Delta x) - f(x)}{\Delta x} = \lim\limits_{\Delta x \to 0} \dfrac{\log_a(x + \Delta x) - \log_a x}{\Delta x}$

$\qquad = \lim\limits_{\Delta x \to 0} \log_a \left(1 + \dfrac{\Delta x}{x}\right)^{\frac{1}{\Delta x}} = \lim\limits_{\Delta x \to 0} \dfrac{1}{x} \log_a \left(1 + \dfrac{\Delta x}{x}\right)^{\frac{x}{\Delta x}}$

$\qquad = \dfrac{1}{x} \log_a e = \dfrac{1}{x \ln a}.$

由此可得 $\qquad\qquad\qquad\qquad\qquad (\log_a x)' = \dfrac{1}{x \ln a}.$

特别地, $\qquad\qquad\qquad\qquad\qquad (\ln x)' = \dfrac{1}{x}.$

例 12 求正弦函数 $f(x) = \sin x$ 的导数.

解 $f'(x) = \lim\limits_{\Delta x \to 0} \dfrac{f(x + \Delta x) - f(x)}{\Delta x} = \lim\limits_{\Delta x \to 0} \dfrac{\sin(x + \Delta x) - \sin x}{\Delta x}$

$\qquad = \lim\limits_{\Delta x \to 0} \dfrac{2\cos\left(x + \dfrac{\Delta x}{2}\right) \cdot \sin \dfrac{\Delta x}{2}}{\Delta x}$

$\qquad = \lim\limits_{\Delta x \to 0} \cos\left(x + \dfrac{\Delta x}{2}\right) \cdot \dfrac{\sin \dfrac{\Delta x}{2}}{\dfrac{\Delta x}{2}}$

$\qquad = \cos x \cdot 1 = \cos x.$

由此可得 $\qquad\qquad\qquad\qquad\qquad (\sin x)' = \cos x.$

类似地,可求得 $\qquad\qquad\qquad\qquad\qquad (\cos x)' = -\sin x.$

下面介绍反函数求导法则,以求得另外一些基本初等函数的导数.

定理 3 设函数 $y = f(x)$ 在区间 (a, b) 内严格单调且可导,$f'(x) \neq 0$,则它的反函数 $x = \varphi(y)$ 在相应区间 (c, d) 内也可导,且

$$\varphi'(y) = \dfrac{1}{f'(x)} \text{ 或 } \dfrac{\mathrm{d}x}{\mathrm{d}y} = \dfrac{1}{\dfrac{\mathrm{d}y}{\mathrm{d}x}},$$

即:反函数的导数等于直接函数导数的倒数.

例 13 求函数 $y = a^x (a > 0, a \neq 1)$ 的导数.

解 因为 $y = a^x$ 是函数 $x = \log_a y$ 的反函数,而函数 $x = \log_a y$ 当 $y > 0$ 时显然满足定理

3 的条件,从而有

$$(a^x)'_x = \frac{1}{(\log_a y)'_y} = \frac{1}{\frac{1}{y\ln a}} = y\ln a = a^x \ln a,$$

即
$$(a^x)' = a^x \ln a.$$

特别地,有
$$(e^x)' = e^x.$$

例 14 求反正弦函数 $y = \arcsin x$ 的导数.

解 因为 $y = \arcsin x (x \in (-1,1))$ 是 $x = \sin y \left(y \in \left(-\frac{\pi}{2}, \frac{\pi}{2} \right) \right)$ 的反函数,则有

$$y' = (\arcsin x)' = \frac{1}{(\sin y)'_y} = \frac{1}{\cos y} = \frac{1}{\sqrt{1 - \sin^2 y}} = \frac{1}{\sqrt{1 - x^2}},$$

即
$$(\arcsin x)' = \frac{1}{\sqrt{1 - x^2}}, x \in (-1,1).$$

同理可得
$$(\arccos x)' = -\frac{1}{\sqrt{1 - x^2}}, x \in (-1,1).$$

下一段中,我们还可求得函数 $y = \tan x$,$y = \sec x$ 及 $y = \arctan x$ 的导数.

至此,我们已经推导出**基本初等函数的导数公式**,为方便读者记忆,现汇总如下:

(1) $(C)' = 0$(C 为常数);

(2) $(x^\alpha)' = \alpha x^{\alpha-1}$($\alpha \in \mathbf{R}$);

(3) $(a^x)' = a^x \ln a$,特别地,$(e^x)' = e^x$;

(4) $(\log_a x)' = \frac{1}{x\ln a}$($a > 0, a \neq 1$),特别地,$(\ln x)' = \frac{1}{x}$;

(5) $(\sin x)' = \cos x$,　　　　　$(\cos x)' = -\sin x$,

　　$(\tan x)' = \sec^2 x$,　　　　$(\cot x)' = -\csc^2 x$,

　　$^*(\sec x)' = \sec x \tan x$,　　$^*(\csc x)' = -\csc x \cot x$;

(6) $(\arcsin x)' = \frac{1}{\sqrt{1 - x^2}}, x \in (-1,1)$,

　　$(\arccos x)' = -\frac{1}{\sqrt{1 - x^2}}, x \in (-1,1)$,

　　$(\arctan x)' = \frac{1}{1 + x^2}$,　　$(\operatorname{arccot} x)' = -\frac{1}{1 + x^2}$.

二、导数的四则运算法则

我们知道,一些初等函数是由基本初等函数经四则运算(加、减、乘、除)得到的.下面给出导数的四则运算法则:

定理 4 设函数 $u = u(x)$ 和 $v = v(x)$ 都在点 x 处可导,则它们的和、差、积、商(分母不为零)在点 x 处也可导,且

(1) $(u \pm v)' = u' \pm v'$;

(2) $(uv)' = u'v + uv'$;

(3) $\left(\dfrac{u}{v} \right)' = \dfrac{u'v - uv'}{v^2} (v \neq 0)$.

注:① 法则(1)和(2)可以推广到有限多个函数的情形.例如,设函数 $u=u(x),v=v(x),w=w(x)$ 都在点 x 处可导,则

$$(u+v+w)'=u'+v'+w',$$
$$(uvw)'=u'vw+uv'w+uvw'.$$

② 在法则(2)中,若令 $v(x)=C(C$ 为常数$)$,则有 $(C \cdot u)'=C \cdot u'(C$ 为常数$)$.

③ 在法则(3)中,若令 $u(x)=1$,则有 $\left(\dfrac{1}{v}\right)'=-\dfrac{v'}{v^2}(v \neq 0)$.

例 15 求函数 $y=x^3+3x^2-2x+1$ 的导数.

解 $y'=(x^3+3x^2-2x+1)'=(x^3)'+(3x^2)'-(2x)'+(1)'$
$\qquad =3x^2+3 \cdot (x^2)'-2 \cdot (x)'+0=3x^2+6x-2.$

例 16 求函数 $y=\sin x-\dfrac{1}{x}+\sin \dfrac{\pi}{4}$ 的导数.

解 $y'=(\sin x)'-\left(\dfrac{1}{x}\right)'+\left(\sin \dfrac{\pi}{4}\right)'=\cos x-\left(-\dfrac{1}{x^2}\right)+0=\cos x+\dfrac{1}{x^2}.$

例 17 求函数 $y=\sqrt{x}\cos x$ 的导数.

解 $y'=(\sqrt{x}\cos x)'=(\sqrt{x})'\cos x+\sqrt{x}(\cos x)'=\dfrac{1}{2\sqrt{x}}\cos x-\sqrt{x}\sin x.$

例 18 求正切函数 $y=\tan x$ 和反正切函数 $y=\arctan x$ 的导数.

解 $(\tan x)'=\left(\dfrac{\sin x}{\cos x}\right)'=\dfrac{(\sin x)'\cos x-\sin x(\cos x)'}{\cos^2 x}$
$\qquad =\dfrac{\cos x \cos x-\sin x(-\sin x)}{\cos^2 x}$
$\qquad =\dfrac{\cos^2 x+\sin^2 x}{\cos^2 x}=\dfrac{1}{\cos^2 x}=\sec^2 x.$

即 $\qquad\qquad\qquad\qquad (\tan x)'=\sec^2 x.$

同理可得 $\qquad\qquad\qquad (\cot x)'=-\csc^2 x.$

因为 $y=\arctan x(x \in(-\infty,+\infty))$ 是 $x=\tan y\left(y \in\left(-\dfrac{\pi}{2},\dfrac{\pi}{2}\right)\right)$ 的反函数,所以

$$(\arctan x)'=\dfrac{1}{(\tan y)'}=\dfrac{1}{\sec^2 y}=\dfrac{1}{1+\tan^2 y}=\dfrac{1}{1+x^2}.$$

即 $\qquad\qquad\qquad\qquad (\arctan x)'=\dfrac{1}{1+x^2}.$

同理可得 $\qquad\qquad\qquad (\operatorname{arccot} x)'=-\dfrac{1}{1+x^2}.$

例 19 求正割函数 $y=\sec x$ 的导数.

解 $y'=(\sec x)'=\left(\dfrac{1}{\cos x}\right)'=-\dfrac{(\cos x)'}{\cos^2 x}=\dfrac{\sin x}{\cos^2 x}=\sec x \tan x.$

***例 20** 已知 $f(x)=x\mathrm{e}^x\ln x$,求 $f'(x)$.

解 $f'(x)=(x\mathrm{e}^x\ln x)'=(x\mathrm{e}^x)'\ln x+x\mathrm{e}^x(\ln x)'$
$\qquad =(\mathrm{e}^x+x\mathrm{e}^x)\ln x+x\mathrm{e}^x \cdot \dfrac{1}{x}=\mathrm{e}^x(1+\ln x+x\ln x).$

例 21 求函数 $y = x^2 3^x + \dfrac{\arctan x}{1 + x^2}$ 的导数.

解 $y' = \left(x^2 3^x + \dfrac{\arctan x}{1 + x^2} \right)' = (x^2 \cdot 3^x)' + \left(\dfrac{\arctan x}{1 + x^2} \right)'$

$$= 2x \cdot 3^x + x^2 \cdot 3^x \ln 3 + \dfrac{\dfrac{1}{1+x^2} \cdot (1 + x^2) - \arctan x \cdot 2x}{(1 + x^2)^2}$$

$$= 2x \cdot 3^x + x^2 \cdot 3^x \ln 3 + \dfrac{1 - 2x \cdot \arctan x}{(1 + x^2)^2}.$$

例 22 已知函数 $y = \dfrac{x}{1 + \sin x}$,求 y' 及 $y'|_{x=0}$.

解 $y' = \left(\dfrac{x}{1 + \sin x} \right)' = \dfrac{(x)'(1 + \sin x) - x(1 + \sin x)'}{(1 + \sin x)^2}$

$$= \dfrac{1 \cdot (1 + \sin x) - x \cdot \cos x}{(1 + \sin x)^2} = \dfrac{1 + \sin x - x \cos x}{(1 + \sin x)^2}.$$

$$y'|_{x=0} = \dfrac{1 + \sin x - x \cos x}{(1 + \sin x)^2} \bigg|_{x=0} = 1.$$

例 23 已知函数 $f(x) = \begin{cases} \dfrac{1 - \cos x}{x}, & x \neq 0, \\ 0, & x = 0, \end{cases}$ 求 $f'(x)$.

解 当 $x \neq 0$ 时,

$$f'(x) = \dfrac{(1 - \cos x)' x - (1 - \cos x)(x)'}{x^2} = \dfrac{x \sin x - 1 + \cos x}{x^2};$$

当 $x = 0$ 时,

$$f'(0) = \lim_{x \to 0} \dfrac{f(x) - f(0)}{x} = \lim_{x \to 0} \dfrac{\dfrac{1 - \cos x}{x} - 0}{x} = \lim_{x \to 0} \dfrac{1 - \cos x}{x^2} = \dfrac{1}{2}.$$

三、复合函数的求导法则

有许多初等函数是由基本初等函数经复合得到的.下面我们给出复合函数的求导法则:

定理 5 设函数 $y = f[\varphi(x)]$ 是由函数 $y = f(u)$ 和 $u = \varphi(x)$ 复合而成的,如果函数 $u = \varphi(x)$ 在点 x 处可导,函数 $y = f(u)$ 在与 x 相应的点 u 处可导,则复合函数 $y = f[\varphi(x)]$ 在点 x 处可导,且有

$$\dfrac{\mathrm{d}y}{\mathrm{d}x} = \dfrac{\mathrm{d}y}{\mathrm{d}u} \cdot \dfrac{\mathrm{d}u}{\mathrm{d}x} \quad \text{或} \quad y' = y'_u \cdot u'_x \quad \text{或} \quad \dfrac{\mathrm{d}y}{\mathrm{d}x} = f'[\varphi(x)] \cdot \varphi'(x).$$

注:① 复合函数求导法则可叙述为:复合函数的导数等于函数对中间变量的导数乘以中间变量对自变量的导数.

② 复合函数求导法则可推广到有限次复合的情形.例如,设 $y = f(u)$,$u = \varphi(v)$,$v = \psi(x)$ 均可导,则复合函数 $y = f(\varphi(\psi(x)))$ 对 x 的导数为

$$\dfrac{\mathrm{d}y}{\mathrm{d}x} = \dfrac{\mathrm{d}y}{\mathrm{d}u} \cdot \dfrac{\mathrm{d}u}{\mathrm{d}v} \cdot \dfrac{\mathrm{d}v}{\mathrm{d}x}.$$

③ 符号 $[f(\varphi(x))]'$ 表示函数 $y = f[\varphi(x)]$ 对自变量 x 的导数,而符号 $f'[\varphi(x)]$ 则表示函数 $y = f[\varphi(x)]$ 对中间变量 $u = \varphi(x)$ 的导数.

例 24 求函数 $y = \sin 3x$ 的导数.

解 引进中间变量 $u = 3x$,则 $y = \sin 3x$ 可看作是由 $y = \sin u$ 与 $u = 3x$ 构成的复合函数.因此,

$$y' = y'_u \cdot u'_x = \cos u \cdot 3 = 3\cos 3x.$$

例 25 求函数 $y = \ln\cos x$ 的导数.

解 引进中间变量 $u = \cos x$,则 $y = \ln\cos x$ 可看作由 $y = \ln u$ 与 $u = \cos x$ 构成的复合函数.因此,

$$y' = y'_u \cdot u'_x = \frac{1}{u} \cdot (-\sin x) = -\frac{\sin x}{\cos x} = -\tan x.$$

注:求复合函数的导数方法熟练后可以不写出中间变量,直接把对中间变量的导数结果写出来,再乘以中间变量对自变量的导数即可.

比如,例 24 可写成

$$y' = \cos 3x \cdot (3x)' = 3\cos 3x.$$

例 25 可写成

$$y' = \frac{1}{\cos x} \cdot (\cos x)' = -\frac{\sin x}{\cos x} = -\tan x.$$

例 26 求函数 $y = (3x-2)^5$ 的导数.

解 $y' = 5(3x-2)^4 \cdot (3x-2)' = 5(3x-2)^4 \cdot 3 = 15(3x-2)^4.$

例 27 求函数 $y = e^{\sqrt{x}}$ 的导数.

解 $y' = e^{\sqrt{x}} \cdot (\sqrt{x})' = e^{\sqrt{x}} \cdot \frac{1}{2\sqrt{x}}.$

例 28 求函数 $y = \arcsin x^3$ 的导数.

解 $y' = \frac{1}{\sqrt{1-(x^3)^2}} \cdot (x^3)' = \frac{3x^2}{\sqrt{1-x^6}}.$

例 29 求函数 $y = \ln\arctan \frac{x}{2}$ 的导数.

解 $y' = \frac{1}{\arctan \frac{x}{2}} \left(\arctan \frac{x}{2}\right)' = \frac{1}{\arctan \frac{x}{2}} \cdot \frac{1}{1+\left(\frac{x}{2}\right)^2} \cdot \left(\frac{x}{2}\right)'$

$$= \frac{1}{\arctan \frac{x}{2}} \cdot \frac{1}{1+\left(\frac{x}{2}\right)^2} \cdot \frac{1}{2} = \frac{2}{(4+x^2)\arctan \frac{x}{2}}.$$

例 30 求函数 $y = x \cdot \sqrt{1-x^2}$ 的导数.

解 先用积的求导法则,遇到复合函数时,再用复合函数求导法则.

$$y' = (x)' \cdot \sqrt{1-x^2} + x \cdot (\sqrt{1-x^2})' = \sqrt{1-x^2} + x \cdot \frac{1}{2\sqrt{1-x^2}} \cdot (-2x)$$

$$= \sqrt{1-x^2} - \frac{x^2}{\sqrt{1-x^2}} = \frac{1-2x^2}{\sqrt{1-x^2}}.$$

例 31 求函数 $y = \frac{e^x - e^{-x}}{e^x + e^{-x}}$ 的导数 y' 及 $y'|_{x=0}$.

解 $y' = \frac{(e^x - e^{-x})'(e^x + e^{-x}) - (e^x - e^{-x})(e^x + e^{-x})'}{(e^x + e^{-x})^2}$

$$= \frac{(e^x + e^{-x})(e^x + e^{-x}) - (e^x - e^{-x})(e^x - e^{-x})}{(e^x + e^{-x})^2} = \frac{4}{(e^x + e^{-x})^2}.$$

$$y'|_{x=0} = \frac{4}{(e^x + e^{-x})^2}\bigg|_{x=0} = 1.$$

例 32 求函数 $y = e^{x\sin x}$ 的导数.

解 先用复合函数求导法则,再用乘积的求导法则.

$$y' = e^{x\sin x}(x\sin x)' = e^{x\sin x}(\sin x + x\cos x).$$

例 33 求函数 $y = (x + \cos^2 x)^{10}$ 的导数.

解 $y' = 10(x + \cos^2 x)^9 \cdot (x + \cos^2 x)' = 10(x + \cos^2 x)^9[1 + 2\cos x \cdot (\cos x)']$

$$= 10(x + \cos^2 x)^9(1 - 2\cos x \cdot \sin x) = 10(x + \cos^2 x)^9(1 - \sin 2x).$$

四、隐函数的求导法则

到目前为止,我们遇到的函数都是把因变量 y 写成自变量 x 的显式表达式 $y = f(x)$,这样的函数称作**显函数**. 然而,在实际问题中,我们还会遇到另外一种函数形式,如 $ax + by + c = 0$ 也确定着 y 与 x 之间的函数关系. 我们将这种由一个二元方程 $F(x,y) = 0$ 在一定条件下所确定的 y 为 x 的函数 $y = y(x)$(或 x 为 y 的函数 $x = x(y)$)称为**隐函数**.

应当指出:有的隐函数可以化为显函数,从而求得导数. 但是,一般说来,要从方程 $F(x,y) = 0$ 解出函数 $y = y(x)$ 或 $x = x(y)$ 是很困难的,甚至是不可能的. 那么如何求隐函数的导数呢? 通常的求导方法是:把由方程 $F(x,y) = 0$ 所确定的隐函数 $y = y(x)$ 代入原方程,得到恒等式

$$F(x, y(x)) \equiv 0.$$

在等式两边同时对 x 求导,把其中的 y 看作中间变量,运用复合函数求导法则,得到一个含有 y' 的方程,解出 y',即为所求隐函数的导数.

例 34 求由方程 $e^y - xy + e^x = 0$ 所确定的隐函数 $y = y(x)$ 的导数 $\dfrac{dy}{dx}$.

解 将方程两边同时对 x 求导得

$$e^y \cdot y' - (y + xy') + e^x = 0.$$

整理得

$$(e^y - x)y' = y - e^x,$$

解得

$$\frac{dy}{dx} = y' = \frac{y - e^x}{e^y - x}.$$

例 35 设方程 $y\sin^2 x + e^y - x = 1$ 确定 y 为 x 的隐函数,求 y' 及 $y'|_{x=0}$.

解 将方程两端同时对 x 求导,得

$$y'\sin^2 x + y \cdot 2\sin x \cos x + e^y \cdot y' - 1 = 0,$$

解得

$$y' = \frac{1 - 2y\sin x \cos x}{\sin^2 x + e^y}.$$

将 $x = 0$ 代入所给方程解得 $y = 0$,因此

$$y'|_{x=0} = \frac{1 - 2y\sin x \cos x}{\sin^2 x + e^y}\bigg|_{\substack{x=0 \\ y=0}} = 1.$$

五、对数求导法

形如 $y = u(x)^{v(x)}$ 的函数称作幂指函数,其中 $u(x)$、$v(x)$ 不恒为常数.对于这类函数,直接使用前面介绍的求导法则不能求出其导数,我们可以先对 $y = u(x)^{v(x)}$ 两边取自然对数:$\ln y = v(x) \ln u(x)$,然后通过隐函数求导法求出其导数.这种方法叫作**对数求导法**.

例 36　求函数 $y = x^{\sin x}(x > 0)$ 的导数.

解　先对等式两端同取自然对数,得

$$\ln y = \sin x \ln x,$$

再两端同时对 x 求导,得

$$\frac{1}{y} y' = \cos x \ln x + \sin x \cdot \frac{1}{x},$$

于是得

$$y' = y \cdot \left(\cos x \ln x + \frac{\sin x}{x} \right) = x^{\sin x} \left(\cos x \ln x + \frac{\sin x}{x} \right).$$

注:求幂指函数 $y = u(x)^{v(x)}$ 的导数时,还可以利用对数恒等式将该幂指函数写成

$$y = u(x)^{v(x)} = e^{\ln u(x)^{v(x)}} = e^{v(x) \ln u(x)},$$

然后利用复合函数的求导法则和导数的四则运算法则求出导数.例如上例,$y = x^{\sin x}(x > 0)$ 的导数也可以这样求:因为 $y = x^{\sin x} = e^{\sin x \ln x}$,从而

$$y' = e^{\sin x \ln x} \cdot (\sin x \ln x)' = x^{\sin x} \left(\cos x \ln x + \frac{\sin x}{x} \right).$$

此外,对数求导法还常用于由多次乘、除、乘方、开方运算所构成的函数的导数.

例 37　求函数 $y = \sqrt[3]{\dfrac{(x-1)^2}{(2x-3)(4-x)}}$ 的导数.

解　对函数式两端取自然对数,得

$$\ln y = \frac{2}{3} \ln(x-1) - \frac{1}{3} \ln(2x-3) - \frac{1}{3} \ln(4-x),$$

上式两端同时对 x 求导,得

$$\frac{1}{y} y' = \frac{2}{3(x-1)} - \frac{1}{3} \cdot \frac{2}{2x-3} - \frac{1}{3} \cdot \frac{-1}{4-x},$$

因此

$$y' = y \cdot \left[\frac{2}{3(x-1)} - \frac{1}{3} \cdot \frac{2}{2x-3} - \frac{1}{3} \cdot \frac{-1}{4-x} \right]$$

$$= \sqrt[3]{\frac{(x-1)^2}{(2x-3)(4-x)}} \cdot \left[\frac{2}{3(x-1)} - \frac{2}{3(2x-3)} + \frac{1}{3(4-x)} \right].$$

由此看出,对数求导法可以简化计算.

六、参数方程表示的函数的求导法则

一般地,若方程

$$\begin{cases} x = \varphi(t), \\ y = \psi(t) \end{cases} (t \text{ 为参数})$$

确定了 y 是 x 的函数(或 x 是 y 的函数),则称该函数为**参数方程表示的函数**.

在实际问题中,有时要计算由参数方程所表示的函数的导数,但要从方程中消去参数 t 有时会很困难.因此,希望有一种能直接由参数方程出发计算出它所表示的函数的导数的方法.

一般地,设函数 $x = \varphi(t)$ 具有连续的反函数,同时函数 $x = \varphi(t)$,$y = \psi(t)$ 都可导,且 $\varphi'(t) \neq 0$,则由复合函数与反函数的求导法则,就有

$$\frac{\mathrm{d}y}{\mathrm{d}x} = \frac{\mathrm{d}y}{\mathrm{d}t} \cdot \frac{\mathrm{d}t}{\mathrm{d}x} = \frac{\dfrac{\mathrm{d}y}{\mathrm{d}t}}{\dfrac{\mathrm{d}x}{\mathrm{d}t}} = \frac{\psi'(t)}{\varphi'(t)},$$

即

$$\frac{\mathrm{d}y}{\mathrm{d}x} = \frac{\psi'(t)}{\varphi'(t)} \text{ 或 } \frac{\mathrm{d}y}{\mathrm{d}x} = \frac{\dfrac{\mathrm{d}y}{\mathrm{d}t}}{\dfrac{\mathrm{d}x}{\mathrm{d}t}}.$$

例 38　求由参数方程 $\begin{cases} x = \arctan t, \\ y = \ln(1 + t^2) \end{cases}$ (t 为参数)所表示的函数 $y = y(x)$ 的导数.

解

$$\frac{\mathrm{d}y}{\mathrm{d}x} = \frac{\dfrac{\mathrm{d}y}{\mathrm{d}t}}{\dfrac{\mathrm{d}x}{\mathrm{d}t}} = \frac{\dfrac{2t}{1 + t^2}}{\dfrac{1}{1 + t^2}} = 2t.$$

*例 39　已知椭圆的参数方程为 $\begin{cases} x = 2\cos t, \\ y = 3\sin t \end{cases}$ (t 为参数),求:(1) $\dfrac{\mathrm{d}y}{\mathrm{d}x}$;(2) 在对应于 $t = \dfrac{\pi}{4}$ 的椭圆上点处的切线方程.

解　(1) $\dfrac{\mathrm{d}y}{\mathrm{d}x} = \dfrac{(3\sin t)'}{(2\cos t)'} = -\dfrac{3\cos t}{2\sin t} = -\dfrac{3}{2}\cot t.$

(2) 与 $t = \dfrac{\pi}{4}$ 对应的椭圆上的点为 $P\left(\sqrt{2}, \dfrac{3\sqrt{2}}{2}\right)$,由(1)得点 P 处切线的斜率为

$$\frac{\mathrm{d}y}{\mathrm{d}x}\bigg|_{t = \frac{\pi}{4}} = -\frac{3}{2}\cot t\bigg|_{t = \frac{\pi}{4}} = -\frac{3}{2}.$$

故所求的切线方程为 $y - \dfrac{3\sqrt{2}}{2} = -\dfrac{3}{2}(x - \sqrt{2})$,即 $3x + 2y - 6\sqrt{2} = 0$.

习题 2-2

A 组

1. 求下列函数的导数:

(1) $y = x^4 + 2x^3 - 2x + 10$;

(2) $y = \dfrac{x^2}{2} + \dfrac{2}{x^2}$;

(3) $y = 10^{10} - 10^x + 3\log_3 x$;

(4) $y = \mathrm{e}^x + x^{\mathrm{e}} + \mathrm{e}^{\mathrm{e}}$;

(5) $y = 2\sin x - \cos x + \dfrac{1}{x}$;

(6) $y = 2\arcsin x + 3\arctan x$;

(7) $y = (x + 3)(1 - x)$;

(8) $y = \mathrm{e}^x\cos x$;

(9) $y = x\tan x$；

(10) $y = (1 + x^2)\arctan x$；

(11) $y = \dfrac{\mathrm{e}^x}{x}$；

(12) $y = \dfrac{\sin x}{1 + \cos x}$；

(13) $y = \dfrac{8}{4 - x^2}$；

(14) $y = \dfrac{\ln x}{\sqrt{x}} + 2\mathrm{e}^x$.

2. 求下列函数的导数：

(1) $y = (1 + 2x)^{30}$；

(2) $y = 2^{x^2}$；

(3) $y = \mathrm{e}^{\cos x}$；

(4) $y = \ln(3x + 1)$；

(5) $y = \sin\ln x$；

(6) $y = \cos(1 - 5x)$；

(7) $y = \tan\left(x - \dfrac{\pi}{8}\right)$；

(8) $y = \arcsin\dfrac{x}{3}$；

(9) $y = \arctan\mathrm{e}^x$；

(10) $y = \sin^4 5x$；

(11) $y = \ln\ln\ln x$；

(12) $y = \mathrm{e}^{-\cos 2x}$；

(13) $y = x^2\mathrm{e}^{\frac{1}{x}}$；

(14) $y = \dfrac{\sin 3x}{x}$.

3. 求下列函数在给定点处的导数值：

(1) $f(x) = x^3 - 3^x + \ln 3$，求 $f'(3)$；

(2) $f(x) = (x + 2)\log_2 x$，求 $f'(2)$；

(3) $f(x) = \sin\dfrac{1}{x}$，求 $f'\left(\dfrac{1}{\pi}\right)$.

4. 下列方程式确定变量 y 为 x 的函数，求导数 y'：

(1) $x^2 - xy + y^2 = 3$；

(2) $\mathrm{e}^y + xy - \mathrm{e}x^3 = 0$；

(3) $x^2 + \ln y - x\mathrm{e}^y = 0$；

(4) $\sin y + \mathrm{e}^x - xy^2 = \mathrm{e}$.

5. 设方程 $y - x^3\mathrm{e}^y = 1$ 确定了变量 y 为 x 的函数，求导数值 $y'|_{x=-1}$.

6. 求下列函数的导数：

(1) $y = x^{\ln x}$；

(2) $y = (\cos x)^x$.

B 组

1. 求下列函数的导数：

(1) $y = x^2(2x + 1)(x - 3)$；

(2) $y = (1 + x^2)\operatorname{arccot} x$；

(3) $y = \sqrt{\mathrm{e}^{3x}}$；

(4) $y = \sin^7(3x - 1)$；

(5) $y = \ln^3(3x + 1)$；

(6) $y = \tan(x\ln x)$；

(7) $y = \left(\arctan\dfrac{x}{3}\right)^3$；

(8) $y = (1 + x^2)\ln(1 + x^2)$.

2. 下列方程式确定变量 y 为 x 的函数，求导数 y'：

(1) $y^3 = 8(x^2 + y^2)$；

(2) $\arctan\dfrac{y}{x} = \ln\sqrt{x^2 + y^2}$；

(3) $y\mathrm{e}^x + \ln^2 y = 1$；

(4) $\mathrm{e}^{y^2} - \mathrm{e}^{-x} + xy^2 = 0$.

3. 求下列函数的导数：

(1) $y = x^2\sqrt{\dfrac{1 - x}{1 + x}}$；

(2) $y = \dfrac{\sqrt{x + 2}(3 - x)^4}{(x + 1)^5}$.

4. 求下列参数方程所确定的函数的导数 $\dfrac{\mathrm{d}y}{\mathrm{d}x}$:

(1) $\begin{cases} x = \mathrm{e}^t \sin t, \\ y = \mathrm{e}^t \cos t; \end{cases}$ 　　　　　　(2) $\begin{cases} x = \cos^2 t, \\ y = \sin^2 t. \end{cases}$

第三节　高阶导数

由本章第一节引例 1 知道,在物体做变速直线运动时,其瞬时速度 $v(t)$ 就是路程函数 $s = s(t)$ 对时间 t 的导数 $s'(t)$,即 $v(t) = s'(t)$,它仍然是时间 t 的函数.据物理学知识,加速度 $a(t)$ 是速度 $v(t)$ 对时间 t 的导数,即加速度 $a(t)$ 就是路程函数 $s(t)$ 对时间 t 的导数的导数:$a(t) = [s'(t)]'$.像这种需多次对一个函数求导的情况在实际问题中会经常遇到,我们将连续两次或两次以上对某一个函数求导数所得的结果称为这个函数的高阶导数.

定义 3　若函数 $y = f(x)$ 的导数 $f'(x)$ 在点 x 处可导,则称 $f'(x)$ 的导数 $[f'(x)]'$ 为函数 $y = f(x)$ 在点 x 处的**二阶导数**,记作

$$y'', f''(x), \frac{\mathrm{d}^2 y}{\mathrm{d}x^2} \text{ 或 } \frac{\mathrm{d}^2 f(x)}{\mathrm{d}x^2}.$$

类似地,二阶导数 $f''(x)$ 的导数 $[f''(x)]'$ 称为函数 $y = f(x)$ 的**三阶导数**,记作

$$y''', f'''(x), \frac{\mathrm{d}^3 y}{\mathrm{d}x^3} \text{ 或 } \frac{\mathrm{d}^3 f(x)}{\mathrm{d}x^3}.$$

一般地,函数 $y = f(x)$ 的 $n-1$ 阶导数的导数,称为 $y = f(x)$ 的 **n 阶导数**,记作

$$y^{(n)}, f^{(n)}(x), \frac{\mathrm{d}^n y}{\mathrm{d}x^n} \text{ 或 } \frac{\mathrm{d}^n f(x)}{\mathrm{d}x^n}.$$

通常将二阶及二阶以上导数统称为**高阶导数**.相应地,函数 $f(x)$ 的导数 $f'(x)$ 又称为函数 $f(x)$ 的**一阶导数**.

显然,求函数的高阶导数,只需用前面学过的求导方法,对函数逐次地连续求导,直到所求的阶数即可.

例 40　设函数 $y = 2x^3 - 3x^2 + 5$,求 y'',y''',$y^{(n)}$.

解　$y' = 6x^2 - 6x$,$y'' = 12x - 6$,$y''' = 12$,$y^{(4)} = 0, \cdots, y^{(n)} = 0 (n \geqslant 4)$.

例 41　设函数 $y = (1 + x^2)\arctan x$,求 y'' 及 $y''|_{x=1}$.

解　$y' = [(1 + x^2)\arctan x]' = 2x\arctan x + (1 + x^2) \cdot \dfrac{1}{1 + x^2} = 2x\arctan x + 1$,

$y'' = (2x\arctan x + 1)' = 2\arctan x + 2x \cdot \dfrac{1}{1 + x^2} + 0 = 2\arctan x + \dfrac{2x}{1 + x^2}$,

$y''|_{x=1} = \left(2\arctan x + \dfrac{2x}{1 + x^2} \right)\Big|_{x=1} = \dfrac{\pi}{2} + 1.$

例 42　设函数 $y = \mathrm{e}^{x^2}$,求 y''.

解　$y' = \mathrm{e}^{x^2} \cdot 2x$,

$y'' = (\mathrm{e}^{x^2} \cdot 2x)' = \mathrm{e}^{x^2} \cdot 2x \cdot 2x + \mathrm{e}^{x^2} \cdot 2 = 2(1 + 2x^2)\mathrm{e}^{x^2}.$

例 43　设函数 $f(x) = x^n$,求 $f^{(n)}(x)$(n 为正整数).

解 $f'(x) = nx^{n-1}, f''(x) = n(n-1)x^{n-2},$
$f'''(x) = n(n-1)(n-2)x^{n-3},$
......

由此推得,$f^{(n)}(x) = n(n-1)(n-2)\cdots 2 \cdot 1 \cdot x^0 = n!.$

从而还可进一步推出 $f^{(k)}(x) = 0(k > n).$

例 44 设函数 $y = a^x(a > 0$ 且 $a \neq 1)$,求 $y^{(n)}.$

解 $y' = a^x \ln a, y'' = (a^x \ln a)' = \ln a \cdot (a^x)' = a^x (\ln a)^2,$
$y''' = [a^x (\ln a)^2]' = (\ln a)^2 \cdot (a^x)' = a^x (\ln a)^3,$
......

由此推得,$y^{(n)} = a^x (\ln a)^n.$

* 例 45 设函数 $y = \sin x$,求 $\dfrac{\mathrm{d}^n y}{\mathrm{d} x^n}.$

解 $\dfrac{\mathrm{d} y}{\mathrm{d} x} = (\sin x)' = \cos x = \sin\left(x + \dfrac{\pi}{2}\right),$

$\dfrac{\mathrm{d}^2 y}{\mathrm{d} x^2} = \left[\sin\left(x + \dfrac{\pi}{2}\right)\right]' = \cos\left(x + \dfrac{\pi}{2}\right) = \sin\left(x + \dfrac{2\pi}{2}\right),$

$\dfrac{\mathrm{d}^3 y}{\mathrm{d} x^3} = \left[\sin\left(x + \dfrac{2\pi}{2}\right)\right]' = \cos\left(x + \dfrac{2\pi}{2}\right) = \sin\left(x + \dfrac{3\pi}{2}\right),$

......

由此推得,$\dfrac{\mathrm{d}^n y}{\mathrm{d} x^n} = \sin\left(x + \dfrac{n\pi}{2}\right).$

* 例 46 已知方程 $x - y + \sin y = 0$ 确定 y 为 x 的函数,求 $y''.$

解 将方程两边同时对 x 求导,得
$$1 - y' + \cos y \cdot y' = 0,$$

解得 $y' = \dfrac{1}{1 - \cos y}$,再将方程 $1 - y' + \cos y \cdot y' = 0$ 两边同时对 x 求导,得
$$- y'' - \sin y \cdot (y')^2 + \cos y \cdot y'' = 0.$$

因此解得
$$y'' = \dfrac{-\sin y \cdot (y')^2}{1 - \cos y}.$$

将 $y' = \dfrac{1}{1 - \cos y}$ 代入上式,得

$$y'' = -\dfrac{\sin y}{(1 - \cos y)^3}.$$

例 47 求由方程 $\begin{cases} x = \ln(1 + t^2), \\ y = t - \arctan t \end{cases}$ 确定的函数的导数 $\dfrac{\mathrm{d} y}{\mathrm{d} x}$ 及二阶导数 $\dfrac{\mathrm{d}^2 y}{\mathrm{d} x^2}.$

解 $\dfrac{\mathrm{d} y}{\mathrm{d} x} = \dfrac{\dfrac{\mathrm{d} y}{\mathrm{d} t}}{\dfrac{\mathrm{d} x}{\mathrm{d} t}} = \dfrac{1 - \dfrac{1}{1 + t^2}}{\dfrac{2t}{1 + t^2}} = \dfrac{t}{2},$

$\dfrac{\mathrm{d}^2 y}{\mathrm{d} x^2} = \dfrac{\mathrm{d}}{\mathrm{d} x}\left(\dfrac{\mathrm{d} y}{\mathrm{d} x}\right) = \dfrac{\dfrac{\mathrm{d} y}{\mathrm{d} x}/\mathrm{d} t}{\mathrm{d} x/\mathrm{d} t} = \dfrac{\dfrac{1}{2}}{\dfrac{2t}{1 + t^2}} = \dfrac{1 + t^2}{4t}.$

习题 2－3

A 组

1. 求下列函数的二阶导数：

(1) $y = x^{10} + 3x^5 + \sqrt{2}x + \sqrt[3]{7}$；

(2) $y = x^3 \ln x$；

(3) $y = \ln^2 x$；

(4) $y = x e^{x^2}$.

2. 设函数 $f(x) = (3x + 1)^{10}$，求 $f''(0)$.

B 组

1. 求下列函数的二阶导数：

(1) $y = \dfrac{x^2}{\sqrt{1 + x^2}}$；

(2) $y = \ln(x - \sqrt{x^2 - a^2})$ $\quad (a > 0)$；

(3) $y = e^{-x^2}$；

(4) $y = (\arcsin x)^2$.

2. 求函数在指定点处的二阶导数值：

(1) $y = (x^2 - 3)^{\frac{5}{2}}$，$x = 2$.

(2) $y = \ln\ln x$，$x = e^2$.

(3) $y = \tan \dfrac{x}{2}$，$x = \dfrac{2\pi}{3}$.

(4) $y = x \sqrt{1 - x^2}$，$x = 0$.

3. 求由方程 $y^3 - x^2 y = 2$ 所确定的函数 $y = y(x)$ 的二阶导数.

4. 求由方程 $\begin{cases} x = at\cos t, \\ y = at\sin t \end{cases}$（其中 $a \neq 0$）确定的函数的二阶导数 $\dfrac{\mathrm{d}^2 y}{\mathrm{d} x^2}$.

第四节　函数的微分

在许多问题中，常常需要计算当白变量取得一个很小的改变量 Δx 时，相应的函数的微小改变量 $\Delta y = f(x + \Delta x) - f(x)$.然而，当函数 $f(x)$ 比较复杂时，差值 $f(x + \Delta x) - f(x)$ 将是一个更加复杂的表达式，不易求得其值.这就引发了人们思考能否借助 $\dfrac{\Delta y}{\Delta x}$ 的极限（即导数）及 Δx 来近似地表达 Δy.微分就是实现这种近似表达的数学模型.

一、微分的概念

先看一个具体问题：一个正方形金属薄片受热膨胀，其边长由 x_0 变到 $x_0 + \Delta x$（见图 2-4），面积 S 相应地有一个改变量 ΔS：

$$\Delta S = (x_0 + \Delta x)^2 - x_0{}^2 = 2x_0 \Delta x + (\Delta x)^2.$$

ΔS 含有两项，第一项 $2x_0 \Delta x$ 称为 Δx 的线性函数，是 ΔS 的主要部分；第二项 $(\Delta x)^2$ 是当 $\Delta x \to 0$ 时比 Δx 高阶的无穷小，是 ΔS 的次要部分.当 Δx 很小时，面积 S 的改变量 ΔS 可

以近似地用 $2x_0\Delta x$ 来代替,即 $\Delta S\approx2x_0\Delta x$.

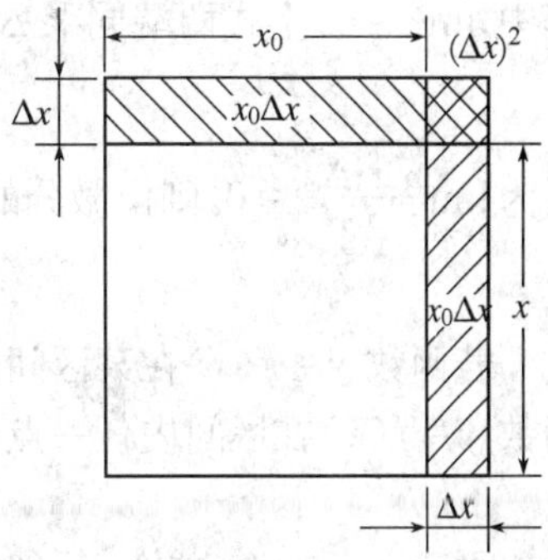

图 2-4

一般地,对于函数 $y=f(x)$,当自变量 x 在 x_0 有一个改变量 Δx 时,函数相应的改变量为

$$\Delta y=f(x_0+\Delta x)-f(x_0).$$

如果 Δy 可以表示成两个部分:第一部分 $A\cdot\Delta x$ 是 Δx 的线性函数(A 与 Δx 无关),第二部分 $o(\Delta x)$ 是 Δx 的高阶无穷小.当 $\Delta x\to0$ 时,我们将函数增量 Δy 的线性主部定义为函数的微分.

定义 4　设函数 $y=f(x)$ 在点 x_0 的某邻域内有定义,如果当自变量 x 在点 x_0 处有增量 Δx(点 $x_0+\Delta x$ 仍在该邻域内)时,对应函数的增量 $\Delta y=f(x_0+\Delta x)-f(x_0)$ 可以表示成

$$\Delta y=A\Delta x+o(\Delta x),\tag{2-4}$$

其中 A 是与 Δx 无关的常数,$o(\Delta x)$ 是较 Δx 高阶的无穷小(当 $\Delta x\to0$ 时),则称函数 $y=f(x)$ 在点 x_0 处**可微**,而 $A\Delta x$ 称为函数 $y=f(x)$ 在点 x_0 处的**微分**,记作 $\mathrm{d}y|_{x=x_0}$ 或 $\mathrm{d}f(x_0)$,即

$$\mathrm{d}y|_{x=x_0}=A\Delta x.$$

注:由定义 4 可知,若函数 $y=f(x)$ 在点 x_0 处可微,则:

(1) 函数 $y=f(x)$ 在点 x_0 处的微分 $\mathrm{d}y$ 是自变量的改变量 Δx 的线性函数;

(2) 由式(2-4),得

$$\Delta y=\mathrm{d}y+o(\Delta x),$$

我们称 $\mathrm{d}y$ 是 Δy 的**线性主部**.上式还表明,以微分 $\mathrm{d}y$ 近似代替函数增量 Δy 时,其误差为 $o(\Delta x)$.因此,当 $|\Delta x|$ 很小时,有近似公式:

$$\Delta y\approx\mathrm{d}y=A\Delta x.$$

定义中的 A 是什么?它与函数 $f(x)$ 有什么关系?下面的定理帮助我们找到答案.

定理 6　如果函数 $y=f(x)$ 在点 x_0 处可微,则函数 $y=f(x)$ 在点 x_0 处可导,且 $A=f'(x_0)$,即 $\mathrm{d}f(x_0)=f'(x_0)\Delta x$;反之,如果函数 $y=f(x)$ 在点 x_0 处可导,则函数 $y=f(x)$ 在点 x_0 处可微.

***证明**　因为函数 $y=f(x)$ 在点 x_0 处可微,所以

$$\Delta y=A\Delta x+o(\Delta x)$$

成立,其中 $o(\Delta x)$ 是较 Δx 的高阶无穷小.于是

$$f'(x_0)=\lim_{\Delta x\to0}\frac{\Delta y}{\Delta x}=\lim_{\Delta x\to0}\left(A+\frac{o(\Delta x)}{\Delta x}\right)=A+\lim_{\Delta x\to0}\frac{o(\Delta x)}{\Delta x}=A.$$

这就证明了函数 $y=f(x)$ 在点 x_0 处可导,且 $f'(x_0)=A$.

反之,若函数 $y=f(x)$ 在点 x_0 处可导,则有

$$\lim_{\Delta x\to0}\frac{\Delta y}{\Delta x}=f'(x_0).$$

根据极限与无穷小的关系,有

$$\frac{\Delta y}{\Delta x}=f'(x_0)+\alpha,$$

其中 $\lim\limits_{\Delta x \to 0} \alpha = 0$. 上式两端同乘 Δx 得

$$\Delta y = f'(x_0)\Delta x + \alpha \cdot \Delta x.$$

因为 $\lim\limits_{\Delta x \to 0} \dfrac{\alpha \cdot \Delta x}{\Delta x} = 0$，则由微分的定义知，函数 $y = f(x)$ 在点 x_0 处可微，且

$$df(x_0) = f'(x_0)\Delta x.$$

若函数 $y = f(x)$ 在某区间内每一点都可微，则称函数 $y = f(x)$ 在该区间内可微，此时将函数 $y = f(x)$ 在区间内任一点 x 处的微分称为函数 $y = f(x)$ 的**微分**，记作 dy 或 $df(x)$，即

$$dy = df(x) = f'(x)\Delta x. \tag{2-5}$$

在式(2-5)中，若令 $y = f(x) = x$，则有 $dy = dx$，$f'(x) = (x)' = 1$，从而

$$dx = dy = (x)'\Delta x = \Delta x,$$

即自变量 x 的微分 dx 等于自变量的增量 Δx. 这样，式(2-5)可改写成

$$\mathbf{dy = f'(x)dx}, \tag{2-6}$$

即函数的微分等于函数的导数与自变量微分的乘积. 从而有

$$\frac{dy}{dx} = f'(x).$$

这说明，函数的微分 dy 与自变量的微分 dx 的商恰好等于函数的导数 $f'(x)$，因此导数也常称为**微商**. 这也是为什么将导数记作 $\dfrac{dy}{dx}$ 的原因.

据式(2-6)可知，只要求得函数 $y = f(x)$ 的导数 $f'(x)$，然后乘以自变量的微分 dx，便得到函数的微分 dy.

例48　求函数 $y = e^{\sin x}$ 的微分 dy 以及 $dy|_{x = \frac{\pi}{2}}$.

解　由微分与导数的关系可知，先求导得

$$y' = e^{\sin x}(\sin x)' = e^{\sin x}\cos x,$$

于是　　　　　　　　　　$$dy = y'dx = e^{\sin x}\cos x\,dx,$$

从而　　　　　$$dy|_{x=0} = (e^{\sin x}\cos x)|_{x=0}\,dx = e^{\sin 0}\cos 0\,dx = dx.$$

*二、微分的几何意义

在平面上取定直角坐标系后，函数 $y = f(x)$ 的图形通常是一条曲线（见图2-5）. 在曲线 $y = f(x)$ 上取点 $M(x, y)$，过点 M 作曲线 $y = f(x)$ 的切线 MT. 由于 $f'(x)$ 是切线 MT 的斜率，因此有 $\dfrac{PQ}{MP} = f'(x)$，即

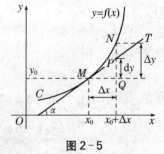

图 2-5

$$PQ = f'(x)MP = f'(x)\Delta x = dy.$$

于是，函数 $f(x)$ 的微分 dy 是曲线 $y = f(x)$ 在点 M 处的切线的纵坐标的增量. 这就是函数微分的几何意义.

三、微分的基本公式与运算法则

根据函数的导数与微分之间的关系，可以得到微分的基本公式与运算法则.

1. 基本初等函数的微分公式

(1) $dC = 0$(C 为常数);

(2) $d(x^\alpha) = \alpha x^{\alpha-1}dx(\alpha \in \mathbf{R})$;

(3) $d(a^x) = a^x \ln a dx$,特别地,$d(e^x) = e^x dx$;

(4) $d(\log_a x) = \dfrac{1}{x \ln a}dx(a > 0, a \neq 1)$,特别地,$d(\ln x) = \dfrac{1}{x}dx$;

(5) $d(\sin x) = \cos x dx$, $\qquad\qquad d(\cos x) = -\sin x dx$,

$\quad d(\tan x) = \sec^2 x dx$, $\qquad\qquad d(\cot x) = -\csc^2 x dx$,

$\quad ^* d(\sec x) = \sec x \tan x dx$, $\qquad\quad\; ^* d(\csc x) = -\csc x \cot x dx$;

(6) $d(\arcsin x) = \dfrac{1}{\sqrt{1-x^2}}dx, x \in (-1,1)$,

$\quad d(\arccos x) = -\dfrac{1}{\sqrt{1-x^2}}dx, x \in (-1,1)$,

$\quad d(\arctan x) = \dfrac{1}{1+x^2}dx$, $\qquad\qquad d(\text{arccot}x) = -\dfrac{1}{1+x^2}dx$.

2. 微分的四则运算法则

定理 7 设函数 $u = u(x)$ 和 $v = v(x)$ 可微,则:

(1) $d(u \pm v) = du \pm dv$;

(2) $d(uv) = udv + vdu$;

(3) $d\left(\dfrac{u}{v}\right) = \dfrac{vdu - udv}{v^2}(v \neq 0)$.

推论 1 $d(Cu) = Cdu$(C 为常数).

推论 2 $d\left(\dfrac{1}{v}\right) = -\dfrac{dv}{v^2}(v \neq 0)$.

3. 复合函数的微分法则

定理 8 设函数 $y = f(u)$ 与 $u = \varphi(x)$ 均可微,则复合函数 $y = f[\varphi(x)]$ 也可微,且
$$dy = y'dx = f'(u)\varphi'(x)dx.$$
由于 $du = \varphi'(x)dx$,所以上式可写成
$$dy = f'(u)du.$$
上式表示,不论 u 是自变量还是中间变量,函数 $y = f(u)$ 的微分形式总是 $dy = f'(u)du$,这个性质叫作**一阶微分形式的不变性**.

例 49 设函数 $y = x^3 \sin x + \arctan x$,求 $dy|_{x=0}$.

解 $dy = d(x^3 \sin x) + d(\arctan x)$

$\qquad = x^3 d(\sin x) + \sin x d(x^3) + \dfrac{1}{1+x^2}dx$

$\qquad = x^3 \cos x dx + 3x^2 \sin x dx + \dfrac{1}{1+x^2}dx$

$$= \left(x^3\cos x + 3x^2\sin x + \frac{1}{1+x^2} \right)dx,$$

所以 $$dy|_{x=0} = \left(x^3\cos x + 3x^2\sin x + \frac{1}{1+x^2} \right)\bigg|_{x=0}dx = dx.$$

例 50 设函数 $y = \dfrac{\ln x}{x}$，求 dy.

解 $dy = \dfrac{xd(\ln x) - \ln xdx}{x^2} = \dfrac{x \cdot \dfrac{1}{x}dx - \ln xdx}{x^2} = \dfrac{(1-\ln x)dx}{x^2}.$

例 51 设函数 $y = \cos(3x+1)$，求 dy.

解 $dy = d[\cos(3x+1)] = -\sin(3x+1)d(3x+1) = -3\sin(3x+1)dx.$

*例 52 求方程 $x^2 + 2xy - y^2 = 5$ 所确定的隐函数 $y = y(x)$的微分 dy 及导数 $\dfrac{dy}{dx}$.

解 对方程两端求微分，得

$$d(x^2 + 2xy - y^2) = d5,$$

应用微分的运算法则，得

$$2xdx + 2(ydx + xdy) - 2ydy = 0,$$

化简，得

$$(x+y)dx = (y-x)dy.$$

于是，所求微分为

$$dy = \frac{y+x}{y-x}dx,$$

所求导数为

$$\frac{dy}{dx} = \frac{y+x}{y-x}.$$

四、微分在近似计算中的应用

近似计算是科技工作中常遇到的问题，一般地，对近似公式的要求有两条，即有足够好的精度和计算简便.用微分来作近似计算常常能满足这些要求.

由前面的讨论可知，当函数 $f(x)$在点 x_0 处的导数 $f(x_0) \neq 0$ 且 $|\Delta x|$很小时，有
$$\Delta y = f(x_0 + \Delta x) - f(x_0) \approx f'(x_0)\Delta x,$$
得 $$f(x_0 + \Delta x) \approx f(x_0) + f'(x_0)\Delta x.$$

利用上述公式，可以求函数 $y = f(x)$在点 x_0 附近的近似值.

例 53 求 $\sqrt{1.003}$的近似值.

解 因为

$$\sqrt{1.003} = \sqrt{1 + 0.003},$$

所以，可设 $f(x) = \sqrt{x}$，并取 $x_0 = 1, \Delta x = 0.003$.因为 $f'(x) = \dfrac{1}{2\sqrt{x}}$，所以可利用近似公式得

$$\sqrt{1.003} = f(1 + 0.003) \approx f(1) + f'(1)\Delta x$$

$$= \sqrt{1} + \frac{1}{2\sqrt{1}} \times 0.003 = 1.001\,5.$$

例 54 求 $\sin 31°$ 的近似值.

解 因为

$$\sin 31° = \sin(30° + 1°) = \sin\left(\frac{\pi}{6} + \frac{\pi}{180}\right),$$

所以,可设 $f(x) = \sin x$,并取 $x_0 = \frac{\pi}{6}, \Delta x = \frac{\pi}{180}$. 因为 $f'(x) = \cos x$,所以可利用近似公式得

$$\sin 31° = f\left(\frac{\pi}{6} + \frac{\pi}{180}\right) \approx f\left(\frac{\pi}{6}\right) + f'\left(\frac{\pi}{6}\right) \times \frac{\pi}{180}$$

$$= \sin\frac{\pi}{6} + \cos\frac{\pi}{6} \times \frac{\pi}{180} = \frac{1}{2} + \frac{\sqrt{3}}{2} \times \frac{\pi}{180} \approx 0.515\,1.$$

例 55 测量直径 $x = 20(\mathrm{mm})$ 的小球时,实测直径为 $20.05(\mathrm{mm})$,即有误差 $0.05(\mathrm{mm})$. 问:由测量得到小球的体积会有多大的误差?

解 球的体积为 $V = \frac{\pi}{6}x^3$,其中 x 为球的直径. 令 $x = 20$,则 $\Delta x = 0.05$,因为 Δx 相对于 x 较小,所以可以用微分 $\mathrm{d}V$ 近似代替 ΔV,得

$$\Delta V \approx \mathrm{d}V = \left(\frac{\pi}{6}x^3\right)'\mathrm{d}x = \frac{\pi}{2}x^2\mathrm{d}x.$$

当 $\mathrm{d}x = \Delta x = 0.05$ 时,得到所求误差为

$$\Delta V \approx \mathrm{d}V\Big|_{\substack{x=20 \\ \Delta x = 0.05}} = \frac{\pi}{2} \times (20)^2 \times 0.05 = 31.416(\mathrm{mm}^3).$$

特别地,在公式 $f(x_0 + \Delta x) \approx f(x_0) + f'(x_0)\Delta x$ 中,如果 $x_0 = 0$,则 $\Delta x = x - x_0 = x$. 于是,当 $|x|$ 很小时,有

$$f(x) \approx f(0) + f'(0)x.$$

利用上述公式,可求函数 $f(x)$ 在 $x = 0$ 附近的近似值,并可推出以下常用的近似公式:

(1) $\sin x \approx x$;(2) $\tan x \approx x$;(3) $\mathrm{e}^x \approx 1 + x$;(4) $\ln(1+x) \approx x$.

其中 $|x|$ 很小,且在(1)、(2)两式中,x 为弧度数.

利用上述近似计算公式求这些函数在 $x = 0$ 附近的函数值时较方便. 例如,

$$\mathrm{e}^{-0.03} \approx 1 + (-0.03) = 0.97,$$

$$\ln 0.98 = \ln[1 + (-0.02)] \approx -0.02.$$

习题 2-4

A 组

1. 求函数 $y = x^3 - 1$ 在自变量 x 从 2 变化到 2.1 的改变量和微分.

2. 将适当的函数填入下列括号内,使等式成立:

(1) $\mathrm{d}(\quad) = 5x\mathrm{d}x$;   (2) $\mathrm{d}(\quad) = \sin\omega x\mathrm{d}x$;

(3) $\mathrm{d}(\quad) = \mathrm{e}^x\mathrm{d}x$;   (4) $\mathrm{d}(\quad) = \frac{1}{\sqrt{x}}\mathrm{d}x$;

(5) $\mathrm{d}(\quad) = \sec^2 x\mathrm{d}x$;   (6) $\mathrm{d}(\quad) = \frac{1}{1+x^2}\mathrm{d}x$.

3. 求下列函数的微分：

(1) $y = 4x^3 - x^4$；

(2) $y = \dfrac{\sin x}{x}$；

(3) $y = 3^{\ln x}$；

(4) $y = (e^x + e^{-x})^2$；

(5) $y = x - \ln(1 + e^x)$；

(6) $y = \cos 2x + \sin 2x$.

4. 已知方程 $xy + \ln y = 1$ 确定变量 y 为 x 的函数，求微分 $\mathrm{d}y$.

B组

1. 求函数 $y = \dfrac{1}{(\tan x + 1)^2}$，自变量 x 由 $\dfrac{\pi}{6}$ 变化到 $\dfrac{61\pi}{360}$ 时在 $x = \dfrac{\pi}{6}$ 处的微分.

2. 求下列函数的微分：

(1) $y = 3\sqrt[3]{x} - \dfrac{1}{x}$；

(2) $y = xe^{-x^2}$；

(3) $y = \arcsin\sqrt{1 - x^2}$；

(4) $y = \tan^2(1 + x^2)$；

(5) $y = 3^{\ln\cos x}$；

(6) $y = \sec^2(e^{x^2+1})$.

3. 利用微分计算下列各函数值的近似值：

(1) $\sqrt[3]{1\,000.3}$；

(2) $\cos 29°$.

总复习题二

1. 单项选择题

(1) 设 $y = f(e^x)e^{f(x)}$，且 $f'(x)$ 存在，则 $y' = ($ $)$.

    A. $f'(e^x)e^{f(x)} + f(e^x)e^{f(x)}$ B. $f'(e^x)e^{f(x)} + f'(x)$

    C. $f'(e^x)e^{f(x)}$ D. $f'(e^x)e^x e^{f(x)} + f(e^x)e^{f(x)}f'(x)$

(2) 若 $f'(x_0) = -3$，则 $\lim\limits_{\Delta x \to 0}\dfrac{f(x_0 + \Delta x) - f(x_0 - 3\Delta x)}{\Delta x} = ($ $)$.

    A. -3 B. -6 C. -9 D. -12

(3) 设 $y = f(x)$ 自变量 x 由 x_0 改变到 $x_0 + \Delta x$ 时，相应函数非得该变量 $\Delta y = ($ $)$.

    A. $f(x_0 + \Delta x)$ B. $f'(x_0) + \Delta x$

    C. $f(x_0 + \Delta x) - f(x_0)$ D. $f(x_0)\Delta x$

(4) 函数 $f(x) - x - 2$ 在 $x = 2$ 出的导数为$($ $)$.

    A. 1 B. 0 C. -1 D. 不存在

(5) 下列函数中，导数不等于 $\dfrac{1}{2}\sin 2x$ 的函数是$($ $)$.

    A. $\dfrac{1}{2}\sin^2 x$ B. $\dfrac{1}{4}\cos 2x$ C. $-\dfrac{1}{2}\cos^2 x$ D. $1 - \dfrac{1}{4}\cos 2x$

(6) 设 $e^y + xy = \ln 2$ 确定了 y 是 x 的隐函数，则 $\dfrac{\mathrm{d}y}{\mathrm{d}x} = ($ $)$.

    A. $\dfrac{x}{x + e^y}$ B. $\dfrac{-x}{x + e^y}$ C. $\dfrac{1 - 2y}{2(x + e^y)}$ D. $\dfrac{-y}{x + e^y}$

(7) 已知 $y = \sin x$，则 $y^{(10)} = ($ $)$.

A. $\sin x$　　　　　B. $\cos x$　　　　　C. $-\sin x$　　　　　D. $-\cos x$

2. 填空题

(1) 设 $f'(1)=1$，则 $\lim\limits_{x\to 1}\dfrac{f(x)-f(1)}{x^2-1}=$ _____ .

(2) 设 $y=x^e+e^x+\ln x+e^e$，则 y' _____ .

(3) 设 $f(x)=\ln(3x)$，则 $f'(x)=$ _____ ，$f'(2)=$ _____ .

(4) 由方程 $2y-x=\sin y$ 确定了 y 是 x 的隐函数，则 $dy=$ _____ .

(5) 设 $y=x^x$，则 $y'=$ _____ .

(6) 设 $f(x)=\ln(1+x^2)$，则 $f''(-1)=$ _____ .

3. 求下列函数的导数

(1) $y=x^3-3x^2+4x-5$；　(2) $y=\dfrac{4}{x^5}+\dfrac{7}{x^4}-\dfrac{2}{x}+12$；　(3) $y=5x^3-2^x+3e^x$；

(4) $y=2\tan x+\sec x-1$；　(5) $y=\ln x-2\lg x+3\log_2^x$；　(6) $y=3e^x\cos x$；

(7) $y=\dfrac{\sin x}{x}$；　　　　(8) $y=\dfrac{e^x}{x^2}+\ln 3$；　　　(9) $y=x^2\ln x\cos x$；

(10) $y=(2x+5)^4$；　　　(11) $y=\arctan x^2$；　　　(12) $y=(\arcsin x)^2$；

(13) $y=2^{\tan\frac{1}{x}}$；　　　(14) $y=e^{\arctan\sqrt{x}}$.

第三章　导数的应用

导数在自然科学和工程技术上都有着极其广泛的应用,本章在介绍微分学中值定理的基础上,引出求极限的新方法——洛必达法则,并以导数为工具,进一步讨论函数的单调性、极值等以及图形的性态,解决一些常见的求最值应用问题.

第一节　微分中值定理

本节我们将介绍罗尔(Rolle)定理、拉格朗日(Lagrange)中值定理和柯西(Cauchy)中值定理,这三个定理统称为微分中值定理,它们揭示了函数在某区间上的整体性质与函数在该区间内某一点的导数之间的关系.中值定理既是用微分学知识解决应用问题的理论基础,又是解决微分学自身发展的一种理论性模型,它们在一元函数的微分学的理论及应用中都有十分重要的作用.

一、罗尔定理

定理 1(罗尔定理)　如果函数 $y = f(x)$ 满足如下三个条件:① 在闭区间 $[a,b]$ 上连续;② 在开区间 (a,b) 内可导;③ 在区间端点处的函数值相等,即 $f(a) = f(b)$.
则在 (a,b) 内至少存在一点 ξ,使得

$$f'(\xi) = 0.$$

对于定理 1,这里不作证明.为了方便理解,可借助于图形加以说明:一条闭区间 $[a,b]$ 上的连续曲线 $y = f(x)$,如果其上每一点(端点除外)处都有不垂直于 x 轴的切线(曲线光滑),并且在曲线的两个端点处的纵坐标相同,那么在该曲线上至少有一点处的切线平行于 x 轴(见图 3-1).这就是罗尔定理的几何意义.

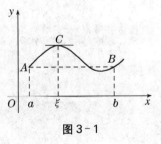

图 3-1

例 1　验证函数 $f(x) = x^3 + 3x^2$ 在区间 $[-3,0]$ 上满足罗尔定理的条件,并求出罗尔定理结论中的 ξ.

解　因为 $f(x) = x^3 + 3x^2$ 是初等函数,所以函数 $f(x)$ 在 $[-3,0]$ 上连续.又因为 $f'(x) = 3x^2 + 6x$,所以 $f(x)$ 在 $(-3,0)$ 上可导.而 $f(-3) = f(0) = 0$,所以 $f(x)$ 在 $[-3,0]$ 上满足罗尔定理的条件.

令 $f'(x) = 3x^2 + 6x = 0$,解得 $x = 0, x = -2$.因为 $x = 0$ 不在区间 $(-3,0)$ 内,故舍去.所以取 $\xi = -2$,即在区间 $(-3,0)$ 内存在一点 $\xi = -2$,使得 $f'(\xi) = 0$.

二、拉格朗日中值定理

罗尔定理中，$f(a) = f(b)$ 这个条件是相当特殊的，从而限制了定理的应用. 拉格朗日在罗尔定理的基础上做了进一步的研究，取消了罗尔定理中这个条件的限制，得到了微分学中具有重要地位的拉格朗日中值定理.

定理 2(拉格朗日中值定理)　设函数 $y = f(x)$ 满足：① 在闭区间 $[a, b]$ 上连续；② 在开区间 (a, b) 内可导. 则在 (a, b) 内至少存在一点 ξ，使得

$$f'(\xi) = \frac{f(b) - f(a)}{b - a}.$$

上式也可表示成

$$f(b) - f(a) = f'(\xi)(b - a).$$

显然，罗尔定理是拉格朗日中值定理当 $f(a) = f(b)$ 时的特殊情形.

同样，我们也可以借助于图形加以理解. 由于 $\dfrac{f(b) - f(a)}{b - a}$ 表示曲线 $y = f(x)$ 上连接 $A(a, f(a))$ 与 $B(b, f(b))$ 两点的弦的斜率，因此，定理 2 的几何意义是：闭区间 $[a, b]$ 上的连续曲线 $y = f(x)$，若除端点外处处具有不垂直于 x 轴的切线，则在这曲线弧上至少能找到一点，使曲线在该点的切线平行于弦 AB，如图 3-2 所示.

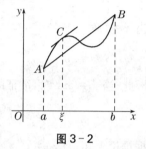

图 3-2

例 2　验证函数 $f(x) = \ln x$ 在区间 $[1, e]$ 上满足拉格朗日中值定理的条件，并求出拉格朗日中值定理结论中的 ξ.

解　因为 $f(x) = \ln x$ 是初等函数，所以函数 $f(x)$ 在 $[1, e]$ 上连续. 又因为 $f'(x) = \dfrac{1}{x}$ 在 $(1, e)$ 内存在，即 $f(x)$ 在 $(1, e)$ 内可导，所以 $f(x)$ 在 $[1, e]$ 上满足拉格朗日中值定理的条件.

又 $f(1) = 0, f(e) = 1$，令 $f'(\xi) = \dfrac{f(e) - f(1)}{e - 1}$，即 $\dfrac{1}{\xi} = \dfrac{1}{e - 1}$，解得 $\xi = e - 1$. 所以拉格朗日中值定理结论中的 $\xi = e - 1$.

我们还可以应用拉格朗日定理来证明某些函数不等式.

例 3　证明：当 $x > 0$ 时，有 $\dfrac{x}{1 + x} < \ln(1 + x) < x$.

证明　为应用拉格朗日中值定理，令 $f(t) = \ln t$，则函数 $f(t)$ 在区间 $[1, 1 + x]$ 上满足拉格朗日中值定理的条件：$f(t)$ 在 $[1, 1 + x]$ 上连续且在 $(1, 1 + x)$ 内可导. 因此存在 $\xi \in (1, 1 + x)$ 使得

$$\ln(1 + x) - \ln 1 = f'(\xi)(1 + x - 1).$$

由于 $f'(t) = \dfrac{1}{t}$，因此上式可写成

$$\ln(1 + x) = \frac{1}{\xi} x.$$

又由于 $\dfrac{1}{1 + x} < \dfrac{1}{\xi} < 1$，故当 $x > 0$ 时，有

$$\frac{x}{1 + x} < \ln(1 + x) < x.$$

推论 1　如果函数 $y = f(x)$ 在区间 (a, b) 内恒有 $f'(x) = 0$，则函数 $y = f(x)$ 在 (a, b) 内

是一个常数,即

$$f(x) = C(C \text{ 为常数}).$$

证明 任取 $x_1, x_2 \in (a, b)$,且 $x_1 < x_2$,则函数 $f(x)$ 在区间 $[x_1, x_2]$ 上满足拉格朗日中值定理的条件,故存在 $\xi \in (x_1, x_2)$,使得

$$f(x_2) - f(x_1) = f'(\xi)(x_2 - x_1).$$

由定理假设 $f'(x) = 0, \forall x \in (a, b)$,因此 $f'(\xi) = 0$,从而 $f(x_2) - f(x_1) = 0$,即 $f(x_1) = f(x_2)$.由 x_1 和 x_2 的任意性知,$f(x)$ 在区间 (a, b) 内恒为常数,即

$$f(x) = C(C \text{ 为常数}).$$

* 例 4 证明 $\arcsin x + \arccos x = \dfrac{\pi}{2}, x \in [-1, 1].$

证明 当 $x = -1$ 时,

$$\arcsin(-1) + \arccos(-1) = -\frac{\pi}{2} + \pi = \frac{\pi}{2};$$

当 $x = 1$ 时,

$$\arcsin 1 + \arccos 1 = \frac{\pi}{2} + 0 = \frac{\pi}{2}.$$

因此,当 $x = \pm 1$ 时,欲证的等式成立.现设 $x \in (-1, 1)$,令 $f(x) = \arcsin x + \arccos x$,则

$$f'(x) = \frac{1}{\sqrt{1-x^2}} - \frac{1}{\sqrt{1-x^2}} = 0, x \in (-1, 1).$$

据推论 1 知,$f(x) = C, C$ 为常数,$x \in (-1, 1)$.取 $x = 0$,则

$$C = f(0) = \arcsin 0 + \arccos 0 = 0 + \frac{\pi}{2} = \frac{\pi}{2},$$

即 $\arcsin x + \arccos x = \dfrac{\pi}{2}.$

综上,有 $\arcsin x + \arccos x = \dfrac{\pi}{2}, x \in [-1, 1].$

推论 2 如果在区间 (a, b) 内恒有 $f'(x) = g'(x)$,则在区间 (a, b) 内有

$$f(x) = g(x) + C(C \text{ 为常数}).$$

证明 令 $F(x) = f(x) - g(x)$,则由 $f'(x) = g'(x)$ 得 $F'(x) = f'(x) - g'(x) = 0$.由推论 1 知,$F(x) = C(C \text{ 为常数})$,即有 $f(x) = g(x) + C$.

三、柯西中值定理

现在,将拉格朗日中值定理加以推广,得到下面的柯西中值定理.

定理 3(柯西中值定理) 设函数 $f(x)$ 与 $g(x)$ 满足下面条件:① 在闭区间 $[a, b]$ 上连续;② 在开区间 (a, b) 内可导;③ 在 (a, b) 内 $g'(x) \neq 0$.则在 (a, b) 内至少存在一点 ξ,使得

$$\frac{f(b) - f(a)}{g(b) - g(a)} = \frac{f'(\xi)}{g'(\xi)}.$$

习题 3-1

A 组

1. 下列函数在给定的区间上是否满足罗尔定理的条件? 如果满足,求出定理中 ξ 的值.

(1) $f(x) = x^2 - x$, $[0,1]$;   (2) $f(x) = \sin x$, $[-\pi, \pi]$.

2. 下列函数在给定的区间上是否满足拉格朗日中值定理的条件? 如果满足,求出定理中 ξ 的值.

(1) $f(x) = x^3 - 3x$, $[0,3]$;   (2) $f(x) = \sqrt{x}$, $[1,4]$.

B 组

1. 说明 $f(x) = \dfrac{1}{x^2}$ 在 $[-1,1]$ 上是否满足罗尔定理.

2. 求函数 $f(x) = \arctan x$ 在区间 $[0,1]$ 上满足拉格朗日定理的 ξ 的值.

3. 证明 $3\arccos x - \arccos(3x - 4x^3) = \pi, \left(-\dfrac{1}{2} \leqslant x \leqslant \dfrac{1}{2} \right)$.

第二节 洛必达法则

在第一章中,我们曾计算过 $\dfrac{0}{0}$ 或 $\dfrac{\infty}{\infty}$ 型未定式极限. 当时计算未定式极限,往往需要将其经过适当的变形,转化为可利用极限运算法则或重要极限的形式进行计算. 这种变形没有一般的方法,需就具体问题而定,增加了求极限的难度. 本节将用导数这一工具,给出计算未定式极限的一般方法——洛必达(L'Hospital)法则.

一、$\dfrac{0}{0}$ 型和 $\dfrac{\infty}{\infty}$ 型未定式

定理 4(洛必达法则) 如果函数 $f(x)$ 与 $g(x)$ 满足如下条件:

(1) $\lim\limits_{x \to x_0} f(x) = \lim\limits_{x \to x_0} g(x) = 0$(或 $\lim\limits_{x \to x_0} f(x) = \lim\limits_{x \to x_0} g(x) = \infty$);

(2) 在点 x_0 的某去心邻域内可导,且 $g'(x) \neq 0$;

(3) $\lim\limits_{x \to x_0} \dfrac{f'(x)}{g'(x)} = A$($A$ 为一实数或 ∞).

则
$$\lim_{x \to x_0} \frac{f(x)}{g(x)} = \lim_{x \to x_0} \frac{f'(x)}{g'(x)} = A.$$

这个法则告诉我们,如果 $\lim\limits_{x \to x_0} \dfrac{f(x)}{g(x)}$ 为 $\dfrac{0}{0}$ 或 $\dfrac{\infty}{\infty}$ 型未定式极限,那么在上述条件下 $\lim\limits_{x \to x_0} \dfrac{f(x)}{g(x)}$

可化为 $\lim\limits_{x \to x_0} \dfrac{f'(x)}{g'(x)}$.

注：对于 x 的其他变化趋势 $(x \to \infty, x \to +\infty, x \to -\infty, x \to x_0^+, x \to x_0^-)$，上述定理仍成立.

例5 求 $\lim\limits_{x \to 0} \dfrac{e^x - 1}{x^2 - x}$.

解 这是 $\dfrac{0}{0}$ 型未定式，据洛必达法则，得

$$\lim_{x \to 0} \frac{e^x - 1}{x^2 - x} = \lim_{x \to 0} \frac{e^x}{2x - 1} = -1.$$

例6 求 $\lim\limits_{x \to +\infty} \dfrac{x^n}{\ln x}$（$n$ 为正整数）.

解 这是 $\dfrac{\infty}{\infty}$ 型未定式，据洛必达法则，得

$$\lim_{x \to +\infty} \frac{x^n}{\ln x} = \lim_{x \to +\infty} \frac{nx^{n-1}}{\dfrac{1}{x}} = \lim_{x \to +\infty} nx^n = +\infty.$$

例7 求 $\lim\limits_{x \to +\infty} \dfrac{\dfrac{\pi}{2} - \arctan x}{\dfrac{1}{x}}$.

解 这是 $\dfrac{0}{0}$ 型未定式，据洛必达法则，得

$$\lim_{x \to +\infty} \frac{\dfrac{\pi}{2} - \arctan x}{\dfrac{1}{x}} = \lim_{x \to +\infty} \frac{0 - \dfrac{1}{1 + x^2}}{-\dfrac{1}{x^2}} = \lim_{x \to +\infty} \frac{x^2}{1 + x^2} = 1.$$

*例8 求 $\lim\limits_{x \to 0^+} \dfrac{\ln\cot x}{\ln x}$.

解 这是 $\dfrac{\infty}{\infty}$ 型未定式，据洛必达法则，得

$$\lim_{x \to 0^+} \frac{\ln\cot x}{\ln x} = \lim_{x \to 0^+} \frac{\dfrac{1}{\cot x}(-\csc^2 x)}{\dfrac{1}{x}} = -\lim_{x \to 0^+} \frac{x}{\sin x \cos x} = -1.$$

例9 求 $\lim\limits_{x \to 0} \dfrac{x - \sin x}{x^3}$.

解 这是 $\dfrac{0}{0}$ 型未定式.据洛必达法则，得

$$\lim_{x \to 0} \frac{x - \sin x}{x^3} = \lim_{x \to 0} \frac{1 - \cos x}{3x^2}.$$

上式右端极限仍是 $\dfrac{0}{0}$ 型未定式，再应用洛必达法则，得

$$\lim_{x \to 0} \frac{x - \sin x}{x^3} = \lim_{x \to 0} \frac{(1 - \cos x)'}{(3x^2)'} = \lim_{x \to 0} \frac{\sin x}{6x} = \frac{1}{6}.$$

例10 求 $\lim\limits_{x \to 0} \dfrac{e^x + e^{-x} - 2}{1 - \cos x}$.

解　这是 $\dfrac{0}{0}$ 型未定式，连续两次运用洛必达法则，得

$$\lim_{x \to 0} \frac{e^x + e^{-x} - 2}{1 - \cos x} = \lim_{x \to 0} \frac{e^x - e^{-x}}{\sin x} = \lim_{x \to 0} \frac{e^x + e^{-x}}{\cos x} = 2.$$

注：① 在用洛必达法则求极限过程中，若 $\lim\limits_{x \to a} \dfrac{f'(x)}{g'(x)}$ 仍是未定式，且 $f'(x)$、$g'(x)$ 仍满足洛必达法则的条件，那么 $\lim\limits_{x \to a} \dfrac{f(x)}{g(x)} = \lim\limits_{x \to a} \dfrac{f'(x)}{g'(x)} = \lim\limits_{x \to a} \dfrac{f''(x)}{g''(x)}$. 也就是说，洛必达法则可累次使用下去．如例 9、例 10.

② 在每次应用洛必达法则之前都必须检验极限是否是 $\dfrac{0}{0}$ 或 $\dfrac{\infty}{\infty}$ 型，否则会出错．例如，根据洛必达法则，可以得到 $\lim\limits_{x \to 0} \dfrac{x^2}{\sin x} \left(\dfrac{0}{0} \text{型}\right) = \lim\limits_{x \to 0} \dfrac{2x}{\cos x} = 0$，过程中的 $\lim\limits_{x \to 0} \dfrac{2x}{\cos x}$ 已不再是未定式了，如果对它继续应用洛必达法则，就有

$$\lim_{x \to 0} \frac{x^2}{\sin x} = \lim_{x \to 0} \frac{2x}{\cos x} = \lim_{x \to 0} \frac{2}{-\sin x} = \infty.$$

这就得到了错误的结果．

③ 并不是所有的 $\dfrac{0}{0}$ 或 $\dfrac{\infty}{\infty}$ 型未定式极限都可用洛必达法则求解的．例如，$\lim\limits_{x \to 0} \dfrac{x^2 \sin \dfrac{1}{x}}{\sin x}$ 是 $\dfrac{0}{0}$ 型未定式，但分子分母分别求导后，将变为 $\lim\limits_{x \to 0} \dfrac{2x \sin \dfrac{1}{x} - \cos \dfrac{1}{x}}{\cos x}$，这个极限不存在，故洛必达法则失效，不能使用．其实原极限是存在的，正确解法是：

$$\lim_{x \to 0} \frac{x^2 \sin \dfrac{1}{x}}{\sin x} = \lim_{x \to 0} \frac{x}{\sin x} \cdot x \sin \frac{1}{x} = 1 \cdot 0 = 0.$$

④ 每次运用洛必达法则后，要整理简化极限式，并将存在极限而又不影响未定式的因式分离出来，这样可以避免过于繁琐的计算．

*二、其他类型的未定式

未定式极限除了 $\dfrac{0}{0}$ 型及 $\dfrac{\infty}{\infty}$ 型外，还有 $0 \cdot \infty$ 型、$\infty - \infty$ 型、1^∞ 型、0^0 型、∞^0 型等未定式．对于这几种未定式，可先设法将它们变形后化为 $\dfrac{0}{0}$ 型或 $\dfrac{\infty}{\infty}$ 型未定式再用洛必达法则求解．

例 11　求 $\lim\limits_{x \to 0^+} x^2 \ln x$.

解　这是 $0 \cdot \infty$ 型未定式，先将它转化成 $\dfrac{\infty}{\infty}$ 型，再运用洛必达法则，得

$$\lim_{x \to 0^+} x^2 \ln x = \lim_{x \to 0^+} \frac{\ln x}{x^{-2}} \left(\frac{\infty}{\infty} \text{型}\right) = \lim_{x \to 0^+} \frac{\dfrac{1}{x}}{-2x^{-3}} = \lim_{x \to 0^+} \frac{x^2}{-2} = 0.$$

例 12　求 $\lim\limits_{x \to 0} \left(\dfrac{1}{x} - \dfrac{1}{e^x - 1}\right)$.

解 这是 $\infty - \infty$ 型未定式,先通分将其化为 $\frac{0}{0}$ 型未定式,再运用洛必达法则,得

$$\lim_{x\to 0}\left(\frac{1}{x}-\frac{1}{e^x-1}\right)=\lim_{x\to 0}\frac{e^x-1-x}{x(e^x-1)}=\lim_{x\to 0}\frac{e^x-1}{e^x-1+xe^x}$$

$$=\lim_{x\to 0}\frac{e^x}{e^x+e^x+xe^x}=\frac{1}{2}.$$

例 13 求 $\lim\limits_{x\to 0^+}(\sin x)^x$.

解 这是 0^0 型未定式,先将它变形为

$$\lim_{x\to 0^+}(\sin x)^x=\lim_{x\to 0^+}e^{x\ln\sin x}=e^{\lim\limits_{x\to 0^+}x\ln\sin x}.$$

因为 $\lim\limits_{x\to 0^+}x\ln\sin x(0\cdot\infty\text{型})=\lim\limits_{x\to 0^+}\frac{\ln\sin x}{x^{-1}}=\lim\limits_{x\to 0^+}\frac{\frac{1}{\sin x}\cos x}{-x^{-2}}=-\lim\limits_{x\to 0^+}\frac{x^2\cos x}{\sin x}=0,$

所以
$$\lim_{x\to 0^+}(\sin x)^x=e^0=1.$$

注: 1^∞ 型和 ∞^0 型未定式极限求解时,一般采用与例 13 同样的方法,即利用对数恒等变形 $u(x)^{v(x)}=e^{\ln u(x)^{v(x)}}=e^{v(x)\ln u(x)}$,先将原式转化为求指数极限,此时指数部分为 $0\cdot\infty$ 型的未定式,再将其转化为 $\frac{0}{0}$ 型或 $\frac{\infty}{\infty}$ 型求解即可.

习题 3 - 2

A 组

1. 用洛必达法则求下列极限:

(1) $\lim\limits_{x\to 1}\frac{x^2-2x+1}{x^3-1}$;

(2) $\lim\limits_{x\to a}\frac{\sin x-\sin a}{x-a}$;

(3) $\lim\limits_{x\to 0}\frac{e^x-e^{-x}}{\sin x}$;

(4) $\lim\limits_{x\to 1}\frac{x^3-1+\ln x}{e^x-e}$;

(5) $\lim\limits_{x\to 0}\frac{\ln(1+5x)}{x+\sin x}$;

(6) $\lim\limits_{x\to 0}\frac{x-\arctan x}{\ln(1+x^3)}$;

(7) $\lim\limits_{x\to +\infty}\frac{e^x}{\ln x}$.

B 组

1. 用洛必达法则求下列极限:

(1) $\lim\limits_{x\to 1}\frac{x^3-3x+2}{x^3-x^2-x+1}$;

(2) $\lim\limits_{x\to 1}\frac{e^x-ex}{(x-1)^2}$;

(3) $\lim\limits_{x\to 1}\frac{e^{2x}-2e^x+1}{x^2}$;

(4) $\lim\limits_{x\to 0}\frac{x-\sin x}{x^3}$;

(5) $\lim\limits_{x\to 0}\frac{\cos 3x-\cos x}{x^2}$;

(6) $\lim\limits_{x\to \frac{\pi}{2}^+}\frac{\ln\left(x-\frac{\pi}{2}\right)}{\tan x}$.

（7）$\lim\limits_{x \to \infty} x(e^{\frac{1}{x}} - 1)$；

（8）$\lim\limits_{x \to 1}\left(\dfrac{x}{x-1} - \dfrac{1}{\ln x}\right)$；

（9）$\lim\limits_{x \to 0^+}\left(\dfrac{1}{x}\right)^{\tan x}$；

（10）$\lim\limits_{x \to 0}(1 + \sin x)^{\frac{1}{x}}$；

（11）$\lim\limits_{x \to 0^+}\dfrac{\ln\tan 7x}{\ln\tan 2x}$.

2．验证极限 $\lim\limits_{x \to \infty}\dfrac{x + \sin x}{x}$ 存在，但不能用洛必达法则求出.

第三节　函数的单调性与极值

我们已经会用初等数学的方法研究一些函数的单调性，但这些方法使用范围狭小、技巧性强，不具有一般性．本节将以导数为工具，介绍判定函数单调性和极值的一般方法．

一、函数的单调性

从函数的几何图形来看，如果当函数 $y = f(x)$ 是单调增加的，那么这条曲线沿 x 轴正向是上升的，如图 3-3 所示，函数在区间 (a, b) 内每一点的切线斜率都是正的（即 $f'(x) > 0$）；如果当函数 $y = f(x)$ 在 (a, b) 内是单调减少的，那么这条曲线 $y = f(x)$ 在区间 (a, b) 内沿 x 轴正向是下降的，如图 3-4 所示，函数在区间 (a, b) 内每一点的切线斜率都是负的（即 $f'(x) < 0$）.

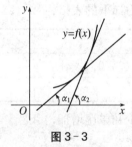

图 3-3　　　　　　　　　　图 3-4

可见，函数的单调性与它的导数的符号有着密切的联系，反过来，能否用导数的符号来判断函数的单调性呢？下面的定理很好地回答了这个问题.

定理 5　设函数 $y = f(x)$ 在区间 (a, b) 内可导，那么：

（1）如果在 (a, b) 内恒有 $f'(x) > 0$，则函数 $f(x)$ 在 (a, b) 内单调增加；

（2）如果在 (a, b) 内恒有 $f'(x) < 0$，则函数 $f(x)$ 在 (a, b) 内单调减少.

证明　（1）在区间 (a, b) 内任取两点 x_1、x_2，并设 $x_1 < x_2$，显然函数 $f(x)$ 在区间 $[x_1, x_2]$ 上满足拉格朗日中值定理的条件，所以至少存在一点 $\xi \in (x_1, x_2)$，使得

$$f(x_2) - f(x_1) = f'(\xi)(x_2 - x_1).$$

由已知条件 $f'(x) > 0, x \in (a, b)$，得 $f'(\xi) > 0$，因此 $f(x_2) - f(x_1) > 0$，即 $f(x_1) < f(x_2)$.这就证得 $f(x)$ 在 (a, b) 内是单调增加的.

同理可证（2）.

注：① 定理 5 中的开区间 (a, b) 若改成闭区间或无限区间，结论同样成立.

② 若函数在其定义域的某个区间内是单调的,则称该区间为函数的**单调区间**.

③ 如果函数的导数仅在个别点处为零,而在其余的点处均满足定理 5 的条件,那么定理 5 的结论仍然成立.例如,函数 $y = x^3$,在 $x = 0$ 处的导数为零,但在 $(-\infty, +\infty)$ 内的其他点处的导数均大于零,因此它在区间 $(-\infty, +\infty)$ 内仍是单调增加的(见图 3-5).

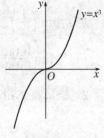

图 3-5

我们知道,所谓研究函数的单调性或单调区间,就是判定函数在哪些区间内递增? 在哪些区间内递减? 所以对可导函数的单调性可以根据其导数的正负情况予以确定.

一般地,确定函数 $y = f(x)$ 的单调性(单调区间)的步骤是:

(1) 确定函数 $y = f(x)$ 的定义域;

(2) 求导数 $f'(x)$,找单调区间的可疑分界点:使 $f'(x) = 0$ 的点(使 $f'(x) = 0$ 的点称为函数 $f(x)$ 的**驻点**)以及 $f'(x)$ 不存在的点(包括导数为 ∞ 的点),然后用可疑分界点将定义域分成若干个子区间;

(3) 判定 $f'(x)$ 在各子区间的符号,从而确定出 $f(x)$ 的单调区间.

例 14 讨论函数 $f(x) = e^x - ex$ 的单调性.

解 (1) 函数 $f(x)$ 的定义域为 $(-\infty, +\infty)$.

(2) $f'(x) = e^x - e$.令 $f'(x) = 0$,即 $e^x - e = 0$,得驻点 $x = 1$.于是函数 $f(x)$ 的定义域被分为两个子区间:$(-\infty, 1),(1, +\infty)$.

(3) 当 $x \in (-\infty, 1)$ 时,$f'(x) < 0$,因此函数 $f(x)$ 在 $(-\infty, 1)$ 内单调减少;当 $x \in (1, +\infty)$ 时,$f'(x) > 0$,因此函数 $f(x)$ 在 $(1, +\infty)$ 内单调增加.

为简便直观起见,我们通常将上例第(3)步归纳为如下的表格:

x	$(-\infty, 1)$	1	$(1, +\infty)$
$f'(x)$	−	0	+
$f(x)$	↘		↗

其中箭头"↘""↗"分别表示函数在指定区间单调减少和单调增加.

例 15 求函数 $f(x) = x^3 - 3x$ 的单调区间.

解 (1) 函数 $f(x)$ 的定义域为 $(-\infty, +\infty)$.

(2) $f'(x) = 3x^2 - 3 = 3(x+1)(x-1)$.令 $f'(x) = 0$,得驻点 $x = -1, x = 1$.

(3) 列表讨论:

x	$(-\infty, -1)$	−1	$(-1, 1)$	1	$(1, +\infty)$
$f'(x)$	+	0	−	0	+
$f(x)$	↗	↗	↘		↗

所以所求函数的单调增加区间为 $(-\infty, -1)$ 和 $(1, +\infty)$,单调减少区间为 $(-1, 1)$.

例 16 讨论函数 $f(x) = \sqrt[3]{x^2}$ 的单调性.

解 (1) 函数 $f(x)$ 的定义域为 $(-\infty, +\infty)$.

(2) $f'(x) = \dfrac{2}{3\sqrt[3]{x}}$,显然 $f(x)$ 在 $(-\infty, +\infty)$ 内没有驻点.但当 $x = 0$ 时,$f'(x)$ 不存在,

即 $x=0$ 为导数不存在的点.

(3) 列表讨论：

x	$(-\infty,0)$	0	$(0,+\infty)$
$f'(x)$	$-$	不存在	$+$
$f(x)$	↘		↗

所以所求函数的单调增加区间为 $(0,+\infty)$，单调减少区间为 $(-\infty,0)$.

例 17　求函数 $f(x)=(x-1)\sqrt[3]{x^2}$ 的单调区间.

解　(1) 函数 $f(x)$ 的定义域为 $(-\infty,+\infty)$.

(2) $f'(x)=\dfrac{2}{3}x^{-\frac{1}{3}}(x-1)+x^{\frac{2}{3}}=\dfrac{5x-2}{3\cdot\sqrt[3]{x}}$. 令 $f'(x)=0$，得驻点 $x=\dfrac{2}{5}$；又当 $x=0$ 时，$f'(x)$ 不存在，即 $x=0$ 是函数 $f(x)$ 的不可导点.

(3) 列表讨论：

x	$(-\infty,0)$	0	$\left(0,\dfrac{2}{5}\right)$	$\dfrac{2}{5}$	$\left(\dfrac{2}{5},+\infty\right)$
$f'(x)$	$+$	不存在	$-$	0	$+$
$f(x)$	↗		↘		↗

所以所求函数的单调增加区间为 $(-\infty,0)$ 和 $\left(\dfrac{2}{5},+\infty\right)$，单调减少区间为 $\left(0,\dfrac{2}{5}\right)$.

另外，利用函数的单调性，还可以证明一些函数不等式.

例 18　证明 $x>0$ 时，$\cos x>1-\dfrac{1}{2}x^2$.

证明　令 $f(x)=\cos x-1+\dfrac{1}{2}x^2$，则 $f(0)=0$.

又 $f'(x)=-\sin x+x>0, x\in(0,+\infty)$，所以函数 $f(x)=\cos x-1+\dfrac{1}{2}x^2$ 在 $(0,+\infty)$ 内单调增加，从而当 $x>0$ 时，有 $f(x)>f(0)=0$，即 $\cos x-1+\dfrac{1}{2}x^2>0$. 亦即 $\cos x>1-\dfrac{1}{2}x^2$.

二、函数的极值

1. 函数极值的定义

极值是函数的一种局部性态，它能帮助我们进一步掌握函数的变化状况，为准确描绘函数图形提供不可缺少的信息，它又是研究函数最大值和最小值问题的关键所在.下面首先给出函数极值的定义.

定义 1　设函数 $y=f(x)$ 在点 x_0 的某邻域内有定义，如果在该邻域内任取一点 $x(x\neq x_0)$，恒有

$$f(x)<f(x_0) \quad (\text{或 } f(x)>f(x_0)),$$

则称 $f(x_0)$ 为函数 $f(x)$ 的一个**极大值**（或**极小值**），点 x_0 称为函数 $f(x)$ 的**极大值点**（或**极小值点**）.

函数的极大值和极小值统称为**极值**,极大值点和极小值点统称为**极值点**.

函数的极值与函数的最值是两个不同的概念.极值是
一种局部性的概念,它只限于与点 x_0 的某邻域内的函数值
比较;而最值是一个整体性的概念,它是就整个区间的函数
值比较来说的.函数的极大值不一定是函数的最大值,函数
的极小值也不一定就是函数的最小值.一个函数在某个区
间上可能有若干个极值点,在这些点上,有些极小值可能要
大于极大值.我们来观察图 3-6 中的函数图形,它有两个
极大值:$f(x_2)$、$f(x_5)$;三个极小值:$f(x_1)$、$f(x_4)$、$f(x_6)$,

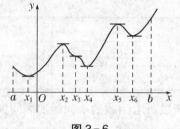

图 3-6

其中极大值 $f(x_2)$ 比极小值 $f(x_6)$ 还小.对整个区间 $[a,b]$ 来说,只有一个极小值 $f(x_1)$ 是最
小值,而最大值是 $f(b)$,没有一个极大值是最大值.

由定义 1 还可以看出,函数的极值点一定出现在区间内部,区间端点不可能成为极值点.

2. 函数极值的判定方法

从几何图形上看,在函数 $f(x)$ 可导的前提下,取得极值的点处曲线的切线是水平的.但
曲线有水平切线的地方,函数不一定取得极值,图 3-6 中的点 x_3 处曲线的切线是水平的,
但 $f(x_3)$ 不是极值.

下面给出函数取得极值的必要条件和充分条件.

定理 6(极值存在的必要条件) 如果函数 $f(x)$ 在点 x_0 可导,且在点 x_0 处取得极值,则
$f'(x_0)=0$.

定理 6 又称为**费马(Fermat)定理**,该定理说明了可导函数的极值点一定是驻点,但驻点
不一定是函数的极值点.例如函数 $y=x^2$、$y=x^3$ 的驻点都是 $x=0$,但 $x=0$ 是函数 $y=x^2$
的极小值点,却不是函数 $y=x^3$ 的极值点.

此外,连续而不可导的点也可能是极值点.例如,函数 $f(x)=|x|$ 在 $x=0$ 处连续而不可
导,但 $x=0$ 是该函数的一个极小值点.

综上所述,函数可能在其驻点或连续但不可导点处取得极值.那如何判定这些可能的极
值点到底是不是极值点呢?由函数极值的定义和函数单调性的判别法可知,函数在其极值
的邻近两侧单调性改变,函数的一阶导数的符号改变.据此,不难得到判定函数极值的一个
充分条件.

定理 7(极值的第一充分条件) 设函数 $f(x)$ 在点 x_0 的某个邻域内连续,且在点 x_0 的
去心邻域内可导,且 $f'(x_0)=0$ 或 $f'(x_0)$ 不存在,那么:

(1) 如果当 $x<x_0$ 时,$f'(x)>0$;当 $x>x_0$ 时,$f'(x)<0$,则函数 $f(x)$ 在点 x_0 处取得极
大值 $f(x_0)$.

(2) 如果当 $x<x_0$ 时,$f'(x)<0$;当 $x>x_0$ 时,$f'(x)>0$,则函数 $f(x)$ 在点 x_0 处取得极
小值 $f(x_0)$.

(3) 如果在点 x_0 的两侧 $f'(x)$ 的符号相同,则点 x_0 不是函数 $f(x)$ 的极值点,$f(x)$ 在
x_0 处没有极值.

根据定理 7,我们可以得到求函数 $y=f(x)$ 的极值点和极值的一般步骤:

(1) 确定函数 $f(x)$ 的定义域;

（2）求导数 $f'(x)$，令 $f'(x)=0$，得出驻点，并找出使 $f'(x)$ 不存在的点（包括导数为 ∞ 的点）；

（3）用上述点将定义域分成若干个部分区间，列表考察 $f'(x)$ 在各个子区间内的符号，判定出函数 $f(x)$ 在子区间上的单调性，也就确定了函数的极值点，并得到极值.

例 19 求函数 $f(x)=x^3-3x+1$ 的极值.

解 函数 $f(x)$ 的定义域为 $(-\infty,+\infty)$，又有 $f'(x)=3x^2-3=3(x-1)(x+1)$，令 $f'(x)=0$，得驻点 $x=-1,x=1$.列表得

x	$(-\infty,-1)$	-1	$(-1,1)$	1	$(1,+\infty)$
$f'(x)$	+	0	−	0	+
$f(x)$	↗	极大值 $f(-1)=3$	↘	极小值 $f(1)=-1$	↗

由上表可知，函数在 $x=-1$ 处取得极大值 $f(-1)=3$，在 $x=1$ 处取得极小值 $f(1)=-1$.

例 20 求函数 $f(x)=4x^3-x^4$ 的极值.

解 函数 $f(x)$ 的定义域为 $(-\infty,+\infty)$，又有 $f'(x)=12x^2-4x^3=4x^2(3-x)$，令 $f'(x)=0$，得驻点 $x=0,x=3$.列表得

x	$(-\infty,0)$	0	$(0,3)$	3	$(3,+\infty)$
$f'(x)$	+	0	+	0	−
$f(x)$	↗	非极值	↗	极大值 $f(3)=27$	↘

由上表可知，函数在 $x=3$ 处取得极大值 $f(3)=27$.

例 21 求函数 $f(x)=x-\dfrac{3}{2}\sqrt[3]{x^2}$ 的单调区间与极值.

解 函数 $f(x)$ 的定义域为 $(-\infty,+\infty)$，又有 $f'(x)=1-\dfrac{1}{\sqrt[3]{x}}$，令 $f'(x)=0$，得驻点 $x=1$，同时 $x=0$ 时，$f'(x)$ 不存在.列表得

x	$(-\infty,0)$	0	$(0,1)$	1	$(1,+\infty)$
$f'(x)$	+	不存在	−	0	+
$f(x)$	↗	极大值 $f(0)=0$	↘	极小值 $f(1)=-\dfrac{1}{2}$	↗

由上表可知，函数 $f(x)=x-\dfrac{3}{2}\sqrt[3]{x^2}$ 的单调增加区间为 $(-\infty,0)$ 和 $(1,+\infty)$，单调减少区间为 $(0,1)$；极大值为 $f(0)=0$，极小值为 $f(1)=-\dfrac{1}{2}$.

当函数在其驻点处的二阶导数存在且不为零时，我们还可用下述定理判定函数在其驻点处取得极大值还是极小值.

定理 8（极值的第二充分条件） 设函数 $f(x)$ 在点 x_0 处具有二阶导数，且 $f'(x_0)=0$，$f''(x_0)\neq 0$，那么：

(1) 若 $f''(x_0)<0$，则点 x_0 为函数 $f(x)$ 的极大值点，$f(x_0)$ 为极大值；

(2) 若 $f''(x_0)>0$，则点 x_0 为函数 $f(x)$ 的极小值点，$f(x_0)$ 为极小值.

例 22 求函数 $f(x)=2x^3+3x^2-12x+1$ 的极值.

解 函数 $f(x)$ 的定义域为 $(-\infty,+\infty)$. 由 $f'(x)=6x^2+6x-12=6(x+2)(x-1)$，令 $f'(x)=0$，得驻点 $x=-2$，$x=1$，$f(x)$ 没有导数不存在的点. 又由 $f''(x)=12x+6$，得到 $f''(-2)=-18<0$，$f''(1)=18>0$，所以，由定理 8 可得，$x=-2$ 为极大值点，$f(-2)=21$ 为极大值；$x=1$ 为极小值点，$f(1)=-6$ 为极小值.

注：① 若 $f''(x_0)=0$，则定理 8 判定极值的方法失效. 此时，点 x_0 可能是极值点，也可能不是极值点，这通常需要用极值的第一充分条件进行判别. 例如函数 $f(x)=x^3$，令 $f'(x)=3x^2=0$，得驻点 $x=0$，但 $f''(0)=0$，此时定理 8 失效. 实际上函数 $f(x)=x^3$ 在定义域 $(-\infty,+\infty)$ 内单调增加，没有极值点. 又例如，函数 $f(x)=x^4$ 在 $(-\infty,+\infty)$ 内有驻点 $x=0$，而 $f''(0)=12x^2\big|_{x=0}=0$，此时也不能用定理 8 判别极值. 但由定理 7 很容易得到 $x=0$ 是函数 $f(x)=x^4$ 的极小值点.

② 对于不可导点是否为极值点，只能用极值的第一充分条件来判定.

*例 23 求函数 $f(x)=(x^2-1)^3+1$ 的极值.

解 函数 $f(x)$ 的定义域为 $(-\infty,+\infty)$. 由
$$f'(x)=6x(x^2-1)^2,$$
令 $f'(x)=0$，得到驻点：$x=-1$，$x=0$，$x=1$. 由于
$$f''(x)=6(x^2-1)^2+12x(x^2-1)\cdot 2x=6(x^2-1)(5x^2-1),$$
因此 $f''(0)=6>0$. 据定理 8 可知，$x=0$ 是函数 $f(x)$ 的极小值点，极小值为 $f(0)=0$. 但 $f''(-1)=0$，$f''(1)=0$，不能应用定理 8 来判定 $x=-1$ 和 $x=1$ 是否为函数 $f(x)$ 的极值点. 我们还是应用定理 7，列表得：

x	$(-\infty,-1)$	-1	$(-1,0)$	0	$(0,1)$	1	$(1,+\infty)$
$f'(x)$	$-$	0	$-$	0	$+$	0	$+$
$f(x)$	$\searrow$	非极值	$\searrow$	极小值 $f(0)=0$	$\nearrow$	非极值	$\nearrow$

由上表可以看出，$x=-1$，$x=1$ 都不是函数 $f(x)$ 的极值点；$x=0$ 是 $f(x)$ 的极小值点，极小值为 $f(0)=0$.

习题 3-3

A 组

1. 求下列函数的单调区间与极值：

(1) $f(x)=x^5+5^x$；

(2) $f(x)=x-\mathrm{e}^x$；

(3) $f(x)=x^2-8\ln x$；

(4) $f(x)=3x^2-2x^3$；

(5) $f(x) = 3x^4 - 4x^3 + 1$;   (6) $f(x) = \dfrac{2}{3}x - \sqrt[3]{x^2}$.

2. 证明下列不等式:

(1) 当 $x > 0$ 时,$1 + \dfrac{1}{2}x > \sqrt{1+x}$;

(2) 当 $x \geqslant 0$ 时,$\arctan x - x \leqslant 0$.

B组

1. 求下列函数的单调区间:

(1) $f(x) = 2x^2 - \ln x$;   (2) $f(x) = x + \sqrt{1-x}$;

(3) $f(x) = \ln(x + \sqrt{1+x^2})$;   (4) $f(x) = x - \sin x \,(0 \leqslant x \leqslant 2\pi)$.

2. 求下列函数的极值点与极值:

(1) $f(x) = x + \sqrt{1-x}$;   (2) $f(x) = x - \ln(1+x)$;

(3) $f(x) = 2e^x + e^{-x}$;   (4) $f(x) = \arctan x - \dfrac{1}{2}\ln(1+x^2)$.

3. 证明下列不等式:

(1) 当 $x > 0$ 时,$\sin x > x - \dfrac{1}{6}x^3$;

(2) 当 $x \geqslant 0$ 时,$(1+x)\ln(1+x) \geqslant \arctan x$.

4. 问 a 为何值时,函数 $f(x) = a\sin x + \dfrac{1}{3}\sin 3x$ 在 $x = \dfrac{\pi}{3}$ 处具有极值? 它是极大值还是极小值? 并求此极值.

第四节   函数的最值

由闭区间上连续函数的性质可知,若函数 $f(x)$ 在闭区间 $[a,b]$ 上连续,则 $f(x)$ 在 $[a,b]$ 上必取得最大值和最小值. 下面我们将讨论怎样求出这个最大值和最小值.

根据最值和极值的定义易知,在闭区间 $[a,b]$ 上的最大值和最小值只能在区间内的极值点和端点处取得. 因此,可以求出 $f(x)$ 在 (a,b) 内的所有可能的极值点(即驻点或导数不存在的点),然后将 $f(x)$ 在这些点处的函数值与区间端点处的函数值 $f(a)$,$f(b)$ 进行比较大小,其中最大的就是函数 $f(x)$ 在 $[a,b]$ 上的最大值,最小的就是函数 $f(x)$ 在 $[a,b]$ 上的最小值.

例 24 求函数 $f(x) = x^4 - 2x^2 + 5$ 在区间 $[-2,2]$ 上的最大值和最小值.

解 因为 $f'(x) = 4x^3 - 4x = 4x(x^2 - 1)$,令 $f'(x) = 0$,得驻点 $x = -1, x = 0, x = 1$,无导数不存在的点. 由于 $f(-2) = f(2) = 13, f(-1) = f(1) = 4, f(0) = 5$,比较各值,得所求最大值为 $f(-2) = f(2) = 13$,最小值为 $f(-1) = f(1) = 4$.

如果函数 $f(x)$ 在一个开区间或无穷区间 $(-\infty, +\infty)$ 内可导,且有唯一的极值点 x_0,而函数确有最大值或最小值,那么当 $f(x_0)$ 为极大值时,$f(x_0)$ 就是该区间上的最大值;当 $f(x_0)$ 为极小值时,$f(x_0)$ 就是该区间上的最小值. 如图 $3-7$、$3-8$ 所示.

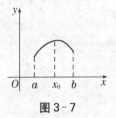

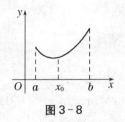

图 3-7

图 3-8

例 25 求函数 $f(x) = x^2 - 2x + 6$ 的最小值.

解 函数的定义域为 $(-\infty, +\infty)$. 由 $f'(x) = 2x - 2$, 令 $f'(x) = 0$, 得驻点 $x = 1$. 又由 $f''(x) = 2$ 得 $f''(1) = 2 > 0$, 所以 $x = 1$ 为函数 $f(x)$ 的极小值点. 由于它是函数在 $(-\infty, +\infty)$ 内的唯一极小值点, 所以该极小值 $f(1) = 5$ 就是所求最小值.

在实际应用中, 常常会遇到求最大值和最小值的问题, 如用料最省、容量最大、花钱最少、效率最高、利润最大等. 这类问题往往要先根据问题的具体意义建立函数关系式(通常称为目标函数), 并确定函数的定义域, 然后再求目标函数的最大值或最小值. 一般地, 如果函数 $f(x)$ 在区间 (a, b) 内只有一个驻点 x_0, 且从实际问题本身又可以知道 $f(x)$ 在 (a, b) 内必有最大值或最小值, 那么 $f(x_0)$ 就是所求的最大值或最小值.

例 26 假设要造一个体积为 V 的圆柱形(无盖)水杯. 问:怎样选它的底半径 r 与高 h, 才能使所用材料最省?

解 要使所用材料最省, 就是水杯的表面积最小. 依题意得 $V = \pi r^2 h$, 则有 $h = \dfrac{V}{\pi r^2}$, 从而得到水杯的表面积(目标函数)为

$$S(r) = \pi r^2 + 2\pi r h = \pi r^2 + \frac{2V}{r}, \quad r \in (0, +\infty).$$

表面积 S 对 r 求导得

$$S'(r) = 2\pi r - \frac{2V}{r^2}.$$

令 $S'(r) = 0$, 得唯一驻点 $r = \sqrt[3]{\dfrac{V}{\pi}}$. 又 $S''(r) = 2\pi + \dfrac{4V}{r^3}$, $S''\left(\sqrt[3]{\dfrac{V}{\pi}}\right) > 0$, 所以 $r = \sqrt[3]{\dfrac{V}{\pi}}$ 是唯一极小值点, 即最小值点. 因此当半径 $r = \sqrt[3]{\dfrac{V}{\pi}}$, 高 $h = \dfrac{V}{\pi r^2} = \sqrt[3]{\dfrac{V}{\pi}}$ 时, 水杯表面积最小, 即所用材料最省. 此时, h 与 r 之比为 $1:1$.

例 27 某商店买卖某种商品, 进货每件 3 元. 售出每件 4 元, 可销售 400 件;若每件每降价 0.05 元, 则可多售出 40 件. 问:进货多少件且每件售价多少时可获得最大利润?

解 设进货 x 件, 售价 p 元. 依题意, 有

$$\frac{x - 400}{40} = \frac{4 - p}{0.05},$$

解得 $x = 800(4 - p) + 400 = 3\,600 - 800p$, 则所获利润为

$$L(p) = px - 3x = (p - 3)x = (p - 3)(3\,600 - 800p) = -800p^2 + 6\,000p - 10\,800.$$

利润 L 对 p 求导数, 得

$$L'(p) = -1\,600p + 6\,000.$$

令 $L'(p)=0$,得唯一驻点 $p=3.75$,此时 $x\mid_{p=3.75}=3\,600-800\times3.75=600,L(3.75)=$ $(3.75-3)\times600=450$. 由于 $L''(p)=-1\,600<0$,所以 $p=3.75$ 是唯一极大值点,即最大值点. 因此进货 600 件且每件售价 3.75 元时可获最大利润 450 元.

习题 3-4

A 组

1. 求下列函数在给定区间上的最大值和最小值:

(1) $f(x)=\dfrac{1}{2}x-\sqrt{x},x\in[0,9]$;

(2) $f(x)=2x^3+3x^2-12x,x\in[-3,2]$.

2. 求下列函数在定义域内的最值:

(1) $f(x)=e^{-x^2}$;   (2) $f(x)=\ln x+\dfrac{2}{x}$.

3. 欲做一个底为正方形、表面积为 108 m^2 的长方形开口容器,问长方体开口容器底边长 x 与高 h 各为多少时,才能使得容器容积 V 最大.

4. 设某产品产量为 x(百台)时的成本函数为 $C(x)=x^3-3x^2+15x$,问当产量为多少时,该产品的平均成本最小? 并求最小平均成本.

5. 设某产品产量为 x(百台)时的成本函数为 $C(x)=5x+200$(百元),收益函数为 $R(x)=10x-0.01x^2$(百元),问当产量为多少时,该产品的利润做大? 最大利润值是多少?

B 组

1. 求下列函数在给定区间上的最大值和最小值:

(1) $f(x)=\sin^3 x+\cos^3 x,x\in\left[-\dfrac{\pi}{4},\dfrac{3\pi}{4}\right]$;

(2) $f(x)=x^{\frac{2}{3}}-(x^2-1)^{\frac{1}{3}},x\in(0,2)$.

2. 证明 $3x^4+16x^2+5>8x^3,x\in(-\infty,+\infty)$.

第五节 曲线的凹凸性与拐点及函数图形的描绘

一、曲线的凹凸性与拐点

在本章第三节中,我们研究了函数的单调性,函数的单调性反映了曲线 $y=f(x)$ 的上升或下降. 在研究函数图形的变化时,了解它的上升或下降规律很有好处,但这不能完全反映它的变化规律. 如图 3-9 所示的函数 $y=f(x)$ 的图形在区间 (a,b) 内虽然一直是上升的,但 P 点前后图形有着明显的不同. 图中曲线从左向右先是向上弯曲,通过 P 点后,扭转了弯曲的方向而向下弯曲. 因此研究图形时,考察它的弯曲方向及扭转弯曲方向的点

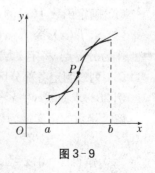

图 3-9

是很有必要的.从图3-9中明显看出,曲线向上弯曲的弧段位于该弧段上每一点的切线的上方,曲线向下弯曲的弧段位于该弧段上每一点的切线的下方.据此,我们给出曲线凹凸性的定义.

定义 2 设函数 $y=f(x)$ 在开区间 (a,b) 内可导.若曲线 $y=f(x)$ 位于其上任意一点切线的上方,则称曲线 $y=f(x)$ 在区间 (a,b) 内是**凹的**(见图3-10),此时区间 (a,b) 称为函数 $y=f(x)$ 的**凹区间**;若曲线 $y=f(x)$ 位于其上任意一点切线的下方,则称曲线 $y=f(x)$ 在区间 (a,b) 内是**凸的**(见图3-11),此时区间 (a,b) 称为函数 $y=f(x)$ 的**凸区间**.

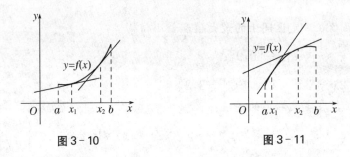

图 3-10   图 3-11

从几何图形上看,凹曲线上切线的斜率随着 x 的增大而变大(即一阶导数递增),如图3-10所示;而凸曲线上切线的斜率随着 x 的增大而变小(即一阶导数递减),如图3-11所示.于是,容易得到下面判定曲线凹凸性的定理.

定理 9 设函数 $y=f(x)$ 在区间 (a,b) 内具有二阶导数,那么:

(1) 若在 (a,b) 内 $f''(x)>0$,则曲线 $y=f(x)$ 在 (a,b) 内是凹的;

(2) 若在 (a,b) 内 $f''(x)<0$,则曲线 $y=f(x)$ 在 (a,b) 内是凸的.

某些函数曲线可能在某些部分区间内是凹的而在另一些部分区间内是凸的.当然,我们要考虑曲线由凹变凸或由凸变凹的分界点.下面给出拐点的定义.

定义 3 连续曲线上凹与凸的分界点称为该曲线的**拐点**.

如何来寻找曲线 $y=f(x)$ 的拐点呢?

拐点既然是曲线凹凸的分界点,结合定理9,若函数在该点处左、右附近的二阶导数存在,那么在拐点左右附近 $f''(x)$ 必然异号.所以,要寻找拐点,只要找出使 $f''(x)$ 符号发生变化的分界点即可.如果函数 $f(x)$ 在区间 (a,b) 内具有二阶连续导数,则在这样的分界点处必有 $f''(x)=0$;此外,使 $f(x)$ 的二阶导数不存在的点,也可能是使 $f''(x)$ 符号发生变化的分界点.

综上所述,求函数曲线 $y=f(x)$ 的凹凸区间和拐点的一般步骤为

(1) 确定函数 $f(x)$ 的定义域.

(2) 求 $f''(x)$,令 $f''(x)=0$,解出全部实根,并求出所有使 $f''(x)$ 不存在的点.同时以这些点作为分界点,将定义域划分为若干个子区间.

(3) 列表判定各部分区间内 $f''(x)$ 的符号,从而确定曲线的凹凸区间和拐点.

例 28 求曲线 $y=x^4-2x^3+1$ 的凹凸区间和拐点.

解 函数的定义域为 $(-\infty,+\infty)$.由
$$y'=4x^3-6x^2,\quad y''=12x^2-12x,$$
令 $y''=0$,解得 $x=0,x=1$.列表讨论:

x	$(-\infty,0)$	0	$(0,1)$	1	$(1,+\infty)$
y''	+	0	−	0	+
y	∪	拐点$(0,1)$	∩	拐点$(1,0)$	∪

其中"∪""∩"分别表示曲线在指定的区间内是凹的和凸的.

所以,曲线 $y=x^4-2x^3+1$ 的凹区间是 $(-\infty,0)$ 和 $(1,+\infty)$,凸区间是 $(0,1)$,拐点为 $(0,1)$ 和 $(1,0)$.

*例 29 求曲线 $y=(x+1)\cdot\sqrt[3]{x}$ 的凹凸区间和拐点.

解 函数的定义域为 $(-\infty,+\infty)$.由

$$y'=\frac{4}{3}x^{\frac{1}{3}}+\frac{1}{3}x^{-\frac{2}{3}},\ y''=\frac{4}{9}x^{-\frac{2}{3}}-\frac{2}{9}x^{-\frac{5}{3}}=\frac{2}{9}x^{-\frac{5}{3}}(2x-1)=\frac{2}{9}\cdot\frac{2x-1}{\sqrt[3]{x^5}},$$

令 $y''=0$,解得 $x=\frac{1}{2}$,而 $x=0$ 时 y'' 不存在.列表讨论:

x	$(-\infty,0)$	0	$\left(0,\frac{1}{2}\right)$	$\frac{1}{2}$	$\left(\frac{1}{2},+\infty\right)$
y''	+	不存在	−	0	+
y	∪	拐点$(0,0)$	∩	拐点$\left(\frac{1}{2},\frac{3}{2}\sqrt[3]{\frac{1}{2}}\right)$	∪

所以,曲线 $y=(x+1)\cdot\sqrt[3]{x}$ 的凹区间是 $(-\infty,0)$ 和 $\left(\frac{1}{2},+\infty\right)$,凸区间是 $\left(0,\frac{1}{2}\right)$,拐点为 $(0,0)$ 和 $\left(\frac{1}{2},\frac{3}{2}\sqrt[3]{\frac{1}{2}}\right)$.

二、函数图形的描绘

函数的图形具有直观明了的特点,因此,研究函数的图形具有重要的意义和广泛的应用.这里先介绍曲线的渐近线,然后完成函数图形的描绘.

1. 曲线的水平渐近线和垂直渐近线

为了完整地描绘函数的图形,除了知道其升降、凹凸性、极值和拐点等性态外,还应当了解曲线无限远离坐标原点时的变化状况,这就是我们要讨论的曲线的渐近线问题.

定义4 若曲线 $y=f(x)$ 上的动点 $M(x,y)$ 沿着曲线无限远离坐标原点时,它与某直线 l 的距离趋向于零,则称直线 l 为该曲线的**渐近线**(见图3-12).

定义中的渐近线 l 可以是各种位置的直线,我们下面讨论两种特殊情况:

(1) **水平渐近线** 若 $\lim\limits_{x\to-\infty}f(x)=A$ 或 $\lim\limits_{x\to+\infty}f(x)=A$ 或 $\lim\limits_{x\to\infty}f(x)=A$,则称直线 $y=A$ 为曲线 $y=f(x)$ 的水平渐近线.

(2) **垂直渐近线** 若 $\lim\limits_{x\to x_0^-}f(x)=\infty$ 或 $\lim\limits_{x\to x_0^+}f(x)=\infty$ 或 $\lim\limits_{x\to x_0}f(x)=\infty$,则称直线 $x=x_0$

为曲线 $y = f(x)$ 的垂直渐近线.

例 30 求下列曲线的水平渐近线和垂直渐近线.

(1) $y = \dfrac{1}{x-1}$；　　　　　(2) $y = \arctan x$.

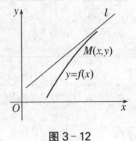

图 3-12

解 (1) 因为 $\lim\limits_{x \to \infty} \dfrac{1}{x-1} = 0$，所以直线 $y = 0$ 是该曲线的水平渐

近线.

又因为 $\lim\limits_{x \to 1} \dfrac{1}{x-1} = \infty$，所以直线 $x = 1$ 是该曲线的垂直渐近线

(见图 3-13).

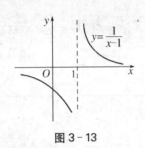

图 3-13

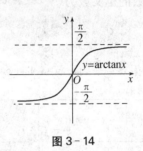

图 3-14

(2) 因为 $\lim\limits_{x \to -\infty} \arctan x = -\dfrac{\pi}{2}$，$\lim\limits_{x \to +\infty} \arctan x = \dfrac{\pi}{2}$，所以直线 $y = -\dfrac{\pi}{2}$ 与 $y = \dfrac{\pi}{2}$ 都是该曲

线的水平渐近线(见图 3-14).无垂直渐近线.

*2. 函数图形的描绘

对于一个函数来说，若能作出其图形，就能从图形上直观地了解该函数的变化趋势.在中学阶段，我们曾利用描点法来作函数的图形，但这种方法常常会遗漏曲线的一些关键点，如极值点、拐点等，难以准确把握函数的变化趋势.本节我们将先利用导数来判定函数的一些重要性态，再描绘函数的图形，其一般步骤是：

(1) 确定函数 $y = f(x)$ 的定义域，并考察其奇偶性和周期性；

(2) 求 $f'(x)$ 和 $f''(x)$，求出 $f'(x) = 0$、$f'(x)$ 不存在的点和 $f''(x) = 0$、$f''(x)$ 不存在的点，并用这些点将函数的定义域划分成若干个子区间；

(3) 列表讨论函数 $f(x)$ 的单调区间、极值、凹凸区间以及拐点；

(4) 求函数图形的水平渐近线和垂直渐近线；

(5) 根据需要补充函数图形上的若干点(如与坐标轴的交点等)；

(6) 描图.

例 31 作函数 $f(x) = \dfrac{4(x+1)}{x^2} - 2$ 的图形.

解 (1) 函数的定义域为 $(-\infty, 0) \bigcup (0, +\infty)$，是非奇非偶函数.

(2) $f'(x) = -\dfrac{4(x+2)}{x^3}$，$f''(x) = \dfrac{8(x+3)}{x^4}$.

令 $f'(x) = 0$，得驻点 $x = -2$；令 $f''(x) = 0$，解得 $x = -3$，它们将定义域 $(-\infty, 0) \bigcup (0, +\infty)$ 分为四个子区间 $(-\infty, -3)$，$(-3, -2)$，$(-2, 0)$，$(0, +\infty)$.

（3）列表讨论：

x	$(-\infty,-3)$	-3	$(-3,-2)$	-2	$(-2,0)$	$(0,+\infty)$
$f'(x)$	$-$	$-$	$-$	0	$+$	$-$
$f''(x)$	$-$	0	$+$	$+$	$+$	$+$
$f(x)$	$\searrow \cap$	拐点 $\left(-3,-\dfrac{26}{9}\right)$	$\searrow \cup$	极小值 $f(-2)=-3$	$\nearrow \cup$	$\searrow \cup$

（4）因为 $\lim\limits_{x\to\infty}f(x)=\lim\limits_{x\to\infty}\left[\dfrac{4(x+1)}{x^2}-2\right]=-2$，所以直线 $y=$

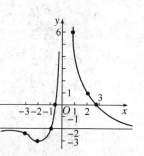

图 3-15

-2 为一条水平渐近线．又 $\lim\limits_{x\to0}f(x)=\lim\limits_{x\to0}\left[\dfrac{4(x+1)}{x^2}-2\right]=+\infty$，

所以直线 $x=0$ 为一条垂直渐近线．

（5）补充作图点 $(1-\sqrt{3},0),(1+\sqrt{3},0),(-1,-2),(1,6)$，$(2,1)$．

（6）描绘函数 $f(x)=\dfrac{4(x+1)}{x^2}-2$ 的图像，如图 3-15 所示．

习题 3-5

A 组

1．求下列函数的凹凸区间与拐点：

（1）$y=x^3-6x^2+x-1$；   （2）$y=3x^4-4x^3+1$；

（3）$y=\ln(1+x^2)$；   （4）$y=x-\arctan x$．

2．求下列曲线的水平渐近线和垂直渐近线：

（1）$y=\dfrac{3x+1}{x-2}$；   （2）$y=\dfrac{x^2+3x+2}{x^2-1}$；

（3）$y=\mathrm{e}^{\frac{1}{x}}$；   （4）$y=\dfrac{\mathrm{e}^x}{1+x}$．

3．研究下列函数的性态并作出其图形：

（1）$y=x^3-6x^2+9x-4$；   （2）$y=\dfrac{x}{1+x^2}$．

B 组

1．求下列函数的凹凸区间与拐点：

（1）$y=x\mathrm{e}^{-x}$；   （2）$y=(x+1)^4+\mathrm{e}^x$；

（3）$y=\mathrm{e}^{\arctan x}$；   （4）$y=x^4(12\ln x-7)$．

2．已知曲线拐点 $y=x^3-ax^2-9x+4$ 在 $x=1$ 处有拐点，试确定系数 a，并求曲线的凹凸区间与拐点．

3. 研究下列函数的性态并作出图形：

(1) $y = x\sqrt{3-x}$；
(2) $y = x - \ln(x+1)$.

总复习题三

1. 单项选择题

(1) 已知 $f(x) = (x-3)(x-4)(x-5)$，则 $f'(x) = 0$ 有（　　）.

    A. 一个实根　　　　　　　　B. 两个实根

    C. 三个实根　　　　　　　　D. 无实根

(2) 下列函数在所给区间满足罗尔定理条件的是（　　）.

    A. $f(x) = x^2, x \in [0,3]$　　　　B. $f(x) = \dfrac{1}{x^2}, x \in [-1,1]$

    C. $f(x) = |x|, x \in [-1,1]$　　　　D. $f(x) = x\sqrt{3-x}, x \in [0,3]$

(3) 设曲线 $y = 3x - x^3$ 则其拐点坐标为（　　）.

    A. 0　　　　B. $(0,1)$　　　　C. $(0,0)$　　　　D. 1

(4) 若 $f(x) = a\ln x + bx^2 - 3x$，在 $x = 1, x = 2$ 取得极值，则 a, b 为（　　）.

    A. $a = \dfrac{1}{2}, b = 2$　　　　　　B. $a = 2, b = \dfrac{1}{2}$

    C. $a = -\dfrac{1}{2}, b = 2$　　　　　D. $a = -2, b = -\dfrac{1}{2}$

(5) 下列命题中，正确的是（　　）.

    A. 若 x_0 为极值点，则必有 $f'(x)$

    B. 若 $f(x)$ 在点 x_0 处可导，且 x_0 为 $f(x)$ 的极值点，则必有 $f'(x_0) = 0$

    C. 若 $f(x)$ 在 (a,b) 有极大值也有极小值，则极大值必大于极小值

    D. 若 $f'(x_0) = 0$，则点 x_0 必有 $f(x)$ 的极值点

(6) 曲线 $y = 6x - 24x^2 + x^4$ 的凸（曲线下四）区间是（　　）.

    A. $(-2,2)$　　　B. $(-\infty,0)$　　　C. $(0,+\infty)$　　　D. $(-\infty,+\infty)$

(7) 函数 $y = x^3 + 1$ 在点 $x = 0$ 处（　　）.

    A. 有极小值1　　B. 有极大值1　　　C. 有极小值0　　　D. 无极值

(8) 函数 $y = x^3 - 3x$ 的单调区间是（　　）.

    A. $(-\infty,1]$　　B. $[-1,1]$　　　C. $[1,+\infty)$　　　D. $(-\infty,+\infty)$

2. 填空题

(1) $f(x) = \dfrac{\ln x}{x}$ 的单调增加区间为 _____.

(2) $f(x) = x - \dfrac{3}{2}x^{\frac{2}{3}}$ 的极小值为 _____.

(3) $f(x) = 1 - (x-2)^{\frac{2}{3}}$ 在 $[0,3]$ 的最大值为 _____.

(4) 曲线 $y = \dfrac{x^2-1}{x(2x+1)}$ 的水平渐近线为 _____.

(5) 函数 $f(x) = x \ln x$ 在 $[1,2]$ 满足拉格朗日中值定理条件的 $\xi = $ _____ .

3. 求下列极限

(1) $\lim\limits_{x \to 0} \dfrac{\arcsin x - x}{\sin^3 x}$;

(2) $\lim\limits_{x \to 0} \dfrac{e^x - e^{-x} - 2x}{x - \sin x}$;

(3) $\lim\limits_{x \to 4} \dfrac{\sqrt{2x+1} - 3}{\sqrt{x-2} - \sqrt{2}}$;

(4) $\lim\limits_{x \to +\infty} \dfrac{x}{\sqrt{x^2 + 1} + x}$;

(5) $\lim\limits_{x \to \frac{\pi}{2}} \dfrac{\ln \sin x}{\left(x - \dfrac{\pi}{2}\right)^2}$;

(6) $\lim\limits_{x \to \infty} (\sqrt{x^2 + 1} - \sqrt{x^2 - 1})$.

4. 求下列函数的单调区间与极值

(1) $f(x) = 2x^3 - 3x^2 - 12x + 13$;

(2) $f(x) = x + \dfrac{4}{x}$;

(3) $f(x) = 1 - (x-2)^{\frac{2}{3}}$;

(4) $f(x) = 3x^4 - 8x^3 + 6x^2 + 5$;

(5) $f(x) = x + \dfrac{\ln x}{x}$.

第四章　不定积分

在微分学中,我们已经学过怎样求已知函数的导数或微分,但在许多实际问题中,常常需要解决与此相反的问题,即已知一个函数的导数或微分求原来的函数.这种已知导数或微分求原来函数的运算称为不定积分.本章将介绍不定积分的概念及其计算方法.

第一节　不定积分的概念与性质

一、原函数的概念

定义 1　如果在区间 I 上,可导函数 $F(x)$ 的导函数为 $f(x)$,即对任意 $x \in I$,有
$$F'(x) = f(x)(或 \mathrm{d}F(x) = f(x)\mathrm{d}x),$$
那么称函数 $F(x)$ 为 $f(x)$(或 $f(x)\mathrm{d}x$)在区间 I 上的一个**原函数**.

例如:由于 $(\sin x)' = \cos x$,所以 $\sin x$ 是 $\cos x$ 的一个原函数;$(\sin x + 1)' = \cos x$,所以 $\sin x + 1$ 是 $\cos x$ 的一个原函数.

显然对任意常数 C,都有 $(\sin x + C)' = \cos x$,所以 $\sin x + C$ 也是 $\cos x$ 的原函数.

注:① 函数 $f(x)$ 若有一个原函数 $F(x)$,则它必有无穷多个原函数.

② 任意两个原函数之间只相差一个常数.

关于原函数,我们首先要问,一个函数具备什么条件,它的原函数一定存在? 对于这个问题,有下面的定理.

定理 1　若函数 $f(x)$ 在区间 I 内连续,则 $f(x)$ 在区间 I 内存在原函数.即连续函数一定有原函数.

定理 2　若函数 $f(x)$ 在区间 I 内有原函数 $F(x)$,则 $f(x)$ 的所有原函数可表示为
$$F(x) + C \quad (C \text{ 为任意常数}).$$

注:从定理 2 可知,只要求出 $f(x)$ 的一个原函数 $F(x)$,那么 $F(x) + C$(C 为任意常数)就是 $f(x)$ 的所有原函数.

二、不定积分

定义 2　若 $F(x)$ 是 $f(x)$ 在区间 I 内的一个原函数,则 $f(x)$ 的所有原函数 $F(x) + C$(C 为任意常数)称为 $f(x)$ 在 I 内的**不定积分**,记作
$$\int f(x)\mathrm{d}x ,$$

即
$$\int f(x)\mathrm{d}x = F(x) + C.$$

其中记号 $\int$ 称为**积分号**,$f(x)$ 称为**被积函数**,$f(x)\mathrm{d}x$ 称为**被积表达式**,x 称为**积分变量**.

例1 求 $\int x^2 \mathrm{d}x$.

解 由于 $\left(\dfrac{x^3}{3}\right)' = x^2$,所以 $\dfrac{x^3}{3}$ 是 x^2 的一个原函数,因此

$$\int x^2 \mathrm{d}x = \frac{x^3}{3} + C.$$

例2 求 $\int \dfrac{1}{x} \mathrm{d}x$.

解 当 $x > 0$ 时,$\ln|x| = \ln x$,从而 $(\ln|x|)' = (\ln x)' = \dfrac{1}{x}$,即 $\ln x$ 是 $\dfrac{1}{x}$ 的一个原函数. 因此,

$$\int \frac{1}{x} \mathrm{d}x = \ln x + C.$$

当 $x < 0$ 时,则 $\ln|x| = \ln(-x)$,从而 $(\ln|x|)' = (\ln(-x))' = \dfrac{1}{x}$. 因此,

$$\int \frac{1}{x} \mathrm{d}x = \ln(-x) + C.$$

综合以上,得

$$\int \frac{1}{x} \mathrm{d}x = \ln|x| + C.$$

三、积分与导数(微分)的互逆运算性质

由不定积分的定义,我们容易得到下面的求积分与导数(或微分)的互逆运算性质:

(1) $\left(\int f(x)\mathrm{d}x\right)' = f(x)$ 或 $\mathrm{d}\left(\int f(x)\mathrm{d}x\right) = f(x)\mathrm{d}x$;

(2) $\int f'(x)\mathrm{d}x = f(x) + C$ 或 $\int \mathrm{d}f(x) = f(x) + C$.

上述性质(1)说明,不定积分的导数等于被积函数,或者说,先积分后微分,则积分符号与导数符号相互抵消了. 性质(2)则说明对一个函数的导数(或微分)求不定积分,其结果与该函数相差一个常数.

例如:$\left(\int \arcsin x\,\mathrm{d}x\right)' = \arcsin x$,或 $\mathrm{d}\left(\int \arcsin x\,\mathrm{d}x\right) = \arcsin x\,\mathrm{d}x$;

$$\int (\arcsin x)'\mathrm{d}x = \arcsin x + C,\text{或}\int \mathrm{d}\arcsin x = \arcsin x + C.$$

例3 已知 $\int f(\ln x)\mathrm{d}x = \dfrac{1}{2}x^2 + C$,求 $\int f(x)\mathrm{d}x$.

解 由条件得

$$f(\ln x) = \left(\int f(\ln x)\mathrm{d}x\right)' = \left(\frac{1}{2}x^2 + C\right)' = x.$$

令 $u = \ln x$,则 $x = \mathrm{e}^u$. 于是 $f(u) = \mathrm{e}^u$,从而有 $f(x) = \mathrm{e}^x$. 故

$$\int f(x)\mathrm{d}x = \int \mathrm{e}^x \mathrm{d}x = \mathrm{e}^x + C.$$

例4 已知曲线 $y = f(x)$ 在任一点 x 处的切线斜率为 $2x$,且曲线通过点 $(1,2)$,求该曲

线的方程.

解 根据题意知，

$$f'(x) = 2x,$$

即 $f(x)$ 是 $2x$ 的一个原函数，从而

$$f(x) = \int 2x \, dx = x^2 + C.$$

又知曲线经过点 $(1,2)$，所以 $2 = 1^2 + C$，即 $C = 1$.

故所求曲线方程为 $f(x) = x^2 + 1$.

四、基本积分表

根据原函数的定义，由导数或微分基本公式，我们容易推导得到下面的基本积分公式：

(1) $\int k \, dx = kx + C$（k 为常数）；

(2) $\int x^\alpha \, dx = \dfrac{1}{\alpha + 1} x^{\alpha+1} + C \quad (\alpha \neq -1)$；

(3) $\int \dfrac{1}{x} \, dx = \ln|x| + C$；

(4) $\int a^x \, dx = \dfrac{a^x}{\ln a} + C \quad (a > 0, a \neq 1)$；

(5) $\int e^x \, dx = e^x + C$；

(6) $\int \cos x \, dx = \sin x + C$；

(7) $\int \sin x \, dx = -\cos x + C$；

(8) $\int \dfrac{1}{\cos^2 x} \, dx = \int \sec^2 x \, dx = \tan x + C$；

(9) $\int \dfrac{1}{\sin^2 x} \, dx = \int \csc^2 x \, dx = -\cot x + C$；

(10) $\int \sec x \tan x \, dx = \sec x + C$；

(11) $\int \csc x \cot x \, dx = -\csc x + C$；

(12) $\int \dfrac{1}{1 + x^2} \, dx = \arctan x + C = -\operatorname{arccot} x + C$；

(13) $\int \dfrac{1}{\sqrt{1 - x^2}} \, dx = \arcsin x + C = -\arccos x + C$；

(14) $\int \tan x \, dx = -\ln|\cos x| + C$；

(15) $\int \cot x \, dx = \ln|\sin x| + C$；

(16) $\int \sec x \, dx = \int \dfrac{1}{\cos x} \, dx = \ln|\sec x + \tan x| + C$；

(17) $\int \csc x \mathrm{d}x = \int \dfrac{1}{\sin x}\mathrm{d}x = \ln |\csc x - \cot x| + C$;

(18) $\int \dfrac{1}{a^2 + x^2}\mathrm{d}x = \dfrac{1}{a}\arctan \dfrac{x}{a} + C \quad (a > 0)$;

(19) $\int \dfrac{1}{x^2 - a^2}\mathrm{d}x = \dfrac{1}{2a}\ln \left| \dfrac{x - a}{x + a} \right| + C \quad (a > 0)$;

(20) $\int \dfrac{1}{(x + a)(x + b)}\mathrm{d}x = \dfrac{1}{b - a}\ln \left| \dfrac{x + a}{x + b} \right| + C \quad (a \neq b)$;

(21) $\int \dfrac{1}{\sqrt{a^2 - x^2}}\mathrm{d}x = \arcsin \dfrac{x}{a} + C \quad (a > 0)$;

(22) $\int \sqrt{a^2 - x^2}\,\mathrm{d}x = \dfrac{1}{2}x\sqrt{a^2 - x^2} + \dfrac{a^2}{2}\arcsin \dfrac{x}{a} + C \quad (a > 0)$.

(注：(14)—(22)在后面章节陆续推导出)

五、不定积分的性质

设函数 $f(x)$ 与 $g(x)$ 均在区间 I 上存在原函数，有以下两个性质.

性质 1　$f(x)$ 与 $g(x)$ 的和或差的不定积分等于它们的不定积分的和或差，即

$$\int [f(x) \pm g(x)]\mathrm{d}x = \int f(x)\mathrm{d}x \pm \int g(x)\mathrm{d}x.$$

注：该性质可以推广到有限个函数的情形.

性质 2　被积函数中的非零常数因子可以提到积分号之前，即

$$\int kf(x)\mathrm{d}x = k\int f(x)\mathrm{d}x \quad (常数\ k \neq 0).$$

我们将应用不定积分的基本运算法则和基本积分公式来计算不定积分的这种方法称为**直接积分法**.

例 5　求不定积分 $\int \left(3x^2 - 5\mathrm{e}^x + \dfrac{1}{1 + x^2}\right)\mathrm{d}x$.

解　$\displaystyle \int \left(3x^2 - 5\mathrm{e}^x + \dfrac{1}{1 + x^2}\right)\mathrm{d}x = 3\int x^2 \mathrm{d}x - 5\int \mathrm{e}^x \mathrm{d}x + \int \dfrac{1}{1 + x^2}\mathrm{d}x$

$$= x^3 - 5\mathrm{e}^x + \arctan x + C.$$

例 6　求不定积分 $\int \dfrac{(\sqrt{x} - 1)^2}{x}\mathrm{d}x$.

解　$\displaystyle \int \dfrac{(\sqrt{x} - 1)^2}{x}\mathrm{d}x = \int \dfrac{x - 2\sqrt{x} + 1}{x}\mathrm{d}x$

$$= \int \mathrm{d}x - 2\int \dfrac{1}{\sqrt{x}}\mathrm{d}x + \int \dfrac{1}{x}\mathrm{d}x$$

$$= x - 4\sqrt{x} + \ln |x| + C.$$

例 7　求不定积分 $\int (2^x \mathrm{e}^x - 5\sin x)\mathrm{d}x$.

解　$\displaystyle \int (2^x \mathrm{e}^x - 5\sin x)\mathrm{d}x = \int 2^x \mathrm{e}^x \mathrm{d}x - 5\int \sin x \mathrm{d}x$

$$= \int (2\mathrm{e})^x \mathrm{d}x - 5\int \sin x \mathrm{d}x$$

$$= \frac{(2e)^x}{\ln 2e} + 5\cos x + C.$$

例 8 求不定积分 $\int \frac{1 - x^2}{1 + x^2} dx$.

解
$$\int \frac{1 - x^2}{1 + x^2} dx = \int \frac{2 - (1 + x^2)}{1 + x^2} dx$$
$$= 2 \int \frac{1}{1 + x^2} dx - \int dx$$
$$= 2\arctan x - x + C.$$

例 9 求不定积分 $\int \tan^2 x \, dx$.

解 $\int \tan^2 x \, dx = \int (\sec^2 x - 1) dx = \int \sec^2 x \, dx - \int dx = \tan x - x + C.$

例 10 求不定积分 $\int \cos^2 \frac{x}{2} dx$.

解 $\int \cos^2 \frac{x}{2} dx = \int \frac{1 + \cos x}{2} dx = \frac{1}{2} \int dx + \frac{1}{2} \int \cos x \, dx = \frac{1}{2} x + \frac{1}{2} \sin x + C.$

例 11 求不定积分 $\int \frac{1}{\cos^2 x \sin^2 x} dx$.

解
$$\int \frac{1}{\cos^2 x \sin^2 x} dx = \int \frac{\cos^2 x + \sin^2 x}{\cos^2 x \sin^2 x} dx = \int \frac{1}{\cos^2 x} dx + \int \frac{1}{\sin^2 x} dx$$
$$= \tan x - \cot x + C.$$

例 12 求不定积分 $\int \frac{\cos 2x}{\cos x + \sin x} dx$.

解
$$\int \frac{\cos 2x}{\cos x + \sin x} dx = \int \frac{\cos^2 x - \sin^2 x}{\cos x + \sin x} dx = \int \frac{(\cos x - \sin x)(\cos x + \sin x)}{\cos x + \sin x} dx$$
$$= \int (\cos x - \sin x) dx = \sin x + \cos x + C.$$

习题 4-1

A 组

1. 填空.

(1) $\int [\arcsin(\sin 2x)]' dx = \underline{\hspace{3cm}}$.

(2) $d(\int \sqrt{1 + x^2} dx) = \underline{\hspace{3cm}}$.

(3) $\int d\left(\frac{\sin x}{x}\right) = \underline{\hspace{3cm}}$.

(4) $\left(\int \frac{x^3}{1 + x^2} dx\right)' = \underline{\hspace{3cm}}$.

2. 求下列不定积分.

(1) $\displaystyle\int \frac{1}{x^2}\mathrm{d}x$ (2) $\displaystyle\int x\sqrt{x}\,\mathrm{d}x$ (3) $\displaystyle\int \frac{1}{\sqrt{x}}\mathrm{d}x$ (4) $\displaystyle\int (x^2 - 3x + 2)\mathrm{d}x$

(5) $\displaystyle\int \frac{2^x}{3^x}\mathrm{d}x$ (6) $\displaystyle\int \frac{\sqrt{x} - x^3\mathrm{e}^x + x^2}{x^3}\mathrm{d}x$ (7) $\displaystyle\int \frac{x^2}{x^2 + 1}\mathrm{d}x$ (8) $\displaystyle\int \frac{1 + x + x^2}{x^2(1 + x^2)}\mathrm{d}x$

3. 已知函数 $f(x)$ 的一个原函数是 $x^2\ln x$，求 $f(x)$.

4. 已知 $\displaystyle\int f(x)\mathrm{d}x = \mathrm{e}^{x^2} + C$，求函数 $f(x)$ 及 $f'(x)$.

5. 求一条平面曲线的方程，使得该曲线通过点 $A(1,0)$，且曲线上每一点 (x,y) 处的切线斜率为 $2x - 2$.

6. 已知质点在时刻 t 的加速度 $a = t^2 + 1$，且当 $t = 0$ 时，速度 $v = 1$，距离 $s = 0$，求此质点的运动方程.

B 组

1. 计算下列不定积分.

(1) $\displaystyle\int \frac{x^4}{x^2 + 1}\mathrm{d}x$ (2) $\displaystyle\int \frac{3x^4 + 3x^2 + 1}{x^2 + 1}\mathrm{d}x$ (3) $\displaystyle\int \frac{\mathrm{e}^{2x} - 1}{\mathrm{e}^x + 1}\mathrm{d}x$

(4) $\displaystyle\int \frac{\cos 2x}{\cos^2 x}\mathrm{d}x$ (5) $\displaystyle\int \frac{\sqrt{1 + x^2}}{\sqrt{1 - x^4}}\mathrm{d}x$ (6) $\displaystyle\int \sqrt{\sqrt{\sqrt{x}}}\,\mathrm{d}x$

(7) $\displaystyle\int \frac{1 + \cos^2 x}{1 + \cos 2x}\mathrm{d}x$ (8) $\displaystyle\int \sqrt{1 - \sin 2x}\,\mathrm{d}x \left(0 < x < \frac{\pi}{4}\right)$

2. 已知函数 $x\arctan x$ 是 $f(x)$ 的一个原函数是，求 $f(x)$.

3. 若曲线 $y = f(x)$ 上点 (x,y) 处的切线斜率与 x^3 成正比例，并且曲线通过点 $A(1,6)$ 与 $B(2,-9)$，求该曲线方程.

第二节 换元积分法

能利用基本积分表和积分的性质计算的不定积分是非常有限的，因此，有必要进一步来研究计算不定积分的方法. 本节把复合函数的微分法反过来用于求不定积分，利用中间变量的代换，得到复合函数的积分法，这种求积分的方法称为**换元积分法**. 按其换元方式的不同，换元积分法通常分为以下两类.

一、第一类换元积分法（也称凑微分法）

设 $f(u)$ 具有原函数 $F(u)$，即 $F'(u) = f(u)$，$\displaystyle\int f(u)\mathrm{d}u = F(u) + C$. 如果 u 是中间变量，$u = \varphi(x)$ 且设 $\varphi(x)$ 可微，那么根据复合函数微分法，有

$$\mathrm{d}F[\varphi(x)] = f[\varphi(x)]\varphi'(x)\mathrm{d}x.$$

从而根据不定积分的定义得

$$\int f[\varphi(x)] \cdot \varphi'(x)\mathrm{d}x = F[\varphi(x)] + C = \left[\int f(u)\mathrm{d}u\right]_{u=\varphi(x)}.$$

定理 1 设 $f(u)$ 具有原函数，$u = \varphi(x)$ 可导，则有换元公式

$$\int f[\varphi(x)] \cdot \varphi'(x)\mathrm{d}x = \left[\int f(u)\mathrm{d}u\right]_{u=\varphi(x)}.$$

只需验证右端函数的导数等于左端被积函数即可. 证明略.

注：用第一类换元法计算不定积分的具体步骤：

(1) 必须把被积函数 $f(x)$ 分解成两个因子 $f[\varphi(x)]$ 和 $\varphi'(x)$ 的乘积.

(2) 引入中间变量 $u = \varphi(x)$，使得 $f(x) = f[\varphi(x)]\varphi'(x)$，这样要求的不定积分 $\int f(x)\mathrm{d}x$ 就变成了已知的不定积分 $\int f(u)\mathrm{d}u = F(u) + C$.

(3) 把 $u = \varphi(x)$ 代回到原函数 $F(u)$ 中，即可得到所求的不定积分.

例 13 求不定积分 $\int 2\cos 2x\mathrm{d}x$.

解 设 $u = 2x$，则 $\mathrm{d}u = 2\mathrm{d}x$. 所以 $\int 2\cos 2x\mathrm{d}x = \int \cos u\mathrm{d}u = \sin u + C.$

再将 $u = 2x$ 代入上式得，$\int 2\cos 2x\mathrm{d}x = \sin 2x + C.$

例 14 求不定积分 $\int \frac{1}{3+2x}\mathrm{d}x$.

解 设 $u = 3 + 2x$，则 $\mathrm{d}u = 2\mathrm{d}x$. 所以

$$\int \frac{1}{3+2x}\mathrm{d}x = \int \frac{1}{u} \cdot \frac{1}{2}\mathrm{d}u = \frac{1}{2}\int \frac{1}{u}\mathrm{d}u = \frac{1}{2}\ln|u| + C = \frac{1}{2}\ln|3+2x| + C.$$

例 15 求不定积分 $\int \frac{1}{a^2+x^2}\mathrm{d}x$.

解 $\int \frac{1}{a^2+x^2}\mathrm{d}x = \int \frac{1}{a^2} \cdot \frac{1}{1+\left(\frac{x}{a}\right)^2}\mathrm{d}x = \frac{1}{a}\int \frac{1}{1+\left(\frac{x}{a}\right)^2}\mathrm{d}\frac{x}{a} = \frac{1}{a}\arctan\frac{x}{a} + C.$

例 16 求不定积分 $\int \frac{1}{\sqrt{a^2-x^2}}\mathrm{d}x$ $\quad(a>0)$.

解 $\int \frac{1}{\sqrt{a^2-x^2}}\mathrm{d}x = \int \frac{1}{a} \cdot \frac{1}{\sqrt{1-\left(\frac{x}{a}\right)^2}}\mathrm{d}x = \int \frac{1}{\sqrt{1-\left(\frac{x}{a}\right)^2}}\mathrm{d}\frac{x}{a} = \arcsin\frac{x}{a} + C.$

（注：例 15、例 16 以后可以作为公式来用）

例 17 求不定积分 $\int 2x\mathrm{e}^{x^2}\mathrm{d}x$.

解 被积函数中，一个因子 e^{x^2} 是复合函数，$\mathrm{e}^{x^2} = \mathrm{e}^u$，$u = x^2$，剩下的因子 $2x$ 恰好是中间变量 $u = x^2$ 的导数，于是有

$$\int 2x\mathrm{e}^{x^2}\mathrm{d}x = \int \mathrm{e}^{x^2}\mathrm{d}x^2 = \int \mathrm{e}^u\mathrm{d}u = \mathrm{e}^u + C = \mathrm{e}^{x^2} + C.$$

例 18 求不定积分 $\int x\sqrt{1-x^2}\mathrm{d}x$.

解 $u = 1 - x^2$，则 $\mathrm{d}u = -2x\mathrm{d}x$，即 $-\frac{1}{2}\mathrm{d}u = x\mathrm{d}x$. 于是

$$\int x\sqrt{1-x^2}\,dx = \int u^{\frac{1}{2}} \cdot \left(-\frac{1}{2}\right)du = -\frac{1}{3} \cdot u^{\frac{3}{2}} + C = -\frac{1}{3}(1-x^2)^{\frac{3}{2}} + C.$$

（注：熟练以后中间变量 u 可以不写出来）

例 19 求不定积分 $\int \tan x\,dx$.

解 $\displaystyle \int \tan x\,dx = \int \frac{\sin x}{\cos x}dx = -\int \frac{1}{\cos x}d\cos x = -\ln|\cos x| + C.$

例 20 求不定积分 $\int \cos x \cdot \sin^2 x\,dx$.

解 $\displaystyle \int \cos x \cdot \sin^2 x\,dx = \int \sin^2 x\,d\sin x = \frac{1}{3}\sin^3 x + C.$

例 21 求不定积分 $\int \dfrac{\ln x}{x}dx$.

解 $\displaystyle \int \frac{\ln x}{x}dx = \int \ln x \cdot \frac{1}{x}dx = \int \ln x\,d\ln x = \frac{1}{2}(\ln x)^2 + C.$

例 22 求不定积分 $\int \dfrac{1}{1+e^x}dx$.

解 $\displaystyle \int \frac{1}{1+e^x}dx = \int \frac{1+e^x-e^x}{(1+e^x)}dx = \int \left(1 - \frac{e^x}{1+e^x}\right)dx$

$\displaystyle \qquad\qquad = x - \int \frac{1}{1+e^x}de^x = x - \int \frac{1}{1+e^x}d(1+e^x) = x - \ln(1+e^x) + C.$

例 23 求不定积分 $\int e^{2\sqrt{x}}\dfrac{1}{\sqrt{x}}dx$.

解 $\displaystyle \int e^{2\sqrt{x}}\frac{1}{\sqrt{x}}dx = \int e^{2\sqrt{x}}d(2\sqrt{x}) = e^{2\sqrt{x}} + C.$

例 24 求不定积分 $\int \dfrac{1}{x^2}\sin\dfrac{1}{x}dx$.

解 $\displaystyle \int \frac{1}{x^2}\sin\frac{1}{x}dx = -\int \sin\frac{1}{x}d\frac{1}{x} = \cos\frac{1}{x} + C.$

为了熟练掌握求不定积分的第一类换元积分法，我们将把应用第一类换元积分法常见的积分类型总结如下：

(1) $\displaystyle \int f(ax+b)dx = \frac{1}{a}\int f(ax+b)d(ax+b) \quad (a \neq 0)$；

(2) $\displaystyle \int f(ax^k+b)x^{k-1}dx = \frac{1}{ka}\int f(ax^k+b)d(ax^k+b) \quad (k,a \neq 0)$；

(3) $\displaystyle \int f(e^x)e^x dx = \int f(e^x)de^x$；

(4) $\displaystyle \int f(\ln x)\frac{1}{x}dx = \int f(\ln x)d\ln x$；

(5) $\displaystyle \int f(\sqrt{x})\frac{1}{\sqrt{x}}dx = 2\int f(\sqrt{x})d\sqrt{x}$；

(6) $\displaystyle \int f(\cos x)\sin x\,dx = -\int f(\cos x)d\cos x$；

(7) $\displaystyle\int f(\sin x)\cos x\,\mathrm{d}x = \int f(\sin x)\mathrm{d}\sin x$；

(8) $\displaystyle\int f(\arcsin x)\frac{1}{\sqrt{1-x^2}}\mathrm{d}x = \int f(\arcsin x)\mathrm{d}\arcsin x$；

(9) $\displaystyle\int f(\arctan x)\frac{1}{1+x^2}\mathrm{d}x = \int f(\arctan x)\mathrm{d}\arctan x$.

例 25 已知函数 $f(x)$ 有连续导数，求下列不定积分.

(1) $\displaystyle\int \frac{f'(\ln x)}{x}\mathrm{d}x$；　　　　　　(2) $\displaystyle\int xf(x^2)f'(x^2)\mathrm{d}x$.

解 (1) $\displaystyle\int \frac{f'(\ln x)}{x}\mathrm{d}x = \int f'(\ln x)\mathrm{d}\ln x = f(\ln x) + C$.

(2) $\displaystyle\int xf(x^2)f'(x^2)\mathrm{d}x = \frac{1}{2}\int f(x^2)f'(x^2)\mathrm{d}x^2$

$$= \frac{1}{2}\int f(x^2)\mathrm{d}f(x^2) = \frac{1}{4}\left[f(x^2)\right]^2 + C.$$

例 26 已知 $F(x)$ 是函数 $f(x)$ 的一个原函数，求 $\displaystyle\int F(x)f(x)\mathrm{d}x$.

解 由于 $F(x)$ 是 $f(x)$ 的一个原函数，因此有 $F'(x)=f(x)$. 于是

$$\int F(x)f(x)\mathrm{d}x = \int F(x)F'(x)\mathrm{d}x = \int F(x)\mathrm{d}F(x) = \frac{1}{2}\left[F(x)\right]^2 + C.$$

二、第二类换元积分法（也称变量代换法）

以上我们用第一类换元积分法解决了一些积分问题，但对于有些不定积分，如 $\displaystyle\int \frac{1}{1+\sqrt{x}}\mathrm{d}x$、$\displaystyle\int \sqrt{a^2-x^2}\,\mathrm{d}x$ 等，就难以用凑微分法来求解，我们适当地选择代换 $x=\varphi(t)$ （其中 $\varphi(t)$ 是单调、可导的函数）将积分 $\displaystyle\int f(x)\mathrm{d}x$ 化为积分 $\displaystyle\int f[\varphi(t)]\varphi'(t)\mathrm{d}t$，这样，就把比较难求的不定积分变成了易求的不定积分 $\displaystyle\int g(t)\mathrm{d}t$，即

$$\int f(x)\mathrm{d}x = \int f[\varphi(t)]\varphi'(t)\mathrm{d}t = \int g(t)\mathrm{d}t = G(t) + C.$$

通常称此方法为第二类换元积分法.

定理 2 设函数 $x=\varphi(t)$ 单调可导，并且 $\varphi'(t)\neq0$，且 $\displaystyle\int f[\varphi(t)]\varphi'(t)\mathrm{d}t$ 存在原函数 $F(t)$，则有

$$\int f(x)\mathrm{d}x = \int f[\varphi(t)]\varphi'(t)\mathrm{d}t = F(t) + C = F[(\varphi^{-1}(x))] + C.$$

其中 $\varphi^{-1}(x)$ 是 $x=\varphi(t)$ 的反函数. 上述公式称为**第二类换元积分公式**.

例 27 求不定积分 $\displaystyle\int \frac{\sqrt{x-1}}{x}\mathrm{d}x$.

解 设 $\sqrt{x-1}=t$，则 $x=t^2+1$，$\mathrm{d}x=2t\mathrm{d}t$，于是原积分可化为

$$\int \frac{\sqrt{x-1}}{x}\mathrm{d}x = \int \frac{t}{t^2+1}\cdot 2t\mathrm{d}t = 2\int \frac{t^2}{t^2+1}\mathrm{d}t = 2\int\left(1-\frac{1}{t^2+1}\right)\mathrm{d}t$$

$$= 2t - 2\arctan t + C.$$

再把 $\sqrt{x-1} = t$ 代入上式得

$$\int \frac{\sqrt{x-1}}{x}\mathrm{d}x = 2(\sqrt{x-1} - \arctan \sqrt{x-1}) + C.$$

例 28 求不定积分 $\int \frac{1}{1+\sqrt{x}}\mathrm{d}x$.

解 设 $\sqrt{x} = t$，则 $x = t^2$，$\mathrm{d}x = 2t\,\mathrm{d}t$，于是原积分可化为

$$\int \frac{1}{1+\sqrt{x}}\mathrm{d}x = \int \frac{1}{1+t}\cdot 2t\,\mathrm{d}t = 2\int \frac{t}{1+t}\mathrm{d}t = 2\int \left(1 - \frac{1}{1+t}\right)\mathrm{d}t$$

$$= 2(t - \ln|1+t|) + C.$$

再把 $\sqrt{x} = t$ 代入上式得

$$\int \frac{1}{1+\sqrt{x}}\mathrm{d}x = 2(\sqrt{x} - \ln|1+\sqrt{x}|) + C.$$

例 29 求不定积分 $\int \frac{1}{x+\sqrt[3]{x}}\mathrm{d}x$.

解 设 $\sqrt[3]{x} = t$，则 $x = t^3$，$\mathrm{d}x = 3t^2\mathrm{d}t$，于是原积分可化为

$$\int \frac{1}{x+\sqrt[3]{x}}\mathrm{d}x = \int \frac{1}{t^3+t}\cdot 3t^2\mathrm{d}t = 3\int \frac{t}{t^2+1}\mathrm{d}t = \frac{3}{2}\int \frac{1}{1+t^2}\mathrm{d}(t^2+1)$$

$$= \frac{3}{2}\ln(t^2+1) + C.$$

再把 $\sqrt[3]{x} = t$ 代入上式得

$$\int \frac{1}{x+\sqrt[3]{x}}\mathrm{d}x = \frac{3}{2}\ln(\sqrt[3]{x^2}+1) + C.$$

例 30 求不定积分 $\int \frac{1}{\sqrt{(x-3)^3} + \sqrt{x-3}}\mathrm{d}x$.

解 令 $\sqrt{x-3} = t$，则 $x = t^2+3$，$\mathrm{d}x = 2t\,\mathrm{d}t$. 于是

$$\int \frac{1}{\sqrt{(x-3)^3} + \sqrt{x-3}}\mathrm{d}x = \int \frac{1}{t^3+t}\cdot 2t\,\mathrm{d}t = 2\int \frac{1}{t^2+1}\mathrm{d}t$$

$$= 2\arctan t + C = 2\arctan\sqrt{x-3} + C.$$

例 31 求不定积分 $\int \sqrt{a^2-x^2}\,\mathrm{d}x$ （$a > 0$）.

解 令 $x = a\sin t$，$t \in \left(-\frac{\pi}{2}, \frac{\pi}{2}\right)$，则 $\mathrm{d}x = a\cos t\,\mathrm{d}t$. 于是

$$\int \sqrt{a^2-x^2}\,\mathrm{d}x = \int \sqrt{a^2 - a^2\sin^2 t}\cdot a\cos t\,\mathrm{d}t = a^2\int \cos^2 t\,\mathrm{d}t$$

$$= a^2\int \frac{1+\cos 2t}{2}\mathrm{d}t = \frac{a^2}{2}\left(\int \mathrm{d}t + \frac{1}{2}\int \cos 2t\,\mathrm{d}2t\right)$$

$$= \frac{a^2}{2}\left(t + \frac{1}{2}\sin 2t\right) + C = \frac{a^2}{2}(t + \sin t\cos t) + C$$

$$= \frac{a^2}{2}\arcsin\frac{x}{a} + \frac{x}{2}\sqrt{a^2-x^2} + C.$$

例32 求不定积分 $\displaystyle\int \frac{1}{\sqrt{x^2-a^2}}\mathrm{d}x$ $(a>0)$.

解 令 $x=a\sec t,t\in\left(0,\dfrac{\pi}{2}\right)$,则 $\mathrm{d}x=a\sec t\tan t\,\mathrm{d}t$.于是

$$\int \frac{1}{\sqrt{x^2-a^2}}\mathrm{d}x = \int \frac{a\sec t\tan t}{\sqrt{a^2\sec^2 t-a^2}}\mathrm{d}x = \int\sec t\,\mathrm{d}x = \ln\mid\sec t+\tan t\mid+C_1$$

$$= \ln\left|\frac{x}{a}+\frac{\sqrt{x^2-a^2}}{a}\right|+C_1 = \ln\mid x+\sqrt{x^2-a^2}\mid+C. \quad (C=C_1-\ln a)$$

例33 求不定积分 $\displaystyle\int \frac{1}{\sqrt{a^2+x^2}}\mathrm{d}x$ $(a>0)$.

解 令 $x=a\tan t,t\in\left(-\dfrac{\pi}{2},\dfrac{\pi}{2}\right)$,则 $\mathrm{d}x=a\sec^2 t\,\mathrm{d}t$.于是

$$\int \frac{1}{\sqrt{a^2+x^2}}\mathrm{d}x = \int \frac{a\sec^2 t}{\sqrt{a^2+a^2\tan^2 t}}\mathrm{d}t = \int\sec t\,\mathrm{d}t = \int \frac{\sec t(\sec t+\tan t)}{\sec t+\tan t}\mathrm{d}t$$

$$= \int \frac{1}{\sec t+\tan t}\mathrm{d}(\sec t+\tan t) = \ln\mid\sec t+\tan t\mid+C_1$$

$$= \ln\left|\frac{x}{a}+\frac{\sqrt{a^2+x^2}}{a}\right|+C_1.$$

即

$$\int \frac{1}{\sqrt{a^2+x^2}}\mathrm{d}x = \ln\mid x+\sqrt{a^2+x^2}\mid+C. \quad (C=C_1-\ln a)$$

一般来说,在处理含有以下根式的被积函数的积分时,常用三角代换,可总结如下:

被积函数含根式	变量代换	运用的三角公式
$\sqrt{a^2-x^2}$	$x=a\sin t$	$a^2\cos^2 t=a^2-a^2\sin^2 t$
$\sqrt{x^2+a^2}$	$x=a\tan t$	$a^2\tan^2 t+a^2=a^2\sec^2 t$
$\sqrt{x^2-a^2}$	$x=a\sec t$	$a^2\sec^2-a^2=a^2\tan^2 t$

习题 4-2

A 组

1. 在下列各式等号右端的空白处填入适当的系数,使等式成立.

(1) $\mathrm{d}x=\mathrm{d}(ax)$

(2) $\mathrm{d}x=\mathrm{d}(7x-3)$

(3) $x\mathrm{d}x=\mathrm{d}(x^2)$

(4) $x\mathrm{d}x=\mathrm{d}(5x^2)$

(5) $x\mathrm{d}x=\mathrm{d}(1-x^2)$

(6) $x^3\mathrm{d}x=\mathrm{d}(3x^4-2)$

(7) $\mathrm{e}^{2x}\mathrm{d}x=\mathrm{d}(\mathrm{e}^{2x})$

(8) $\dfrac{1}{x}\mathrm{d}x=\mathrm{d}\ln x$

(9) $\dfrac{1}{\sqrt{1-x^2}}\mathrm{d}x=\mathrm{d}(\arcsin x)$

(10) $\dfrac{1}{1+x^2}\mathrm{d}x=\mathrm{d}(\arctan x)$

2. 计算下列不定积分.

(1) $\int (3x - 2)^{100} \mathrm{d}x$ (2) $\int \mathrm{e}^{5x} \mathrm{d}x$ (3) $\int \dfrac{1}{\sqrt[3]{2 - 3x}} \mathrm{d}x$

(4) $\int \dfrac{1}{1 - 2x} \mathrm{d}x$ (5) $\int \dfrac{\ln x}{x} \mathrm{d}x$ (6) $\int \sin(4x - 3) \mathrm{d}x$

(7) $\int x \mathrm{e}^{x^2} \mathrm{d}x$ (8) $\int x \cos(x^2) \mathrm{d}x$ (9) $\int \sin^4 x \cos x \mathrm{d}x$

(10) $\int \dfrac{\sin x}{\cos^3 x} \mathrm{d}x$ (11) $\int \dfrac{1 + \tan x}{\cos^2 x} \mathrm{d}x$ (12) $\int x \sqrt{1 - 3x^2} \mathrm{d}x$

(13) $\int \dfrac{\sin \sqrt{x}}{\sqrt{x}} \mathrm{d}x$ (14) $\int \dfrac{1}{x \ln x} \mathrm{d}x$ (15) $\int \dfrac{x}{1 + x^4} \mathrm{d}x$

(16) $\int \dfrac{\arctan x}{1 + x^2} \mathrm{d}x$ (17) $\int \dfrac{1}{x^2} \sin \dfrac{1}{x} \mathrm{d}x$ (18) $\int \dfrac{\mathrm{e}^{2x}}{1 + \mathrm{e}^{2x}} \mathrm{d}x$

(19) $\int \dfrac{1}{\mathrm{e}^x + \mathrm{e}^{-x}} \mathrm{d}x$ (20) $\int \dfrac{\arctan \sqrt{x}}{\sqrt{x}(1 + x)} \mathrm{d}x$

3. 计算下列不定积分.

(1) $\int \dfrac{x}{\sqrt{1 - x}} \mathrm{d}x$ (2) $\int \dfrac{1}{\sqrt{x}(1 + x)} \mathrm{d}x$ (3) $\int \dfrac{1}{1 + \sqrt{2x}} \mathrm{d}x$

(4) $\int \dfrac{1}{1 + \sqrt[3]{x}} \mathrm{d}x$ (5) $\int \dfrac{1}{1 + \sqrt{x + 1}} \mathrm{d}x$ (6) $\int \dfrac{1}{\sqrt{2 - 3x}} \mathrm{d}x$

(7) $\int \dfrac{1}{\sqrt{x} + \sqrt[3]{x}} \mathrm{d}x$ (8) $\int \dfrac{x + 2}{\sqrt{2x + 1}} \mathrm{d}x$

B 组

1. 选择题.

(1) 若 $\int f(x) \mathrm{d}x = x^2 \mathrm{e}^{2x} + C$, 则 $f(x) = ($).

     A. $2x \mathrm{e}^{2x}$ B. $4x \mathrm{e}^{2x}$ C. $2x^2 \mathrm{e}^{2x}$ D. $2x \mathrm{e}^{2x}(1 + x)$

(2) 已知 $y' = 2x$, 且 $x = 1$ 时 $y = 2$, 则 $y = ($).

     A. x^2 B. $x^2 + C$ C. $x^2 + 1$ D. $x^2 + 2$

(3) 设 $f'(x)$ 存在, 则 $\left[\int \mathrm{d}f(x) \right]' = ($).

     A. $f(x)$ B. $f'(x)$ C. $f(x) + 1$ D. $f'(x) + C$

(4) 若 $f(x)$ 为连续函数, 且 $\int f(x) \mathrm{d}x = F(x) + C$, C 为任意常数, 则下列各式中正确的是(   ).

     A. $\int f(ax + b) \mathrm{d}x = F(ax + b) + C$

     B. $\int f(x^n) x^{n-1} \mathrm{d}x = F(x^n) + C$

     C. $\int f(\ln ax) \dfrac{1}{x} \mathrm{d}x = F(\ln ax) + C (a \neq 0)$

     D. $\int f(\mathrm{e}^{-x}) \mathrm{e}^{-x} \mathrm{d}x = F(\mathrm{e}^{-x}) + C$

(5) $\int x(x+1)^{10}dx = ($ $).$

    A. $\dfrac{1}{11}(x+1)^{11}+C$ B. $\dfrac{1}{2}x^2+\dfrac{1}{11}(x+1)^{11}+C$

    C. $\dfrac{1}{12}(x+1)^{12}-\dfrac{1}{11}(x+1)^{11}+C$ D. $\dfrac{1}{12}(x+1)^{12}+\dfrac{1}{11}(x+1)^{11}+C$

(6) 若 $\sin x$ 是 $f(x)$ 的一个原函数,则 $\int xf'(x)dx = ($ $).$

    A. $x\cos x-\sin x+C$ B. $x\sin x+\cos x+C$

    C. $x\cos x+\sin x+C$ D. $x\sin x-\cos x+C$

2. 计算下列不定积分.

(1) $\int(1-3x)^{\frac{5}{2}}dx$ (2) $\int\dfrac{1}{\sqrt{2x+3}}dx$ (3) $\int u\sqrt{u^2-5}\,dx$

(4) $\int\dfrac{e^{\arcsin x}}{\sqrt{1-x^2}}dx$ (5) $\int\dfrac{1}{x\sqrt{1-\ln^2 x}}dx$ (6) $\int\dfrac{\sin(\sqrt{x}+1)}{\sqrt{x}}dx$

(7) $\int\dfrac{1}{1+9x^2}dx$ (8) $\int\dfrac{1}{\sqrt{1-9x^2}}dx$ (9) $\int\sin^2 x\cos^3 x\,dx$

(10) $\int\dfrac{\tan x}{\cos^2 x}dx$ (11) $\int\dfrac{e^x-e^{-x}}{e^x+e^{-x}}dx$ (12) $\int\dfrac{e^x}{\sqrt{1-e^{2x}}}dx$

(13) $\int\dfrac{\sqrt{x+1}}{1+\sqrt{x+1}}dx$ (14) $\int\dfrac{1}{\sqrt{x}+\sqrt[4]{x}}dx$ (15) $\int\dfrac{1}{\sqrt{1+e^x}}dx$

(16) $\int\dfrac{1}{1+\sqrt[3]{x+2}}dx$

第三节   分部积分法

    除了换元积分法外,还有一个重要的积分方法,即分部积分法.分部积分法是利用两个函数乘积的求导法则,来推得另一个求积分的基本方法.

    设函数 $u=u(x)$ 及 $v=v(x)$ 具有连续导数,两个函数乘积的导数公式为

$$(uv)' = u'v+uv',$$

移项,得

$$uv' - (uv)' - u'v.$$

    对这个等式两边求不定积分,得

$$\int uv'dx = uv - \int u'vdx, \tag{4-1}$$

上式也可写为

$$\int udv = uv - \int vdu. \tag{4-2}$$

公式(4-1)、(4-2)称为**分部积分公式**.如果求 $\int uv'dx$ 或 $\int udv$ 有困难,而求 $\int u'vdx$ 或 $\int vdu$ 比较容易时,分部积分就可以发挥作用了,下面的例子就是利用这个公式来求的.

例 34 求不定积分 $\int x\cos x\,\mathrm{d}x$.

解 设 $u = x, \mathrm{d}v = \cos x\,\mathrm{d}x$，则 $\mathrm{d}u = \mathrm{d}x, v = \sin x$. 于是

$$\int x\cos x\,\mathrm{d}x = \int x\,\mathrm{d}\sin x = x\sin x - \int \sin x\,\mathrm{d}x = x\sin x + \cos x + C. \qquad (4-3)$$

注：熟悉了分部积分公式后，可直接用公式(4-2)，而不必具体写出 u 和 $\mathrm{d}v$，式(4-3)可写成

$$\int x\cos x\,\mathrm{d}x = \int x\,\mathrm{d}\sin x = x\sin x - \int \sin x\,\mathrm{d}x = x\sin x + \cos x + C.$$

在本例中，若取 $u = \cos x, \mathrm{d}v = x\,\mathrm{d}x$，则 $\mathrm{d}u = -\sin x\,\mathrm{d}x, v = \dfrac{x^2}{2}$. 于是

$$\int x\cos x\,\mathrm{d}x = \int \cos x\,\mathrm{d}\frac{x^2}{2} = \cos x \cdot \frac{x^2}{2} + \int \frac{x^2}{2} \cdot \sin x\,\mathrm{d}x = \frac{x^2}{2}\cos x + \frac{1}{2}\int x^2\sin x\,\mathrm{d}x.$$

显然，积分 $\int x^2\sin x\,\mathrm{d}x$ 比原积分 $\int x\cos x\,\mathrm{d}x$ 还难求，因此，在运用分部积分公式计算不定积分时，恰当地选取 u 和 $\mathrm{d}v$ 是解决问题的关键.

类型一 形如 $\int x^n\sin x\,\mathrm{d}x$、$\int x^n\cos x\,\mathrm{d}x$、$\int x^n\mathrm{e}^x\,\mathrm{d}x$ 的积分，其中 n 为正整数，通常选取 $u = x^n, \mathrm{d}v = \sin x\,\mathrm{d}x$、$\cos x\,\mathrm{d}x$ 或 $\mathrm{e}^x\,\mathrm{d}x$.

例 35 求不定积分 $\int x^2\cos x\,\mathrm{d}x$.

解
$$\int x^2\cos x\,\mathrm{d}x = \int x^2\,\mathrm{d}\sin x = x^2\sin x - \int 2x\sin x\,\mathrm{d}x = x^2\sin x - 2\int x\,\mathrm{d}(-\cos x)$$
$$= x^2\sin x + 2x\cos x - 2\int \cos x\,\mathrm{d}x = x^2\sin x + 2x\cos x - 2\sin x + C.$$

例 36 求不定积分 $\int x\mathrm{e}^x\,\mathrm{d}x$.

解
$$\int x\mathrm{e}^x\,\mathrm{d}x = \int x\,\mathrm{d}\mathrm{e}^x = x\mathrm{e}^x - \int \mathrm{e}^x\,\mathrm{d}x = x\mathrm{e}^x - \mathrm{e}^x + C.$$

类型二 形如 $\int x^n\ln x\,\mathrm{d}x$、$\int x^n\arctan x\,\mathrm{d}x$、$\int x^n\arcsin x\,\mathrm{d}x$ 的积分，其中 n 为正整数，通常选取 $u = \ln x$、$\arctan x$、$\arcsin x, \mathrm{d}v = x^n\,\mathrm{d}x$.

例 37 求不定积分 $\int x^2\ln x\,\mathrm{d}x$.

解
$$\int x^2\ln x\,\mathrm{d}x = \int \ln x\,\mathrm{d}\frac{1}{3}x^3 = \frac{1}{3}x^3\ln x - \int \frac{1}{3}x^3\,\mathrm{d}\ln x = \frac{1}{3}x^3\ln x - \frac{1}{3}\int x^3 \cdot \frac{1}{x}\,\mathrm{d}x$$
$$= \frac{1}{3}x^3\ln x - \frac{1}{9}x^3 + C.$$

例 38 求不定积分 $\int \arcsin x\,\mathrm{d}x$.

解
$$\int \arcsin x\,\mathrm{d}x = x\arcsin x - \int x\,\mathrm{d}\arcsin x = x\arcsin x - \int x \cdot \frac{1}{\sqrt{1-x^2}}\,\mathrm{d}x$$
$$= x\arcsin x + \frac{1}{2}\int \frac{1}{\sqrt{1-x^2}}\,\mathrm{d}(1-x^2) = x\arcsin x + \sqrt{1-x^2} + C.$$

例39 求不定积分 $\int x \arctan x \, dx$.

解 $\int x \arctan x \, dx = \int \arctan x \, d\dfrac{x^2}{2} = \dfrac{x^2}{2} \arctan x - \int \dfrac{x^2}{2} \operatorname{d} \arctan x$

$= \dfrac{x^2}{2} \arctan x - \int \dfrac{x^2}{2} \cdot \dfrac{1}{1+x^2} dx = \dfrac{x^2}{2} \arctan x - \dfrac{1}{2} \int \left(1 - \dfrac{1}{1+x^2} \right) dx$

$= \dfrac{x^2}{2} \arctan x - \dfrac{1}{2} x + \dfrac{1}{2} \arctan x + C$.

类型三 形如 $\int e^x \sin x \, dx$、$\int e^x \cos x \, dx$ 的积分，通常选取 $u = e^x$、$dv = \sin x \, dx$ 或 $\cos x \, dx$，也可选取 $u = \sin x$ 或 $\cos x$，$dv = e^x \, dx$.

例40 求不定积分 $\int e^x \sin x \, dx$.

解 不妨取 $u = e^x$，$dv = \sin x \, dx$，那么 $du = e^x \, dx$，$v = -\cos x$. 于是

$$\int e^x \sin x \, dx = \int e^x d(-\cos x) = e^x(-\cos x) - \int (-\cos x) e^x \, dx$$

$$= -e^x \cos x + \int e^x \cos x \, dx. \qquad (4-4)$$

对于 $\int e^x \cos x \, dx$，再用一次分部积分法，得

$$\int e^x \cos x \, dx = \int e^x d \sin x = e^x \sin x - \int e^x \sin x \, dx, \qquad (4-5)$$

式(4-5)代入式(4-4)得

$$\int e^x \sin x \, dx = -e^x \cos x + e^x \sin x - \int e^x \sin x \, dx,$$

移项，整理得

$$\int e^x \sin x \, dx = \dfrac{1}{2} e^x (\sin x - \cos x) + C.$$

用同样的方法可得

$$\int e^x \cos x \, dx = \dfrac{1}{2} e^x (\sin x + \cos x) + C.$$

注：① 从上例可见，积分运算有时需要多次使用分部积分，当出现"循环现象"时，还需要通过移项求解.

② 在积分过程中，有时需要同时使用换元积分法和分部积分法，才能求出不定积分.

例41 求不定积分 $\int e^{\sqrt{x}} \, dx$.

解 令 $\sqrt{x} = t$，$x = t^2$，$dx = 2t \, dt$，那么

$$\int e^{\sqrt{x}} \, dx = \int e^t \cdot 2t \, dt = 2 \int t e^t \, dt = 2 \int t \, de^t = 2t e^t - 2 \int e^t \, dt$$

$$= 2t e^t - 2 e^t + C = 2\sqrt{x} e^{\sqrt{x}} - 2 e^{\sqrt{x}} + C.$$

习题 4 - 3

A 组

1. 计算下列不定积分.

(1) $\int x\sin x\,\mathrm{d}x$ (2) $\int \ln x\,\mathrm{d}x$ (3) $\int x\mathrm{e}^{-x}\,\mathrm{d}x$

(4) $\int x\ln x\,\mathrm{d}x$ (5) $\int \arccos x\,\mathrm{d}x$ (6) $\int \arctan x\,\mathrm{d}x$

(7) $\int x^2\cos x\,\mathrm{d}x$ (8) $\int \ln(x^2+1)\,\mathrm{d}x$ (9) $\int x^2\mathrm{e}^x\,\mathrm{d}x$

(10) $\int \sec^3 x\,\mathrm{d}x$ (11) $\int \mathrm{e}^{\sqrt{x}}\,\mathrm{d}x$ (12) $\int \mathrm{e}^x\sin x\,\mathrm{d}x$

2. 已知 $x^2\sin x$ 是 $f(x)$ 的一个原函数,求 $\int xf'(x)\,\mathrm{d}x$.

3. 已知 $\int f(x)\,\mathrm{d}x = x\mathrm{e}^{-2x} + C$,求 $\int xf'(x)\,\mathrm{d}x, \int xf(x)\,\mathrm{d}x$.

B 组

1. 计算下列不定积分.

(1) $\int x\sin 5x\,\mathrm{d}x$ (2) $\int x\mathrm{e}^{3x}\,\mathrm{d}x$ (3) $\int \mathrm{e}^x\sin 2x\,\mathrm{d}x$

(4) $\int x^2\ln(x+1)\,\mathrm{d}x$ (5) $\int \mathrm{e}^{\sqrt[3]{x}}\,\mathrm{d}x$ (6) $\int \ln(x+\sqrt{1+x^2})\,\mathrm{d}x$

第四节 简单有理函数的不定积分

求有理函数

$$R(x) = \frac{a_n x^n + a_{n-1}x^{n-1} + \cdots + a_1 x + a_0}{b_m x^m + b_{m-1}x^{m-1} + \cdots + b_1 x + b_0}$$

的不定积分,常常需要利用代数恒等式进行拆项后,化为计算部分分式的积分.例如

$$\int \frac{A}{x-a}\,\mathrm{d}x, \quad \int \frac{B}{(x-a)^k}\,\mathrm{d}x(k=2,3,\cdots), \quad \int \frac{Mx+N}{x^2+px+q}\,\mathrm{d}x$$

等,其中 A,B,M,N,a,p,q 都是常数.下面通过例子来说明其求解的一般方法.

例 42 求不定积分 $\int \frac{1}{x^2-a^2}\,\mathrm{d}x \quad (a>0)$.

解
$$\int \frac{1}{x^2-a^2}\,\mathrm{d}x = \int \frac{1}{(x-a)(x+a)}\,\mathrm{d}x = \frac{1}{2a}\int \frac{x+a-(x-a)}{(x-a)(x+a)}\,\mathrm{d}x$$
$$= \frac{1}{2a}\int \left(\frac{1}{x-a} - \frac{1}{x+a}\right)\mathrm{d}x$$
$$= \frac{1}{2a}\left[\int \frac{1}{x-a}\mathrm{d}(x-a) - \int \frac{1}{x+a}\mathrm{d}(x+a)\right]$$

$$= \frac{1}{2a}(\ln|x-a| - \ln|x+a|) + C = \frac{1}{2a}\ln\left|\frac{x-a}{x+a}\right| + C.$$

例 43 求不定积分 $\displaystyle\int \frac{1}{(x+a)(x+b)} dx \quad (a \neq b).$

解 $\displaystyle\int \frac{1}{(x+a)(x+b)} dx = \frac{1}{b-a}\int \frac{x+b-(x+a)}{(x+a)(x+b)} dx$

$$= \frac{1}{b-a}\left(\int \frac{1}{x+a} dx - \int \frac{1}{x+b} dx\right)$$

$$= \frac{1}{b-a}(\ln|x+a| - \ln|x+b|) + C.$$

例 44 求不定积分 $\displaystyle\int \frac{x}{x^2 - 3x + 2} dx.$

解 $\displaystyle\int \frac{x}{x^2 - 3x + 2} dx = \int \frac{x-1+1}{(x-1)(x-2)} dx = \int \frac{1}{x-2} dx + \int \frac{1}{(x-1)(x-2)} dx$

$$= \int \frac{1}{x-2} dx + \int \left(\frac{1}{x-2} - \frac{1}{x-1}\right) dx$$

$$= 2\int \frac{1}{x-2} dx - \int \frac{1}{x-1} dx$$

$$= 2\ln|x-2| - \ln|x-1| + C.$$

例 45 求不定积分 $\displaystyle\int \frac{1}{x^2 - 2x + 2} dx.$

解 $\displaystyle\int \frac{1}{x^2 - 2x + 2} dx = \int \frac{1}{x^2 - 2x + 1 + 1} dx = \int \frac{1}{(x-1)^2 + 1} dx$

$$= \int \frac{1}{1 + (x-1)^2} d(x-1) = \arctan(x-1) + C.$$

例 46 求不定积分 $\displaystyle\int \frac{2x+3}{x^2 + x + 1} dx.$

解 $\displaystyle\int \frac{2x+3}{x^2 + x + 1} dx = \int \frac{2x+1+2}{x^2 + x + 1} dx$

$$= \int \frac{1}{x^2 + x + 1} d(x^2 + x + 1) + 2\int \frac{1}{x^2 + x + 1} dx$$

$$= \ln(x^2 + x + 1) + 2\int \frac{1}{\left(x + \frac{1}{2}\right)^2 + \frac{3}{4}} dx$$

$$= \ln(x^2 + x + 1) + 2 \cdot \frac{2}{\sqrt{3}}\arctan \frac{2\left(x + \frac{1}{2}\right)}{\sqrt{3}} + C$$

$$= \ln(x^2 + x + 1) + \frac{4}{\sqrt{3}}\arctan \frac{2x+1}{\sqrt{3}} + C.$$

习题 4−4

A 组

1. 计算下列不定积分.

(1) $\displaystyle\int \frac{4}{2x-3}\mathrm{d}x$
　　(2) $\displaystyle\int \frac{1}{x(x-1)}\mathrm{d}x$
　　(3) $\displaystyle\int \frac{x^4-2}{x^2+1}\mathrm{d}x$

(4) $\displaystyle\int \frac{x^3}{x-1}\mathrm{d}x$
　　(5) $\displaystyle\int \frac{1}{(x-1)(x-2)}\mathrm{d}x$
　　(6) $\displaystyle\int \frac{1}{x(x^2+1)}\mathrm{d}x$

(7) $\displaystyle\int \frac{x+3}{x^2-5x+6}\mathrm{d}x$
　　(8) $\displaystyle\int \frac{2x-3}{(x-1)(x-2)}\mathrm{d}x$
　　(9) $\displaystyle\int \frac{x}{x^2+2x+5}\mathrm{d}x$

B 组

1. 计算下列不定积分.

(1) $\displaystyle\int \frac{x+1}{x^2-5x+6}\mathrm{d}x$
　　　　　(2) $\displaystyle\int \frac{x+2}{(2x+1)(x^2+x+1)}\mathrm{d}x$

(3) $\displaystyle\int \frac{1}{x^4-1}\mathrm{d}x$
　　　　　(4) $\displaystyle\int \frac{x^3}{x^3+1}\mathrm{d}x$

总复习题四

1. 单项选择题.

(1) $f(x)$ 是可导函数,则(　　).

　A. $\displaystyle\int f(x)\mathrm{d}x = f(x)$
　　　　　B. $\displaystyle\int f'(x)\mathrm{d}x = f(x)$

　C. $\left[\displaystyle\int f(x)\mathrm{d}x\right]' = f(x)$
　　　　　D. $\left[\displaystyle\int f(x)\mathrm{d}x\right]' = f(x)+C$

(2) 若 $f(x)=\dfrac{1}{x}$,则 $\displaystyle\int f'(x)\mathrm{d}x = ($　　$)$.

　A. $\dfrac{1}{x}$
　　　　B. $\dfrac{1}{x}+C$
　　　　C. $\ln x$
　　　　D. $\ln x + C$

(3) 设 $\left[\displaystyle\int f(x)\mathrm{d}x\right]' = \sin x$ 存在,则 $f(x)=($　　$)$.

　A. $\sin x$
　　　　B. $\cos x$
　　　　C. $\sin x + C$
　　　　D. $\cos x + C$

(4) 若 $\displaystyle\int f(x)\mathrm{d}x = 3\mathrm{e}^{\frac{x}{3}} - x + C$,则 $\displaystyle\lim_{x\to 0}\frac{f(x)}{x} = ($　　$)$.

　A. 3
　　　　B. -3
　　　　C. $\dfrac{1}{3}$
　　　　D. $-\dfrac{1}{3}$

(5) 设 $f'(\ln x)=1+x$,则 $f(x)=($　　$)$.

　A. $x+\mathrm{e}^x + C$
　　　　　　B. $\mathrm{e}^x + \dfrac{1}{2}x^2 + C$

C. $\ln x + \dfrac{1}{2}\ln^2 x + C$ D. $e^x + \dfrac{1}{2}e^{2x} + C$

(6) 设 $f(x) = e^{-x}$，则 $\displaystyle\int \dfrac{f'(\ln x)}{x}dx = ($　　$)$.

A. $\ln x + C$　　　　B. $-\ln x + C$　　　　C. $-\dfrac{1}{x} + C$　　　　D. $\dfrac{1}{x} + C$

(7) 设 $f(x)$ 的导数 $\sin x$ 为，则下列选项中是 $f(x)$ 的原函数的是($\quad$).

A. $1 + \sin x$　　　　B. $1 - \sin x$　　　　C. $1 + \cos x$　　　　D. $1 - \cos x$

(8) 若 $\displaystyle\int f(x)dx = F(x) + C$，则 $\displaystyle\int f(b - ax)dx = ($　　$)$.

A. $F(b - ax) + C$　　　　　　　　　　B. $\dfrac{1}{a}F(b - ax) + C$

C. $aF(b - ax) + C$　　　　　　　　　　D. $-\dfrac{1}{a}F(b - ax) + C$

2. 填空题.

(1) $\displaystyle\int f'(ax + b)dx = $ _____ .

(2) $\displaystyle\int f(x)dx = x + \csc^2 x + C$，则 $f(x) = $ _____ .

(3) 已知 $F(x) = \displaystyle\int (\tan 2x + \ln x)dx$，则 $F'(x) = $ _____ .

(4) $\left(\displaystyle\int e^{3x}dx\right)' = $ _____ .

(5) 已知 $e^{x^2} + \sin 3x$ 是 $f(x)$ 的一个原函数，则，则 $f(x) = $ _____ .

(6) $\displaystyle\int \dfrac{x}{1 + x^4}dx = $ _____ .

3. 计算下列不定积分.

(1) $\displaystyle\int \dfrac{3x^2 + 1}{x^2(1 + x^2)}dx$　　(2) $\displaystyle\int \dfrac{(x - \sqrt{x})(1 + \sqrt{x})}{\sqrt{x}}dx$　　(3) $\displaystyle\int e^x\left(2^x + \dfrac{e^{-x}}{\sqrt{1 - x^2}}\right)dx$

(4) $\displaystyle\int \dfrac{3x^4 + 2x^2 - 1}{x^2 + 1}dx$　　(5) $\displaystyle\int \dfrac{1}{4 + 9x^2}dx$　　(6) $\displaystyle\int \dfrac{1}{x^2(x^2 + 9)}dx$

(7) $\displaystyle\int \dfrac{2x + 1}{(1 + x^2)}dx$　　(8) $\displaystyle\int \dfrac{1}{x\ln x}dx$　　(9) $\displaystyle\int \cos(3x + 1)dx$

(10) $\displaystyle\int (5x - 7)^6dx$　　(11) $\displaystyle\int \dfrac{2x + 1}{x^2 + 2x + 2}dx$　　(12) $\displaystyle\int \sin^3 x\cos x\,dx$

(13) $\displaystyle\int e^x\sin e^x dx$　　(14) $\displaystyle\int \dfrac{1}{2 + \sqrt{x - 1}}dx$　　(15) $\displaystyle\int x\sin^2 x\,dx$

(16) $\displaystyle\int \dfrac{\arcsin\sqrt{x}}{\sqrt{x}}dx$

第五章 定积分及其应用

本章讨论积分学的另一个问题——定积分.定积分是为了计算平面上封闭曲线围成的图形的面积而产生的.计算这类图形的面积,最后归结为计算具有特定结构的和式的极限.在实践中,人们逐渐认识到,这种特定结构的和式的极限,不仅是计算图形面积的数学形式,而且也是许多实际问题(如变力做功、水的压力等)的数学形式.因此,无论在理论上还是在实践中,特定结构的和式的极限——定积分具有普遍的意义.本章先从两个实例出发,引入定积分的概念,然后讨论定积分的性质与计算方法,最后讨论定积分的应用.

第一节 定积分的概念与性质

一、实例

1. 曲边梯形的面积

引例 1 在平面直角坐标系中,设曲线 $y = f(x)$ 是区间 $[a, b]$ 上的非负连续函数,由曲线 $y = f(x)$、x 轴、直线 $x = a$ 及 $x = b$ 所围成的图形,叫作曲边梯形(见图 5-1).

由于曲边梯形在底边上的各点处的高 $f(x)$ 在区间 $[a, b]$ 上是变动的,因此面积 A 不能直接用矩形或梯形的面积公式计算.但由于曲边梯形的高 $f(x)$ 在区间 $[a, b]$ 上是连续变化的,如果曲边梯形的底边很短,则 $f(x)$ 变化很小,可以近似地看作不变,因此我们自然想到用小矩形面积的和来逼近曲边梯形的面积 A.具体作法如下:

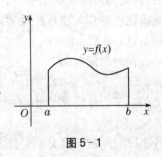

图 5-1

(1) 分割

在区间 $[a, b]$ 中任意插入 $n-1$ 个分点:
$$a = x_0 < x_1 < x_2 < \cdots < x_{i-1} < x_i < \cdots < x_{n-1} < x_n = b,$$
把区间 $[a, b]$ 分成 n 个小区间:
$$[x_0, x_1], [x_1, x_2], \cdots, [x_{i-1}, x_i], \cdots, [x_{n-1}, x_n].$$
各个小区间的长度依次为
$$\Delta x_1 = x_1 - x_0, \Delta x_2 = x_2 - x_1, \cdots, \Delta x_n = x_n - x_{n-1},$$
过每个分点 $x_i (i = 1, 2, \cdots, n)$ 作平行于 y 轴的直线,将曲边梯形分割成 n 个小曲边梯形.如图 5-2 所示.

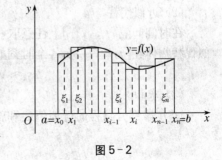

图 5-2

（2）近似

在每个小区间 $[x_{i-1}, x_i]$ $(i=1,2,\cdots,n)$ 上任意取一点 ξ_i $(x_{i-1} \leqslant \xi_i \leqslant x_i)$，以 $f(\xi_i)$ 为高，Δx_i 为底作小矩形，用小矩形的面积 $f(\xi_i)\Delta x_i$ 近似代替相应的小曲边梯形的面积 ΔA_i，即

$$\Delta A_i \approx f(\xi_i)\Delta x_i \quad (i=1,2,\cdots,n).$$

（3）求和

这 n 个小矩形面积之和即为所求曲边梯形面积的近似值，即

$$A = \sum_{i=1}^{n} \Delta A_i \approx \sum_{i=1}^{n} f(\xi_i)\Delta x_i.$$

（4）取极限

记所有小区间长度的最大值为

$$\lambda = \max\{\Delta x_1, \Delta x_2, \cdots, \Delta x_n\},$$

当分点个数无限增加，即 $\lambda \to 0$ 时，上述和式的极限就是曲边梯形面积的精确值，即

$$A = \lim_{\lambda \to 0} \sum_{i=1}^{n} f(\xi_i)\Delta x_i.$$

2. 变速直线运动的路程

引例 2　设某物体做变速直线运动，已知速度 $v = v(t)$ 是时间 t 的连续函数，且 $v(t) \geqslant 0$. 求在时间间隔 $[T_1, T_2]$ 内物体所经过的路程 s.

如果物体做的是匀速直线运动，那么在 $[T_1, T_2]$ 内物体所经过的路程 $s = v(T_2 - T_1)$. 但在本问题中，物体做的是变速直线运动，所以速度是变化的. 但是，由于速度是连续变化的，因此当时间间隔很小时，物体速度的变化也很小，也就是说在很小的时间间隔内可近似地将物体看作匀速直线运动. 下面用类似于求曲边梯形面积的方法来计算路程 s.

（1）分割

在时间间隔 $[T_1, T_2]$ 内任意插入 $n-1$ 个分点：

$$T_1 = t_0 < t_1 < t_2 < \cdots < t_{i-1} < t_i < \cdots < t_{n-1} < t_n = T_2,$$

把 $[T_1, T_2]$ 分成 n 个小段：

$$[t_0, t_1], [t_1, t_2], \cdots, [t_{i-1}, t_i], \cdots, [t_{n-1}, t_n].$$

各小段时间的长度分别记作

$$\Delta t_1 = t_1 - t_0, \Delta t_2 = t_2 - t_1, \cdots, \Delta t_n = t_n - t_{n-1},$$

相应地，在各段时间内物体经过的路程依次为

$$\Delta s_1, \Delta s_2, \cdots, \Delta s_n.$$

（2）近似代替

在时间间隔 $[t_{i-1}, t_i]$ 上任意取一个时刻 τ_i $(t_{i-1} \leqslant \tau_i \leqslant t_i)$，用 τ_i 时的速度 $v(\tau_i)$ 来近似代替物体在 $[t_{i-1}, t_i]$ 上各个时刻的速度，得到部分路程 Δs_i 的近似值，即

$$\Delta s_i \approx v(\tau_i)\Delta t_i \quad (i=1,2,\cdots,n).$$

（3）求和

这 n 段部分路程的近似值之和就是所求变速直线运动路程 s 的近似值，即

$$s \approx \sum_{i=1}^{n} v(\tau_i)\Delta t_i.$$

（4）取极限

记所有小时间段的最大值为

$$\lambda = \max\{\Delta t_1, \Delta t_2, \cdots, \Delta t_n\},$$

当分点个数无限增加，即 $\lambda \to 0$ 时，上述和式的极限就是所求路程的精确值，即

$$s = \lim_{\lambda \to 0} \sum_{i=1}^{n} v(\tau_i) \Delta t_i.$$

以上两个例子虽然具有不同的实际意义，但是解决问题的方法却是相同的，并且最后所得到的结果都是和式的极限.在科学技术中还有许多实际问题也可以归结为这类和式的极限，抛开这些实际问题的具体意义，把这类和式的极限用数学语言加以概括、抽象，得到了定积分的概念.

二、定积分的概念

定义 设函数 $f(x)$ 在区间 $[a, b]$ 上有界，在 $[a, b]$ 中任意插入 $n-1$ 个分点：

$$a = x_0 < x_1 < x_2 < \cdots < x_{i-1} < x_i < \cdots < x_{n-1} < x_n = b,$$

把区间 $[a, b]$ 分成 n 个子区间：

$$[x_0, x_1], [x_1, x_2], \cdots, [x_{i-1}, x_i], \cdots, [x_{n-1}, x_n],$$

各小区间的长度依次为

$$\Delta x_1 = x_1 - x_0, \Delta x_2 = x_2 - x_1, \cdots, \Delta x_n = x_n - x_{n-1}.$$

在每个子区间 $[x_{i-1}, x_i]$ 上任取一点 $\xi_i (x_{i-1} \leqslant \xi_i \leqslant x_i)$，作函数值 $f(\xi_i)$ 与小区间长度 Δx_i 的乘积 $f(\xi_i)\Delta x_i (i = 1, 2, \cdots, n)$，并作出和

$$S = \sum_{i=1}^{n} f(\xi_i) \Delta x_i.$$

记 $\lambda = \max\{\Delta x_1, \Delta x_2, \cdots, \Delta x_n\}$，如果不论对 $[a, b]$ 怎样分，也不论在小区间 $[x_{i-1}, x_i]$ 上点 ξ_i 怎样取，只要当 $\lambda \to 0$ 时，和 S 总趋于确定的极限 I，则称函数 $f(x)$ 在区间 $[a, b]$ 上可积，并称极限 I 为函数 $f(x)$ 在区间 $[a, b]$ 上的**定积分**（简称积分），记作 $\int_a^b f(x)dx$，即

$$\int_a^b f(x)dx = \lim_{\lambda \to 0} \sum_{i=1}^{n} f(\xi_i) \Delta x_i.$$

其中 $f(x)$ 称为**被积函数**，$f(x)dx$ 称为**被积表达式**，x 称为**积分变量**，$[a, b]$ 称为**积分区间**，a 称为**积分下限**，b 称为**积分上限**，符号 $\int_a^b f(x)dx$ 读作函数 $f(x)$ 从 a 到 b 上的定积分.

关于定积分的定义，在理解时还应注意以下几点：

（1）定积分 $\int_a^b f(x)dx$ 是和式的极限，它表示一个数值，是由函数 $f(x)$ 与积分区间 $[a, b]$ 确定的.因此，定积分与积分变量的记号无关，即

$$\int_a^b f(x)dx = \int_a^b f(t)dt = \int_a^b f(u)du.$$

（2）在定积分的定义中，总假设 $a < b$.对于 $a = b, a > b$ 的情况，作如下规定：当 $a = b$ 时，$\int_a^b f(x)dx = 0$；当 $a > b$ 时，$\int_a^b f(x)dx = -\int_b^a f(x)dx$.

（3）函数 $f(x)$ 在 $[a, b]$ 上可积的充分条件是：① 若 $f(x)$ 在 $[a, b]$ 上连续，则 $f(x)$ 在

$[a,b]$上可积;② 若$f(x)$在$[a,b]$上有界,且只有有限个第一类间断点,则$f(x)$在$[a,b]$上可积.

根据定积分的定义,前面所讨论的两个实例都可以表示为定积分:

(1) 曲线$y=f(x)\geqslant 0$,x轴以及两条直线$x=a$,$x=b$所围成的曲边梯形的面积A等于函数$f(x)$在区间$[a,b]$上的定积分,即

$$A=\int_a^b f(x)\mathrm{d}x;$$

(2) 变速直线运动的路程s是速度函数$v(t)$在时间间隔$[T_1,T_2]$上的定积分,即

$$s=\int_{T_1}^{T_2} v(t)\mathrm{d}t.$$

三、定积分的几何意义

由前面的引例知道,如果在区间$[a,b]$上 $f(x)\geqslant 0$,则定积分$\int_a^b f(x)\mathrm{d}x$在几何上表示由曲线$y=f(x)$,直线$x=a$,$x=b$及x轴所围成的曲边梯形的面积A.

如果在区间$[a,b]$上 $f(x)\leqslant 0$,则此时由曲线$y=f(x)$,直线$x=a$,$x=b$及x轴所围成的曲边梯形位于x轴的下方,则定积分$\int_a^b f(x)\mathrm{d}x$表示曲边梯形的面积A的相反数,即

$A=-\int_a^b f(x)\mathrm{d}x$. 如图5-3所示.

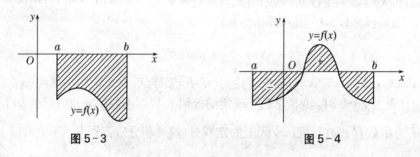

图5-3　　　　　　　　　　　　图5-4

如果在区间$[a,b]$上 $f(x)$既可取正值又可取负值,则定积分$\int_a^b f(x)\mathrm{d}x$在几何上表示介于曲线$y=f(x)$,直线$x=a$,$x=b$及x轴之间的各部分面积的代数和,其中位于x轴上方的面积前加正号,位于x轴下方的面积前加负号.如图5-4所示.

例1 利用定义计算定积分$\int_0^1 x^2\mathrm{d}x$.

解 因为被积函数$f(x)=x^2$在积分区间$[0,1]$上连续,而连续函数是可积的,所以积分与区间$[0,1]$的分法及点ξ_i的取法无关.因此,为了便于计算,不妨把区间$[0,1]$分成n等份,分点为

$$x_0=0,x_1=\frac{1}{n},x_2=\frac{2}{n},\cdots,x_i=\frac{i}{n},\cdots,x_n=1.$$

这样,每个子区间$[x_{i-1},x_i]$的长度$\Delta x_i=\frac{1}{n}(i=1,2,\cdots,n)$,并取$\xi_i=\frac{i}{n}(i=1,2,\cdots,n)$.

于是得和式

$$\sum_{i=1}^{n} f(\xi_i)\Delta x_i = \sum_{i=1}^{n} \xi_i^2 \Delta x_i = \sum_{i=1}^{n} x_i^2 \Delta x_i$$

$$= \sum_{i=1}^{n} \left(\frac{i}{n}\right)^2 \cdot \frac{1}{n} = \frac{1}{n^3}\sum_{i=1}^{n} i^2$$

$$= \frac{1}{n^3} \cdot \frac{1}{6}n(n+1)(2n+1)$$

$$= \frac{1}{6}\left(1+\frac{1}{n}\right)\left(2+\frac{1}{n}\right).$$

当 $\lambda \to 0$ 即 $n \to +\infty$ 时,取上式右端的极限.由定积分的定义,即得所求的积分为

$$\int_0^1 x^2 \mathrm{d}x = \lim_{\lambda \to 0}\sum_{i=1}^{n}\xi_i^2\Delta x_i = \lim_{n \to +\infty}\frac{1}{6}\left(1+\frac{1}{n}\right)\left(2+\frac{1}{n}\right) = \frac{1}{3}.$$

可以看出,利用定义直接计算定积分是很困难的.

四、定积分的性质

由定积分的定义及极限的运算法则,可以推出定积分的以下性质.为了叙述方便,假设下面各性质中所涉及的函数都是可积的.

性质 1 两个函数的和(或差)的定积分等于它们定积分的和(或差),即

$$\int_a^b [f(x) \pm g(x)]\mathrm{d}x = \int_a^b f(x)\mathrm{d}x \pm \int_a^b g(x)\mathrm{d}x.$$

性质 1 可以推广到有限多个函数代数和的情形,即

$$\int_a^b [f_1(x) \pm f_2(x) \pm \cdots \pm f_n(x)]\mathrm{d}x$$

$$= \int_a^b f_1(x)\mathrm{d}x \pm \int_a^b f_2(x)\mathrm{d}x \pm \cdots \pm \int_a^b f_n(x)\mathrm{d}x.$$

性质 2 被积函数中的常数因子可以提到积分号的前面,即

$$\int_a^b kf(x)\mathrm{d}x = k\int_a^b f(x)\mathrm{d}x(k \text{ 是常数}).$$

性质 3 如果在区间 $[a,b]$ 上 $f(x)\equiv 1$,则

$$\int_a^b 1\mathrm{d}x = \int_a^b \mathrm{d}x = b - a.$$

性质 4(定积分对积分区间的可加性) 如果积分区间 $[a,b]$ 被分点 c 分成区间 $[a,c]$ 和 $[c,b]$,则

$$\int_a^b f(x)\mathrm{d}x = \int_a^c f(x)\mathrm{d}x + \int_c^b f(x)\mathrm{d}x.$$

证明从略.

值得注意的是,无论点 c 是否介于 a 与 b 之间,即对 $c<a<b$ 或 $a<b<c$,性质 4 仍然成立.性质 4 可以用来求分段函数的定积分.

性质 5 如果在区间 $[a,b]$ 上,$f(x)\geqslant 0$,则

$$\int_a^b f(x)\mathrm{d}x \geqslant 0.$$

由性质 5 可以得到以下两个推论:

推论 1　如果在区间 $[a,b]$ 上，$f(x) \leqslant g(x)$，则

$$\int_a^b f(x)\mathrm{d}x \leqslant \int_a^b g(x)\mathrm{d}x.$$

推论 1 说明，当两个定积分比较大小时，可以由它们的被积函数在积分区间上的大小而确定.

推论 2　$\left| \int_a^b f(x)\mathrm{d}x \right| \leqslant \int_a^b |f(x)|\mathrm{d}x \ (a < b).$

证明　因为

$$-|f(x)| \leqslant f(x) \leqslant |f(x)|,$$

所以由推论 1 及性质 2 可得

$$-\int_a^b |f(x)|\mathrm{d}x \leqslant \int_a^b f(x)\mathrm{d}x \leqslant \int_a^b |f(x)|\mathrm{d}x,$$

即

$$\left| \int_a^b f(x)\mathrm{d}x \right| \leqslant \int_a^b |f(x)|\mathrm{d}x.$$

性质 6(定积分的估值定理)　设 M 和 m 分别是函数 $f(x)$ 在区间 $[a,b]$ 上的最大值和最小值，则

$$m(b-a) \leqslant \int_a^b f(x)\mathrm{d}x \leqslant M(b-a).$$

证明　因为 $m \leqslant f(x) \leqslant M(a \leqslant x \leqslant b)$，由性质 5 的推论 1 可知

$$\int_a^b m\mathrm{d}x \leqslant \int_a^b f(x)\mathrm{d}x \leqslant \int_a^b M\mathrm{d}x.$$

再由性质 2 和性质 3 可知，

$$m(b-a) \leqslant \int_a^b f(x)\mathrm{d}x \leqslant M(b-a).$$

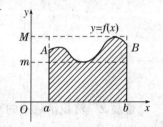

图 5-5

性质 6 的几何解释：曲线 $y = f(x)$ 在 $[a,b]$ 上的曲边梯形面积介于以区间 $[a,b]$ 的长度为长，分别以 m 和 M 为宽的两个矩形面积之间. 如图 5-5 所示.

性质 7(定积分中值定理)　若函数 $f(x)$ 在区间 $[a,b]$ 上连续，则在 $[a,b]$ 上至少存在一点 ξ，使下式成立：

$$\int_a^b f(x)\mathrm{d}x = f(\xi)(b-a).$$

证明　因为 $f(x)$ 在区间 $[a,b]$ 上连续，根据闭区间上连续函数的最大值和最小值定理，$f(x)$ 在 $[a,b]$ 上一定有最大值 M 和最小值 m. 由定积分的性质 6，有

$$m(b-a) \leqslant \int_a^b f(x)\mathrm{d}x \leqslant M(b-a),$$

即

$$m \leqslant \frac{1}{b-a}\int_a^b f(x)\mathrm{d}x \leqslant M.$$

由闭区间上连续函数的介值定理，在 $[a,b]$ 上至少存在一点 ξ，使得

$$f(\xi) = \frac{1}{b-a}\int_a^b f(x)\mathrm{d}x,$$

于是有

$$\int_a^b f(x)\mathrm{d}x = f(\xi)(b-a)\,(a\leqslant\xi\leqslant b). \qquad (5-1)$$

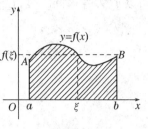

图 5-6

当 $b<a$ 时,上式仍成立.式(5-1)称为**积分中值公式**.

性质 7 的几何意义:连续曲线 $y=f(x)$ 在 $[a,b]$ 上的曲边梯形的面积等于以区间长 $b-a$ 为长,$[a,b]$ 中一点 ξ 的函数值为宽的矩形面积.如图 5-6 所示.

例 2　已知 $f(x)=\begin{cases}1+x, & x<0,\\ 1-\dfrac{x}{2}, & x\geqslant 0,\end{cases}$ 求 $\displaystyle\int_{-1}^2 f(x)\mathrm{d}x$.

解　由于被积函数是分段函数,所以定积分应分段积分.根据性质 4,有

$$\int_{-1}^2 f(x)\mathrm{d}x = \int_{-1}^0 (1+x)\mathrm{d}x + \int_0^2\left(1-\frac{x}{2}\right)\mathrm{d}x.$$

利用定积分的几何意义,可分别求出

$$\int_{-1}^0 (1+x)\mathrm{d}x = \frac{1}{2},\ \int_0^2\left(1-\frac{x}{2}\right)\mathrm{d}x = 1.$$

所以有

$$\int_{-1}^2 f(x)\mathrm{d}x = \frac{1}{2}+1 = \frac{3}{2}.$$

例 3　比较下面各组积分值的大小.

(1) $\displaystyle\int_0^1 \sqrt[3]{x}\,\mathrm{d}x$ 与 $\displaystyle\int_0^1 x^3\mathrm{d}x$；　(2) $\displaystyle\int_0^1 x\mathrm{d}x$ 与 $\displaystyle\int_0^1 \ln(1+x)\mathrm{d}x$.

解　(1) 根据幂函数的性质,在 $[0,1]$ 上,有

$$\sqrt[3]{x}\geqslant x^3,$$

再由推论 1,有

$$\int_0^1 \sqrt[3]{x}\,\mathrm{d}x \geqslant \int_0^1 x^3\mathrm{d}x.$$

(2) 令 $f(x)=x-\ln(1+x)$.当 $x\in[0,1]$ 时,

$$f'(x) = 1-\frac{1}{1+x} = \frac{x}{1+x}\geqslant 0,$$

所以 $f(x)$ 在区间 $[0,1]$ 上单调增加,因此当 $x\geqslant 0$ 时,有

$$f(x)\geqslant f(0) = [x-\ln(1+x)]\big|_{x=0} = 0,$$

从而有 $x\geqslant\ln(1+x)$.由推论 1 知,

$$\int_0^1 x\mathrm{d}x \geqslant \int_0^1 \ln(1+x)\mathrm{d}x.$$

例 4　试估计定积分 $\displaystyle\int_{-1}^1 \mathrm{e}^{-x^2}\mathrm{d}x$ 的值.

解　先求函数 $f(x)=\mathrm{e}^{-x^2}$ 在区间 $[-1,1]$ 上的最大值和最小值.$f'(x)=-2x\mathrm{e}^{-x^2}$,令 $f'(x)=0$,则驻点为 $x=0$.比较 $f(x)$ 在驻点 $x=0$ 及区间端点 $x=\pm 1$ 的函数值,

$$f(0)=1, f(1)=f(-1)=\mathrm{e}^{-1},$$

所以 $f(x)$ 在区间 $[-1,1]$ 上的最大值 $M=1$,最小值 $m=\mathrm{e}^{-1}$. 由定积分估值定理可知,

$$2\mathrm{e}^{-1} \leqslant \int_{-1}^{1} \mathrm{e}^{-x^2} \mathrm{d}x \leqslant 2.$$

习题 5-1

A 组

1. 利用定积分的性质比较下列各组积分值的大小.

(1) $\int_0^1 x^2 \mathrm{d}x$ 与 $\int_0^1 x^3 \mathrm{d}x$ 　　　　(2) $\int_0^1 x\mathrm{d}x$ 与 $\int_0^1 \sin x\mathrm{d}x$

(3) $\int_1^2 \ln x\mathrm{d}x$ 与 $\int_1^2 \ln^2 x\mathrm{d}x$ 　　　　(4) $\int_1^e x\mathrm{d}x$ 与 $\int_1^e \ln(1+x)\mathrm{d}x$

2. 根据定积分的几何意义计算下列定积分的值.

(1) $\int_{-1}^1 x\mathrm{d}x$ 　　　　(2) $\int_{-R}^R \sqrt{R^2-x^2}\mathrm{d}x$

(3) $\int_0^{2\pi} \sin x\mathrm{d}x$ 　　　　(4) $\int_{-1}^1 |x|\mathrm{d}x$

3. 利用定积分的性质,估计下列定积分的值.

(1) $\int_0^1 \sqrt{1+x^2}\mathrm{d}x$ 　　　　(2) $\int_0^{\frac{\pi}{2}} (1+\sin^2 x)\mathrm{d}x$

B 组

1. 利用定积分定义证明 $\int_a^b \mathrm{d}x = b-a$.

2. 利用定积分的性质比较下列各组积分值的大小.

(1) $\int_1^2 x\mathrm{d}x$ 与 $\int_1^2 x^2\mathrm{d}x$ 　　　　(2) $\int_0^{\frac{\pi}{4}} \cos x\mathrm{d}x$ 与 $\int_0^{\frac{\pi}{4}} \sin x\mathrm{d}x$

第二节　微积分基本公式

在上一节中,我们举过利用定积分的定义计算定积分的例子. 从这个例子可以看出,即使被积函数很简单,计算起来也可能很复杂,且难度较大. 所以,必须寻找一种简便有效的计算定积分的新方法.

下面我们先从实际问题中寻找解决问题的数学模型. 由上一节中的引例 2 可知,如果速度函数 $v=v(t)$ 已知,那么物体在时间间隔 $[T_1,T_2]$ 内所经过的路程 s 就可以用定积分表示为 $s = \int_{T_1}^{T_2} v(t)\mathrm{d}t$. 另一方面,如果路程函数 $s=s(t)$ 已知的话,那么物体在时间间隔 $[T_1,T_2]$ 内所经过的路程 $s = s(T_2)-s(T_1)$. 所以有

$$\int_{T_1}^{T_2} v(t)\mathrm{d}t = s(T_2) - s(T_1).$$

由于 $s'(t) = v(t)$，即 $s(t)$ 是 $v(t)$ 的原函数. 这就是说，定积分 $\int_{T_1}^{T_2} v(t)dt$ 等于被积函数 $v(t)$ 的原函数 $s(t)$ 在时间区间 $[T_1, T_2]$ 上的增量 $s(T_2) - s(T_1)$.

上述从变速直线运动的路程这个特殊问题中得出来的关系，在一定条件下具有普遍性，这不但说明了定积分与不定积分（原函数）之间有密切的关系，更重要的是提供了由原函数计算定积分的方法. 下面先介绍积分上限函数，然后揭示不定积分与定积分之间的内在联系，证明微积分基本公式—— 牛顿-莱布尼茨（Newton-Leibniz）公式.

一、积分上限函数及其导数

设函数 $f(x)$ 在区间 $[a, b]$ 上连续，并且设 x 是 $[a, b]$ 上的任一点，下面我们考察积分

$$\int_a^x f(x)dx.$$

首先，由于 $f(x)$ 在 $[a, x]$ 上连续，因此这个定积分是存在的. 这时，x 既表示定积分的上限，又表示积分变量. 由于定积分与积分变量的记法无关，所以，为了明确起见，可将积分变量改用其他符号，不妨用 t 表示积分变量，则上面的定积分可表示为

$$\int_a^x f(t)dt.$$

如果上限 x 在区间 $[a, b]$ 上任意变动，则对于每一个取定的 x 值，都有一个积分值与之相对应，这样在 $[a, b]$ 上就定义了一个函数，称为**积分上限的函数**，记作 $\Phi(x)$，即

$$\Phi(x) = \int_a^x f(t)dt \quad (a \leqslant x \leqslant b).$$

定理 1 如果函数 $f(x)$ 在区间 $[a, b]$ 上连续，则积分上限的函数

$$\Phi(x) = \int_a^x f(t)dt$$

在区间 $[a, b]$ 上可导，且

$$\Phi'(x) = \frac{d}{dx}\int_a^x f(t)dt = f(x).$$

证明 由导数定义，只需证 $\lim\limits_{\Delta x \to 0} \dfrac{\Delta\Phi(x)}{\Delta x} = f(x)$ 即可. 不妨设 $\Delta x > 0$，因为

$$\begin{aligned}
\Delta\Phi &= \Phi(x + \Delta x) - \Phi(x) \\
&= \int_a^{x+\Delta x} f(t)dt - \int_a^x f(t)dt \\
&= \int_a^{x+\Delta x} f(t)dt + \int_x^a f(t)dt \\
&= \int_x^{x+\Delta x} f(t)dt .
\end{aligned}$$

由定积分中值定理，知

$$\int_x^{x+\Delta x} f(t)dt = f(\xi)\Delta x, \xi \in [x, x + \Delta x],$$

即

$$\frac{\Delta\Phi}{\Delta x} = \frac{f(\xi)\Delta x}{\Delta x} = f(\xi).$$

当 $\Delta x \to 0$ 时，有 $x + \Delta x \to x$，从而 $\xi \to x$. 根据导数的定义以及函数的连续性，有

$$\Phi'(x) = \lim_{\Delta x \to 0} \frac{\Delta \Phi}{\Delta x} = \lim_{\xi \to x} f(\xi) = f(x),$$

故

$$\Phi'(x) = \frac{d}{dx} \int_a^x f(t) dt = f(x).$$

定理 1 也称为**原函数存在定理**.

例 5 设 $\Phi(x) = \int_1^x t e^{-t^2} dt$，求 $\Phi'(x)$.

解 $\Phi'(x) = \dfrac{d}{dx} \int_1^x t e^{-t^2} dt = x e^{-x^2}$.

例 6 设 $F(x) = \int_{x^2}^2 \sin(2t^3 - 1) dt$，求 $F'(x)$.

解 因为 $\int_{x^2}^2 \sin(2t^3 - 1) dt = -\int_2^{x^2} \sin(2t^3 - 1) dt$，

其中 $\int_2^{x^2} \sin(2t^3 - 1) dt$ 是 x 的复合函数. 令 $x^2 = u$，则

$$\int_2^{x^2} \sin(2t^3 - 1) dt = \int_2^u \sin(2t^3 - 1) dt.$$

根据复合函数的求导法则，有

$$\frac{d}{dx} \int_2^u \sin(2t^3 - 1) dt = \frac{d}{du} \int_2^u \sin(2t^3 - 1) dt \cdot \frac{du}{dx} = \sin(2u^3 - 1) \cdot 2x$$

$$= 2x \sin(2x^6 - 1).$$

所以

$$F'(x) = \frac{d}{dx} \int_{x^2}^2 \sin(2t^3 - 1) dt = \frac{d}{dx} \left[-\int_2^{x^2} \sin(2t^3 - 1) dt \right] = -2x \sin(2x^6 - 1).$$

例 7 设 $F(x) = \int_{x^2}^{x^3} \sqrt{1 - t^3} dt$，求 $F'(x)$.

解 $F'(x) = \dfrac{d}{dx} \int_{x^2}^{x^3} \sqrt{1 - t^3} dt = \dfrac{d}{dx} \int_{x^2}^0 \sqrt{1 - t^3} dt + \dfrac{d}{dx} \int_0^{x^3} \sqrt{1 - t^3} dt$，

利用复合函数求导法则，有

$$\frac{d}{dx} \int_{x^2}^0 \sqrt{1 - t^3} dt = \frac{d}{dx} \left(-\int_0^{x^2} \sqrt{1 - t^3} dt \right)$$

$$= -\sqrt{1 - (x^2)^3} \cdot (x^2)' = -2x \sqrt{1 - x^6},$$

$$\frac{d}{dx} \int_0^{x^3} \sqrt{1 - t^3} dt = \sqrt{1 - (x^3)^3} \cdot (x^3)' = 3x^2 \sqrt{1 - x^9},$$

所以

$$F'(x) = 3x^2 \sqrt{1 - x^9} - 2x \sqrt{1 - x^6}.$$

例 8 求 $\lim\limits_{x \to 0} \dfrac{\int_{\cos x}^1 e^{-t^2} dt}{x^2}$.

解 易知这是一个 $\dfrac{0}{0}$ 型未定式极限，故可利用洛必达法则计算. 由于

$$\frac{\mathrm{d}}{\mathrm{d}x}\int_{\cos x}^{1}\mathrm{e}^{-t^2}\mathrm{d}t = \frac{\mathrm{d}}{\mathrm{d}x}\left[-\int_{1}^{\cos x}\mathrm{e}^{-t^2}\mathrm{d}t\right] = \sin x\mathrm{e}^{-\cos^2 x},$$

所以

$$\lim_{x\to 0}\frac{\displaystyle\int_{\cos x}^{1}\mathrm{e}^{-t^2}\mathrm{d}t}{x^2} = \lim_{x\to 0}\frac{\sin x\mathrm{e}^{-\cos^2 x}}{2x} = \frac{1}{2\mathrm{e}}.$$

二、微积分基本公式

定理2　如果函数 $f(x)$ 在区间 $[a,b]$ 上连续,且 $F(x)$ 是 $f(x)$ 在 $[a,b]$ 上的一个原函数,则

$$\int_{a}^{b}f(x)\mathrm{d}x = F(b) - F(a). \tag{5-2}$$

证明　已知函数 $F(x)$ 是 $f(x)$ 在 $[a,b]$ 上的一个原函数,又由定理1知,$\Phi(x) = \int_{a}^{x}f(t)\mathrm{d}t$ 也是 $f(x)$ 在 $[a,b]$ 上的一个原函数,所以 $\Phi(x) - F(x)$ 必定是某一个常数,即

$$\Phi(x) = \int_{a}^{x}f(t)\mathrm{d}t = F(x) + C_0.$$

令 $x = a$,得

$$\int_{a}^{a}f(t)\mathrm{d}t = 0 = F(a) + C_0,$$

则 $C_0 = -F(a)$.所以

$$\int_{a}^{x}f(t)\mathrm{d}t = F(x) - F(a).$$

再令 $x = b$,得

$$\int_{a}^{b}f(t)\mathrm{d}t = F(b) - F(a),$$

即

$$\int_{a}^{b}f(x)\mathrm{d}x = F(b) - F(a).$$

公式(5-2)称为**牛顿-莱布尼茨公式**,也称为**微积分基本公式**.为了方便起见,以后把式(5-2)右端的 $F(b) - F(a)$ 记作 $F(x)\big|_{a}^{b}$ 或 $[F(x)]_{a}^{b}$,于是式(5-2)又可写为

$$\int_{a}^{b}f(x)\mathrm{d}x = F(x)\big|_{a}^{b} = F(b) - F(a).$$

牛顿-莱布尼茨公式提供了计算定积分的简便的基本方法,即求定积分的值,只要求出被积函数 $f(x)$ 的一个原函数 $F(x)$,然后计算原函数在区间 $[a,b]$ 上的增量 $F(b) - F(a)$ 即可.该公式把计算定积分归结为求原函数的问题,揭示了定积分与不定积分之间的内在联系.

例9　求 $\int_{-1}^{1}\dfrac{1}{1+x^2}\mathrm{d}x$.

解　由于 $\arctan x$ 是 $\dfrac{1}{1+x^2}$ 的一个原函数,根据牛顿-莱布尼茨公式,有

$$\int_{-1}^{1}\frac{1}{1+x^2}\mathrm{d}x = \arctan x\big|_{-1}^{1} = \arctan 1 - \arctan(-1) = \frac{\pi}{4} - \left(-\frac{\pi}{4}\right) = \frac{\pi}{2}.$$

例 10 求 $\int_{-1}^{1} \dfrac{e^x}{1+e^x}dx$.

解 $\int_{-1}^{1} \dfrac{e^x}{1+e^x}dx = \int_{-1}^{1} \dfrac{1}{1+e^x}d(1+e^x)$

$$= \ln(1+e^x)\Big|_{-1}^{1} = \ln(1+e) - \ln(1+e^{-1}) = 1.$$

例 11 求 $\int_{0}^{2\pi} \cos^2 x \, dx$.

解 $\int_{0}^{2\pi} \cos^2 x \, dx = \dfrac{1}{2}\int_{0}^{2\pi}(1+\cos 2x)dx = \dfrac{1}{2}\int_{0}^{2\pi}dx + \dfrac{1}{4}\int_{0}^{2\pi}\cos 2x \, d2x$

$$= \dfrac{1}{2}x\Big|_{0}^{2\pi} + \dfrac{1}{4}\sin 2x\Big|_{0}^{2\pi} = \pi.$$

例 12 计算 $\int_{0}^{\pi} \sqrt{\sin x - \sin^3 x}\, dx$.

解 先将被积函数化简.

$$\int_{0}^{\pi} \sqrt{\sin x - \sin^3 x}\, dx = \int_{0}^{\pi} \sqrt{\sin x(1-\sin^2 x)}\, dx = \int_{0}^{\pi} \sqrt{\sin x}\,|\cos x|\, dx.$$

上式右端的被积函数中出现了绝对值函数 $|\cos x|$,由于 $\cos x$ 在 $\left[0,\dfrac{\pi}{2}\right)$ 和 $\left(\dfrac{\pi}{2},\pi\right]$ 上符号不同,所以必须分区间来计算.根据定积分的对积分区间的可加性这一性质,有

$$\int_{0}^{\pi} \sqrt{\sin x - \sin^3 x}\, dx = \int_{0}^{\pi} \sqrt{\sin x}\,|\cos x|\, dx$$

$$= \int_{0}^{\frac{\pi}{2}} \sqrt{\sin x}\cos x \, dx + \int_{\frac{\pi}{2}}^{\pi} \sqrt{\sin x}(-\cos x)\, dx$$

$$= \int_{0}^{\frac{\pi}{2}} \sqrt{\sin x}\, d\sin x - \int_{\frac{\pi}{2}}^{\pi} \sqrt{\sin x}\, d\sin x$$

$$= \dfrac{2}{3}(\sin x)^{\frac{3}{2}}\Big|_{0}^{\frac{\pi}{2}} - \dfrac{2}{3}(\sin x)^{\frac{3}{2}}\Big|_{\frac{\pi}{2}}^{\pi}$$

$$= \dfrac{2}{3} - \left(-\dfrac{2}{3}\right) = \dfrac{4}{3}.$$

例 13 计算 $\int_{0}^{2} f(x)dx$,其中 $f(x) = \begin{cases} x^2, & 0 \leqslant x \leqslant 1, \\ x-1, & 1 < x \leqslant 2. \end{cases}$

解 由于被积函数是分段函数,故先用定积分的积分区间的可加性这一性质将积分分成两部分.

$$\int_{0}^{2} f(x)dx = \int_{0}^{1} f(x)dx + \int_{1}^{2} f(x)dx = \int_{0}^{1} x^2 dx + \int_{1}^{2}(x-1)dx$$

$$= \dfrac{1}{3}x^3\Big|_{0}^{1} + \left(\dfrac{1}{2}x^2 - x\right)\Big|_{1}^{2} = \dfrac{5}{6}.$$

习题 5 - 2

A 组

1. 求下列各函数的导数.

(1) $\varphi(x) = \int_0^x \sin t^2 \mathrm{d}t$

(2) $\varphi(x) = \int_0^x \cos^2 t \mathrm{d}t$

(3) $F(x) = \int_x^0 \dfrac{1}{\sqrt{2+t^2}} \mathrm{d}t$

(4) $\varphi(x) = \int_x^0 \sqrt{1+t^2} \mathrm{d}t$

2. 求下列极限.

(1) $\lim\limits_{x \to 0} \dfrac{\int_0^x \ln(1+t) \mathrm{d}t}{x^2}$

(2) $\lim\limits_{x \to 0} \dfrac{\int_0^x \arctan t \mathrm{d}t}{x^2}$

3. 计算下列定积分.

(1) $\int_{-1}^3 (3x^2 - 2x + 1) \mathrm{d}x$

(2) $\int_1^2 \left(x^2 + \dfrac{1}{x^2}\right) \mathrm{d}x$

(3) $\int_0^{\frac{\pi}{2}} (3x + \sin x) \mathrm{d}x$

(4) $\int_1^{\mathrm{e}} \dfrac{1}{x} \mathrm{d}x$

(5) $\int_0^1 5^x \mathrm{d}x$

(6) $\int_0^{\frac{\pi}{2}} 3\sin x \mathrm{d}x$

3. 求由 $\int_0^y \mathrm{e}^t \mathrm{d}t + \int_0^x \cos t \mathrm{d}t = 0$ 所确定的隐函数 y 对 x 的导数 $\dfrac{\mathrm{d}y}{\mathrm{d}x}$.

B 组

1. 求下列各函数的导数.

(1) $\varphi(x) = \int_0^{x^2} \sqrt{1+t^2} \mathrm{d}t$

(2) $\varphi(x) = \int_x^{x^2} t^2 \mathrm{e}^{-t} \mathrm{d}t$

2. $y = \int_0^x \sqrt{1+t^2} \mathrm{d}t$, 求 $\dfrac{\mathrm{d}y}{\mathrm{d}x}\Big|_{x=1}$.

3. $x = \int_0^t \cos u \mathrm{d}u, y = \int_0^t \sin u \mathrm{d}u$, 求 $\dfrac{\mathrm{d}y}{\mathrm{d}x}$.

4. 计算下列定积分.

(1) $\int_0^2 \dfrac{1}{4+x^2} \mathrm{d}x$

(2) $\int_0^{\frac{\pi}{4}} \tan^2 x \mathrm{d}x$

(3) $\int_1^3 |x-2| \mathrm{d}x$

(4) $\int_0^{2\pi} |\cos x| \mathrm{d}x$

(5) $\int_{-\frac{1}{2}}^{\frac{1}{2}} \dfrac{1}{\sqrt{1-x^2}} \mathrm{d}x$

(6) $\int_4^9 \sqrt{x}(1+\sqrt{x}) \mathrm{d}x$

第三节　定积分的换元法与分部积分法

一、定积分的换元积分法

用牛顿-莱布尼茨公式计算定积分,需要求被积函数的原函数,所以由不定积分的积分法可得到相应的定积分的积分法.本节将介绍定积分的换元积分法.

定理1　设函数 $f(x)$ 在区间 $[a,b]$ 上连续.若函数 $x=\varphi(t)$ 满足下列条件:

(1) $\varphi(\alpha)=a,\varphi(\beta)=b$;

(2) 当 t 在 $[\alpha,\beta]$(或 $[\beta,\alpha]$)上变化时,$x=\varphi(t)$ 的值在 $[a,b]$ 上单调地变化,且 $\varphi'(t)$ 连续.

则有

$$\int_a^b f(x)\mathrm{d}x = \int_\alpha^\beta f[\varphi(t)]\varphi'(t)\mathrm{d}t.$$

上述公式称为定积分的**换元公式**,简称**换元公式**.

证明　因为 $f(x)$ 在区间 $[a,b]$ 上连续,所以 $f(x)$ 在 $[a,b]$ 上可积.

设 $F(x)$ 是 $f(x)$ 在 $[a,b]$ 上的一个原函数,则由牛顿－莱布尼茨公式,有

$$\int_a^b f(x)\mathrm{d}x = F(b)-F(a).$$

因为 $\int f(x)\mathrm{d}x = F(x)+C$,令 $x=\varphi(t)$,由不定积分的换元公式,有

$$\int f[\varphi(t)]\varphi'(t)\mathrm{d}t = F[\varphi(t)]+C.$$

于是

$$\int_\alpha^\beta f[\varphi(t)]\varphi'(t)\mathrm{d}t = F[\varphi(\beta)]-F[\varphi(\alpha)] = F(b)-F(a),$$

所以

$$\int_a^b f(x)\mathrm{d}x = \int_\alpha^\beta f[\varphi(t)]\varphi'(t)\mathrm{d}t.$$

注:① 定积分的换元法与不定积分的换元法的不同之处在于:定积分的换元法在换元后,积分上、下限也要作相应的变换,即"换元必换限".在换元之后,按新的积分变量进行定积分运算,不必再还原为原变量.

② 新变元的积分限可能 $\alpha>\beta$,也可能 $\alpha<\beta$,但一定要满足 $\varphi(\alpha)=a,\varphi(\beta)=b$,即 $t=\alpha$ 对应于 $x=a$,$t=\beta$ 对应于 $x=b$.

例14　求 $\int_0^4 \dfrac{1}{1+\sqrt{x}}\mathrm{d}x$.

解　令 $\sqrt{x}=t$,则 $x=t^2$,$\mathrm{d}x=2t\mathrm{d}t$.当 $x=0$ 时,$t=0$;当 $x=4$ 时,$t=2$.于是

$$\int_0^4 \frac{1}{1+\sqrt{x}}\mathrm{d}x = 2\int_0^2 \frac{t}{1+t}\mathrm{d}t = 2\int_0^2\left(1-\frac{1}{1+t}\right)\mathrm{d}t$$

$$=2(t-\ln|1+t|)\Big|_0^2 = 4-2\ln 3.$$

例 15 求 $\displaystyle\int_0^{\frac{\pi}{2}} \sin^4 x \cos x \, \mathrm{d}x$.

解 令 $\sin x = t$,则 $\cos x \, \mathrm{d}x = \mathrm{d}t$. 当 $x = 0$ 时,$t = 0$;当 $x = \dfrac{\pi}{2}$ 时,$t = 1$. 于是

$$\int_0^{\frac{\pi}{2}} \sin^4 x \cos x \, \mathrm{d}x = \int_0^1 t^4 \mathrm{d}t = \frac{1}{5} t^5 \Big|_0^1 = \frac{1}{5}.$$

注: 本例中,如果利用凑微分法求定积分可以更简便些,即不引入新的积分变量 t,那么积分上、下限也不需要变换,具体步骤如下:

$$\int_0^{\frac{\pi}{2}} \sin^4 x \cos x \, \mathrm{d}x = \int_0^{\frac{\pi}{2}} \sin^4 x \, \mathrm{d}\sin x$$
$$= \frac{1}{5} \sin^5 x \Big|_0^{\frac{\pi}{2}} = \frac{1}{5}.$$

例 16 求 $\displaystyle\int_0^4 \dfrac{x+2}{\sqrt{2x+1}} \mathrm{d}x$.

解 令 $\sqrt{2x+1} = t$,则 $x = \dfrac{t^2-1}{2}$,$\mathrm{d}x = t \mathrm{d}t$. 当 $x = 0$ 时,$t = 1$;当 $x = 4$ 时,$t = 3$.
于是

$$\int_0^4 \frac{x+2}{\sqrt{2x+1}} \mathrm{d}x = \frac{1}{2} \int_1^3 \frac{t^2+3}{t} \cdot t \mathrm{d}t = \frac{1}{2} \int_1^3 (t^2+3) \mathrm{d}t = \frac{1}{6} t^3 \Big|_1^3 + \frac{3}{2} t \Big|_1^3 = \frac{22}{3}.$$

例 17 求 $\displaystyle\int_{\ln 3}^{\ln 8} \sqrt{1 + \mathrm{e}^x} \, \mathrm{d}x$.

解 令 $\sqrt{1 + \mathrm{e}^x} = t$,则 $x = \ln(t^2 - 1)$,$\mathrm{d}x = \dfrac{2t}{t^2-1} \mathrm{d}t$. 当 $x = \ln 8$ 时,$t = 3$;当 $x = \ln 3$ 时,
$t = 2$. 于是

$$\int_{\ln 3}^{\ln 8} \sqrt{1 + \mathrm{e}^x} \, \mathrm{d}x = 2 \int_2^3 \frac{t^2}{t^2-1} \mathrm{d}t = 2 \int_2^3 \left(1 + \frac{1}{t^2-1}\right) \mathrm{d}t$$
$$= 2 \left(t + \ln \left|\frac{t-1}{t+1}\right|\right) \Big|_2^3 = 2 + 2\ln \frac{3}{2}.$$

例 18 求 $\displaystyle\int_1^{\sqrt{3}} \dfrac{1}{x^2 \sqrt{1+x^2}} \mathrm{d}x$.

解 令 $x = \tan t$,则 $\mathrm{d}x = \sec^2 t \, \mathrm{d}t$. 当 $x = 1$ 时,$t = \dfrac{\pi}{4}$;当 $x = \sqrt{3}$ 时,$t = \dfrac{\pi}{3}$. 于是

$$\int_1^{\sqrt{3}} \frac{1}{x^2 \sqrt{1+x^2}} \mathrm{d}x = \int_{\frac{\pi}{4}}^{\frac{\pi}{3}} \frac{\sec^2 t}{\tan^2 t \sec t} \mathrm{d}t$$
$$= \int_{\frac{\pi}{4}}^{\frac{\pi}{3}} \frac{\cos t}{\sin^2 t} \mathrm{d}t = \int_{\frac{\pi}{4}}^{\frac{\pi}{3}} \frac{1}{\sin^2 t} \mathrm{d}\sin t$$
$$= -\frac{1}{\sin t} \Big|_{\frac{\pi}{4}}^{\frac{\pi}{3}} = \sqrt{2} - \frac{2}{3}\sqrt{3}.$$

例 19 已知 $f(x)$ 在 $[-l, l]$ 上连续. 证明:

(1) 若 $f(x)$ 在 $[-l, l]$ 上是偶函数,则 $\displaystyle\int_{-l}^l f(x) \mathrm{d}x = 2 \int_0^l f(x) \mathrm{d}x$.

(2) 若 $f(x)$ 在 $[-l, l]$ 上是奇函数,则 $\displaystyle\int_{-l}^l f(x) \mathrm{d}x = 0$.

证明　由定积分的性质知

$$\int_{-1}^{l} f(x)\mathrm{d}x = \int_{-1}^{0} f(x)\mathrm{d}x + \int_{0}^{l} f(x)\mathrm{d}x.$$

对定积分 $\int_{-1}^{0} f(x)\mathrm{d}x$ 作变量代换. 令 $x = -t$, 则 $\mathrm{d}x = -\mathrm{d}t$. 当 $x = -l$ 时, $t = l$; 当 $x = 0$ 时, $t = 0$. 于是有

$$\int_{-1}^{0} f(x)\mathrm{d}x = -\int_{l}^{0} f(-t)\mathrm{d}t = \int_{0}^{l} f(-t)\mathrm{d}t = \int_{0}^{l} f(-x)\mathrm{d}x.$$

所以

$$\int_{-1}^{l} f(x)\mathrm{d}x = \int_{-1}^{0} f(x)\mathrm{d}x + \int_{0}^{l} f(x)\mathrm{d}x = \int_{0}^{l} [f(-x) + f(x)]\mathrm{d}x.$$

(1) 当 $f(x)$ 是偶函数时, $f(-x) = f(x)$, 故

$$\int_{-1}^{l} f(x)\mathrm{d}x = \int_{0}^{l} [f(-x) + f(x)]\mathrm{d}x = \int_{0}^{l} [f(x) + f(x)]\mathrm{d}x = 2\int_{0}^{l} f(x)\mathrm{d}x.$$

(2) 当 $f(x)$ 是奇函数时, $f(-x) = -f(x)$, 故

$$\int_{-1}^{l} f(x)\mathrm{d}x = \int_{0}^{l} [f(-x) + f(x)]\mathrm{d}x = \int_{0}^{l} [-f(x) + f(x)]\mathrm{d}x = 0.$$

例 20　求 $\displaystyle\int_{-1}^{1} \frac{\sin x + (\arctan x)^2}{1 + x^2}\mathrm{d}x$.

解　$\displaystyle\int_{-1}^{1} \frac{\sin x + (\arctan x)^2}{1 + x^2}\mathrm{d}x = \int_{-1}^{1} \frac{\sin x}{1 + x^2}\mathrm{d}x + \int_{-1}^{1} \frac{(\arctan x)^2}{1 + x^2}\mathrm{d}x.$

由于 $\dfrac{\sin x}{1 + x^2}$ 在 $[-1,1]$ 上是奇函数, 所以

$$\int_{-1}^{1} \frac{\sin x}{1 + x^2}\mathrm{d}x = 0.$$

而 $\dfrac{(\arctan x)^2}{1 + x^2}$ 在 $[-1,1]$ 上是偶函数, 所以

$$\int_{-1}^{1} \frac{(\arctan x)^2}{1 + x^2}\mathrm{d}x = 2\int_{0}^{1} \frac{(\arctan x)^2}{1 + x^2}\mathrm{d}x = 2\int_{0}^{1} (\arctan x)^2 \mathrm{d}\arctan x$$

$$= \frac{2}{3}(\arctan x)^3 \bigg|_{0}^{1} = \frac{\pi^3}{96}.$$

例 21　若 $f(x)$ 在 $[0,1]$ 上连续, 证明:

(1) $\displaystyle\int_{0}^{\frac{\pi}{2}} f(\sin x)\mathrm{d}x = \int_{0}^{\frac{\pi}{2}} f(\cos x)\mathrm{d}x.$

(2) $\displaystyle\int_{0}^{\pi} xf(\sin x)\mathrm{d}x = \frac{\pi}{2}\int_{0}^{\pi} f(\sin x)\mathrm{d}x.$ 并由此计算

$$\int_{0}^{\pi} \frac{x\sin x}{1 + \cos^2 x}\mathrm{d}x.$$

证明　(1) 令 $x = \dfrac{\pi}{2} - t$, 则 $\mathrm{d}x = -\mathrm{d}t$. 当 $x = 0$ 时, $t = \dfrac{\pi}{2}$; 当 $x = \dfrac{\pi}{2}$ 时, $t = 0$. 结合三角函数关系式 $\sin x = \cos\left(\dfrac{\pi}{2} - x\right)$, 于是有

$$\int_{0}^{\frac{\pi}{2}} f(\sin x)\mathrm{d}x = -\int_{\frac{\pi}{2}}^{0} f\left[\sin\left(\frac{\pi}{2} - t\right)\right]\mathrm{d}t = \int_{0}^{\frac{\pi}{2}} f(\cos t)\mathrm{d}t = \int_{0}^{\frac{\pi}{2}} f(\cos x)\mathrm{d}x.$$

(2) 令 $x = \pi - t$，则 $\mathrm{d}x = -\mathrm{d}t$. 当 $x = \pi$ 时，$t = 0$；当 $x = 0$ 时，$t = \pi$. 结合三角函数关系式 $\sin x = \sin(\pi - x)$，于是有

$$
\begin{aligned}
\int_0^\pi x f(\sin x)\mathrm{d}x &= -\int_\pi^0 (\pi - t) f[\sin(\pi - t)]\mathrm{d}t \\
&= \int_0^\pi (\pi - t) f(\sin t)\mathrm{d}t \\
&= \pi \int_0^\pi f(\sin t)\mathrm{d}t - \int_0^\pi t f(\sin t)\mathrm{d}t \\
&= \pi \int_0^\pi f(\sin t)\mathrm{d}t - \int_0^\pi t f(\sin t)\mathrm{d}t \\
&= \pi \int_0^\pi f(\sin x)\mathrm{d}x - \int_0^\pi x f(\sin x)\mathrm{d}x.
\end{aligned}
$$

所以

$$
\int_0^\pi x f(\sin x)\mathrm{d}x = \frac{\pi}{2} \int_0^\pi f(\sin x)\mathrm{d}x.
$$

利用上述结论，即得

$$
\begin{aligned}
\int_0^\pi \frac{x \sin x}{1 + \cos^2 x}\mathrm{d}x &= \frac{\pi}{2} \int_0^\pi \frac{\sin x}{1 + \cos^2 x}\mathrm{d}x \\
&= -\frac{\pi}{2} \int_0^\pi \frac{1}{1 + \cos^2 x}\mathrm{d}\cos x \\
&= -\frac{\pi}{2} \int_0^\pi \frac{1}{1 + \cos^2 x}\mathrm{d}\cos x \\
&= -\frac{\pi}{2} \arctan(\cos x)\Big|_0^\pi = \frac{\pi^2}{4}.
\end{aligned}
$$

特别地，当 $f(\sin x) = \sin^n x$（n 为正整数）时，有 $\displaystyle\int_0^{\frac{\pi}{2}} \sin^n x\,\mathrm{d}x = \int_0^{\frac{\pi}{2}} \cos^n x\,\mathrm{d}x$.

二、定积分的分部积分法

设函数 $u = u(x)$ 和 $v = v(x)$ 在区间 $[a, b]$ 上具有连续导数 $u'(x)$ 和 $v'(x)$，则有
$$[u(x) v(x)]' = u'(x) v(x) + u(x) v'(x).$$
分别求等式两端在 $[a, b]$ 上的定积分，得
$$\int_a^b [u(x) v(x)]'\mathrm{d}x = \int_a^b u'(x) v(x)\mathrm{d}x + \int_a^b u(x) v'(x)\mathrm{d}x.$$
并注意到
$$\int_a^b [u(x) v(x)]'\mathrm{d}x = u(x) v(x)\Big|_a^b,$$
于是有
$$\int_a^b u(x) v'(x)\mathrm{d}x = u(x) v(x)\Big|_a^b - \int_a^b u'(x) v(x)\mathrm{d}x. \tag{5-3}$$
公式(5-3)称为定积分的**分部积分公式**. 用分部积分公式计算定积分的方法称为**分部积分法**.

例 22 计算 $\displaystyle\int_0^1 x \mathrm{e}^x\mathrm{d}x$.

解 设 $u = x, \mathrm{d}v = \mathrm{e}^x\mathrm{d}x$,则 $\mathrm{d}u = \mathrm{d}x, v = \mathrm{e}^x$. 由定积分的分部积分公式,有

$$\int_0^1 x\mathrm{e}^x\mathrm{d}x = \int_0^1 x\mathrm{d}\mathrm{e}^x = x\mathrm{e}^x\Big|_0^1 - \int_0^1 \mathrm{e}^x\mathrm{d}x = \mathrm{e} - \mathrm{e}^x\Big|_0^1 = 1.$$

例 23 计算 $\int_1^4 \dfrac{\ln x}{\sqrt{x}}\mathrm{d}x$.

解 设 $u = \ln x, \mathrm{d}v = \dfrac{1}{\sqrt{x}}\mathrm{d}x$,则 $v = 2\sqrt{x}$. 利用定积分的分部积分公式,有

$$\int_1^4 \frac{\ln x}{\sqrt{x}}\mathrm{d}x = (2\sqrt{x}\ln x)\Big|_1^4 - 2\int_1^4 \sqrt{x}\cdot\frac{1}{x}\mathrm{d}x = 4\ln 4 - 2\int_1^4 \frac{1}{\sqrt{x}}\mathrm{d}x$$
$$= 4\ln 4 - 4\sqrt{x}\Big|_1^4 = 4(2\ln 2 - 1).$$

例 24 计算 $\int_0^{\sqrt{3}} \arctan x\mathrm{d}x$.

解 根据定积分的分部积分公式,有

$$\int_0^{\sqrt{3}} \arctan x\mathrm{d}x = (x\arctan x)\Big|_0^{\sqrt{3}} - \int_0^{\sqrt{3}} x\mathrm{d}\arctan x$$
$$= \sqrt{3}\arctan\sqrt{3} - \int_0^{\sqrt{3}} \frac{x}{1+x^2}\mathrm{d}x$$
$$= \frac{\sqrt{3}}{3}\pi - \frac{1}{2}\ln(1+x^2)\Big|_0^{\sqrt{3}}$$
$$= \frac{\sqrt{3}}{3}\pi - \frac{1}{2}\ln 4 = \frac{\sqrt{3}}{3}\pi - \ln 2.$$

有些定积分需要综合运用所学的计算定积分的方法来求解,请看下面的例子.

例 25 计算 $\int_0^{\pi^2} \sin\sqrt{x}\mathrm{d}x$.

解 先用换元法,再用分部积分法. 令 $\sqrt{x} = t$,则 $x = t^2, \mathrm{d}x = 2t\mathrm{d}t$.
当 $x = 0$ 时, $t = 0$;当 $x = \pi^2$ 时, $t = \pi$. 于是

$$\int_0^{\pi^2} \sin\sqrt{x}\mathrm{d}x = \int_0^{\pi} 2t\sin t\mathrm{d}t = -2\int_0^{\pi} t\mathrm{d}\cos t = -2t\cos t\Big|_0^{\pi} + 2\int_0^{\pi} \cos t\mathrm{d}t$$
$$= -2\pi\cos\pi + \sin t\Big|_0^{\pi} = 2\pi.$$

习题 5-3

A 组

1. 计算下列定积分:

(1) $\int_0^1 2x(1+x^2)^8\mathrm{d}x$;

(2) $\int_0^1 \dfrac{2x}{1+x^2}\mathrm{d}x$;

(3) $\int_1^{\mathrm{e}} \dfrac{2+\ln x}{x}\mathrm{d}x$;

(4) $\int_2^{\mathrm{e}+1} \dfrac{1}{x+1}\mathrm{d}x$;

(5) $\int_0^{\frac{\pi}{2}} \sin x \cos^3 x \, \mathrm{d}x$；

(6) $\int_0^{\frac{\pi}{6}} \cos\left(x + \frac{\pi}{6}\right) \mathrm{d}x$；

(7) $\int_0^{\ln 2} \mathrm{e}^{-x} \mathrm{d}x$；

(8) $\int_0^1 (2x - 3)^2 \mathrm{d}x$．

2．计算下列定积分：

(1) $\int_0^4 \frac{1}{\sqrt{x} + 1} \mathrm{d}x$；

(2) $\int_1^5 \frac{\sqrt{x - 1}}{x} \mathrm{d}x$；

(3) $\int_4^9 \frac{\sqrt{x}}{\sqrt{x} - 1} \mathrm{d}x$；

(4) $\int_0^4 \frac{x + 2}{\sqrt{2x + 1}} \mathrm{d}x$．

3．利用函数的奇偶性，计算下列定积分：

(1) $\int_{-\pi}^{\pi} x^4 \sin x \, \mathrm{d}x$；

(2) $\int_{-1}^1 \frac{x^2}{1 + x^2} \mathrm{d}x$；

(3) $\int_{-5}^5 \frac{x^3 \sin^2 x}{1 + x^2 + x^4} \mathrm{d}x$；

(4) $\int_{-\pi}^{\pi} (x^2 + \sin^3 x) \mathrm{d}x$；

(5) $\int_{-\frac{\pi}{2}}^{\frac{\pi}{2}} (x + \cos x) \sin^2 x \, \mathrm{d}x$；

(6) $\int_{-5}^5 \frac{x^3 \sin^2 x}{x^4 + 2x^2 + 1} \mathrm{d}x$．

4．计算下列定积分：

(1) $\int_0^{\frac{\pi}{2}} x \cos x \, \mathrm{d}x$；

(2) $\int_1^{\mathrm{e}} \ln x \, \mathrm{d}x$；

(3) $\int_0^1 x \mathrm{e}^{2x} \mathrm{d}x$；

(4) $\int_1^{\mathrm{e}} x \ln x \, \mathrm{d}x$；

(5) $\int_0^1 \arccos x \, \mathrm{d}x$；

(6) $\int_{-1}^0 x \arctan x \, \mathrm{d}x$．

5．已知 $f(x)$ 的一个原函数是 $\sin x \ln x$，求定积分 $\int_1^{\pi} x f'(x) \mathrm{d}x$．

B 组

1．计算下列定积分．

(1) $\int_0^{\pi} (1 - \sin^3 x) \mathrm{d}x$；

(2) $\int_0^1 \frac{1}{\mathrm{e}^x + \mathrm{e}^{-x}} \mathrm{d}x$；

(3) $\int_1^2 \frac{\mathrm{e}^{\frac{1}{x}}}{x^2} \mathrm{d}x$；

(4) $\int_0^3 \mathrm{e}^{\frac{1}{3}x} \mathrm{d}x$；

(5) $\int_0^2 \frac{1}{\sqrt{x + 1} + \sqrt{(x + 1)^3}} \mathrm{d}x$；

(6) $\int_0^{\ln 2} \sqrt{\mathrm{e}^x - 1} \, \mathrm{d}x$；

(7) $\int_1^4 \frac{\ln x}{\sqrt{x}} \mathrm{d}x$；

(8) $\int_0^{\frac{\pi}{2}} \mathrm{e}^{2x} \cos x \, \mathrm{d}x$；

(9) $\int_0^1 \mathrm{e}^{\sqrt{x}} \mathrm{d}x$；

(10) $\int_0^{\mathrm{e}-1} \ln(x + 1) \mathrm{d}x$．

2．若 e^{-x^2} 是 $f(x)$ 的一个原函数，求定积分 $\int_{-1}^1 x f'(x) \mathrm{d}x$．

第四节　广义积分

前面讨论的定积分 $\int_a^b f(x)\mathrm{d}x$ 的积分区间 $[a,b]$ 是有限的,被积函数 $f(x)$ 是有界的.但是在一些实际问题中常遇到积分区间为无穷区间,或者被积函数是无界函数的积分,这样的积分已经不是通常意义下的定积分了.因此,本节我们对定积分做两种推广,从而形成广义积分(或反常积分)的概念,相对地,把前面讨论的定积分称为常义积分.

一、无穷区间上的广义积分

定义 1　设函数 $f(x)$ 在区间 $[a,+\infty)$ 上连续,取实数 $b>a$,如果极限

$$\lim_{b\to+\infty}\int_a^b f(x)\mathrm{d}x$$

存在,则称此极限值为函数 $f(x)$ 在区间 $[a,+\infty)$ 上的**广义积分**,记作 $\int_a^{+\infty} f(x)\mathrm{d}x$,即

$$\int_a^{+\infty} f(x)\mathrm{d}x = \lim_{b\to+\infty}\int_a^b f(x)\mathrm{d}x.$$

此时,也称**广义积分** $\int_a^{+\infty} f(x)\mathrm{d}x$ **收敛**.若上述极限不存在,则称**广义积分** $\int_a^{+\infty} f(x)\mathrm{d}x$ **发散**.

类似地,也可定义函数 $f(x)$ 在无限区间 $(-\infty,b]$ 上的广义积分.

定义 2　设函数 $f(x)$ 在区间 $(-\infty,b]$ 上连续,取实数 $a<b$,如果极限

$$\lim_{a\to-\infty}\int_a^b f(x)\mathrm{d}x$$

存在,则称此极限值为函数 $f(x)$ 在无限区间 $(-\infty,b]$ 上的**广义积分**,记作 $\int_{-\infty}^b f(x)\mathrm{d}x$,即

$$\int_{-\infty}^b f(x)\mathrm{d}x = \lim_{a\to-\infty}\int_a^b f(x)\mathrm{d}x.$$

此时,也称**广义积分** $\int_{-\infty}^b f(x)\mathrm{d}x$ **收敛**.若上述极限不存在,则称**广义积分** $\int_{-\infty}^b f(x)\mathrm{d}x$ **发散**.

定义 3　设函数 $f(x)$ 在区间 $(-\infty,+\infty)$ 内连续,且对任意实数 c,广义积分

$$\int_{-\infty}^c f(x)\mathrm{d}x \quad 与 \quad \int_c^{+\infty} f(x)\mathrm{d}x$$

都收敛,则称上面两个广义积分之和为函数 $f(x)$ 在无穷区间 $(-\infty,+\infty)$ 内的广义积分,记作 $\int_{-\infty}^{+\infty} f(x)\mathrm{d}x$,即

$$\int_{-\infty}^{+\infty} f(x)\mathrm{d}x = \int_{-\infty}^c f(x)\mathrm{d}x + \int_c^{+\infty} f(x)\mathrm{d}x.$$

此时也称**广义积分** $\int_{-\infty}^{+\infty} f(x)\mathrm{d}x$ **收敛**.若 $\int_{-\infty}^c f(x)\mathrm{d}x$ 与 $\int_c^{+\infty} f(x)\mathrm{d}x$ 中至少有一个不收敛,则称**广义积分** $\int_{-\infty}^{+\infty} f(x)\mathrm{d}x$ **发散**.

上述三种积分统称为无穷区间上的广义积分(或反常积分).可见,计算广义积分的思想

是先求定积分,再取极限.

若函数 $F(x)$ 是 $f(x)$ 的一个原函数,并记

$$F(+\infty) = \lim_{x \to +\infty} F(x), F(-\infty) = \lim_{x \to -\infty} F(x),$$

则定义 1,2,3 中的广义积分可表示为

$$\int_a^{+\infty} f(x)\mathrm{d}x = F(x)\Big|_a^{+\infty} = F(+\infty) - F(a),$$

$$\int_{-\infty}^b f(x)\mathrm{d}x = F(x)\Big|_{-\infty}^b = F(b) - F(-\infty),$$

$$\int_{-\infty}^{+\infty} f(x)\mathrm{d}x = F(x)\Big|_{-\infty}^{+\infty} = F(+\infty) - F(-\infty).$$

此时广义积分的收敛或发散就取决于 $F(+\infty), F(-\infty)$ 是否存在.若存在则广义积分收敛,否则发散.

例 26 求由曲线 $y = \mathrm{e}^{-x}$,y 轴以及 x 轴所围成的开口曲边梯形的面积 A.如图 5-7 所示.

解 如果把开口曲边梯形面积,按定积分的几何意义那样理解,那么其面积 A 就对应着无穷区间上的反常积分

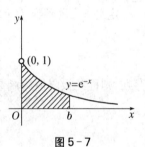

图 5-7

$$A = \int_0^{+\infty} f(x)\mathrm{d}x = \int_0^{+\infty} \mathrm{e}^{-x}\mathrm{d}x.$$

然而,上面的积分已经不是通常意义的定积分了,因为它的积分区间是无限的.那么这个积分该怎样计算呢? 任取实数 $b > 0$,在有限区间 $[0, b]$ 上,以曲线 $y = \mathrm{e}^{-x}$ 为曲边的曲边梯形面积为

$$A = \int_0^b \mathrm{e}^{-x}\mathrm{d}x = -\mathrm{e}^{-x}\Big|_0^b = 1 - \mathrm{e}^{-b}.$$

显然,当 $b \to +\infty$ 时,图 5-7 阴影部分的面积的极限就是开口曲边梯形面积的精确值,即

$$A = \lim_{b \to +\infty} \int_0^b \mathrm{e}^{-x}\mathrm{d}x = \lim_{b \to +\infty}(1 - \mathrm{e}^{-b}) = 1.$$

例 27 计算 $\int_{-\infty}^0 x\mathrm{e}^x\mathrm{d}x$.

解 由分部积分法,得

$$\int_{-\infty}^0 x\mathrm{e}^x\mathrm{d}x = \int_{-\infty}^0 x\mathrm{d}\mathrm{e}^x = x\mathrm{e}^x\Big|_{-\infty}^0 - \int_{-\infty}^0 \mathrm{e}^x\mathrm{d}x = -\mathrm{e}^x\Big|_{-\infty}^0 = -1.$$

其中 $\lim\limits_{x \to -\infty} x\mathrm{e}^x = \lim\limits_{x \to -\infty}\dfrac{x}{\mathrm{e}^{-x}} = \lim\limits_{x \to -\infty}\dfrac{1}{-\mathrm{e}^{-x}} = 0$,即 $x\mathrm{e}^x\Big|_{-\infty}^0 = 0$.

例 28 计算 $\int_e^{+\infty} \dfrac{1}{x\ln x}\mathrm{d}x$.

解 $\int_e^{+\infty} \dfrac{1}{x\ln x}\mathrm{d}x = \int_e^{+\infty} \dfrac{1}{\ln x}\mathrm{d}\ln x = \ln\ln x\Big|_e^{+\infty} = +\infty,$

故该积分发散.

例 29 证明广义积分 $\int_a^{+\infty} \dfrac{1}{x^p}\mathrm{d}x (a > 0)$ 当 $p > 1$ 时收敛,当 $p \leqslant 1$ 时发散.

证明 当 $p = 1$ 时,

$$\int_a^{+\infty} \dfrac{1}{x}\mathrm{d}x = \ln x\Big|_a^{+\infty} = +\infty;$$

当 $p\neq 1$ 时，

$$\int_a^{+\infty}\frac{1}{x^p}\mathrm{d}x = \frac{1}{1-p}x^{1-p}\Big|_a^{+\infty} = \begin{cases} \dfrac{a^{1-p}}{p-1}, & p>1, \\ +\infty, & p<1. \end{cases}$$

因此，当 $p>1$ 时，该广义积分收敛；当 $p\leqslant 1$ 时，该广义积分发散.

例 30 求 $\displaystyle\int_{-\infty}^{+\infty}\frac{1}{1+x^2}\mathrm{d}x$.

解 $\displaystyle\int_{-\infty}^{+\infty}\frac{1}{1+x^2}\mathrm{d}x = \arctan x\Big|_{-\infty}^{+\infty} = \frac{\pi}{2}-\left(-\frac{\pi}{2}\right) = \pi.$

二、无界函数的广义积分

现在把定积分的概念推广到被积函数为无界函数的情形.

定义 4 设函数 $f(x)$ 在区间 $(a,b]$ 上连续，且 $\lim\limits_{x\to a^+}f(x)=\infty$. 取 $\varepsilon>0$，如果极限

$$\lim_{\varepsilon\to 0^+}\int_{a+\varepsilon}^b f(x)\mathrm{d}x$$

存在，则称此极限值为函数 $f(x)$ 在 $(a,b]$ 上的**广义积分**，记作 $\displaystyle\int_a^b f(x)\mathrm{d}x$，即

$$\int_a^b f(x)\mathrm{d}x = \lim_{\varepsilon\to 0^+}\int_{a+\varepsilon}^b f(x)\mathrm{d}x.$$

此时，也称**广义积分** $\displaystyle\int_a^b f(x)\mathrm{d}x$ **收敛**. 如果上述极限不存在，则称**广义积分** $\displaystyle\int_a^b f(x)\mathrm{d}x$ **发散**.

定义 5 设函数 $f(x)$ 在区间 $[a,b)$ 上连续，且 $\lim\limits_{x\to b^-}f(x)=\infty$. 取 $\varepsilon>0$，如果极限

$$\lim_{\varepsilon\to 0^+}\int_a^{b-\varepsilon} f(x)\mathrm{d}x$$

存在，则称此极限值为函数 $f(x)$ 在 $[a,b)$ 上的**广义积分**，记作 $\displaystyle\int_a^b f(x)\mathrm{d}x$，即

$$\int_a^b f(x)\mathrm{d}x = \lim_{\varepsilon\to 0^+}\int_a^{b-\varepsilon} f(x)\mathrm{d}x.$$

此时，也称**广义积分** $\displaystyle\int_a^b f(x)\mathrm{d}x$ **收敛**. 如果上述极限不存在，则称**广义积分** $\displaystyle\int_a^b f(x)\mathrm{d}x$ **发散**.

定义 6 设函数 $f(x)$ 在区间 $[a,b]$ 上除点 $x=c, c\in(a,b)$ 外都连续，且 $\lim\limits_{x\to c}f(x)=\infty$. 如果广义积分

$$\int_a^c f(x)\mathrm{d}x \text{ 与 } \int_c^b f(x)\mathrm{d}x$$

都收敛，则称这两个积分的和为函数 $f(x)$ 在 $[a,b]$ 上的**广义积分**，记作 $\displaystyle\int_a^b f(x)\mathrm{d}x$，即

$$\int_a^b f(x)\mathrm{d}x = \int_a^c f(x)\mathrm{d}x + \int_c^b f(x)\mathrm{d}x.$$

此时，也称**广义积分** $\displaystyle\int_a^b f(x)\mathrm{d}x$ **收敛**. 若 $\displaystyle\int_a^c f(x)\mathrm{d}x$ 与 $\displaystyle\int_c^b f(x)\mathrm{d}x$ 中至少有一个发散，则称**广义积分** $\displaystyle\int_a^b f(x)\mathrm{d}x$ **发散**.

上述各广义积分统称为无界函数的广义积分.

若 $F(x)$ 是 $f(x)$ 的一个原函数,并记

$$F(a) = \lim_{x \to a^+} F(x), F(b) = \lim_{x \to b^-} F(x),$$

$$F(c^-) = \lim_{x \to c^-} F(x), F(c^+) = \lim_{x \to c^+} F(x),$$

则定义 4,5,6 中的广义积分可以表示为

$$\int_a^b f(x)dx = F(x) \Big|_a^b = F(b) - F(a),$$

$$\int_a^b f(x)dx = \int_a^c f(x)dx + \int_c^b f(x)dx = F(x) \Big|_a^{c^-} + F(x) \Big|_{c^+}^b$$

$$= F(c^-) - F(a) + F(b) - F(c^+).$$

例 31 求 $\int_0^1 \ln x dx$.

解 由分部积分法,得

$$\int_0^1 \ln x dx = x \ln x \Big|_0^1 - \int_0^1 dx = x \ln x \Big|_0^1 - x \Big|_0^1$$

$$= -\lim_{x \to 0} x \ln x - 1 = -1.$$

例 32 求 $\int_{-1}^1 \frac{1}{x^2} dx$.

解 $\int_{-1}^1 \frac{1}{x^2} dx = \int_{-1}^0 \frac{1}{x^2} dx + \int_0^1 \frac{1}{x^2} dx.$

因为 $\int_{-1}^0 \frac{1}{x^2} dx = -\frac{1}{x} \Big|_{-1}^0 = -\lim_{x \to 0^-} \frac{1}{x} - 1 = +\infty,$

所以原积分发散.

例 33 证明广义积分 $\int_0^1 \frac{1}{x^p} dx$ 当 $p<1$ 时收敛,当 $p \geqslant 1$ 时发散.

证明 当 $p = 1$ 时,

$$\int_0^1 \frac{1}{x} dx = \ln x \Big|_0^1 = +\infty;$$

当 $p \neq 1$ 时,

$$\int_0^1 \frac{1}{x^p} dx = \frac{1}{1-p} x^{1-p} \Big|_0^1 = \begin{cases} \dfrac{1}{1-p}, & p < 1, \\ +\infty, & p > 1. \end{cases}$$

所以该广义积分当 $p<1$ 时收敛,当 $p \geqslant 1$ 时发散.

习 题 5 - 4

A 组

1. 计算下列广义积分.

(1) $\int_1^{+\infty} \frac{1}{x^2} dx$;

(2) $\int_0^{+\infty} e^{-x} dx$;

(3) $\int_{-\infty}^{+\infty} \frac{x}{\sqrt{1+x^2}} dx$;

(4) $\int_e^{+\infty} \frac{\ln x}{x} dx$;

(5) $\int_0^1 x\ln x\,\mathrm{d}x$；

(6) $\int_0^1 \dfrac{x}{\sqrt{1-x^2}}\mathrm{d}x$．

B 组

1. 计算下列广义积分.

(1) $\int_0^{+\infty} \dfrac{1}{(x+2)(x+3)}\mathrm{d}x$；

(2) $\int_0^2 \dfrac{1}{(1-x)^2}\mathrm{d}x$；

(3) $\int_{-\infty}^{+\infty} \dfrac{1}{x^2+2x+2}\mathrm{d}x$；

(4) $\int_0^1 \dfrac{1}{\sqrt{x}}\mathrm{d}x$．

第五节　定积分的应用

本节主要介绍定积分在几何和物理中的一些应用,不仅要掌握这些几何量和物理量的具体计算公式,而且要学会用本节介绍的"微元法"分析实际问题.

一、定积分的微元法

在定积分的应用中,经常采用所谓的"微元法".为了说明这种方法,我们先回顾一下本章第一节中讨论过的曲边梯形的面积问题.

设 $f(x)$ 在区间 $[a,b]$ 上连续且 $f(x)\geqslant 0$,求以曲线 $y=f(x)$ 为曲边、以 $[a,b]$ 为底的曲边梯形的面积 A.把这个面积 A 表示为定积分

$$A = \int_a^b f(x)\,\mathrm{d}x$$

的步骤是:

第一步　用任意一组分点把区间 $[a,b]$ 分成长度为 $\Delta x_i (i=1,2,\cdots,n)$ 的 n 个小区间,相应地把曲边梯形分成 n 个小曲边梯形,第 i 个小曲边梯形的面积设为 ΔA_i,于是有

$$A = \sum_{i=1}^{n} \Delta A_i.$$

第二步　计算 ΔA_i 的近似值

$$\Delta A_i \approx f(\xi_i)\Delta x_i (x_{i-1} \leqslant \xi_i \leqslant x_i).$$

第三步　求和,得 A 的近似值

$$A \approx \sum_{i=1}^{n} f(\xi_i)\Delta x_i.$$

第四步　求极限.当 $n\to\infty$ 时,$\lambda = \max\{\Delta x_i\}\to 0$,则

$$A = \lim_{\lambda\to 0}\sum_{i=1}^{n} f(\xi_i)\Delta x_i = \int_a^b f(x)\,\mathrm{d}x.$$

对照上述四步,我们发现第二步取近似值时的形式 $f(\xi_i)\Delta x_i$ 与第四步积分 $\int_a^b f(x)\,\mathrm{d}x$ 中的被积表达式 $f(x)\,\mathrm{d}x$ 具有类同的形式,如果把第二步中的 ξ_i 用 x 替代,Δx_i 用 $\mathrm{d}x$ 替代,那么它就是第四步中积分的被积表达式.所以,我们可把上述四步简化为两步:

第一步　任取一个子区间 $[x,x+\mathrm{d}x]\subset[a,b]$,如图 5-8 所示.

第二步 在 $[x, x+\mathrm{d}x]$ 上用矩形面积代替小曲边梯形面积 ΔA，并用 x 处的高 $f(x)$ 作为矩形的高，得

$$\Delta A \approx f(x)\mathrm{d}x.$$

于是

$$A = \int_a^b f(x)\mathrm{d}x.$$

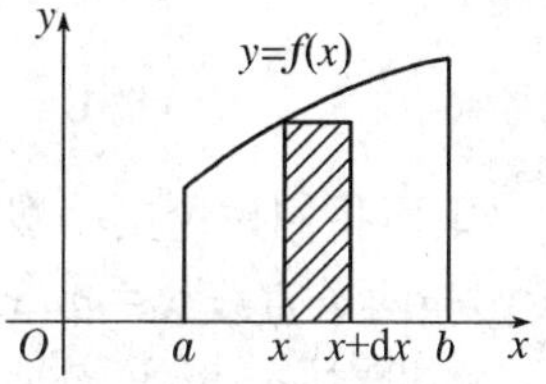

图 5-8

一般地，如果某一实际问题中的所求量 U 符合下列条件：

(1) U 是与一个变量 x 的变化区间 $[a, b]$ 相关的量；

(2) U 对于区间 $[a, b]$ 具有可加性，就是说，如果把区间 $[a, b]$ 分成许多部分区间，则 U 相应地分成许多部分量，而 U 等于所有部分量之和；

(3) 部分量 ΔU_i 的近似值可表示为 $f(\xi_i)\Delta x_i$.

那么就可考虑用定积分来表达这个量 U. 通常写出这个量 U 的积分表达式的步骤是：

第一步 根据问题的具体情况，选取一个变量如 x 作为积分变量，并确定它的变化区间 $[a, b]$. 在 $[a, b]$ 上任取一个子区间，记作 $[x, x+\mathrm{d}x]$.

第二步 求所求量 U 在子区间 $[x, x+\mathrm{d}x]$ 上的部分量 ΔU 的近似值

$$\Delta U \approx f(x)\mathrm{d}x.$$

于是所求量 U 的积分表达式为

$$U = \int_a^b f(x)\mathrm{d}x.$$

注：① 取近似值时，得到的是 $f(x)\mathrm{d}x$ 那样形式的近似值，并且要求 $\Delta U - f(x)\mathrm{d}x$ 是 $\mathrm{d}x$ 的高阶无穷小量，关于后一个要求在实际问题中常常能满足.

② 满足①的要求后，$f(x)\mathrm{d}x$ 是所求量 U 的微分，所以第二步中的近似式常用微分形式写出，即

$$\mathrm{d}U = f(x)\mathrm{d}x.$$

$\mathrm{d}U$ 称为量 U 的微元.

上述简化了步骤的定积分方法称为**定积分的微元法**. 下面将介绍如何利用微元法求解几何和物理中的一些实际问题.

二、定积分的几何应用

此处所讨论的函数，事先都假定是连续的，以后不再声明.

1. 平面图形的面积

(1) 直角坐标系下平面图形的面积

由前面的讨论可知，如果 $f(x) \geq 0$，则曲线 $y = f(x)$ 与直线 $x = a, x = b$ 及 x 轴所围成的平面图形的面积 A 的微元是

$$\mathrm{d}A = f(x)\mathrm{d}x.$$

如果 $f(x)$ 在 $[a, b]$ 上有正有负，那么面积 A 的微元是以 $|f(x)|$ 为长、$\mathrm{d}x$ 为宽的矩形面积（见图 5-9），即

$$\mathrm{d}A = |f(x)|\mathrm{d}x.$$

于是,总有
$$A = \int_a^b |f(x)| \, dx.$$

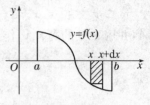

图 5-9

下面我们讨论更一般的情形.求由两条曲线 $y = f(x)$、$y = g(x)$ 与两条直线 $x = a$, $x = b$ 所围成的平面图形的面积 A.

如果在 $[a,b]$ 上 $f(x) \geqslant g(x)$,则面积 A 的微元是以 $[f(x) - g(x)]$ 为长、dx 为宽的矩形面积(见图 5-10),即
$$dA = [f(x) - g(x)]dx.$$

如果在 $[a,b]$ 上 $[f(x) - g(x)]$ 有正有负,则面积 A 的微元是以 $|f(x) - g(x)|$ 为长、dx 为宽的矩形面积,即
$$dA = |f(x) - g(x)|dx.$$

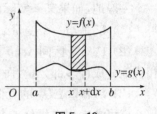

图 5-10

因此,不论是何种情况,总有
$$A = \int_a^b |f(x) - g(x)| \, dx.$$

例 34 求由两条抛物线 $y = x^2$ 和 $y^2 = x$ 所围成的平面图形的面积.

解 该平面图形如图 5-11 所示,容易求出这两条抛物线的交点为 $(0,0)$ 和 $(1,1)$.

选取 x 为积分变量,积分区间为 $[0,1]$.任取一子区间 $[x, x + dx] \subset [0,1]$,则在 $[x, x + dx]$ 上的面积微元是
$$dA = (\sqrt{x} - x^2)dx,$$

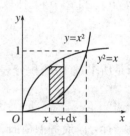

图 5-11

于是所求图形的面积为
$$A = \int_0^1 (\sqrt{x} - x^2)dx = \left(\frac{2}{3}x^{\frac{3}{2}} - \frac{1}{3}x^3 \right) \Big|_0^1 = \frac{1}{3}.$$

例 35 求由抛物线 $y^2 = 2x$ 与直线 $y = x - 4$ 所围成的平面图形的面积.

解 该平面图形如图 5-12 所示,容易求出抛物线 $y^2 = 2x$ 与直线 $y = x - 4$ 的交点为 $(2, -2)$ 和 $(8, 4)$.

选取 y 为积分变量,积分区间为 $[-2, 4]$.任取一个子区间 $[y, y + dy] \subset [-2, 4]$,则在 $[y, y + dy]$ 上的面积微元是
$$dA = \left[(y + 4) - \frac{y^2}{2} \right]dy.$$

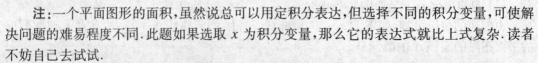

图 5-12

于是所求图形的面积为
$$A = \int_{-2}^4 \left[(y + 4) - \frac{y^2}{2} \right]dy = \left(\frac{1}{2}y^2 + 4y - \frac{1}{6}y^3 \right) \Big|_{-2}^4 = 18.$$

注:一个平面图形的面积,虽然说总可以用定积分表达,但选择不同的积分变量,可使解决问题的难易程度不同.此题如果选取 x 为积分变量,那么它的表达式就比上式复杂.读者不妨自己去试试.

例 36 求椭圆 $\dfrac{x^2}{a^2} + \dfrac{y^2}{b^2} = 1$ 所围成的图形的面积.

解 由椭圆的对称性可知,椭圆所围成的图形的面积为 $A = 4A_1$(见图 5-13),其中 A_1 为该椭圆在第一象限部分与两坐标轴所围图形的面积.因此由"微元法"可知

$$A = 4A_1 = 4\int_0^a y\mathrm{d}x.$$

利用椭圆的参数方程

$$\begin{cases} x = a\cos t, \\ y = b\sin t, \end{cases}$$

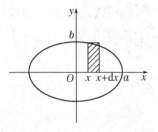

图 5-13

应用定积分的换元法,令 $x = a\cos t$,$y = b\sin t$,则 $\mathrm{d}x = -a\sin t\mathrm{d}t$. 当 x 由 0 变到 a 时,t 由 $\dfrac{\pi}{2}$ 变到 0,所以

$$A = 4\int_0^a y\mathrm{d}x = 4\int_{\frac{\pi}{2}}^0 b\sin t(-a\sin t)\mathrm{d}t = 4ab\int_0^{\frac{\pi}{2}}\sin^2 t\mathrm{d}t = 4ab \cdot \frac{1}{2} \cdot \frac{\pi}{2} = \pi ab.$$

注:本例中,当 $a = b$ 时,就得到大家都熟悉的圆的面积公式 $A = \pi a^2$.

一般地,当曲边梯形的曲边 $y = f(x)$($f(x) \geqslant 0$,$x \in [a,b]$)由参数方程

$$\begin{cases} x = \varphi(t), \\ y = \psi(t) \end{cases}$$

给出时,如果 $x = \varphi(t)$ 满足:(1) $\varphi(\alpha) = a$,$\varphi(\beta) = b$;(2) $\varphi(t)$ 在 $[\alpha,\beta]$(或 $[\beta,\alpha]$)上具有连续导数,且 $y = \psi(t)$ 连续. 则曲边梯形的面积为

$$A = \int_a^b f(x)\mathrm{d}x = \int_\alpha^\beta \psi(t)\varphi'(t)\mathrm{d}t.$$

例 37 求摆线

$$\begin{cases} x = a(t - \sin t), \\ y = a(1 - \cos t) \end{cases} \quad (a > 0)$$

的第一拱与 x 轴所围成的平面图形的面积(见图 5-14).

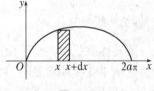

图 5-14

解 选取 x 为积分变量,积分区间为 $[0,2a\pi]$,面积微元为 $\mathrm{d}A = y\mathrm{d}x$,则所求面积为

$$A = \int_0^{2a\pi} y\mathrm{d}x = \int_0^{2\pi} a(1 - \cos t) \cdot a(1 - \cos t)\mathrm{d}t$$

$$= a^2\int_0^{2\pi}(1 - \cos t)^2\mathrm{d}t$$

$$= a^2\int_0^{2\pi}\left(\frac{3}{2} - 2\cos t + \frac{1}{2}\cos 2t\right)\mathrm{d}t$$

$$= a^2\left(\frac{3}{2}t - 2\sin t + \frac{1}{4}\sin 2t\right)\Big|_0^{2\pi}$$

$$= 3\pi a^2.$$

(2) 极坐标系中平面图形的面积

当一个图形的边界曲线用极坐标方程 $r = r(\theta)$ 来表示时,如果能在极坐标系中求它的面积,则不必将其转换为直角坐标系再来求面积. 为了阐明这种方法的实质,我们从最简单的"曲边扇形"的面积求法谈起.

设曲线的极坐标方程为 $r = r(\theta)$,$r(\theta)$ 在区间 $[\alpha,\beta]$ 上连续,且 $r(\theta) > 0$. 求由曲线 $r = r(\theta)$ 与射线 $\theta = \alpha$,$\theta = \beta$ 所围成的曲边扇形(见图 5-15)的面积.

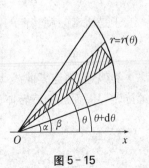

图 5-15

应用微元法分析.选取极角 θ 为积分变量,积分区间就是 $[\alpha,\beta]$.在 $[\alpha,\beta]$ 上任取一个小的子区间 $[\theta,\theta+\mathrm{d}\theta]$,用 θ 处的极径 $r(\theta)$ 为半径,以 $\mathrm{d}\theta$ 为圆心角的扇形的面积作为面积微元 $\mathrm{d}A$,即

$$\mathrm{d}A = \frac{1}{2}r^2\mathrm{d}\theta = \frac{1}{2}[r(\theta)]^2\mathrm{d}\theta,$$

于是有

$$A = \frac{1}{2}\int_\alpha^\beta [r(\theta)]^2\mathrm{d}\theta.$$

例 38 求心形线 $r = a(1+\cos\theta)(a>0)$ 所围成的图形的面积.

解 心形线的图形如图 5-16 所示.由上述公式,再利用图形的对称性,得

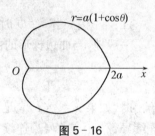

图 5-16

$$\begin{aligned}
A &= 2\cdot\frac{1}{2}\int_0^\pi [a(1+\cos\theta)]^2\mathrm{d}\theta \\
&= a^2\int_0^\pi (1+2\cos\theta+\cos^2\theta)\mathrm{d}\theta \\
&= a^2\int_0^\pi \left(\frac{3}{2}+2\cos\theta+\frac{1}{2}\cos 2\theta\right)\mathrm{d}\theta \\
&= a^2\left(\frac{3}{2}\theta+2\sin\theta+\frac{1}{4}\sin 2\theta\right)\Big|_0^\pi = \frac{3}{2}\pi a^2.
\end{aligned}$$

2. 旋转体的体积

旋转体就是由一个平面图形绕该平面内一条直线旋转一周而成的立体图形,该直线称为旋转轴.圆柱、圆锥、圆台、球体可以分别看成是由矩形绕它的一边、直角三角形绕它的直角边、直角梯形绕它的直角腰、半圆绕它的直径旋转一周而成的立体图形,所以它们都是旋转体.

上述旋转体都可以看作是由连续曲线 $y = f(x)$,直线 $x = a$,$x = b(a<b)$ 及 x 轴所围成的曲边梯形绕 x 轴旋转一周而成的立体图形.下面考虑用定积分来计算这种旋转体的体积.

用微元法分析.取 x 为积分变量,积分区间为 $[a,b]$.任取一子区间 $[x,x+\mathrm{d}x]\subset[a,b]$,设与此小区间相对应的那部分旋转体的体积为 ΔV,则 ΔV 近似于以 $f(x)$ 为底半径,以 $\mathrm{d}x$ 为高的扁圆柱体的体积,如图 5-17 所示.于是体积微元为

$$\mathrm{d}V = \pi[f(x)]^2\mathrm{d}x.$$

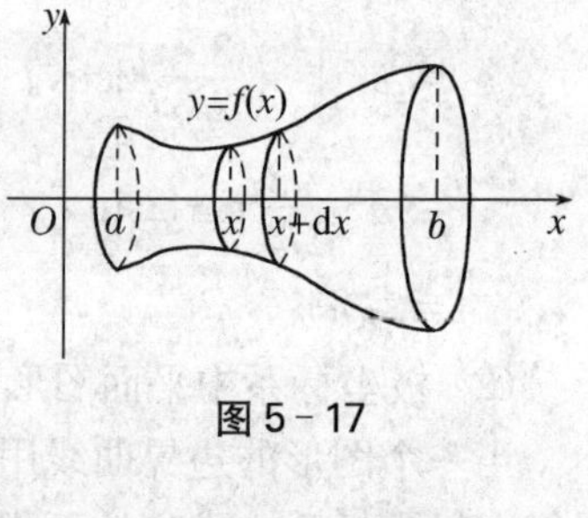

于是所求的旋转体的体积为

$$V = \pi\int_a^b [f(x)]^2\mathrm{d}x.$$

图 5-17

类似地,由连续曲线 $x = \varphi(y)$,直线 $y = c$,$y = d(c<d)$ 及 y 轴所围成的曲边梯形绕 y 轴旋转一周而成的旋转体的体积为

$$V = \pi\int_c^d [\varphi(y)]^2\mathrm{d}y.$$

例 39 求由椭圆 $\dfrac{x^2}{a^2} + \dfrac{y^2}{b^2} = 1$ 绕 x 轴旋转一周而成的旋

转体的体积(见图 5-18).

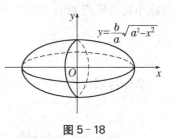

解 取 x 为积分变量,积分区间是 $[-a, a]$,体积微

元是

$$\mathrm{d}V = \pi \left(\frac{b}{a} \sqrt{a^2 - x^2} \right)^2 \mathrm{d}x.$$

图 5-18

于是所求旋转体的体积为

$$V = \pi \int_{-a}^{a} \left[\frac{b}{a} \sqrt{a^2 - x^2} \right]^2 \mathrm{d}x = \frac{\pi b^2}{a^2} \int_{-a}^{a} (a^2 - x^2) \mathrm{d}x$$

$$= \frac{2\pi b^2}{a^2} \int_{0}^{a} (a^2 - x^2) \mathrm{d}x = \frac{2\pi b^2}{a^2} \left(a^2 x - \frac{x^3}{3} \right) \Big|_{0}^{a} = \frac{4}{3}\pi ab^2.$$

例 40 求由星形线(见图 5-19)

$$\begin{cases} x = a\cos^3 t, \\ y = a\sin^3 t \end{cases}$$

绕 x 周旋转一周而成的立体的体积.

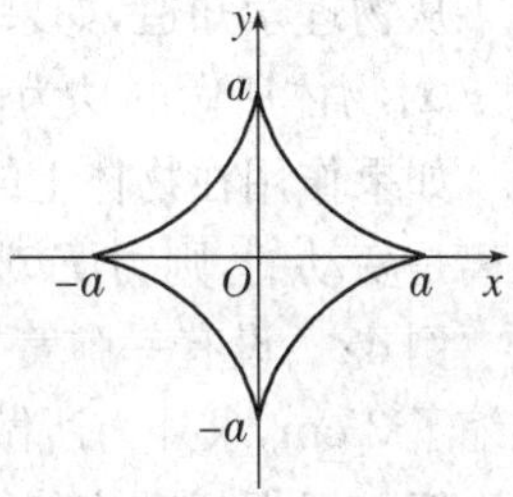

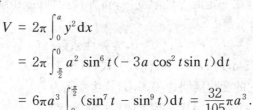

解 由图 5-19 可知,只要求出第一象限图形绕 x 轴旋转所

成体积,再二倍即可.

利用换元积分法,得

图 5-19

$$V = 2\pi \int_{0}^{a} y^2 \mathrm{d}x$$

$$= 2\pi \int_{\frac{\pi}{2}}^{0} a^2 \sin^6 t (-3a \cos^2 t \sin t) \mathrm{d}t$$

$$= 6\pi a^3 \int_{0}^{\frac{\pi}{2}} (\sin^7 t - \sin^9 t) \mathrm{d}t = \frac{32}{105}\pi a^3.$$

3. 定积分的物理应用

(1) 引力

从中学物理知道,质量为 m_1 和 m_2,相距为 r 的两质点的引力为

$$F = k\frac{m_1 m_2}{r^2} (k \text{ 为常数}).$$

在此基础上,我们用定积分的微元法来计算一些引力问题.

例 41 设有均匀的细杆,长为 l,质量为 M,另有一质量为 m 的质点位于细杆所在的直

线上,且到杆的近端距离为 a,求杆与质点之间的引力.

解 因为我们已知两质点之间的引力公式,所以将细杆分成许多微小的小段,这样可以

把每一小段近似看成一个质点,而且这许多小段对质量为 m 的质点的引力都在同一方向

上,因此可以相加.

建立坐标系,如图 5-20 所示.取 x 为积分变量,积分区

间为 $[0, l]$.任取一子区间 $[x, x+\mathrm{d}x] \subset [0, l]$,在该子区间上

相应小段的质量为 $\dfrac{M}{l}\mathrm{d}x$,该小段与质点距离近似为 $x + a$,于

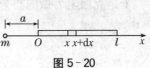

图 5-20

是该小段与质点的引力近似值,即引力 F 的微元为

$$dF = k \frac{m \cdot \dfrac{M}{l} dx}{(x+a)^2}.$$

于是细杆与质点之间的引力为

$$F = \frac{kmM}{l} \int_0^l \frac{1}{(x+a)^2} dx = \frac{kmM}{a(a+l)}.$$

如果质点位于细杆左端的垂线上,且距杆的距离为 a. 这种情形下,细杆每一小段对质点的引力的方向不一样,引力就不可以相加. 必须把它们分解为水平方向与垂直方向的分力后,才可以按水平方向、垂直方向相加. 如何求细杆对质点的引力的水平分力与垂直分力,读者不妨自己去尝试解决.

(2) 功

从物理学知道,如果有一常力 F 作用在一物体上,使物体沿力的方向移动了距离 s,则力 F 对物体所做的功为 $W = Fs$.

如果作用在物体上的力 F 不是常力,或者沿物体的运动方向的力 F 是常力,但移动的距离是变动的,则力 F 对物体做的功就要用定积分计算.

例 42 设有一弹簧,假定被压缩 $0.5\ cm$ 时需用力 $1\ N$(牛顿). 现弹簧在外力作用下被压缩了 $3\ cm$,求外力所做的功.

解 根据胡克定律,在一定的弹性限度内,将弹簧拉伸(或压缩)所需的力 F 与伸长量(或压缩量)x 成正比,即

$$F = kx\ (k > 0,\text{为弹性系数}).$$

按假设,当 $x = 0.005\ m$ 时,$F = 1\ N$,代入上式,可得 $k = 200\ N/m$,即有 $F = 200x$.

取 x 为积分变量,它的变化区间为 $[0, 0.03]$,功微元为

$$dW = F(x) dx = 200x\,dx.$$

于是弹簧被压缩了 $3\ cm$ 时,外力所做的功为

$$W = \int_0^{0.03} 200x\,dx = 100\ x^2 \Big|_0^{0.03} = 0.09\ (\text{J}).$$

例 43 一物体做直线运动的运动方程为 $x = t^3$,其中 x 是位移,t 是时间. 已知运动过程中介质的阻力与运动速度成正比,求物体从 $x = 0$ 移动到 $x = 8$ 时,克服阻力所做的功.

解 质点的运动速度为

$$v = \frac{ds}{dx} = 3t^2.$$

根据题意,介质阻力 $F = 3kt^2$,其中 k 为比例系数.

取 x 为积分变量,积分区间为 $[0, 8]$,功微元为

$$dW = F(x) dx = 3kt^2\,dx = 3kt^2 \cdot 3t^2\,dt = 9kt^4\,dt.$$

于是克服阻力做的功为

$$W = \int_0^8 F(x) dx = 9k \int_0^2 t^4\,dt = \frac{9k}{5}\ t^5 \Big|_0^2 = \frac{288k}{5}.$$

习题 5 – 5

A 组

1. 计算下列曲线所围成的平面图形的面积.

(1) $y = \sqrt{x}, y = x$;

(2) $y = \frac{1}{2}x^2, x = 1, x = 3, y = 0$;

(3) 在 $\left[0, \frac{\pi}{2}\right]$ 上, $y = \sin x, x = 0, y = 1$;

(4) $y = x^2$ 与直线 $y = x, y = 2x$;

(5) $y = e^x, y = e^{-x}$ 与直线 $x = 1$;

(6) $y = \frac{1}{2}x, y = x + 4$

2. 求抛物线 $y = -x^2 + 4x - 3$ 及其在点 $(0, -3)$ 和点 $(3, 0)$ 处的切线所围成的图形的面积.

B 组

1. 计算下列曲线所围成的平面图形的面积.

(1) $y^2 = x, y^2 = -x + 4$;

(2) $y^2 = x + 4$ 与 $x + 2y = 4$.

2. 求下列旋转体的体积：

(1) 由 $y = \sqrt{x}, x = 1, x = 4, y = 0$ 所围成的图形绕 x 轴旋转;

(2) 由 $y = x^2, x = y^2$ 所围成的图形绕 y 轴旋转;

(3) 由 $y = \sin x (0 \leqslant x \leqslant \pi)$ 与 x 轴所围成的平面图形绕 y 轴旋转.

总复习题五

1. 单项选择题.

(1) 下列正确的是(　　).

    A. $\int f'(x)\mathrm{d}x = f(x)$ B. $\frac{\mathrm{d}}{\mathrm{d}x}\int f(x)\mathrm{d}x = f(x) + C$

    C. $\frac{\mathrm{d}}{\mathrm{d}x}\int_a^b f(x)\mathrm{d}x = f(x)$ D. $\frac{\mathrm{d}}{\mathrm{d}x}\int_a^b f(x)\mathrm{d}x = 0$

(2) 如果 $f(x)$ 在 $[-1, 1]$ 上连续, 且平均值为 2, 则 $\int_{-1}^1 f(x)\mathrm{d}x = ($　　$)$.

    A. -1 B. 1   C. -4 D. 4

(3) 下列积分可直接使用牛顿—莱布尼兹公式的是(　　).

    A. $\int_0^5 \frac{x^3}{x^2+1}\mathrm{d}x$ B. $\int_{-1}^1 \frac{1}{\sqrt{1-x^2}}\mathrm{d}x$ C. $\int_0^4 \frac{x}{(x^{\frac{3}{2}}-5)^2}\mathrm{d}x$ D. $\int_{\frac{1}{e}}^1 \frac{1}{x\ln x}\mathrm{d}x$

(4) $\lim\limits_{x\to 0}\dfrac{\displaystyle\int_0^x \sin t\,\mathrm{d}t}{\displaystyle\int_0^x t\,\mathrm{d}t}=($).

  A. -1 B. 0 C. -4 D. 4

(5) 设 $f(x)=x^3+x$，则 $\displaystyle\int_{-2}^2 f(x)\,\mathrm{d}x=($).

  A. 0 B. 8 C. $\displaystyle\int_0^2 f(x)\,\mathrm{d}x$ D. $2\displaystyle\int_0^2 f(x)\,\mathrm{d}x$

(6) 设 $y=\displaystyle\int_0^x (t-1)^2(t+2)\,\mathrm{d}t$，则 $\left.\dfrac{\mathrm{d}y}{\mathrm{d}x}\right|_{x=0}=($).

  A. -2 B. 2 C. -1 D. 1

(7) 设曲线 $y=f(x)$ 在 $[a,b]$ 上连续，则曲线 $y=f(x)$，$x=a$，$x=b$ 及 x 轴所围成图形的面积( ).

  A. $\displaystyle\int_a^b f(x)\,\mathrm{d}x$ B. $-\displaystyle\int_a^b f(x)\,\mathrm{d}x$ C. $\displaystyle\int_a^b |f(x)|\,\mathrm{d}x$ D. $\left|\displaystyle\int_a^b f(x)\,\mathrm{d}x\right|$

(8) 曲线 $y=\mathrm{e}^x$，$x=0$，$y=2$ 所围成的曲边梯形的面积为( ).

  A. $\displaystyle\int_1^2 \ln y\,\mathrm{d}y$ B. $\displaystyle\int_0^{\mathrm{e}^2} \mathrm{e}^x\,\mathrm{d}y$

  C. $\displaystyle\int_1^{\ln 2} \ln y\,\mathrm{d}y$ D. $\displaystyle\int_1^2 (2-\mathrm{e}^x)\,\mathrm{d}x$

2. 填空题.

(1) $\displaystyle\int_{-1}^1 \dfrac{\sin x}{1+x^2}\,\mathrm{d}x=$ _____.

(2) $\displaystyle\int_0^1 \mathrm{e}^{5x}\,\mathrm{d}x=$ _____.

(3) $\lim\limits_{x\to 0}\dfrac{\displaystyle\int_0^{x^2}\arcsin 2\sqrt{t}\,\mathrm{d}t}{x^3}=$ _____.

(4) 已知 $\varphi(x)=\displaystyle\int_0^x \sin t^2\,\mathrm{d}t$，则 $\varphi'(x)=$ _____.

(5) 由曲线 $y=x^2$，$x=0$，$y=1$ 所围成的平面图形用定积分可表示为 _____.

(6) $\left[\displaystyle\int \dfrac{x}{\sqrt{1+x^2}}\,\mathrm{d}x\right]'=$ _____.

3. 计算下列定积分.

(1) $\displaystyle\int_{-1}^1 (x^3-3x^2)\,\mathrm{d}x$;   (2) $\displaystyle\int_1^{27}\dfrac{1}{\sqrt[3]{x}}\,\mathrm{d}x$;   (3) $\displaystyle\int_0^1 \dfrac{x}{x^2+1}\,\mathrm{d}x$;

(4) $\displaystyle\int_{-1}^3 |2-x|\,\mathrm{d}x$;   (5) $\displaystyle\int_0^{\ln 2}\mathrm{e}^x(1+\mathrm{e}^x)^2\,\mathrm{d}x$;   (6) $\displaystyle\int_0^{\frac{\pi}{2}}\cos x\sin^2 x\,\mathrm{d}x$;

(7) $\displaystyle\int_1^{\mathrm{e}}\dfrac{1}{x}\ln x\,\mathrm{d}x$;   (8) $\displaystyle\int_4^9 \dfrac{\mathrm{e}^{\sqrt{x}}}{\sqrt{x}}\,\mathrm{d}x$;   (9) $\displaystyle\int_0^3 \dfrac{x}{\sqrt{1+x}}\,\mathrm{d}x$;

(10) $\displaystyle\int_0^1 \dfrac{\sqrt{x}}{1+\sqrt{x}}\,\mathrm{d}x$;   (11) $\displaystyle\int_0^1 x\mathrm{e}^x\,\mathrm{d}x$;   (12) $\displaystyle\int_1^{\mathrm{e}} x\ln x\,\mathrm{d}x$;

(13) $\displaystyle\int_0^{\frac{\pi}{2}} x\sin x\,\mathrm{d}x$；　　　　　(14) $\displaystyle\int_0^{\frac{1}{2}} \arcsin x\,\mathrm{d}x$；　　　　(15) $\displaystyle\int_{-1}^1 (x+\sqrt{4-x^2})^2\,\mathrm{d}x$；

(16) $\displaystyle\int_{-\frac{\pi}{4}}^{\frac{\pi}{4}} \frac{\sin x+x^2}{(x\cos x)^2}\,\mathrm{d}x$.

4. 求由下列各曲线所围成的平面图形的面积.

(1) $y=x^2$，$y=2-x$；

(2) $y=6-x^2$ 与 $y=x$；

(3) $y=\dfrac{1}{x}$，$y-x$，$x-2$；

(4) $y^2=2x$，$y=x-4$.

第六章　微分方程

函数是客观事物的内部联系在数量方面的反映,利用函数关系可以对客观事物的规律性进行研究,因此寻求变量之间的函数关系,在实践中具有重要意义.在许多问题中,往往不能直接找出所需要的函数关系,但是根据问题所提供的信息,有时可以列出含有要找的函数及其导数的关系式.这样的关系式就是所谓的微分方程.微分方程建立以后,对它进行研究,找出未知函数来,这就是解微分方程.本章主要介绍微分方程的一些基本概念和几种较简单的微分方程的解法.

第一节　微分方程的基本概念

例1　已知直角坐标系中的一条曲线通过点$(1,2)$,且在该曲线上任一点$P(x,y)$处的切线斜率等于该点的纵坐标的平方.求此曲线的方程.

解　设所求曲线的方程为$y=y(x)$,这是待求的未知函数.根据导数的几何意义及本题所给出的条件,得

$$y'=y^2.$$

即

$$\frac{\mathrm{d}x}{\mathrm{d}y}=\frac{1}{y^2},$$

积分得

$$x=-\frac{1}{y}+C.$$

又由于已知曲线过点$(1,2)$,代入上式,得$C=\frac{3}{2}$.

所以所求曲线的方程为$x=\frac{3}{2}-\frac{1}{y}$,即$y=\frac{2}{3-2x}$.

例2　设一物体从A点出发做直线运动,在任一时刻的速度大小为运动时间的两倍.求物体的运动规律(或称运动方程).

解　首先建立坐标系:取A点为坐标原点,物体运动方向为坐标轴的正方向(见图6-1),并设物体在时刻t到达M点,其坐标为$s(t)$.显然,$s(t)$是时间t的函数,它表示物体的运动规律,是本题中待求的未知函数.$s(t)$的导数$s'(t)$就是物体运动的速度$v(t)$.

由题意,知

$$v(t)=2t, \tag{6-1}$$

以及

$$s(0)=0. \tag{6-2}$$

式(6-1)能帮助我们建立微分方程,式(6-2)是本题的初始条件.因为$v(t)=s'(t)$,因

此,求物体的运动方程已化成了求解初值问题:

$$\begin{cases} s'(t)=2t, \\ s\big|_{t=0}=0. \end{cases}$$

这里的方程 $s'(t)=2t$ 积分后,得通解 $s(t)=t^2+C$.再将初始条件(6-2)代入通解中,得 $C=0$,故初值问题的解为 $s(t)=t^2$.也是本题所求的物体的运动方程.

　　上述两例的方程都含有未知函数的导数,它们都称为微分方程.一般地,含有未知函数的导数或微分的方程称为**微分方程**.若微分方程中的未知函数为一元函数,则称其为**常微分方程**.由于我们仅研究常微分方程,因此将常微分方程简称为微分方程,有时简称为方程.

　　例如,下面方程都是微分方程(其中 y,v,θ 均为未知函数):

(1) $y'=kx,k$ 为常数;

(2) $(y-2xy)\mathrm{d}x+x^2\mathrm{d}y=0$;

(3) $mv'(t)=mg-kv(t)$;

(4) $y''=\dfrac{1}{a}\sqrt{1+y'^2}$;

(5) $\dfrac{\mathrm{d}^2\theta}{\mathrm{d}t^2}+\dfrac{g}{l}\sin\theta=0(g,l$ 为常数$)$.

　　微分方程可以描述许多现象,通过以后的学习会知道,像方程(1)和(3)描述的是某种变速直线运动.

　　微分方程中所出现的未知函数导数的最高阶数称为该**微分方程的阶数**.例如方程(1)~(3)为一阶微分方程,方程(4)~(5)为二阶微分方程.通常,n 阶微分方程的一般形式为 $F(x,y,y',\cdots,y^{(n)})=0$.其中 x 是自变量,y 是未知函数;$F(x,y,y',\cdots,y^{(n)})=0$ 是已知函数,而且一定含有 $y^{(n)}$.本章主要研究几种特殊类型的一阶和二阶微分方程.

　　将一个函数代入微分方程使其成为恒等式,此函数称为**微分方程的解**.不难验证,函数 $y=x^2,y=x^2+1$ 及 $y=x^2+C(C$ 为任意常数)都是方程 $y'=2x$ 的解.

　　若微分方程的解中所含独立的(不能合并的)任意常数的个数与方程的阶数相同,则称这样的解为**微分方程的通解**.若将微分方程的通解中的任意常数取定一组固定常数,则得到的解称为**微分方程的特解**.例如,方程 $y'=2x$ 的解 $y=x^2+C$ 中含有一个任意常数且与该方程的阶数相同,因此,这个解是方程的通解;如果求满足条件 $y(0)=0$ 的解,代入通解 $y=x^2+C$ 中,得 $C=0$,那么 $y=x^2$ 就是微分方程 $y'=2x$ 的特解.能够从通解中确定特解的条件称为该微分方程的**初始(值)条件**.通常,一阶微分方程的初始条件是

$$y\big|_{x=x_0}=y_0,\text{即 } y(x_0)=y_0.$$

由此可以确定通解中的一个任意常数.二阶微分方程的初始条件是

$$y\big|_{x=x_0}=y_0 \text{ 及 } y'\big|_{x=x_0}=y'_0,\text{即 } y(x_0)=y_0 \text{ 与 } y'(x_0)=y'_0,$$

由此可以确定通解中的两个任意常数.

　　一个微分方程与其初始条件构成的问题称为**初值问题**.求解某初值问题,就是求方程的特解.

　　例3　验证函数 $y=C_1\mathrm{e}^x+C_2\mathrm{e}^{-2x}$ 是方程 $y''+y'-2y=0$ 的通解,并求满足初始条件

$y\big|_{x=0}=3, y'\big|_{x=0}=0$ 的特解.

解 由 $y=C_1e^x+C_2e^{-2x}$,得

$$y'=C_1e^x-2C_2e^{-2x},$$
$$y''=C_1e^x+4C_2e^{-2x}.$$

将 y' 与 y'' 代入原方程 $y''+y'-2y=0$ 的左边,有

$$(C_1e^x+4C_2e^{-2x})+(C_1e^x-2C_2e^{-2x})-2(C_1e^x+C_2e^{-2x})=0,$$

因此函数 y 是原方程的解.又函数 y 中任意常数的个数为 2,等于方程的阶数,所以 $y=C_1e^x+C_2e^{-2x}$ 是方程 $y''+y'-2y=0$ 的通解.

将初始条件 $y\big|_{x=0}=3$ 代入 $y=C_1e^x+C_2e^{-2x}$,得

$$C_1+C_2=3; \tag{6-3}$$

将初始条件 $y'\big|_{x=0}=0$ 代入 $y'=C_1e^x-2C_2e^{-2x}$,得

$$C_1-2C_2=0. \tag{6-4}$$

由式(6-3)、(6-4)解得 $C_1=2,C_2=1$,故所求特解为 $y=2e^x+e^{-2x}$.

一般地,微分方程的一个解的图形是一条平面曲线,我们称它为微分方程的**积分曲线**.通解的图形是平面上的一族曲线,称为**积分曲线族**.特解的图形是积分曲线族中的一条确定的曲线.这就是微分方程的通解与特解的几何意义.

习题 6-1

A 组

1. 指出下列各微分方程的阶数.

(1) $xy'-2yy'+x=0$

(2) $x^2y''-xy'+y=0$

(3) $(7x-6y)dx+(x+y)dy=0$

(4) $L\dfrac{d^2Q}{dt^2}+R\dfrac{dQ}{dt}+\dfrac{1}{C}Q=0$

2. 指出下列各题中的函数是否为所给微分方程的解.

(1) $xy'=2y, y=5x^2$

(2) $(x-2y)y'=2x-y, x^2-xy+y^2=C$

(3) $y''-2y'+y=0, y=x^2e^x$

(4) $y''=1+y'^2, y=\ln\sec(x+1)$

3. 在下列各题给出的微分方程的通解中,按照所给的初值条件确定特解.

(1) $x^2-y^2=C, y\big|_{x=0}=5$

(2) $y=C_1\sin(x-C_2), y\big|_{x=\pi}=1, y'\big|_{x=\pi}=0$

4. 写出由下列条件确定的曲线所满足的微分方程.

(1) 曲线在点 (x,y) 处的切线斜率等于该点横坐标的平方.

(2) 曲线上点 $P(x,y)$ 处的法线与 x 轴的交点为 Q，而线段 PQ 被 y 平分．

B 组

1. 验证下列各函数是否为所给微分方程的解，若是，试指出是通解还是特解（其中 C_1、C_2 均为任意常数）：

(1) $y'' + y = e^x$　　$y = c_1\sin x + C_2\cos x + \dfrac{1}{2}e^x$

(2) $y'' - 2y' + y = 0$　　$y = e^x + e^{-x}$

2. 验证 $e^y + C_1 = (x + C_2)^2$ 是方程 $y'' + y'^2 = 2e^{-y}$ 的通解（C_1、C_2 为任意常数），并求满足初始条件 $y(0) = 0, y'(0) = \dfrac{1}{2}$ 的特解．

3. 用微分方程表达一物理命题：某种气体的气压 P 对于温度 T 的变化率与气压成正比．

第二节　一阶微分方程

一阶微分方程的一般形式为
$$F(x, y, y') = 0, \text{其中 } y' = \frac{dy}{dx}.$$
下面，我们仅介绍几种常用的一阶微分方程．

一、可分离变量的一阶微分方程

若方程可将变量 x、y 及其微分分别列于等式两边，即可化为形如
$$g(y)dy = f(x)dx$$
的形式，称这种方程为**可分离变量的微分方程**．

因为方程中的变量可以完全地分离到等式两边，所以对于这样的方程，可以同时对边积分，右边对变量 x 积分，左边对 y 积分，即
$$\int g(y)dy = \int f(x)dx.$$
设 $g(y)$ 及 $f(x)$ 的原函数依次为 $G(y)$ 及 $F(x)$，即得
$$G(y) = F(x) + C,$$
即只含变量 x、y 而不含导数（或微分）的等式，就是方程的解．

注：由于方程是一阶微分方程，通解中含有一个任意常数 C，因此不必在求两个积分的时候都加 C，而只要先写出被积函数的一个原函数，再在等式的某一边写上" $+ C$"即方程的通解．

例 4　求微分方程 $y' = -\dfrac{y}{x}$ 的通解．

解　分离变量，得
$$\frac{1}{y}dy = -\frac{1}{x}dx,$$
两边积分，得

$$\ln|y| = \ln\left|\frac{1}{x}\right| + C_1,$$

化简得

$$|y| = e^{C_1} \cdot \left|\frac{1}{x}\right|,$$

即

$$y = \pm e^{C_1} \cdot \frac{1}{x}.$$

令 $C_2 = \pm e^{C_1}$，则 $y = C_2 \cdot \frac{1}{x}, C_2 \neq 0$.

另外，我们看出 $y = 0$ 也是方程的解，所以 $y = \dfrac{C_2}{x}$ 中的 C_2 可以等于 0，因此 C_2 可作为任意常数. 这样，方程的通解是

$$y = \frac{C}{x}.$$

由此例我们可以看出，积分后的对数中虽然出现了绝对值，但是可以合并到任意常数 C 中去，这就跟积分后没加绝对值的效果一样. 因此，为方便起见，今后凡遇到积分后是对数的情形时，一律不加绝对值. 作如下简化处理：

分离变量，得

$$\frac{1}{y}\mathrm{d}y = -\frac{1}{x}\mathrm{d}x,$$

两边积分，得

$$\ln y = \ln \frac{1}{x} + \ln C,$$

$$\ln y = \ln \frac{C}{x},$$

即通解为

$$y = \frac{C}{x}.$$

其中，C 为任意常数.

例 5　求方程 $yy' + e^{y^2 + 2x} = 0$ 的通解.

解　分离变量，得

$$y e^{-y^2} \mathrm{d}y = -e^{2x} \mathrm{d}x.$$

两边积分，得

$$-\frac{1}{2} e^{-y^2} = -\frac{1}{2} e^{2x} + C_1,$$

故得通解为

$$e^{-y^2} = e^{2x} + C.$$

例 6　求方程 $\mathrm{d}x + xy\mathrm{d}y = y^2 \mathrm{d}x + y\mathrm{d}y$ 满足初始条件 $y(0) = 2$ 的特解.

解　将方程整理得

$$y(x - 1)\mathrm{d}y = (y^2 - 1)\mathrm{d}x,$$

分离变量，得

$$\frac{y\mathrm{d}y}{y^2-1}=\frac{\mathrm{d}x}{x-1},$$

两边积分,得

$$\frac{1}{2}\ln(y^2-1)=\ln(x-1)+\frac{1}{2}\ln C.$$

化简,得

$$y^2-1=C\ (x-1)^2,$$

即

$$y^2=C\ (x-1)^2+1$$

为所求通解.将初始条件 $y(0)=2$ 代入,得 $C=3$.故所求特解为

$$y^2=3\ (x-1)^2+1.$$

例7 由物理学知道,物体冷却的速度与当时的物体温度和周围环境温度之差成正比.今把 $100\,℃$ 的沸水注入杯中,放在室温为 $20\,℃$ 的环境中自然冷却,$5\,\mathrm{min}$ 后测得水温为 $60\,℃$.求水温 $u(℃)$ 与时间 $t(\mathrm{min})$ 之间的函数关系.

解 设经 $t\,\mathrm{min}$ 后水温为 $u\,℃$,那么水温下降的速度为 $-\dfrac{\mathrm{d}u}{\mathrm{d}t}$.根据冷却速度与温差成正比,设比例系数为 $k(k>0)$,那么有

$$-\frac{\mathrm{d}u}{\mathrm{d}t}=k(u-20), \tag{6-5}$$

且 $t=0$ 时,$u=100$,$t=5$ 时,$u=60$.

这里初值条件有两个,而方程(6-5)是一阶,这并不矛盾,因为方程(6-5)中的比例系数 k 尚待确定.

微分方程(6-5)是可分离变量的,分离变量得

$$\frac{\mathrm{d}u}{u-20}=-k\mathrm{d}t,$$

两边积分,注意到 $u>20$,得

$$\ln(u-20)=-kt+C_1,$$

即

$$u-20=Ce^{-kt},\ u=20+Ce^{-kt}(C=e^{C_1}).$$

以 $u\big|_{t=0}=100$ 代入,得 $C=80$;再以 $u\big|_{t=5}=60$ 代入,得

$$60=20+80e^{-5k},\ e^{-k}=\left(\frac{1}{2}\right)^{\frac{1}{5}}.$$

于是所求函数为

$$u=20+80\left(\frac{1}{2}\right)^{\frac{1}{5}}(t\geqslant0).$$

例8 设降落伞从降落伞塔下落后,受空气阻力与速度成正比(比例系数为 k,$k>0$),并设降落伞脱钩时($t=0$)速度为零.求降落伞下落速度与时间的函数关系.

解 设降落伞下落速度为 $v(t)$.它在下落时,同时受到重力 P 与阻力 R 的作用,重力大小为 mg,方向与 v 一致,阻力大小为 kv,方向与 v 相反.从而降落伞所受外力为

$$F=mg-kv.$$

根据牛顿第二运动定律(设加速度为 a)

$$F = ma = m\frac{\mathrm{d}v}{\mathrm{d}t},$$

得函数 $v(t)$ 应满足的微分方程为

$$m\frac{\mathrm{d}v}{\mathrm{d}t} = mg - kv, \tag{6-6}$$

且有初始条件 $v\big|_{t=0} = 0$.

把方程(6-6)分离变量,得

$$\frac{\mathrm{d}v}{mg - kv} = \frac{1}{m}\mathrm{d}t,$$

两端积分,考虑到 $mg - kv > 0$,得

$$-\frac{1}{k}\ln(mg - kv) = \frac{t}{m} + C_1,$$

即

$$mg - kv = \mathrm{e}^{-\frac{k}{m}t - kC_1},$$

亦即

$$v = \frac{mg}{k} - C\mathrm{e}^{-\frac{k}{m}t}\left(C = \frac{1}{k}\mathrm{e}^{-kC_1}\right).$$

以初值条件 $v\big|_{t=0} = 0$ 代入,得

$$C = \frac{mg}{k},$$

于是所求函数关系为

$$v = \frac{mg}{k}(1 - \mathrm{e}^{-\frac{k}{m}t})(0 \leqslant t \leqslant T).$$

二、齐次方程

具有形式

$$\frac{\mathrm{d}y}{\mathrm{d}x} = f\left(\frac{y}{x}\right)$$

的微分方程,称为**齐次方程**.

求解这类方程可令 $y = u(x) \cdot x$,则 $\dfrac{\mathrm{d}y}{\mathrm{d}x} = x\dfrac{\mathrm{d}u}{\mathrm{d}x} + u$,原方程化为

$$x\frac{\mathrm{d}u}{\mathrm{d}x} = f(u) - u,$$

分离变量,得

$$\frac{\mathrm{d}u}{f(u) - u} = \frac{\mathrm{d}x}{x},$$

两端积分,得

$$\int\frac{\mathrm{d}u}{f(u) - u} = \int\frac{\mathrm{d}x}{x}.$$

求出积分后,再用 $\dfrac{y}{x}$ 代替 u,便得所给齐次方程的通解.

例9 求微分方程 $y^2 + x^2\dfrac{\mathrm{d}y}{\mathrm{d}x} = xy\dfrac{\mathrm{d}y}{\mathrm{d}x}$ 的通解.

解 原方程可写成

$$\frac{\mathrm{d}y}{\mathrm{d}x} = \frac{y^2}{xy - x^2} = \frac{\left(\dfrac{y}{x}\right)^2}{\dfrac{y}{x} - 1}, \tag{6-7}$$

这是齐次方程. 令 $\dfrac{y}{x} = u$，则 $y = xu$，则

$$\frac{\mathrm{d}y}{\mathrm{d}x} = u + x\frac{\mathrm{d}u}{\mathrm{d}x},$$

代入方程(6-7)，得

$$u + x\frac{\mathrm{d}u}{\mathrm{d}x} = \frac{u^2}{u - 1},$$

即

$$x\frac{\mathrm{d}u}{\mathrm{d}x} = \frac{u^2}{u - 1} - u = \frac{u}{u - 1}.$$

分离变量，得

$$\left(1 - \frac{1}{u}\right)\mathrm{d}u = \frac{1}{x}\mathrm{d}x,$$

两边积分，得

$$u - \ln u = \ln x + C_1,$$

或写成

$$\ln xu = u - C_1.$$

以 $u = \dfrac{y}{x}$ 代入，得

$$\ln y = \frac{y}{x} - C_1,$$

或

$$y = C\mathrm{e}^{\frac{y}{x}} \quad (C = \pm \mathrm{e}^{-C_1}).$$

三、一阶线性微分方程

具有形式

$$\frac{\mathrm{d}y}{\mathrm{d}x} + P(x)y = Q(x)$$

的微分方程，称为**一阶线性微分方程**.

若 $Q(x) \equiv 0$，则称方程

$$\frac{\mathrm{d}y}{\mathrm{d}x} + P(x)y = 0 \tag{6-8}$$

为一阶线性齐次微分方程.

若 $Q(x) \neq 0$，则称方程

$$\frac{\mathrm{d}y}{\mathrm{d}x} + P(x)y = Q(x) \tag{6-9}$$

为一阶线性非齐次微分方程.

1. 一阶线性齐次方程的解法

不难看出，一阶线性齐次方程

$$\frac{\mathrm{d}y}{\mathrm{d}x} + P(x)y = 0$$

是可分离变量方程. 分离变量, 得

$$\frac{\mathrm{d}y}{y} = -P(x)\mathrm{d}x,$$

两边积分, 得

$$\ln y = -\int P(x)\mathrm{d}x + \ln C.$$

所以, 方程的通解公式为

$$y = C\mathrm{e}^{-\int P(x)\mathrm{d}x}.$$

2. 一阶线性非齐次方程的解法

一阶线性非齐次方程

$$\frac{\mathrm{d}y}{\mathrm{d}x} + P(x)y = Q(x)$$

与其对应的线性齐次方程

$$\frac{\mathrm{d}y}{\mathrm{d}x} + P(x)y = 0$$

的差异, 在于自由项 $Q(x) \neq 0$. 因此, 我们可以设想它们的通解之间会有一定的联系. 设 $y = y_1(x)$ 是线性齐次方程的一个解, 则当 C 为常数时, $y = Cy_1(x)$, 简记 $y = Cy_1$ 仍是该方程的解, 它不可能满足线性非齐次方程. 如果我们把 C 看作 x 的函数, 并将 $y = C(x)y_1$ 代入线性非齐次方程中会有怎样的结果呢? 我们可以试算一下.

设 $y = C(x)y_1$ 是非齐次方程的解, 将 $y = C(x)y_1$ 及其导数 $y' = C'(x)y_1 + C(x)y_1'$ 代入方程

$$y' + P(x)y = Q(x),$$

则有

$$[C'(x)y_1 + C(x)y_1'] + P(x)[C(x)y_1] = Q(x),$$

即

$$C'(x)y_1 + C(x)[y_1' + P(x)y_1] = Q(x).$$

因 y_1 是对应的线性齐次方程的解, 故 $y_1' + P(x)y_1 = 0$, 因此有

$$C'(x)y_1 = Q(x),$$

其中 y_1 与 $Q(x)$ 均为已知函数, 所以可以通过积分求得

$$C(x) = \int \frac{Q(x)}{y_1}\mathrm{d}x + C,$$

代入 $y = C(x)y_1$ 中, 得

$$y = Cy_1 + y_1\int \frac{Q(x)}{y_1}\mathrm{d}x.$$

容易验证, 上式给出的函数满足线性非齐次方程

$$y' + P(x)y = Q(x),$$

且含有一个任意常数. 所以它是一阶线性非齐次方程

$$y' + P(x)y = Q(x)$$

的通解.

在运算过程中, 我们取线性齐次方程的一个解为

$$y_1 = \mathrm{e}^{-\int P(x)\mathrm{d}x},$$

于是,一阶线性非齐次方程的通解公式,也可写成如下的公式:

$$y = \mathrm{e}^{-\int P(x)\mathrm{d}x}\left(\int Q(x)\mathrm{e}^{\int P(x)\mathrm{d}x}\mathrm{d}x + C\right).$$

上述讨论中所用的方法,是将常数 C 变为待定函数 $C(x)$,再通过确定 $C(x)$ 而求得方程解的方法,这种方法称为**常数变易法**.

例 10　求方程 $xy' + y = \sin x$ 满足初始条件 $y\big|_{x=\frac{\pi}{2}} = 1$ 的特解.

解　将方程改写成

$$y' + \frac{1}{x}y = \frac{\sin x}{x},$$

它是一阶线性微分方程,通解为

$$\begin{aligned}
y &= \mathrm{e}^{-\int \frac{1}{x}\mathrm{d}x}\left(\int \frac{\sin x}{x}\mathrm{e}^{\int \frac{1}{x}\mathrm{d}x}\mathrm{d}x + C\right)\\
&= \mathrm{e}^{\ln \frac{1}{x}}\left(\int \frac{\sin x}{x}\mathrm{e}^{\ln x}\mathrm{d}x + C\right)\\
&= \frac{1}{x}(-\cos x + C),
\end{aligned}$$

即

$$y = \frac{1}{x}(-\cos x + C).$$

将初值条件 $y\big|_{x=\frac{\pi}{2}} = 1$ 代入,得

$$C = \frac{\pi}{2},$$

于是所求的解为

$$y = \frac{1}{x}\left(-\cos x + \frac{\pi}{2}\right).$$

例 11　求方程 $(y^2 - 6x)y' + 2y = 0$ 的通解.

解　将原方程改写为

$$(y^2 - 6x)\frac{1}{\dfrac{\mathrm{d}x}{\mathrm{d}y}} + 2y = 0, \quad 即 \quad \frac{\mathrm{d}x}{\mathrm{d}y} - \frac{3}{y}x = -\frac{y}{2}.$$

这是一个关于未知函数 $x = x(y)$ 的一阶线性微分方程:

$$\frac{\mathrm{d}x}{\mathrm{d}y} + P(y)x = Q(y),$$

其中 $P(y) = -\dfrac{3}{y}, Q(y) = -\dfrac{y}{2}$. 通解为

$$\begin{aligned}
x &= \mathrm{e}^{\int \frac{3}{y}\mathrm{d}y}\left[\int\left(-\frac{y}{2}\right)\mathrm{e}^{-\int \frac{3}{y}\mathrm{d}y}\mathrm{d}y + C\right] = \mathrm{e}^{3\ln y}\left[\int\left(-\frac{y}{2}\right)\mathrm{e}^{-3\ln y}\mathrm{d}y + C\right]\\
&= y^3\left[\int\left(-\frac{y}{2}\right)\frac{1}{y^3}\mathrm{d}y + C\right] = y^3\left(\frac{1}{2y} + C\right),
\end{aligned}$$

即

$$x = \frac{1}{2}y^2 + Cy^3.$$

习题 6 − 2

A 组

1. 求下列微分方程的通解.

(1) $2x^2 yy' = y^2 + 1$

(2) $\cos\theta + r\sin\theta \dfrac{\mathrm{d}\theta}{\mathrm{d}r} = 0$

(3) $(1 + \mathrm{e}^x)yy' = \mathrm{e}^x$

(4) $y' = \mathrm{e}^{2x-y}$

(5) $y' = 1 + x + y^2 + xy^2$

2. 求下列齐次方程的通解.

(1) $xy' - y - \sqrt{y^2 - x^2} = 0$

(2) $x \dfrac{\mathrm{d}y}{\mathrm{d}x} = y\ln\dfrac{y}{x}$

3. 求下列一阶线性微分方程的通解.

(1) $y' + \dfrac{y}{x} - \sin x = 0$

(2) $x\ln x \mathrm{d}y + (y - ax\ln x - ax)\mathrm{d}x = 0$

(3) $y' + y = x^2 \mathrm{e}^x$

(4) $xy\mathrm{d}y - y^2 \mathrm{d}x = (x + y)\mathrm{d}y$

4. 求下列微分方程满足所给初值条件的特解.

(1) $y' = \mathrm{e}^{2x-y}, y\Big|_{x=0} = 0$

(2) $y'\sin x = y\ln y, y\Big|_{x=\frac{\pi}{2}} = \mathrm{e}$

(3) $\cos y\mathrm{d}x + (1 + \mathrm{e}^{-x})\sin y\mathrm{d}y = 0, y\Big|_{x=0} = \dfrac{\pi}{4}$

(4) $x\mathrm{d}y + 2y\mathrm{d}x = 0, y\Big|_{x=2} = 1$

5. 求下列齐次方程满足所给的初值条件的特解.

(1) $(y^2 - 3x^2)\mathrm{d}y + 2xy\mathrm{d}x = 0, y\Big|_{x=0} = 1$

(2) $(x + 2y)y' = y - 2x, y\Big|_{x-1} = 1$

6. 求一曲线,这曲线通过原点,并且它在点(x,y)处的切线斜率等于$2x + y$.

7. 一质量为 m 的物体沿倾角为 α 的斜面由静止开始下滑,摩擦力为 $kv + lP$,其中 P 为物体对斜面的正压力,v 为运动速度,k,l 为正常数.试求物体下滑速度的变化规律.

B 组

1. 求下列齐次方程的通解.

(1) $(x^2 + y^2)\mathrm{d}x - xy\mathrm{d}y = 0$

(2) $(1 + 2\mathrm{e}^{\frac{x}{y}})\mathrm{d}x + 2\mathrm{e}^{\frac{x}{y}}(1 - \dfrac{x}{y})\mathrm{d}y = 0$

2. 求下列一阶线性微分方程的通解.

(1) $(2y\ln y + y + x)\mathrm{d}y - y\mathrm{d}x = 0$

(2) $(x\cos y + \sin 2y)y' = 1$

3. 求下列微分方程满足所给初值条件的特解.

(1) $y' - y\tan x = \sec x, y\big|_{x=0} = 0$

(2) $y' + \dfrac{y}{x} = \dfrac{\sin x}{x}, y\big|_{x=\pi} = 1$

(3) $y' + y\cot x = 5\mathrm{e}^{\cos x}, y\big|_{x=\frac{\pi}{2}} = -4$

(4) $y' + \dfrac{2 - 3x^2}{x^3}y = 5\mathrm{e}^{\cos x}, y\big|_{x=1} = 0$

第三节 可降阶的高阶微分方程

二阶及二阶以上的微分方程称为高阶微分方程. 对于有些高阶微分方程, 我们可以通过代换将它化成较低阶的方程来求解, 这种类型的方程就称为可降阶的方程. 相应的求解方法也就称为降阶法.

下面介绍三种容易降阶的高阶微分方程的求解方法.

一、$y^{(n)} = f(x)$ 型微分方程

对这类方程只需要进行 n 次积分就可得到方程含有 n 个任意常数的通解. 设 $F_1(x)$ 是 $f(x)$ 的一个原函数, 则

$$y^{(n-1)} = \int f(x)\mathrm{d}x = F_1(x) + C_1,$$

$$y^{(n-2)} = \int (F_1(x) + C_1)\mathrm{d}x = \int F_1(x)\mathrm{d}x + C_1 x,$$

$$\cdots\cdots$$

例 12 求微分方程 $y''' = \mathrm{e}^{2x} - \cos x$ 的通解.

解 对所给方程连续积分三次, 得

$$y'' = \frac{1}{2}\mathrm{e}^{2x} - \sin x + C,$$

$$y' = \frac{1}{4}\mathrm{e}^{2x} + \cos x + Cx + C_2$$

$$y = \frac{1}{8}\mathrm{e}^{2x} + \sin x + C_1 x^2 + C_2 x + C_3 \left(C_1 = \frac{C}{2}\right),$$

这就是所求的通解.

二、$y'' = f(x, y')$ 型微分方程

因方程中不显含 y, 故令 $y' = p(x)$, 则 $y'' = p'\left(\dfrac{\mathrm{d}^2 y}{\mathrm{d}x^2} = \dfrac{\mathrm{d}p}{\mathrm{d}x}\right)$. 原方程化为

$$p' = f(x, p).$$

例 13 求微分方程 $(1+x^2)y'' = 2xy'$ 的通解.

解 所给方程中不显含 y,设 $y'=p$,代入方程并分离变量后,有

$$\frac{\mathrm{d}p}{p} = \frac{2x}{1+x^2}\mathrm{d}x.$$

两端积分,得

$$\ln p = \ln(1+x^2)+C,$$

即

$$p = y' = \pm C(1+x^2).$$

两端再积分,便得方程的通解为

$$y = C_1(3x+x^3)+C_2 \left(C_1 = \frac{C}{3}\right).$$

例 14 求二阶微分方程 $xy''-2y'=x^3+x$ 的通解.

解 所给方程中不显含 y,设 $y'=p$,则原方程化为

$$xp'-2p = x^3+x,$$

整理得

$$p' - \frac{2}{x}p = x^2+1.$$

它是一阶线性微分方程,其通解为

$$p = \mathrm{e}^{\int\frac{2}{x}\mathrm{d}x}\left[\int(x^2+1)\mathrm{e}^{-\int\frac{2}{x}\mathrm{d}x}\mathrm{d}x + C_1\right] = \mathrm{e}^{2\ln x}\left[\int(x^2+1)\mathrm{e}^{-2\ln x}\mathrm{d}x + C_1\right]$$

$$= x^2\left[\int\left(1+\frac{1}{x^2}\right)\mathrm{d}x + C_1\right].$$

于是

$$y' = p = x^2\left(x-\frac{1}{x}+C_1\right),$$

$$y = \int(x^3-x+C_1x^2)\mathrm{d}x.$$

故得通解

$$y = \frac{1}{4}x^4 + \frac{1}{3}C_1x^3 - \frac{1}{2}x^2 + C_2.$$

三、$y'' = f(y, y')$ 型微分方程

因方程中不显含 x,故令 $y'=p(y)$,则 $y'' = \frac{\mathrm{d}p}{\mathrm{d}x} = \frac{\mathrm{d}p}{\mathrm{d}y}\cdot\frac{\mathrm{d}y}{\mathrm{d}x} = p\cdot\frac{\mathrm{d}p}{\mathrm{d}y}$.原方程化为

$$p\cdot\frac{\mathrm{d}p}{\mathrm{d}y} = f(y, p).$$

例 15 求二阶微分方程 $2yy'' = 1+y'^2$ 满足初值条件

$$y\Big|_{x=0} = 1, y'\Big|_{x=0} = 1$$

的通解.

解 方程不显含 x,令 $y'=p(y)$,则 $y'' = \frac{\mathrm{d}p}{\mathrm{d}x} = \frac{\mathrm{d}p}{\mathrm{d}y}\cdot\frac{\mathrm{d}y}{\mathrm{d}x} = p\cdot\frac{\mathrm{d}p}{\mathrm{d}y}$,代入方程并分离变量,得

$$\frac{2p}{1+p^2}\mathrm{d}p = \frac{1}{y}\mathrm{d}y,$$

两边积分,得

$$\ln(1 + p^2) = \ln y + \ln C_1,$$

即

$$1 + p^2 = C_1 y.$$

用初值条件 $y|_{x=0} = 1, y'|_{x=0} = 1$ 即 $p|_{y=1} = 1$ 代入上式,得

$$C_1 = 2,$$

即

$$p^2 = 2y - 1, \quad p = \pm \sqrt{2y - 1}.$$

由于要求的是满足初值条件 $y'|_{x=0} = 1$ 的解,所以取正的一支,即

$$\frac{\mathrm{d}y}{\mathrm{d}x} = \sqrt{2y - 1}.$$

分离变量并两边积分,得

$$\sqrt{2y - 1} = x + C_2.$$

用 $y|_{x=0} = 1$ 代入,解得 $C_2 = 1$.

从而所求特解为

$$\sqrt{2y - 1} = x + 1.$$

习 题 6 - 3

A 组

1. 求下列各微分方程的通解.

(1) $y'' = x + \sin x$

(2) $y''' = x\mathrm{e}^x$

(3) $y'' = \dfrac{1}{1 + x^2}$

(4) $y'' = 1 + y'^2$

2. 求下列各微分方程满足所给初值条件的特解.

(1) $y''' = \mathrm{e}^{ax}, y\Big|_{x=1} = y'\Big|_{x=1} = y''\Big|_{x=1} = 0$

(2) $y'' - ay' = 0, y\Big|_{x=0} = 0, y'\Big|_{x=0} = -1$

3. 试求 $y'' = x$ 的经过点 $M(x, y)$ 且在此点与直线 $y = \dfrac{x}{2} + 1$ 相切的积分曲线.

B 组

1. 求下列各微分方程的通解

(1) $y'' = y' + x$

(2) $xy'' + y' = 0$

(3) $y^3 y'' - 1 = 0$

(4) $y'' = (y')^3 + y'$

2. 求下列各微分方程满足所给初值条件的特解.

(1) $(1 - x^2)y'' - xy' = 0, y\Big|_{x=0} = 0, y'\Big|_{x=0} = 1$

(2) $y' + \dfrac{2 - 3x^2}{x^3} y = 5\mathrm{e}^{\cos x}, y\Big|_{x=0} = 1, y'\Big|_{x=0} = 2$

第四节　二阶线性微分方程

形如
$$y'' + p(x)y' + q(x)y = f(x)$$
的微分方程称为**二阶线性微分方程**.

当 $f(x) \neq 0$ 时,
$$y'' + p(x)y' + q(x)y = f(x) \tag{6-10}$$
称为**二阶非齐次线性微分方程**.

当 $f(x) = 0$ 时,
$$y'' + p(x)y' + q(x)y = 0 \tag{6-11}$$
称为**二阶齐次线性微分方程**.

当系数 $p(x)$、$q(x)$ 分别为常数 p 和 q 时,上述方程分别为
$$y'' + py' + qy = f(x) \tag{6-12}$$
和
$$y'' + py' + qy = 0, \tag{6-13}$$
我们称之为**二阶常系数非齐次线性微分方程**和**二阶常系数齐次线性微分方程**.

一、二阶线性微分方程解的结构

1. 二阶齐次线性微分方程解的结构

定理 1　设函数 y_1, y_2 是二阶齐次线性微分方程(6-11)的解,则函数 $y = C_1 y_1 + C_2 y_2$ (C_1, C_2 为任意常数)也是方程(6-11)的解.

这里需要注意的是函数 $y = C_1 y_1 + C_2 y_2$ 虽然是方程的解,且从形式上看其含有两个任意常数,但它却不一定是方程的通解.因为当 $\dfrac{y_1}{y_2} = k$(常数)时,
$$y = C_1 y_1 + C_2 y_2 = C_1 k y_2 + C_2 y_2 = (C_1 k + C_2) y_2,$$
而 $C_1 k + C_2$ 实际上是一个常数,故 $y = C_1 y_1 + C_2 y_2$ 也不是所求方程的通解.为了更清楚地阐明二阶线性微分方程解的结构,我们引进两个新的概念,即函数的线性相关与线性无关.

定义 1　若 $\dfrac{y_1}{y_2} =$ 常数,则称 y_1, y_2 为线性相关;若 $\dfrac{y_1}{y_2} \neq$ 常数,则称 y_1, y_2 为线性无关.

例如 e^{-x} 与 e^{2x} 线性无关,$\cos^2 x$ 与 $\cos 2x + 1$ 线性相关.

下面给出二阶齐次线性微分方程通解的结构.

定理 2　设函数 y_1, y_2 是二阶齐次线性微分方程(6-11)的两个线性无关的特解,则函数 $y = C_1 y_1 + C_2 y_2$(C_1, C_2 为任意常数)是方程(6-11)的通解.

例如 $y = C_1 \mathrm{e}^{3x} + C_2 \mathrm{e}^{-2x}$($C_1, C_2$ 为任意常数)是微分方程 $y'' - y' - 6y = 0$ 的通解,可验证 $y_1 = \mathrm{e}^{3x}$,$y_2 = \mathrm{e}^{-2x}$ 是方程 $y'' - y' - 6y = 0$ 的两个特解,而 $\dfrac{y_1}{y_2} = \dfrac{\mathrm{e}^{3x}}{\mathrm{e}^{-2x}} = \mathrm{e}^{5x}$ 不是常数,即 y_1, y_2 是线性无关的,故由定理 2 知,$y = C_1 \mathrm{e}^{3x} + C_2 \mathrm{e}^{-2x}$($C_1, C_2$ 为任意常数)是微分方程 $y'' - y' - 6y = 0$ 的通解.

2. 二阶非齐次线性微分方程解的结构

定理 3 设函数 y^* 是二阶非齐次线性微分方程(6-10)的一个特解,函数 Y 是其对应的二阶齐次线性微分方程(6-11)的通解,则 $y = Y + y^*$ 是二阶非齐次线性微分方程(6-10)的通解.

证明 因为 y^* 和 Y 分别是方程(6-10)与(6-11)的特解和通解,故有

$$(y^*)'' + p(x)(y^*)' + q(x)y^* = f(x),$$
$$Y'' + p(x)Y' + q(x)Y = 0,$$

将 $y = Y + y^*$ 代入方程(6-10),得

$$
\begin{aligned}
左边 &= (Y + y^*)'' + p(x)(Y + y^*)' + q(x)(Y + y^*) \\
&= [Y'' + p(x)Y' + q(x)Y] + [(y^*)'' + p(x)(y^*)' + q(x)y^*] \\
&= 0 + f(x) = f(x) = 右边.
\end{aligned}
$$

因此,$y = Y + y^*$ 是方程(6-10)的解,又 Y 是方程(6-11)的通解,必含有两个独立的任意常数,于是 $y = Y + y^*$ 中也含有两个独立的任意常数,由通解的定义知,$y = Y + y^*$ 是二阶非齐次线性微分方程(6-10)的通解.

二、二阶常系数齐次线性微分方程

由定理 2 知,要求二阶常系数齐次线性微分方程(6-13)的通解,关键是找出其两个线性无关的特解. 由于 $y'' + py' + qy = 0$ 中 p,q 均为常数,而形如 $y = e^{rx}$ 的指数函数及其各阶导数都是自身的倍数,故我们设想方程 $y'' + py' + qy = 0$ 有形如 $y = e^{rx}$ 的解(其中 r 为待定常数).

将 $y = e^{rx},y' = re^{rx},y'' = r^2 e^{rx}$ 代入方程(6-13),得

$$r^2 e^{rx} + pre^{rx} + qe^{rx} = (r^2 + pr + q)e^{rx} = 0.$$

因为 $e^{rx} \neq 0$,故

$$r^2 + pr + q = 0.$$

由此可见,只要解出上述一元二次方程的根 r,就能得到方程 $y'' + py' + qy = 0$ 的解 $y = e^{rx}$.

定义 2 方程 $r^2 + pr + q = 0$ 称为二阶常系数齐次线性微分方程(6-13)的**特征方程**,特征方程的根称为**特征根**.

特征根有如下三种情况:

(1) 特征方程有两个不相等的实根 r_1,r_2,此时 $y = e^{r_1 x},y = e^{r_2 x}$ 为方程的两个线性无关的特解,因此方程(6-13)的通解为

$$y = C_1 e^{r_1 x} + C_2 e^{r_2 x}(C_1,C_2 \text{ 为任意常数}).$$

(2) 特征方程有两个相等的实根 $r_1 = r_2$,此时方程只有一个特解 $y_1 = e^{r_1 x}$,我们还要寻找另一个特解 y_2,可以证明,$y_2 = xe^{r_1 x}$ 是与 y_1 线性无关的一个特解,从而得到方程(6-13)的通解为

$$y = (C_1 + C_2 x)e^{r_2 x}(C_1,C_2 \text{ 为任意常数}).$$

(3) 特征方程有一对共轭复根 $r_1,r_2 = \alpha \pm i\beta(\beta \neq 0,\alpha,\beta \text{ 为实数})$,此时方程有两个复数形式的特解 $y_1 = e^{(\alpha + i\beta)x},y_2 = e^{(\alpha - i\beta)x}$,为了得到实数形式的特解,运用欧拉公式

$$e^{ix} = \cos x + i\sin x,$$

则 y_1,y_2 可改写成

$$y_1 = e^{\alpha x}(\cos \beta x + i\sin \beta x),$$
$$y_2 = e^{\alpha x}(\cos \beta x - i\sin \beta x).$$

由定理 1 知，$\frac{1}{2}(y_1 + y_2) = e^{\alpha x}\cos \beta x, \frac{1}{2i}(y_1 - y_2) = e^{\alpha x}\sin \beta x$ 也为方程（6－13）的特解，由于它们线性无关，故方程（6－13）的通解为

$$y = e^{\alpha x}(C_1\cos \beta x + C_2\sin \beta x)(C_1, C_2 \text{ 为任意常数}).$$

综上所述，求解二阶常系数齐次线性微分方程（6－13）的通解的步骤如下：

（1）写出方程所对应的特征方程 $r^2 + pr + q = 0$；

（2）求出特征方程的两个根 r_1, r_2；

（3）由特征根的三种不同情况写出微分方程 $y'' + py' + qy = 0$ 的通解.

例 16 求方程 $y'' - 2y' - 3y = 0$ 的通解.

解 该方程的特征方程为 $r^2 - 2r - 3 = 0$，它有两个不等的实根 $r_1 = -1, r_2 = 3$. 所以，方程的通解为

$$y = C_1e^{-x} + C_2e^{3x}(C_1, C_2 \text{ 为任意常数}).$$

例 17 求方程 $y'' - 4y' + 4y = 0$ 满足初始条件 $y(0) = 1, y'(0) = 4$ 的特解.

解 该方程的特征方程为 $r^2 - 4r + 4 = 0$，它有重根 $r_1 = r_2 = 2$. 所以，方程的通解为

$$y = (C_1 + C_2 x)e^{2x},$$

求导，得

$$y' = C_2e^{2x} + 2(C_1 + C_2 x)e^{2x}.$$

将 $y(0) = 1, y'(0) = 4$ 代入上面两式，得 $C_1 = 1, C_2 = 2$，因此，所求特解为

$$y = (1 + 2x)e^{2x}.$$

例 18 求方程 $2y'' + 2y' + 3y = 0$ 的通解.

解 该方程的特征方程为 $2r^2 + 2r + 3 = 0$，它有共轭复根

$$r_{1,2} = \frac{-2 \pm \sqrt{4 - 24}}{4} = -\frac{1}{2} \pm \frac{1}{2}\sqrt{5}i,$$

所以，方程的通解为

$$y = e^{-\frac{1}{2}x}\left(C_1\cos \frac{\sqrt{5}}{2}x + C_2\sin \frac{\sqrt{5}}{2}x\right)(C_1, C_2 \text{ 为任意常数}).$$

三、二阶常系数非齐次线性微分方程

根据定理 3，二阶常系数非齐次线性微分方程 $y'' + py' + qy = f(x)$ 的通解为对应的齐次线性微分方程 $y'' + py' + qy = 0$ 的通解加上原方程的一个特解，现在的问题是如何寻找原方程的一个特解 y^*. 下面仅就 $f(x)$ 的几种常见情况给出 y^* 的形式.

（1）$f(x) = P_m(x)e^{\alpha x}$. 它的特解为

$$y^* = x^k Q_m(x)e^{\alpha x},$$

其中 $P_m(x)$ 为已知 m 次多项式，$Q_m(x) = b_m x^m + \cdots + b_1 x + b_0$ 为待定的 m 次多项式，α 不是特征根时，$k = 0$；α 是单特征根时，$k = 1$；α 是重特征根时，$k = 2$.

例 19 写出下列方程的特解形式：

$$y'' - 2y' - 3y = f(x),$$

其中 $f(x)=3x$；xe^{-x}；e^{3x}.

解 特征方程为 $r^2-2r-3=0$，特征根为 $r_1=-1$，$r_2=3$.

当 $f(x)=3x$（$=3xe^{0x}$）时，$\alpha=0$ 不是特征根，$k=0$，特解为 $y^*=ax+b$.

当 $f(x)=xe^{-x}$ 时，$\alpha=-1$ 是单特征根，$k=1$，特解为 $y^*=x(ax+b)e^{-x}$.

当 $f(x)=e^{3x}$ 时，$\alpha=3$ 是单特征根，$k=1$，特解为 $y^*=axe^{3x}$.

例20 求方程 $y''-6y'+9y=(2x+3)e^{3x}$ 的通解.

解 特征方程为 $r^2-6r+9=0$，特征根为 $r_1=r_2=3$. 因此特解形式为
$$y^*=x^2(ax+b)e^{3x}.$$

再求
$$(y^*)'=[3ax^3+3(a+b)x^2+2bx]e^{3x},$$
$$(y^*)''=[9ax^3+9(2a+b)x^2+6(a+2b)x+2b]e^{3x},$$

代入原方程，并约去 e^{3x} 后，整理得
$$6ax+2b=2x+3.$$

比较同次幂系数，得
$$\begin{cases}6a=2,\\2b=3,\end{cases}$$

由此解得 $a=\dfrac{1}{3}$，$b=\dfrac{3}{2}$. 因此

$$y^*=x^2\left(\frac{1}{3}x+\frac{3}{2}\right)e^{3x}.$$

故得通解为 $y=C_1e^{3x}+C_2xe^{3x}+x^2\left(\dfrac{1}{3}x+\dfrac{3}{2}\right)e^{3x}$.

(2) $f(x)=e^{\alpha x}[P_l(x)\cos\beta x+P_n(x)\sin\beta x]$，$P_l(x)$、$P_n(x)$ 分别为 l 和 n 次多项式. 它的特解为
$$y^*=x^k e^{\alpha x}[R_m^{(1)}(x)\cos\beta x+R_m^{(2)}(x)\sin\beta x],$$

其中 $R_m^{(1)}(x)$，$R_m^{(2)}(x)$ 是待定的 m 次多项式，$m=\max(l,n)$，且 $\alpha\pm\beta i$ 不是特征根时，$k=0$；$\alpha\pm\beta i$ 是特征根时，$k=1$.

例21 写出下列方程的特解形式：
$$y''+y=f(x),$$

其中 $f(x)=x\cos2x$；$\sin x$；$e^x\cos x$.

解 特征方程为 $r^2+1=0$，特征根 $r_{1,2}=\pm i=0\pm i$.

$f(x)=x\cos2x$（$=e^{0x}x\cos2x$）时，$\alpha\pm\beta i=0\pm2i$ 不是特征根，因此特解为
$$y^*=x^0e^{0x}[(ax+b)\cos2x+(cx+d)\sin2x].$$

$f(x)=\sin x$（$=e^{0x}\sin x$）时，$\alpha\pm\beta i=0\pm i$ 是特征根，因此特解为
$$y^*=xe^{0x}(a\cos x+b\sin x).$$

$f(x)=e^x\cos x$ 时，$\alpha\pm\beta i=1\pm i$ 不是根，因此特解为
$$y^*=e^x(a\cos x+b\sin x).$$

例22 求方程 $y''-2y'+2y=e^x\cos x$ 的通解.

解 特征方程为 $r^2-2r+2=0$，特征根 $r_{1,2}=1\pm i$，$\alpha\pm\beta i=1\pm i$ 是特征根，$k=1$. 因此特解形式为

$$y^* = xe^x(A\cos x + B\sin x).$$

再求

$$(y^*)' = [(A + Ax + Bx)\cos x + (B - Ax + Bx)\sin x]e^x,$$
$$(y^*)'' = [(2A + 2B + 2Bx)\cos x + (-2A + 2B - 2Ax)\sin x]e^x,$$

代入原方程,并约去 e^x 后,整理得

$$-2A\sin x + 2B\cos x = \cos x.$$

比较同次幂系数,得

$$\begin{cases} -2A = 0, \\ 2B = 1, \end{cases}$$

由此解得 $A = 0, B = \dfrac{1}{2}$,于是方程的一个特解为

$$y^* = \frac{1}{2}xe^x\sin x,$$

故通解为 $y = e^x(C_1\cos x + C_2\sin x) + \dfrac{1}{2}xe^x\sin x$.

习题 6-4

A 组

1. 验证函数 $y_1 = \sin 3x$, $y_2 = 2\sin 3x$ 是方程 $y'' + 9y = 0$ 的两个解,能否说 $y = C_1 y_1 + C_2 y_2$ 是该方程的通解? 又 $y_3 = \cos 3x$ 满足方程,则 $y = C_1 y_1 + C_2 y_3$ 是该方程的通解吗? 为什么?

2. 已知 $y_1 = e^{2x}$, $y_2 = e^{-x}$ 是微分方程 $y'' + py' + qy = 0$ 的两个特解,试写出方程的通解,并求满足初始条件 $y(0) = 1, y'(0) = \dfrac{1}{2}$ 的特解.

3. 已知 $y_1^* = x$, $y_2^* = e^x$, $y_3^* = e^{-x}$ 是微分方程 $y'' + p(x)y' + q(x)y = f(x)$ 的三个特解.其中 $p(x), q(x)$ 和 $f(x)$ 均为已知的连续函数.试写出该方程的通解.

4. 求下列方程的通解.

(1) $y'' + y' - 2y = 0$ (2) $y'' - 4y' = 0$

(3) $y'' + y = 0$ (4) $y'' + 6y' + 13y = 0$

5. 求列各微分方程满足所给初值条件的特解.

(1) $y'' - 4y' + 3y = 0, y\big|_{x=0} = 6, y'\big|_{x=0} = 10$

(2) $4y'' + 4y' + y = 0, y\big|_{x=0} = 2, y'\big|_{x=0} = 0$

(3) $y'' - 3y' - 4y = 0, y\big|_{x=0} = 0, y'\big|_{x=0} = -5$

(4) $y'' + 4y' + 29y = 0, y\big|_{x=0} = 0, y'\big|_{x=0} = 15$

6．求下列各微分方程的通解．

(1) $2y'' + y' - y = 2e^x$

(2) $y'' + a^2 y = e^x$

(3) $2y'' + 5y' = 5x^2 - 2x - 1$

(4) $y'' + 3y' + 2y = 3xe^{-x}$

(5) $y'' + 5y' + 4y = 3 - 2x$

7．求下列各微分方程满足所给初值条件的特解．

(1) $y'' - 4y' = 5, \left.y\right|_{x=0} = 1, \left.y'\right|_{x=0} = 0$

(2) $y'' - 3y' + 2y = 5, \left.y\right|_{x=0} = 1, \left.y'\right|_{x=0} = 2$

(3) $y'' - 10y' + 9y = e^{2x}, \left.y\right|_{x=0} = \dfrac{6}{7}, \left.y'\right|_{x=0} = \dfrac{33}{7}$

(4) $y'' - y = 4xe^x, \left.y\right|_{x=0} = 0, \left.y'\right|_{x=0} = 1$

(5) $y'' + y + \sin 2x = 0, \left.y\right|_{x=\pi} = 1, \left.y'\right|_{x=\pi} = 1$

8．一质量为 m 的潜水艇从水面由静止状态下沉，所受阻力与下沉速度成正比(比例系数为 $k > 0$)．试求潜水艇下沉深度与时间 t 的关系．

B组

1．求下列方程的通解．

(1) $4\dfrac{d^2 x}{dt^2} - 20\dfrac{dx}{dt} + 25x = 0$

(2) $y'' - 4y' + 5y = 0$

2．求列各微分方程满足所给初值条件的特解．

(1) $y'' + 25y = 0, \left.y\right|_{x=0} = 2, \left.y'\right|_{x=0} = 5$

(2) $y'' - 4y' + 13y = 0, \left.y\right|_{x=0} = 0, \left.y'\right|_{x=0} = 3$

3．求下列各微分方程的通解．

(1) $y'' - 6y' + 9y = (x+1)e^{3x}$

(2) $y'' + 3y' + 2y = e^{-x}\cos x$

(3) $y'' + 4y = x\cos x$

总复习题六

1．单项选择题．

(1) 方程 $(y')^3 + y'' - y^4 = x$ 是(　　)阶微分方程．

    A. 4　　　　　　B. 3　　　　　　C. 2　　　　　　D. 1

(2) 下列函数中,(　　)是微分方程 $y' + y = 0$ 的解．

    A. $y = \sin x$　　　B. $y = \cos x$　　　C. $y = e^x$　　　D. $y = e^{-x}$

(3) 函数 $y = \cos x$ 是微分方程(　　)的解．

    A. $y' - y = 0$　　B. $y'' + y = 0$　　C. $y'' - y = 0$　　D. $y'' + y' = 0$

(4) 下列方程是一阶线性微分方程的是(　　)．

    A. $(y')^2 - y = x$　　B. $y' + xy = x^2$　　C. $y' - y^2 = x^2$　　D. $y'' + y = x$

(5) 微分方程 $y'' = y'$ 的通解是（　　）.

    A. $y = C_1 x + C_2 e^x$ B. $y = C_1 + C_2 x$

    C. $y = C_1 + C_2 e^x$ D. $y = C_1 x + C_2 x^2$

(6) 对于微分方程 $y'' + 2y' = e^{2x}$，利用待定系数法求其特解 y^* 时，下列设法正确的是（　　）.

    A. $y^* = A e^{2x}$ B. $y^* = A x e^{2x}$

    C. $y^* = (Ax + B) e^{2x}$ D. $y^* = A x^2 e^{2x}$

(7) 设 $f(x + y, x - y) = xy + y^2$，则 $f(x, y) = $（　　）.

    A. $\dfrac{x}{2}(x - y)$ B. $xy + y^2$ C. $\dfrac{x}{2}(x + y)$ D. $xy - y^2$

(8) 函数 $z = e^{xy}$ 在点 $(1, 1)$ 的全微分 $dz = $（　　）.

    A. $e^2(dx + dy)$ B. $e^{xy}(dx + dy)$ C. $e(dx + dy)$ D. $dx + dy$

2. 填空题.

(1) 微分方程 $xy' = 1$ 的通解是＿＿＿＿＿＿.

(2) 微分方程 $y' - 3y = 0$ 的通解是＿＿＿＿＿＿.

(3) 微分方程 $xyy' = 1 - x^2$ 的通解是＿＿＿＿＿＿.

(4) 微分方程 $y'' = x + \sin x$ 的通解是＿＿＿＿＿＿.

(5) 设 $y_1(x), y_2(x)$ 是二阶常系数线性微分方程 $y'' + py' + qy = 0$ 的两个线性无关解（即 $\dfrac{y_1}{y_2} \neq$ 常数），则该方程的通解是＿＿＿＿＿＿.

(6) 微分方程 $y'' - 4y' + 4y = 0$ 的通解是＿＿＿＿＿＿.

(7) 微分方程 $y'' + y' = 0$ 的通解是＿＿＿＿＿＿.

3. 解答题.

(1) 已知 $f'(x) = 1 + x^2$，且 $f(0) = 1$，求 $f(x)$.

(2) 求微分方程 $y(1 + x^2)dy - x(1 + y^2)dx = 0$ 满足初始条件 $y\big|_{x=0} = 1$ 的特解.

(3) 求一阶线性微分方程 $y' - \dfrac{1}{x}y = x$ 满足初始条件 $y\big|_{x=1} = 0$ 的特解.

(4) 求微分方程 $y'' = y' + x$ 满足初始条件 $y\big|_{x=0} = 0$ 及 $y'\big|_{x=0} = 0$ 的特解.

(5) 解微分方程 $2yy'' = 1 + (y')^2$.

(6) 求微分方程 $y'' - 2y' - 3y = 0$ 满足初始条件 $y\big|_{x=0} = -1$ 及 $y'\big|_{x=0} = -7$ 的特解.

(7) 求微分方程 $xy' + y = e^x$ 的通解.

(8) 求微分方程 $y'' + y' - 2y = e^{-x}$ 的通解.

(9) 求微分方程 $y'' + 2y' - 3y = 4e^x$ 的通解.

(10) 求微分方程 $y'' + 3y' = 3x$ 的通解.

(11) 求微分方程 $y'' + y' - 2y = x e^{-x}$ 的一个特解.

第七章　空间解析几何与向量代数

　　空间解析几何是用代数的方法研究空间图形的一门数学学科,它在其他学科特别是在工程技术上的应用比较广泛.此外,我们在讨论多元函数微积分时,空间解析几何也能给多元函数提供直观的几何解释.因此在学多元函数的微积分之前,先介绍空间解析几何相关知识.

　　本章首先引入在工程技术上有着广泛应用的空间直角坐标系及向量的概念,然后介绍向量的线性运算,将向量线性运算代数化,同时还讨论向量的乘法,即向量的数量积与向量积,接着以向量为工具讨论空间平面和直线,最后介绍空间曲面和空间曲线.

第一节　空间直角坐标系

　　我们知道,平面直角坐标系建立了平面中的点、向量与有序数对的一一对应关系.为了把空间中的点、向量与有序数对之间建立一一对应关系,我们引入空间直角坐标系.

一、空间直角坐标系

　　过空间一定点 O 作三条互相垂直的数轴,它们都以 O 为原点,具有相同的单位长度.这三条数轴分别称为 x 轴(横轴)、y 轴(纵轴)、z 轴(竖轴),统称为**坐标轴**.各轴正向之间的顺序要求符合右手法则(见图 7-1),即以右手握住 z 轴,让右手的四指从 x 轴的正向以 $\frac{\pi}{2}$ 的角度转向 y 轴的正向,这时大拇指所指的方向就是 z 轴的正向.这样的三个坐标轴构成的坐标系称为**右手空间直角坐标系**,与之相对应的是左手空间直角坐标系.一般地,在数学中更常用右手空间直角坐标系,在其他学科方面因应用方便而异.其中点 O 称为坐标原点,三条坐标轴中的任意两条都可以确定一个平面,称为**坐标面**.它们是:由 x 轴及 y 轴所确定的 xOy 平面;由 y 轴及 z 轴所确定的 yOz 平面;由 x 轴及 z 轴所确定的 xOz 平面.这三个相互垂直的坐标面把空间分成八个部分,每一部分称为一个**卦限**(见图 7-2).位于 x,y,z 轴的正半轴的称为第 Ⅰ 卦限,从第 Ⅰ 卦限开始,在 xOy 平面上方的卦限,按逆时针方向依次称为第 Ⅱ、Ⅲ、Ⅳ 卦限;第 Ⅰ、Ⅱ、Ⅲ、Ⅳ 卦限下方的卦限依次称为第 Ⅴ、Ⅵ、Ⅶ、Ⅷ 卦限.

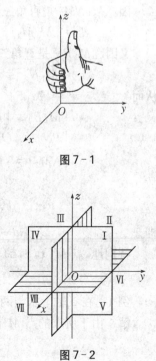

图 7-1

图 7-2

二、空间直角坐标系内点的坐标表示方法

设点 M 为空间的一个定点,过点 M 分别作垂直于 x、y、z 轴的平面,依次交 x、y、z 轴于点 P、Q、R.设点 P、Q、R 在 x、y、z 轴上的坐标分别为 x、y、z,那么就得到与点 M 对应的唯一确定的有序实数组 (x,y,z).反之,设给定一有序实数组 (x,y,z),且它们分别在 x、y、z 轴上依次对应于点 P、Q、R,若过点 P、Q、R 分别作平面垂直于所在坐标轴,则这三张平面确定了唯一的交点 M.这样,空间的点 M 就与一有序实数组 (x,y,z) 之间建立了一一对应关系(见图 7-3).有序实数组 (x,y,z) 叫作点 M 的坐标,记作 $M(x,y,z)$,这样就确定了点 M 的空间坐标,其中 x、y、z 分别叫作点 M 的横坐标、纵坐标、竖坐标.

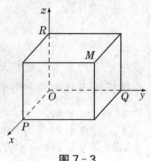

图 7-3

坐标面及坐标轴上的点的坐标有一定特征.例如:xOy 面上的点的坐标为 $(x,y,0)$,yOz 面上的点的坐标为 $(0,y,z)$,xOz 面上的点的坐标为 $(x,0,z)$;x 轴上的点的坐标为 $(x,0,0)$,y 轴上的点的坐标为 $(0,y,0)$,z 轴上的点的坐标为 $(0,0,z)$;原点 O 的坐标为 $(0,0,0)$.

三、空间内两点之间的距离公式

设 $M_1(x_1,y_1,z_1)$、$M_2(x_2,y_2,z_2)$ 为空间的两点,则两点间的距离为
$$d = |M_1M_2| = \sqrt{(x_2-x_1)^2 + (y_2-y_1)^2 + (z_2-z_1)^2}.$$

证明 过 M_1、M_2 各作三个分别垂直于三坐标轴的平面,这六个平面围成一个以 M_1M_2 为对角线的长方体,如图 7-4 所示.

因 $\triangle M_1NM_2$ 是直角三角形,故
$$d^2 = |M_1M_2|^2 = |M_1N|^2 + |NM_2|^2.$$
又因 $\triangle M_1PN$ 是直角三角形,故
$$|M_1N|^2 = |M_1P|^2 + |PN|^2.$$

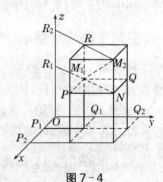

图 7-4

从而
$$d^2 = |M_1P|^2 + |PN|^2 + |NM_2|^2.$$
又
$$|M_1P| = |P_1P_2| = |x_2-x_1|,$$
$$|PN| = |Q_1Q_2| = |y_2-y_1|,$$
$$|NM_2| = |R_1R_2| = |z_2-z_1|,$$
故
$$d^2 = (x_2-x_1)^2 + (y_2-y_1)^2 + (z_2-z_1)^2.$$
即
$$d = \sqrt{(x_2-x_1)^2 + (y_2-y_1)^2 + (z_2-z_1)^2}.$$

特别地,点 $M(x,y,z)$ 与坐标原点 $O(0,0,0)$ 的距离为
$$d = \sqrt{x^2 + y^2 + z^2}.$$

例 1 在 z 轴上求与两点 $A(-4,1,7)$ 和 $B(3,5,-2)$ 等距离的点.

解 由于所求的点 M 在 z 轴上,所以设该点为 $M(0,0,z)$,依题意有
$$|MA| = |MB|,$$

即 $\sqrt{(0+4)^2+(0-1)^2+(z-7)^2}=\sqrt{(3-0)^2+(5-0)^2+(-2-z)^2}$,

两边开根号,解得 $z=\dfrac{14}{9}$.

所以所求的点为 $M\left(0,0,\dfrac{14}{9}\right)$.

习题 7-1

A 组

1. 在空间直角坐标系中,指出下列各点在哪个卦限?
$A(2,-2,3)$;$B(2,3,-4)$;$C(2,-3,-4)$;$D(-2,-3,1)$.

2. 在空间直角坐标系中,作出点 $A(3,1,2)$ 和点 $B(2,-1,3)$,并写出它们关于:(1)各坐标面,(2)各坐标轴,(3)原点的对称点的坐标.

3. 求点 $M(4,-3,5)$ 到(1)坐标原点,(2)各坐标轴,(3)各坐标面的距离.

B 组

1. 试证以 $A(4,1,9)$、$B(10,-1,6)$、$C(2,4,3)$ 为顶点的三角形是等腰直角三角形.

2. 在 xoy 坐标面上找一点,使它的 x 坐标为 1,且与点 $(1,-2,2)$ 和点 $(2,-1,-4)$ 等距离.

第二节 向量及其坐标表示法

一、向量的概念

客观世界有各种各样的量,一类如时间、质量、长度、距离等,它们只有大小没有方向;另一类如力、速度、位移、加速度等,它们不仅有大小而且还有方向,于是我们引进"向量"的概念.

既有大小,又有方向的量称为**向量**.向量通常用一条有方向的线段即有向线段来表示,有向线段的长度表示向量的大小,有向线段的方向表示向量的方向.

记法:以 A 为起点,B 为终点的有向线段所表示的向量记作 $\overrightarrow{AB}$(见图 7-5),也可以用一个小写字母在其上加一个箭头表示,如:$\vec{a}$、$\vec{i}$、$\vec{v}$.印刷品上常用黑体字母表示向量,如:a、i、v.

在研究向量时,一般只考虑大小与方向,即这时向量只与大小、方向有关,而与起点所处位置无关,我们称这种向量为**自由向量**.在这种情况下,我们说两个向量是相同的,即它们方向相同且长度也相等.本章所讨论的向量都是自由向量.

向量的大小称作**向量的模**,$|a|$ 为向量 a 的模,也叫向量的长度.模为 1 的向量称为**单位向量**.模为零的向量称为**零向量**,零向量的方向是任意的.

图 7-5

如果两非零向量的方向相同或相反,则称这两个向量平行.零向量可以认为与任何向量都平行.向量 a 与 b 平行记作 $a /\!/ b$.

两自由向量的起点放在同一点时,如果它们的终点在同一直线上,则称两向量共线.

设有 $k(k \geqslant 3)$ 个向量,如果把它们的起点都放在同一点上,而 k 个终点和公共起点在同一平面上,就称这 k 个向量共面.

二、向量的线性运算

由于向量是与我们以前所学的量完全不同的量,因此,我们必须定义它的运算.

1. 向量的加减法

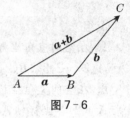
图 7-6

定义 1 设有两个向量 a 与 b,任取一点 A,作 $\overrightarrow{AB} = a$,再以 B 为起点,作 $\overrightarrow{BC} = b$,连接 AC,则称向量 $\overrightarrow{AC} = c$ 为 a 与 b 的和,记作 $a + b$,即 $c = a + b$,如图 7-6 所示.这种定义的方法称为**向量相加的三角形法则**.

它也可以按如下的"**平行四边形法则**"定义:当 a 与 b 不平行时,作 $\overrightarrow{AB} = a$,$\overrightarrow{AD} = b$,以 AB,AD 为边,作平行四边形 $ABCD$,连接对角线 AC,显然向量 $\overrightarrow{AC} = a + b$,如图 7-7 所示.

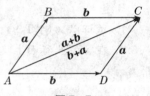
图 7-7

向量的加法满足下列运算规律:

(1)(交换律) $a + b = b + a$;

(2)(结合律) $(a + b) + c = a + (b + c)$.

由于加法满足交换律和结合律,故 n 个向量 $a_1, a_2, \cdots, a_n$($n \geqslant 3$)相加可以写成 $a_1 + a_2 + \cdots + a_n$,并可按三角形法则相加如下:使前一向量的终点作为下一向量的起点,相继作向量 $a_1, a_2, \cdots, a_n$,再以第一向量的起点为起点,最后一向量的终点为终点作一向量,这个向量即为所求的和.如图 7-8 所示,有

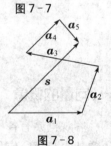
图 7-8

$$s = a_1 + a_2 + \cdots + a_n.$$

设与 a 的模相同而方向相反的向量叫作 a 的**负向量**,记作 $-a$.由此,向量 b 与 a 的差规定为 $b + (-a)$,记作 $b - a$.即有

$$b - a = b + (-a).$$

特别地,当 $b = a$ 时,有 $a - a = a + (-a) = \mathbf{0}$.

注:$a - a$ 为零向量 $\mathbf{0}$,而不是数 0.

显然,任给向量 $\overrightarrow{AB}$ 及点 O,有 $\overrightarrow{AB} = \overrightarrow{AO} + \overrightarrow{OB} = \overrightarrow{OB} - \overrightarrow{OA}$(见图 7-9),因此,若把向量 a 与 b 移到同一起点 O,则从 a 的终点 A 向 b 的终点 B 所引向量 $\overrightarrow{AB}$ 便是 $b - a$.

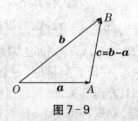
图 7-9

2. 向量与数的乘法(数量乘法)

定义 2 向量 a 与实数 λ 的乘积是一个向量,记作 λa.它的模与方向规定如下:

(1) $|\lambda a| = |\lambda| \cdot |a|$.

(2) 当 $\lambda > 0$ 时,λa 与 a 同向;当 $\lambda < 0$ 时,λa 与 a 反向;当 $\lambda = 0$ 或 $a = \mathbf{0}$ 时,λa 为零向

量,方向任意.

特别地,当 $\lambda = 1$ 时,$1 \cdot a = a$.当 $\lambda = -1$ 时,$(-1) \cdot a = -a$.

向量与数的乘法满足下列运算规律:

(结合律) $\lambda(\mu a) = (\lambda\mu)a$;

(分配律) $(\lambda + \mu)a = \lambda a + \mu a$,$\lambda(a + b) = \lambda a + \lambda b$.

向量的相加(减)及数乘向量统称为**向量的线性运算**.

用 a^0 表示与非零向量 a 同方向的单位向量,也称为 a 的单位向量,那么按照向量与数的乘积的规定,有 $a = |a| \cdot a^0$,$a^0 = \dfrac{a}{|a|}$.这也就是由一非零向量求它的单位向量的方法.

三、向量的坐标表示

向量的运算仅靠几何方法研究有些不便,为此需将向量的运算代数化.下面先介绍向量的坐标表示法.

在空间直角坐标系中,与 x 轴、y 轴、z 轴的正向同向的单位向量分别记为 i、j、k,称为**基本单位向量**.

任给一向量 a,把其起点移到坐标原点 O 处,终点为 $M(x, y, z)$.过 a 的终点 $M(x, y, z)$ 作三个平面分别垂直于三条坐标轴,设垂足依次为 P、Q、R,如图 7-10 所示,则点 M 在 x 轴上的坐标为 x.根据向量与数的乘法运算得向量 $\overrightarrow{OP} = xi$,同理 $\overrightarrow{OQ} = yj$,$\overrightarrow{OR} = zk$.于是,由向量的加法法则,有

$$a = \overrightarrow{OM} = \overrightarrow{ON} + \overrightarrow{OR} = \overrightarrow{OP} + \overrightarrow{OQ} + \overrightarrow{OR} = xi + yj + zk.$$

称 $a = xi + yj + zk$ 为向量 a 的**坐标表示式**,记作 $a = \{x, y, z\}$,其中 x, y, z 称为向量 a 的**坐标**.

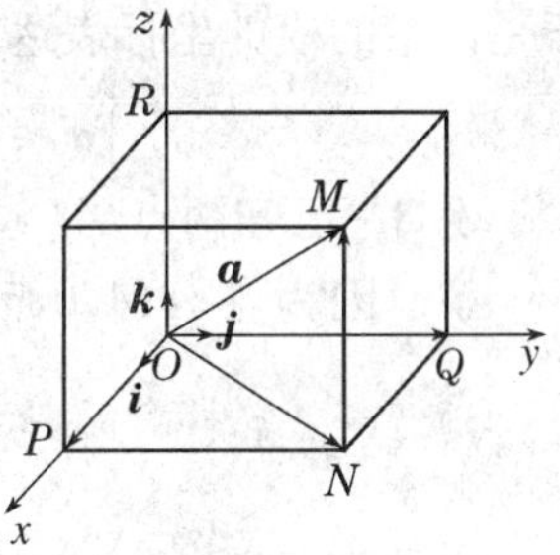

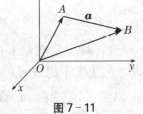

图 7-10

例 2 已知 $a = \overrightarrow{AB}$ 是以 $A(x_1, y_1, z_1)$ 为起点,$B(x_1, y_1, z_1)$ 为终点的向量,如图 7-11 所示,求向量 a 的坐标表示式.

解 $a = \overrightarrow{AB} = \overrightarrow{OB} - \overrightarrow{OA} = (x_1 i + y_1 j + z_1 k) - (x_1 i + y_2 j + z_2 k)$
$$= (x_2 - x_1)i + (y_2 - y_1)j + (y_2 - y_1)k,$$

得 a 的坐标依次为

$$a_x = x_2 - x_1,\ a_y = y_2 - y_1,\ a_z = z_2 - z_1,$$

即 $$a = \{a_x, a_y, a_z\} = \{x_2 - x_1, y_2 - y_1, z_2 - z_1\}.$$

图 7-11

有了向量的坐标表示,我们可以利用向量的坐标来表示向量的加法、减法及数乘运算.

设 $a = \{a_x, a_y, a_z\}$,$b = \{b_x, b_y, b_z\}$,即

$$a = a_x i + a_y j + a_z k,\ b = b_x i + b_y j + b_z k,$$

由向量的加法运算与向量的数乘运算规律,有

$$a \pm b = (a_x i + a_y j + a_z k) \pm (b_x i + b_y j + b_z k)$$
$$= (a_x \pm b_x)i + (a_y \pm b_y)j + (a_z \pm b_z)k,$$
$$\lambda a = \lambda(a_x i + a_y j + a_z k) = \lambda a_x i + \lambda a_y j + \lambda a_z k.$$

即

$$a \pm b = \{a_x \pm b_x, a_y \pm b_y, a_z \pm b_z\},$$

$$\lambda a = \{\lambda a_x, \lambda a_y, \lambda a_z\}.$$

也就是说,对向量进行加、减以及数乘运算时,只需对向量的各个坐标分别进行相应的数量运算就可以了.

四、向量的模、方向角、投影

1. 向量的模的坐标表示

设向量 $a = \overrightarrow{OM} = a_x i + a_y j + a_z k = \{a_x, a_y, a_z\}$,如图 7-12 所示,由勾股定理得

$$|a| = |\overrightarrow{OM}| = \sqrt{|\overrightarrow{OP}|^2 + |\overrightarrow{OQ}|^2 + |\overrightarrow{OR}|^2}.$$

而

$$\overrightarrow{OP} = a_x i, \overrightarrow{OQ} = a_y j, \overrightarrow{OR} = a_z k,$$

有

$$|\overrightarrow{OP}| = |a_x|, |\overrightarrow{OQ}| = |a_y|, |\overrightarrow{OR}| = |a_z|,$$

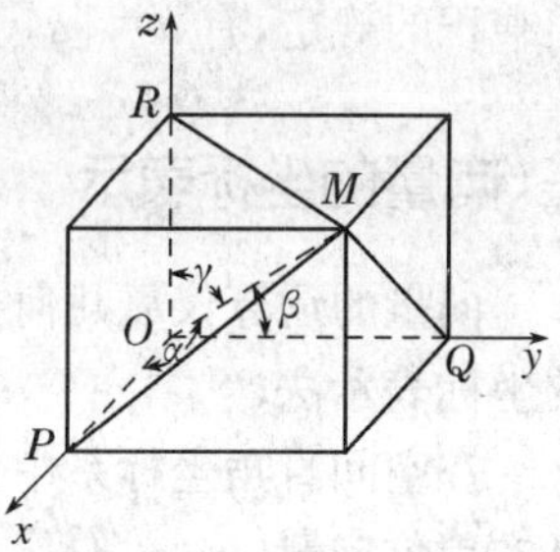

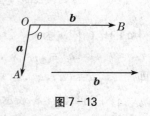

图 7-12

于是向量的模的坐标表达式为

$$|a| = \sqrt{a_x^2 + a_y^2 + a_z^2}.$$

例 3 已知两点 $A(4, 0, 5)$ 和 $B(7, 1, 3)$,求与 $\overrightarrow{AB}$ 方向相同的单位向量.

解 因为点 $A(4, 0, 5)$ 和点 $B(7, 1, 3)$,所以

$$\overrightarrow{AB} = \{7-4, 1-0, 3-5\} = \{3, 1, -2\},$$

$$|\overrightarrow{AB}| = \sqrt{3^2 + 1^2 + (-2)^2} = \sqrt{14}.$$

于是

$$a^0 = \frac{\overrightarrow{AB}}{|\overrightarrow{AB}|} = \frac{1}{\sqrt{14}}\{3, 1, -2\}.$$

2. 方向角与方向余弦

设有两非零向量 a 与 b,任取空间中一点 O,作 $\overrightarrow{OA} = a$,$\overrightarrow{OB} = b$,规定不超过 π 的 $\angle AOB$ 称为向量 a 与 b 的**夹角**,如图 7-13 所示,记为 $(\widehat{a, b})$ 或 $(\widehat{b, a})$.向量夹角的取值范围是 $(0, \pi)$.

如果 a, b 中有一个是零向量,规定它们的夹角可以取 0 与 π(包括 $0, \pi$)之间的任意值.类似地,把坐标轴看作向量,可以按照两向量夹角的规定,规定向量与一轴的夹角或空间两轴的夹角.

图 7-13

有了向量与轴的夹角的定义,我们给出向量的方向角的定义:非零向量 a 与 x 轴、y 轴、z 轴的正向所成的夹角分别为 α、β、γ,称为向量 a 的**方向角**,如图 7-12 所示.方向角的余弦 $\cos\alpha$、$\cos\beta$、$\cos\gamma$ 称为向量 a 的**方向余弦**.

向量 a 的方向由它的方向角或方向余弦唯一确定.

在直角三角形 $\triangle OPM$,$\triangle OQM$,$\triangle ORM$ 中,有

$$\cos\alpha = \frac{a_x}{|a|} = \frac{a_x}{\sqrt{a_x^2 + a_y^2 + a_z^2}},$$

$$\cos \beta = \frac{a_y}{|\boldsymbol{a}|} = \frac{a_y}{\sqrt{a_x^2 + a_y^2 + a_z^2}},$$

$$\cos \gamma = \frac{a_z}{|\boldsymbol{a}|} = \frac{a_z}{\sqrt{a_x^2 + a_y^2 + a_z^2}}.$$

向量 $\boldsymbol{a}$ 的三个方向余弦之间有如下关系：

$$\cos^2 \alpha + \cos^2 \beta + \cos^2 \gamma = 1.$$

也就是说,任一非零向量的方向余弦的平方和等于 1.

向量 $\boldsymbol{a}$ 单位化的向量 $\boldsymbol{a}^0 = \dfrac{\boldsymbol{a}}{|\boldsymbol{a}|}$ 可以表示成

$$\boldsymbol{a}^0 = \{\cos \alpha, \cos \beta, \cos \gamma\}.$$

例 4 已知两点 $M_1(2,2,\sqrt{2})$ 和 $M_2(1,3,0)$,计算向量 $\overrightarrow{M_1M_2}$ 的模,方向余弦和方向角.

解 $\overrightarrow{M_1M_2} = \{1-2, 3-2, 0-\sqrt{2}\} = \{-1, 1, -\sqrt{2}\}$,故

$$|\overrightarrow{M_1M_2}| = \sqrt{(-1)^2 + 1^2 + (-\sqrt{2})^2} = \sqrt{1+1+2} = 2,$$

即有 $\qquad \cos \alpha = -\dfrac{1}{2}, \cos \beta = \dfrac{1}{2}, \cos \gamma = -\dfrac{\sqrt{2}}{2},$

由此求得: $\alpha = \dfrac{2}{3}\pi, \beta = \dfrac{1}{3}\pi, \gamma = \dfrac{3}{4}\pi.$

例 5 设点 A 位于第 I 卦限,向量 $\overrightarrow{OA}$ 与 x 轴,y 轴的夹角依次为 $\dfrac{1}{3}\pi, \dfrac{1}{4}\pi$,且 $|\overrightarrow{OA}| = 6$. 求点 A 的坐标.

解 因为 $\alpha = \dfrac{1}{3}\pi, \beta = \dfrac{1}{4}\pi$,而 $\cos^2 \alpha + \cos^2 \beta + \cos^2 \gamma = 1$,得

$$\cos^2 \gamma = 1 - \left(\frac{1}{2}\right)^2 - \left(\frac{\sqrt{2}}{2}\right)^2 = \frac{1}{4}.$$

又因为 A 在第 I 卦限,故 $\cos \gamma > 0$,从而 $\cos \gamma = \dfrac{1}{2}$.

于是 $\boldsymbol{a} = |\boldsymbol{a}|\boldsymbol{a}^0 = 6\left\{\dfrac{1}{2}, \dfrac{\sqrt{2}}{2}, \dfrac{1}{2}\right\} = \{3, 3\sqrt{2}, 3\}$,即 $A(3, 3\sqrt{2}, 3)$.

习题 $7-2$

A 组

1. 已知两点 $M_1(0,1,2)$ 和 $M_2(1,-1,0)$,试用坐标表示式表示向量 $\overrightarrow{M_1M_2}$ 及 $-2\overrightarrow{M_1M_2}$.

2. 已知向量 $\boldsymbol{a} = 2\boldsymbol{i} + 3\boldsymbol{j} + 4\boldsymbol{k}$ 的始点为 $(1,-1,5)$,求向量 $\boldsymbol{a}$ 的终点坐标.

3. 已知两点 $M_1(4,\sqrt{2},1)$ 和 $M_2(3,0,2)$,计算向量 $\overrightarrow{M_1M_2}$ 的模、方向余弦和方向角.

4. 设向量的方向角为 α、β、γ,若(1) $\alpha = 60°, \beta = 120°$,求 γ;(2) $\alpha = 135°, \beta = 60°$,求 γ.

B 组

1. 已知两点 $A(2,2,\sqrt{2})$ 和 $B(1,3,0)$，求 $\overrightarrow{AB}$ 的模、方向余弦、方向角以及方向与 $\overrightarrow{AB}$ 一致的单位向量。

2. 已知向量 a 的模为 3，且其方向角 $\alpha = \gamma = 60°$，$\beta = 45°$，求向量 a。

第三节   向量的数量积与向量积

一、两向量的数量积

1. 数量积的定义及其性质

若有一质点在常力（大小与方向均不变）F 的作用下，由点 A 沿直线移动到点 B，则位移 $s = \overrightarrow{AB}$（见图 7-14）。由物理学可知，力 F 所做的功为

$$W = |F||s|\cos(\widehat{F,s}).$$

像这样由两个向量的模及其夹角余弦的乘积构成的算式，在其他问题中还会遇到。

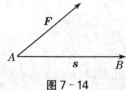

图 7-14

定义 3   向量 a、b 的模及其夹角余弦的连乘积，称为向量 a、b 的**数量积**或**点积**，记为 $a \cdot b$，即

$$a \cdot b = |a| \cdot |b| \cdot \cos(\widehat{a,b}).$$

由数量积的定义，上述做功问题可表示为

$$W = F \cdot s.$$

定义 4 $|a| \cdot \cos(\widehat{a,b})$ 称为向量 a 在向量 b 上的投影（见图 7-15），记为 a_b，即

$$a_b = |a| \cdot \cos(\widehat{a,b}).$$

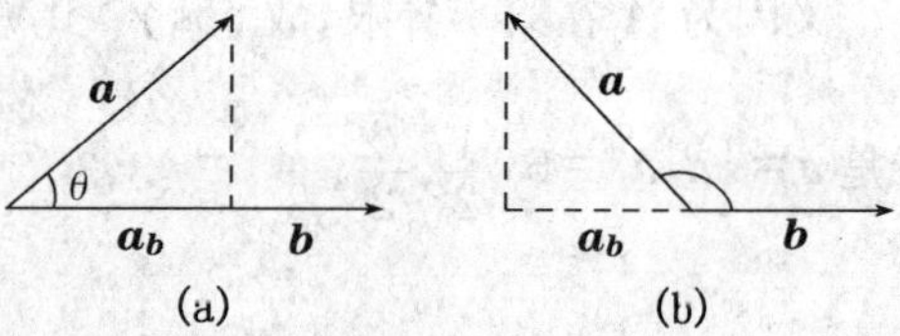

类似地，　　$b_a = |b| \cdot \cos(\widehat{a,b}).$

所以，两向量的数量积也可以用投影表示为

$$a \cdot b = |b| \cdot a_b = |a| \cdot b_a.$$

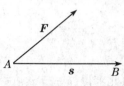

图 7-15

容易证明，向量的数量积满足下列运算规律：

(1)（交换律）　$a \cdot b = b \cdot a$；

(2)（结合律）　$m(a \cdot b) = (ma) \cdot b$（$m$ 为数量）；

(3)（分配律）　$a \cdot (b+c) = a \cdot b + a \cdot c$.

由数量积的定义可知：

(1) $a \cdot a = |a| \cdot |a| \cdot \cos(\widehat{a,a}) = |a|^2$. 所以

$$i \cdot i = j \cdot j = k \cdot k = 1.$$

(2) 若两个非零向量 a、b 相互垂直，即 $a \perp b$，则 $\cos(\widehat{a,b}) = 0$，即 $a \cdot b = 0$；反之，当 a、b

均为非零向量,且 $a \cdot b = 0$ 时,则 $\cos(\widehat{a,b}) = 0$,从而断定 $(\widehat{a,b}) = \dfrac{\pi}{2}$,即 a 与 b 相互垂直.当 a,b 中至少有一个是零向量时,我们规定零向量与任何向量都垂直.这样,两个向量相互垂直的充要条件是 $a \cdot b = 0$.

由这个结论可得:

$$i \cdot j = j \cdot k = k \cdot i = 0.$$

例 6 已知 $a = \{3,2,1\}$,$b = \{2,1,k\}$,求 k 使 $a \perp b$.

解 由 $a \perp b$ 的充分必要条件为 $a \cdot b = 0$,有

$$3 \times 2 + 2 \times 1 + k = 0,$$

解得 $k = -8$.

2. 数量积的坐标计算式

设 $a = a_x i + a_y j + a_z k$,$b = b_x i + b_y j + b_z k$,利用数量积的运算规律有:

$$
\begin{aligned}
a \cdot b &= (a_x i + a_y j + a_z k) \cdot (b_x i + b_y j + b_z k) \\
&= a_x b_x i \cdot i + a_x b_y i \cdot j + a_x b_z i \cdot k + a_y b_x j \cdot i + a_y b_y j \cdot j + \\
&\quad a_y b_z j \cdot k + a_z b_x k \cdot i + a_z b_y k \cdot j + a_z b_z k \cdot k \\
&= a_x b_x + a_y b_y + a_z b_z.
\end{aligned}
$$

即

$$a \cdot b = a_x b_x + a_y b_y + a_z b_z.$$

因此,两向量的数量积等于它们对应坐标乘积之和.

3. 两非零向量夹角余弦的坐标表示式

设 $a = a_x i + a_y j + a_z k$,$b = b_x i + b_y j + b_z k$ 均为非零向量,由两向量的数量积定义可知:

向量 a 与 b 的夹角 $\theta = (\widehat{a,b})(0 \leqslant \theta \leqslant \pi)$ 的余弦

$$\cos(\widehat{a,b}) = \dfrac{a \cdot b}{|a||b|} = \dfrac{a_x b_x + a_y b_y + a_z b_z}{\sqrt{a_x^2 + a_y^2 + a_z^2} \cdot \sqrt{b_x^2 + b_y^2 + b_z^2}}.$$

例 7 设 $a = \{-1,1,0\}$,$b = \{2,-1,2\}$,求 a 与 b 的夹角以及 b 在 a 上的投影.

解
$$
\begin{aligned}
\cos(\widehat{a,b}) &= \dfrac{a \cdot b}{|a||b|} \\
&= \dfrac{(-1) \times 2 + 1 \times (-1) + 0 \times 2}{\sqrt{2} \cdot \sqrt{9}} \\
&= -\dfrac{1}{\sqrt{2}} = -\dfrac{\sqrt{2}}{2},
\end{aligned}
$$

因此

$$(\widehat{a,b}) = \pi - \arccos \dfrac{\sqrt{2}}{2} = \pi - \dfrac{1}{4}\pi = \dfrac{3}{4}\pi.$$

又 $|b| = \sqrt{2^2 + (-1)^2 + 2^2} = 3$,所以

$$b_a = -\dfrac{\sqrt{2}}{2} \cdot |b| = -\dfrac{3}{2}\sqrt{2}.$$

二、两向量的向量积

1. 向量积的定义及其性质

设轴 L 上 P 点受力 F 作用，O 为轴 L 的支点，F 与 $\overrightarrow{OP}$ 的夹角为 θ（见图 7 - 16(a)）. 由力学知识知道，力 F 对支点 O 的力矩 M 也可以看成是一个向量. M 的模等于力的大小与力臂的乘积，即

$$|M| = |\overrightarrow{OP}| \cdot |F| \sin\theta.$$

它的方向垂直于 $\overrightarrow{OP}$ 与 F 所在的平面，其正方向按右手法则确定（见图 7 - 16 (b)），即当右手四指从 $\overrightarrow{OP}$ 以小于 π 的角度到 F 方向握拳时，大拇指伸直所指的方向就是 M 的方向.

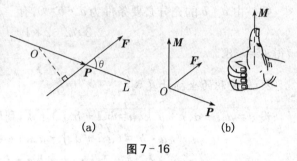

(a)　　　　(b)

图 7 - 16

由此，我们引出两个向量的向量积概念.

定义 5　设有两向量 a、b，若向量 c 满足：

(1) $|c| = |a| \cdot |b| \sin(\widehat{a,b})$；

(2) c 垂直于 a、b 所确定的平面，它的正方向由右手法则确定.

则称向量 c 为 a 与 b 的**向量积**，记为 $a \times b$，即

$$c = a \times b.$$

因此向量积也称为**叉积**. 于是，上述力 F 对轴 L 上支点 O 的力矩 M，可以表示为

$$M = \overrightarrow{OP} \times F.$$

由向量积的定义可知，$a \times b$ 的模等于以 a、b 为邻边的平行四边形面积（见图 7 - 17）.

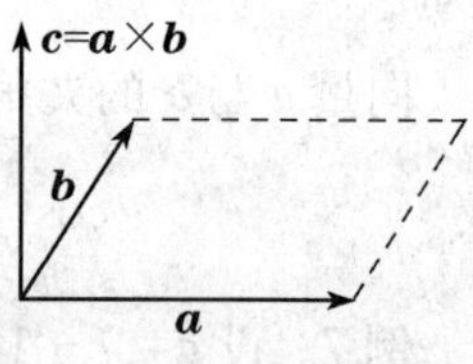

向量积满足下列运算规律：

(1) $a \times b = -b \times a$；

(2) $(\lambda a) \times b = \lambda(a \times b) = a \times (\lambda b)$；

(3) $a \times (b+c) = a \times b + a \times c$.

图 7 - 17

由向量积的定义可知：

(1) $i \times j = k, j \times k = i, k \times i = j$.

(2) 两非零向量 a、b 相互平行的充分必要条件是 $a \times b = 0$.

事实上，若 $a /\!/ b$，则 $(\widehat{a,b}) = 0$ 或 π，即有 $|a \times b| = |a| \cdot |b| \sin(\widehat{a,b}) = 0$，因此 $a \times b = 0$. 反之，当 a、b 为非零向量，且 $a \times b = 0$ 时，则 $|a| \cdot |b| \sin(\widehat{a,b}) = 0$，因为 $|a| \neq 0$，$|b| \neq 0$，所以 $\sin(\widehat{a,b}) = 0$，从而断定 $(\widehat{a,b}) = 0$ 或 π，即 $a /\!/ b$. 当 a、b 中至少有一个为零向量时，我们规定零向量与任何向量平行. 这样，两个向量平行的充要条件是这两个向量的向量积为 0. 由此可知：

$$i \times i = j \times j = k \times k = 0.$$

2. 向量积的坐标计算式

设 $a = a_x i + a_y j + a_z k, b = b_x i + b_y j + b_z k$,利用向量积的运算规律,有

$$a \times b = (a_x i + a_y j + a_z k) \times (b_x i + b_y j + b_z k)$$
$$= a_x b_x i \times i + a_x b_y i \times j + a_x b_z i \times k + a_y b_x j \times i + a_y b_y j \times j +$$
$$a_y b_z j \times k + a_z b_x k \times i + a_z b_y k \times j + a_z b_z k \times k$$
$$= (a_y b_z - a_z b_y) i - (a_x b_z - a_z b_x) j + (a_x b_y - a_y b_x) k.$$

为了便于记忆,我们借用行列式记号表示为

$$a \times b = \begin{vmatrix} i & j & k \\ a_x & a_y & a_z \\ b_x & b_y & b_z \end{vmatrix}.$$

注:① 二阶行列式

$$\begin{vmatrix} a_1 & a_2 \\ b_1 & b_2 \end{vmatrix} = a_1 b_2 - a_2 b_1$$

表示对角线上的两个元素乘积的代数和,其中主对角线上元素 a_1, b_2 的乘积取正号,副对角线上元素 a_2, b_1 的乘积取负号.

② 三阶行列式

$$\begin{vmatrix} i & j & k \\ a_1 & a_2 & a_3 \\ b_1 & b_2 & b_3 \end{vmatrix} = \begin{vmatrix} a_2 & a_3 \\ b_2 & b_3 \end{vmatrix} i - \begin{vmatrix} a_1 & a_3 \\ b_1 & b_3 \end{vmatrix} j + \begin{vmatrix} a_1 & a_2 \\ b_1 & b_2 \end{vmatrix} k.$$

由于两个向量 a、b 平行的充要条件是 $a \times b = 0$,因此,可将 a、b 平行的充要条件表示为

$$(a_y b_z - a_z b_y) = 0, a_z b_x - a_x b_z = 0, a_x b_y - a_y b_x = 0.$$

当 b_x、b_y、b_z 全不为零时,有

$$\frac{a_x}{b_x} = \frac{a_y}{b_y} = \frac{a_z}{b_z}.$$

为了整齐易记,约定:如果连比式有一个分母等于 0,应理解为它的分子也为 0.

例8 设 $a = \{2, 1, -1\}, b = \{1, -1, 2\}$,求 $a \cdot b$ 和 $a \times b$.

解 $a \cdot b = 2 \times 1 + 1 \times (-1) + (-1) \times 2 = -1.$

$$a \times b = \begin{vmatrix} i & j & k \\ 2 & 1 & -1 \\ 1 & -1 & 2 \end{vmatrix} = i \begin{vmatrix} 1 & -1 \\ -1 & 2 \end{vmatrix} - j \begin{vmatrix} 2 & -1 \\ 1 & 2 \end{vmatrix} + k \begin{vmatrix} 2 & 1 \\ 1 & -1 \end{vmatrix}$$

$$= i - 5j - 3k = \{1, -5, -3\}.$$

例9 设 $a = \{3, 2, 1\}, b = \left\{2, \frac{4}{3}, k\right\}$,试确定 k 值,使 $a // b$.

解 由 $a // b$,有

$$\frac{3}{2} = \frac{2}{\frac{4}{3}} = \frac{1}{k},$$

解得 $k = \frac{2}{3}$.

例10 求同时垂直 $a = \{4,5,3\}$ 和 $b = \{2,2,1\}$ 的单位向量 c^0.

解 由向量积的定义可知,若 $c = \pm(a \times b)$,则 c 同时垂直 a 和 b,且

$$c = \pm(a \times b) = \pm \begin{vmatrix} i & j & k \\ 4 & 5 & 3 \\ 2 & 2 & 1 \end{vmatrix} = \pm(i - 2j + 2k),$$

$$|c| = \sqrt{1^2 + (-2)^2 + 2^2} = 3,$$

$$c^0 = \frac{c}{|c|} = \pm \frac{1}{3}\{1, -2, 2\}.$$

习题 7-3

A 组

1. 已知 $|a| = 3, |b| = 2, (\hat{a}, b) = \dfrac{\pi}{3}$,求

(1) $a \cdot b$;(2) $|a \times b|$;(3) $(3a + 2b) \cdot (2a - 5b)$.

2. 已知向量 $a = i - j + 3k, b = 2i - 3j + k$,求

(1) $a \cdot b$;(2) $a \times b$;(3) 以 $a \cdot b$ 为边的平行四边形的面积;(4) $\cos(\hat{a}, b)$.

B 组

1. 证明向量 $a = 3i - 2j + k$ 和向量 $b = 4i + 9j + 6k$ 互相垂直.

2. 已知 $a = \{2, 4, -1\}, b = \{0, -2, 2\}$,求同时垂直于 a、b 的单位向量.

3. 设 $a = 2i - j + 2k$ 与 b 平行,且 $a \cdot b = -36$,求 b.

第四节 平面及其方程

平面和直线是空间最简单的几何图形. 本节和第五节将以向量为工具讨论平面与直线的方程.

一、平面的点法式方程

如果一非零向量垂直于一平面,此向量就称为该平面的**法线向量**,简称为**法向量**. 显然,平面的法向量垂直于平面内的任一向量并且任一平面都有无穷多法向量,从方向上分为两组.

我们在中学已经知道,过空间一点可以作而且只能作一个垂直于一已知直线的平面. 我们就根据这一点建立平面的点法式方程.

设平面 π 过点 $M_0(x_0, y_0, z_0)$,$n = \{A, B, C\}$ 是平面 π 的一个法向量(见图 7-18). 现在来建立 π 的方程.

在平面 π 上任取一点 $M(x, y, z)$,则点 $\overrightarrow{M_0M} \perp n$,即 $\overrightarrow{M_0M} \cdot n = 0$. 由于 $\overrightarrow{M_0M} = \{x - x_0, y - y_0, z - z_0\}$,$n = \{A, B, C\}$,

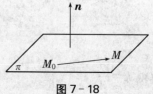

图 7-18

所以
$$A(x-x_0)+B(y-y_0)+C(z-z_0)=0,\ (x_0,y_0,z_0)\in\pi.\qquad(7-1)$$
这就是平面 π 任一点 $M(x,y,z)$ 都满足的方程. 反过来, 如果 $M(x,y,z)$ 不在平面 π 上, 那么向量 $\overrightarrow{M_0M}$ 不垂直于法向量 n, 从而点 M 的坐标就不满足方程, 因此, 方程(7-1)是平面 π 的方程.

方程(7-1)是由平面上一点 $M(x_0,y_0,z_0)$ 及其一个法向量 $n=\{A,B,C\}$ 所确定的, 故称它为平面的**点法式方程**.

例 11　求过点 $(2,-3,0)$ 且以 $n=\{1,-2,3\}$ 为法向量的平面方程.

解　根据平面的点法式方程(7-1), 得所求平面的方程为
$$(x-2)-2(y+3)+3z=0,$$
即
$$x-2y+3z-8=0.$$

例 12　求过三点 $A(1,2,3),B(0,2,0)$ 和 $C(1,1,1)$ 的平面方程.

解　A,B,C 三点都在所要求的平面上, 因此向量 $\overrightarrow{AB},\overrightarrow{AC}$ 都在平面内, 从而可取法向量 $n=\overrightarrow{AB}\times\overrightarrow{AC}$. 由于
$$\overrightarrow{AB}=\{0-1,2-2,0-3\}=\{-1,0,-3\},$$
$$\overrightarrow{AC}=\{1-1,1-2,1-3\}=\{0,-1,-2\},$$
因此
$$n=\begin{vmatrix} i & j & k \\ -1 & 0 & -3 \\ 0 & -1 & -2 \end{vmatrix}=\{-3,-2,1\}.$$
又平面过点 A, 于是所求平面方程为
$$-3(x-1)-2(y-2)+(z-3)=0,$$
即
$$3x+2y-z-4=0.$$

二、平面的一般方程

我们知道, 任一平面都可以由它上面的一点及其一个法向量来确定, 由点法式方程得出, 平面的方程为 $A(x-x_0)+B(y-y_0)+C(z-z_0)=0$, 若把此方程展开, 得
$$Ax+By+Cz+(-Ax_0-By_0-Cz_0)=0.$$
记常数项为 D, 即 $D=-Ax_0-By_0-Cz_0$, 则这个平面方程是一个三元一次方程
$$Ax+By+Cz+D=0.$$
可见, 空间任一平面的方程都是关于 x、y、z 的三元一次方程.

反过来, 是否任意一个关于 x、y、z 的三元一次方程
$$Ax+By+Cz+D=0,\qquad(7-2)$$
$(A$、B、C 不同时为零$)$ 必定表示空间一平面呢?

事实上, 任取方程的一组解 x_0,y_0,z_0, 即有
$$Ax_0+By_0+Cz_0+D=0,\qquad(7-3)$$
方程(7-2)减去方程(7-3)得
$$A(x-x_0)+B(y-y_0)+C(z-z_0)=0.\qquad(7-4)$$
上式即表示一个通过点 $M(x_0,y_0,z_0)$, 且以 $n=\{A,B,C\}$ 为法向量的平面. 由此可知 x、y、

z 的三元一次方程都表示平面,其中系数 A、B、C 表示法向量的坐标.方程(7-2)称为平面的**一般方程**.

下面讨论方程(7-2)的一些特殊情况.

(1) 平面 π 过原点: $Ax + By + Cz = 0$.

(2) 平面 π 平行于坐标轴 x, y, z 轴:方程中不出现 x, y, z. 例如 $\pi /\!/ x$ 轴: $By + Cz + D = 0$.

(3) 平面 π 垂直于 x, y, z 轴:方程中不出现 y, z; x, z; x, y. 例如 $\pi \perp x$ 轴: $x + D = 0$.

例 13 求通过 x 轴和点 $(4, -3, -1)$ 的平面的方程.

解 由于平面通过 x 轴,故它的法向量垂直于 x 轴,即 $A = 0$;又平面过 x 轴,必过原点,于是 $D = 0$,因此可设这个方程为 $By + Cz = 0$. 又平面过 $(4, -3, -1)$,所以有 $-3B - C = 0$ 或 $C = -3B$. 以此代入 $By + Cz = 0$ 并消去 $B(B \neq 0)$,即所求平面方程为 $y - 3z = 0$.

例 14 设一平面与 x, y, z 轴的交点依次为 $P(a, 0, 0)$, $Q(0, b, 0)$, $R(0, 0, c)$ 三点. 求该平面的方程(其中 $a \neq 0$, $b \neq 0$, $c \neq 0$).

解 设所求平面方程为 $Ax + By + Cz + D = 0$,因 $P(a, 0, 0)$, $Q(0, b, 0)$, $R(0, 0, c)$ 三点都在这平面上,所以点 P, Q, R 的坐标都满足方程,即有

$$Aa + D = 0, \quad Bb + D = 0, \quad Cc + D = 0,$$

得 $A = -\dfrac{D}{a}$, $B = -\dfrac{D}{b}$, $C = -\dfrac{D}{c}$. 以此代入所设平面方程并除以 $D(D \neq 0)$,便得所求的平面方程为

$$\frac{x}{a} + \frac{y}{b} + \frac{z}{c} = 1. \tag{7-5}$$

方程(7-5)称做平面的**截距式方程**,而 a、b、c 依次叫作平面在 x、y、z 轴上的**截距**.

三、两平面的夹角

定义 两平面的法线向量的夹角(通常指锐角)称为**两平面的夹角**.

设有平面

$$\pi_1 : A_1 x + B_1 y + C_1 z + D_1 = 0,$$
$$\pi_2 : A_2 x + B_2 y + C_2 z + D_2 = 0,$$

它们的法向量分别为 $\boldsymbol{n}_1 = \{A_1, B_1, C_1\}$, $\boldsymbol{n}_2 = \{A_2, B_2, C_2\}$,如图(7-19)所示.

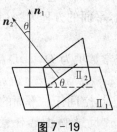

图 7-19

π_1 与 π_2 的夹角即 $\boldsymbol{n}_1$ 与 $\boldsymbol{n}_2$ 的夹角 $\theta (0 \leqslant \theta < \pi)$:

$$\cos\theta = \frac{\boldsymbol{n}_1 \cdot \boldsymbol{n}_2}{|\boldsymbol{n}_1| \cdot |\boldsymbol{n}_2|} = \frac{A_1 A_2 + B_1 B_2 + C_1 C_2}{\sqrt{A_1^2 + B_1^2 + C_1^2} \cdot \sqrt{A_2^2 + B_2^2 + C_2^2}}.$$

由两个向量垂直或平行的充分必要条件,立即可推导出下列结论:

(1) 平面 $\pi_1 /\!/ \pi_2$ 的充分必要条件是 $\dfrac{A_1}{A_2} = \dfrac{B_1}{B_2} = \dfrac{C_1}{C_2}$;

(2) 平面 π_1 与 π_2 重合的充分必要条件是 $\dfrac{A_1}{A_2} = \dfrac{B_1}{B_2} = \dfrac{C_1}{C_2} = \dfrac{D_1}{D_2}$;

(3) 平面 $\pi_1 \perp \pi_2$ 的充分必要条件是 $A_1 A_2 + B_1 B_2 + C_1 C_2 = 0$.

例 15　求两平面 $x - y + 2z - 6 = 0$ 和 $2x + y + z - 5 = 0$ 的夹角.

解　由题设有

$$\cos\theta = \frac{1 \times 2 + (-1) \times 1 + 2 \times 1}{\sqrt{1^2 + (-1)^2 + 2^2} \cdot \sqrt{2^2 + 1^2 + 1^2}} = \frac{1}{2},$$

因此，所求夹角 $\theta = \dfrac{\pi}{3}$.

习题 7 - 4

A 组

1. 求过点 $(2,1,-1)$ 且法向量 $n = i - 2j + 3k$ 的平面方程.

2. 求过点 $(1,-2,3)$ 且与平面 $7x - 3y + z - 6 = 0$ 平行的平面方程.

3. 求过点 $(1,-2,4)$，垂直于 x 轴的平面方程.

4. 求过点 $(-3,1,-2)$，通过 z 轴的平面方程.

5. 求过点 $(4,0,-2)$ 和 $(5,1,7)$，平行于 z 轴的平面方程.

B 组

1. 求平面 $2x - y + z = 7$ 与 $x + y + 2z = 11$ 的夹角.

2. 求在 x 轴上的截距为 3，z 轴上的截距为 -1，且与平面 $3x + y - z + 1 = 0$ 垂直的平面的方程.

3. 求过点 $(1,1,1)$，且同时垂直于平面 $x - y + z - 7 = 0$ 及 $3x + 2y - 12z + 5 = 0$ 的平面方程.

4. 求经过点 $A(1,-1,1)$ 和 $B(0,1,-3)$，且平行于向量 $a = \{1,1,1\}$ 的平面方程。

第五节　空间直线及其方程

一、空间直线方程

1. 空间直线的点向式方程和参数方程

与直线平行或重合的非零向量称为该直线的**方向向量**. 显然一条直线的方向向量有无穷多个，它们互相平行，从方向上可以分成两组，直线上任一向量都平行于该直线的方向向量.

由立体几何知道，过空间一点可以作而且只能作一条平行于已知直线的直线. 下面我们将利用这个结论来建立空间直线的方程.

设直线 L 过点 $M_0(x_0,y_0,z_0)$，$s = \{m,n,p\}$ 是直线 L 的方向向量（见图 7 - 20）. 设 $M(x,y,z)$ 是直线 L 上任意一点，则

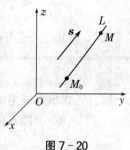

图 7 - 20

$\overrightarrow{M_0M} = \{x-x_0, y-y_0, z-z_0\}$,且 $\overrightarrow{M_0M} /\!/ s$.由两向量平行的充要条件可知

$$L: \frac{x-x_0}{m} = \frac{y-y_0}{n} = \frac{z-z_0}{p}, (x_0, y_0, z_0) \in L. \tag{7-6}$$

方程(7-6)称为直线的**点向式方程**或标准式方程(当 m, n, p 中有一个或两个为零时,就理解为相应的分子是零).

在直线方程(7-6)中,记其比值为 t,则有

$$L: \begin{cases} x = x_0 + mt, \\ y = y_0 + nt, \quad -\infty < t < +\infty. \\ z = z_0 + pt, \end{cases} \tag{7-7}$$

这样,空间直线上动点 M 的坐标 x、y、z 就都表示为变量 t 的函数.当 t 取遍所有实数值时,由(7-7)所确定的点 $M(x, y, z)$ 就描出了直线.形如(7-7)的方程称为直线的**参数方程**,t 为参数.

例 16　求经过点 $M_0(1, 0, -2)$ 且垂直于平面 $\pi: 2x + 4y - 3z - 9 = 0$ 的直线 L 的方程.

解　由于 $L \perp \pi$,因此 L 的方向向量 s 平行于 $n = \{2, 4, -3\}$.

又 L 过点 $(1, 0, -2)$,故直线 L 的方程为

$$\frac{x-1}{2} = \frac{y-0}{4} = \frac{z+2}{-3}.$$

二、空间直线的一般方程

空间直线可以看作两个平面的交线,即,如果两个相交平面的方程分别为 $A_1x + B_1y + C_1z + D_1 = 0$ 和 $A_2x + B_2y + C_2z + D_2 = 0$($A_1$、$B_1$、$C_1$ 与 A_2、B_2、C_2 不成比例),则它们的交线是空间直线.该直线上任何一点的坐标应同时满足这两个平面方程,而不在直线上的点的坐标不能同时满足这两个方程,所以方程组

$$L: \begin{cases} A_1x + B_1y + C_1z + D_1 = 0, \\ A_2x + B_2y + C_2z + D_2 = 0 \end{cases} \tag{7-8}$$

就是这两个平面交线的方程.方程(7-8)称为**空间直线的一般方程**.

例 17　求直线 $\begin{cases} x+y+z+1=0, \\ 2x-y+3z+4=0 \end{cases}$ 的方向向量.

解　由于平面 $\pi_1: x+y+z+1=0$ 的法向量为 $n_1 = \{1, 1, 1\}$,平面 $\pi_2: 2x-y+3z+4=0$ 的法向量为 $n_2 = \{2, -1, 3\}$,故

$$s = n_1 \times n_2 = \begin{vmatrix} i & j & k \\ 1 & 1 & 1 \\ 2 & -1 & 3 \end{vmatrix} = \{4, -1, -3\}.$$

例 18　用点向式方程及参数式方程表示直线

$$\begin{cases} x+y+z+1=0, \\ 2x-y+3z+4=0. \end{cases}$$

解　先找出直线上的一点,可以对其中一个变量任意赋值,求出另外两个变量的对应值.例如,取 $x=1$ 代入上式方程组得

$$\begin{cases} y+z = -2, \\ y-3z = 6. \end{cases}$$

解这个方程组得 $y=0,z=-2$，即 $(1,0,-2)$ 是直线上的点.

由例 17 知，该直线的方向向量为 $s=\{4,-1,-3\}$，因此所给直线的点向式方程为

$$\frac{x-1}{4}=\frac{y}{-1}=\frac{z+2}{-3}.$$

令

$$\frac{x-1}{4}=\frac{y}{-1}=\frac{z+2}{-3}=t,$$

得所给直线的参数方程是

$$\begin{cases} x=1+4t, \\ y=-t, \qquad -\infty<t<+\infty. \\ z=-2-3t, \end{cases}$$

三、两直线的夹角

两直线的方向向量的夹角（通常指锐角）称为**两直线的夹角**.

设直线 L_1,L_2 分别为

$$L_1:\frac{x-x_1}{m_1}=\frac{y-y_1}{n_1}=\frac{z-z_1}{p_1},$$

$$L_2:\frac{x-x_2}{m_2}=\frac{y-y_2}{n_2}=\frac{z-z_2}{p_2}.$$

因为它们的方向向量分别为 $s_1=\{m_1,n_1,p_1\}$ 和 $s_2=\{m_2,n_2,p_2\}$，所以 L_1 和 L_2 的夹角 θ 的余弦为

$$\begin{aligned} \cos\theta=\cos(\widehat{s_1,s_2})&=\frac{|s_1\cdot s_2|}{|s_1|\cdot|s_2|} \\ &=\frac{|m_1m_2+n_1n_2+p_1p_2|}{\sqrt{m_1^2+n_1^2+p_1^2}\cdot\sqrt{m_2^2+n_2^2+p_2^2}}. \end{aligned} \qquad (7-9)$$

人们通常规定 $\theta\in\left[0,\dfrac{\pi}{2}\right]$. 容易知道，

(1) 直线 $L_1/\!/L_2$ 的充分必要条件是 $\dfrac{m_1}{m_2}=\dfrac{n_1}{n_2}=\dfrac{p_1}{p_2}$.

(2) 直线 $L_1\perp L_2$ 的充分必要条件是 $m_1m_2+n_1n_2+p_1p_2=0$.

例 19　求直线 $L_1:\dfrac{x-1}{1}=\dfrac{y}{-4}=\dfrac{z+3}{1}$ 和 $L_2:\dfrac{x}{2}=\dfrac{y+2}{-2}=\dfrac{z}{-1}$ 的夹角.

解　直线 L_1 的方向向量为 $s_1=\{1,-4,1\}$，直线 L_2 的方向向量为 $s_2=\{2,-2,-1\}$. 设直线 L_1 与 L_2 的夹角为 θ，那么由公式 (7-9) 有

$$\cos\theta=\frac{1\times2+(-4)\times(-2)+1\times(-1)}{\sqrt{1^2+(-4)^2+1^2}\cdot\sqrt{2^2+(-2)^2+(-1)^2}}=\frac{1}{\sqrt{2}}=\frac{\sqrt{2}}{2},$$

所以 $\theta=\dfrac{\pi}{4}$.

四、直线与平面的夹角

已知直线 L 的方程为

$$\frac{x-x_0}{m} = \frac{y-y_0}{n} = \frac{z-z_0}{p}, \quad (x_0, y_0, z_0) \in L.$$

平面 π 的方程为

$$Ax + By + Cz + D = 0.$$

考虑直线 L 与平面 π 的关系,只要考虑 L 的方向向量 s 与 π 的法向量 n 的关系即可.

(1) $L \perp \pi$ 的充分必要条件是 $\dfrac{m}{A} = \dfrac{n}{B} = \dfrac{p}{C}$;

(2) L 在平面 π 内的充分必要条件是

$$mA + nB + pC = 0 \text{ 且 } Ax_0 + By_0 + Cz_0 + D = 0;$$

(3) L 不在平面 π 内但 $L \parallel \pi$ 的充分必要条件是

$$mA + nB + pC = 0 \text{ 且 } Ax_0 + By_0 + Cz_0 + D \neq 0.$$

例20 求过点 $(-3, 2, 5)$ 且平行于已知直线

$$\begin{cases} x - 4z - 3 = 0, \\ 2x - y - 5z - 1 = 0 \end{cases}$$

的直线 L 的方程.

解 设要求直线 L 的方向向量为 s. 据题意

$$s = \begin{vmatrix} i & j & k \\ 1 & 0 & -4 \\ 2 & -1 & -5 \end{vmatrix} = \{-4, -3, -1\}.$$

又直线 L 过点 $(-3, 2, 5)$,因此 L 的方程为

$$\frac{x+3}{4} = \frac{y-2}{3} = \frac{z-5}{1}.$$

习题 7 - 5

A 组

1. 求过点 $M_1(2, 3, 1)$ 和 $M_2(-1, 2, 0)$ 的直线方程.

2. 一直线通过点 $(2, 2, -1)$ 且与直线 $\dfrac{x-3}{2} = y = \dfrac{z-1}{5}$ 平行.求此直线方程.

3. 一直线通过点 $(2, -2, 0)$,且与直线 $\begin{cases} 2x - y + 1 = 0 \\ 3y - 2z + 1 = 0 \end{cases}$ 平行,求此直线方程.

4. 求过点 $(2, -3, 4)$ 且垂直于平面 $3x - y + 2z = 4$ 的直线方程.

5. 求直线 $L_1: \dfrac{x-3}{4} = \dfrac{y-2}{-12} = \dfrac{z+1}{3}$ 和直线 $L_2: \dfrac{x-1}{2} = \dfrac{y+2}{-1} = \dfrac{z}{-2}$ 的夹角.

B 组

1. 过点 $(2, 0, -3)$ 且与直线 $x - 5 = \dfrac{y+1}{-1} = \dfrac{z+2}{2}$ 垂直的平面方程.

2. 过点 $(3, 1, -2)$ 及直线 $\dfrac{x-4}{5} = \dfrac{y+3}{2} = \dfrac{z}{1}$ 的平面方程.

3. 已知直线 $L:\begin{cases} x + 2y - z - 7 = 0 \\ -2x + y + z - 7 = 0 \end{cases}$ 与平面 $\pi: -3x + ky - 5z + 4 = 0$ 垂直, 求常数 k.

第六节 二次曲面与空间曲线

一、曲面方程的概念

我们把任何曲面都理解为满足一定条件的点的几何轨迹. 若曲面 $\sum$ 上的点的坐标都满足方程 $F(x, y, z) = 0$(或 $z = f(x, y)$), 而不在曲面 $\sum$ 上的点的坐标都不满足方程 $F(x, y, z) = 0$(或 $z = f(x, y)$), 则称方程 $F(x, y, z) = 0$(或 $z = f(x, y)$) 为**曲面的方程**, 而曲面 $\sum$ 就称为方程 $F(x, y, z) = 0$(或 $z = f(x, y)$) 的图形.

平面是曲面的特殊情形. 从第四节已经知道, 关于 x, y, z 的一次方程 $Ax + By + Cz + D = 0$. 本节将讨论一些常见的用 x, y, z 的二次方程所表示的曲面, 这类曲面称为**二次曲面**.

二、常见的二次曲面及其方程

1. 球面方程

下面建立球心为点 $M_0(x_0, y_0, z_0)$, 半径为 R 的球面方程. 设 $M(x, y, z)$ 是球面上的任意一点, 则 $|MM_0| = R$. 由空间两点距离公式得 $\sqrt{(x - x_0)^2 + (y - y_0)^2 + (z - z_0)^2} = R$, 即

$$(x - x_0)^2 + (y - y_0)^2 + (z - z_0)^2 = R^2. \tag{7-10}$$

显然, 球面上的点的坐标满足方程(7-10), 不在球面上的点的坐标不满足这个方程, 所以方程(7-10)是满足已知条件的球面方程.

当 $x_0 = y_0 = z_0 = 0$, 即球心为原点时, 半径为 R 的球面方程为 $x^2 + y^2 + z^2 = R^2$.

例 21 求球面 $x^2 + y^2 + z^2 - 2x + 2y + 4z + 2 = 0$ 的球心和半径.

解 我们可用配方法将它化为球面的标准方程:

$$x^2 + y^2 + z^2 - 2x + 2y + 4z + 2$$
$$= (x^2 - 2x + 1) + (y^2 + 2y + 1) + (z^2 + 4z + 4) + 2 - 1 - 1 - 4$$
$$= (x - 1)^2 + (y + 1)^2 + (z + 2)^2 - 4 = 0.$$

即球面的标准方程为

$$(x - 1)^2 + (y + 1)^2 + (z + 2)^2 = 4,$$

所以球心为 $(1, -1, -2)$, 半径为 2.

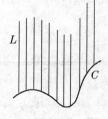

图 7-21

2. 母线平行于坐标轴的柱面方程

动直线 L 沿给定曲线 C 平行移动所形成的曲面, 称为柱面. 动直线 L 称为柱面的母线, 定曲线 C 称为柱面的准线(见图 7-21).

现在来建立以 xOy 坐标面上的曲线 $C: f(x, y) = 0$ 为准线, 平行于 z 轴的直线 L 为母线的柱面方程(见图 7-22).

设 $M(x,y,z)$ 为柱面上任一点,过 M 作平行于 z 轴的直线交 xOy 坐标面于点 $M'(x,y,0)$,由柱面定义可知 M' 必在准线 C 上. 所以点 M' 的坐标满足曲线 C 的方程 $f(x,y)=0$.由于方程 $f(x,y)=0$ 不含 z,所以点 $M(x,y,z)$ 也满足方程 $f(x,y)=0$.而过不在柱面上的点作平行于 z 轴的直线与 xOy 坐标面的交点必不在曲线 C 上,也就是说不在柱面上的点的坐标不满足方程 $f(x,y)=0$,所以,不含变量 z 的方程

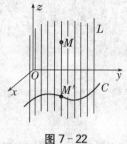

图 7-22

$$f(x,y)=0$$

在空间表示以 xOy 坐标面上的曲线为准线,平行于 z 轴直线为母线的柱面.

类似地,不含变量 x 的方程

$$f(y,z)=0$$

在空间表示以 yOz 坐标面上的曲线为准线,平行于 x 轴直线为母线的柱面.

而不含变量 y 的方程

$$f(x,z)=0$$

在空间表示以 xOz 坐标面上的曲线为准线,平行于 y 轴直线为母线的柱面.

例如方程 $x^2+y^2=R^2$ 在空间表示以 xOy 坐标面上的圆为准线,平行于 z 轴的直线为母线的柱面,称之为圆柱面(见图 7-23).

方程 $y=x^2$ 在空间表示以 xOy 坐标面上的抛物线为准线,平行于 z 轴的直线为母线的柱面,称之为抛物柱面(见图 7-24).

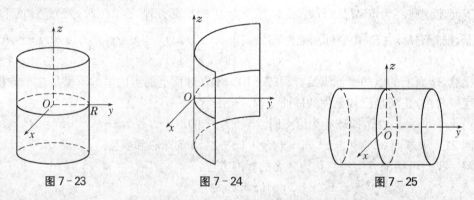

图 7-23　　　　　　图 7-24　　　　　　图 7-25

方程 $x^2+\dfrac{z^2}{4}=1$ 在空间表示以 xOz 坐标面上的椭圆为准线,平行于 y 轴的直线为母线的柱面,称之为椭圆柱面(见图 7-25).

3. 以坐标轴为旋转轴的旋转曲面的方程

平面曲线 C 绕同一平面上定直线 L 旋转所形成的曲面,称为旋转曲面.定直线 L 称为旋转轴.

现在来建立 yOz 面上以曲线 $C:f(y,z)=0$ 绕 z 轴旋转所成的旋转曲面(见图 7-26)的方程.

设 $M(x,y,z)$ 为旋转曲面上任一点,过点 M 作平面垂直于 z 轴,交 z 轴于点 $P(0,0,z)$,交曲线 C 于点 $M_0(0,y_0,z_0)$.由于点 M 可以由点 M_0 绕 z 轴旋转得到,因此有

$$|PM| = |PM_0|, z = z_0. \qquad (7\text{-}11)$$

因为 $|PM| = \sqrt{x^2 + y^2}$，$|PM_0| = |y_0|$，所以

$$y_0 = \pm \sqrt{x^2 + y^2}. \qquad (7\text{-}12)$$

又因为 M_0 在曲线 C 上，所以

$$f(y_0, z_0) = 0.$$

将式 $(7\text{-}11)$、$(7\text{-}12)$ 代入 $f(y_0, z_0) = 0$，即得旋转曲面方程：

$$f(\pm \sqrt{x^2 + y^2}, z) = 0.$$

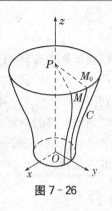

图 7-26

因此，求平面曲线 $f(y, z) = 0$ 绕 z 轴旋转的旋转曲面方程，只需将 $f(y, z) = 0$ 中的 y 换成 $\pm \sqrt{x^2 + y^2}$ 而 z 保持不变即可.

同理，曲线 C 绕 y 轴旋转的旋转曲面方程为

$$f(y, \pm \sqrt{x^2 + z^2}) = 0.$$

例 22　将下列平面曲线绕指定坐标轴旋转，试求所得旋转曲面方程.

(1) yOz 坐标面上的直线 $z = ay (a \neq 0)$，绕 z 轴；

(2) yOz 坐标面上的抛物线 $z = ay^2 (a > 0)$，绕 z 轴；

(3) xOy 坐标面上的椭圆 $\dfrac{x^2}{a^2} + \dfrac{y^2}{c^2} = 1$，分别绕 x、y 轴.

解　(1) yOz 坐标面上的直线 $z = ay (a \neq 0)$，绕 z 轴旋转，故将 z 保持不变，y 换成 $\pm \sqrt{x^2 + y^2}$，则得

$$z = a(\pm \sqrt{x^2 + y^2}),$$

即所求旋转曲面方程为

$$z^2 = a^2(x^2 + y^2). \qquad (7\text{-}13)$$

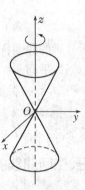

图 7-27

式 $(7\text{-}13)$ 表示的曲面称为圆锥面，点 O 称为圆锥的顶点（见图 7-27）.

(2) yOz 坐标面上的抛物线 $z = ay^2$ 绕 z 轴旋转所得曲面的方程为

$$z = a(x^2 + y^2).$$

该曲面称为旋转抛物面. 其特征是：以平行于 xOy 坐标面的平面 $z = h$ （$h > 0$）截曲面得到的截痕曲线是圆，而以 xOz 坐标面、yOz 坐标面或平行于 xOz 坐标面、yOz 坐标面截曲面得到的交线，都是抛物线（见图 7-28）.

当 $a < 0$ 时，旋转抛物面的开口向下.

一般地，方程

$$z = \frac{x^2}{a^2} + \frac{y^2}{b^2}$$

图 7-28

所表示的曲面称为椭圆抛物面，其特征是：以平行于 xOy 坐标面的平面截曲面得到的截痕曲线是椭圆，而分别以 yOz 坐标面、xOz 坐标面、或平行于 yOz 坐标面、xOz 坐标面的平面截曲面得到的交线，都是抛物线. 当 $a = b$ 时，即为旋转抛物面.

(3) 因为是 xOy 坐标面上的椭圆 $\dfrac{x^2}{a^2} + \dfrac{y^2}{b^2} = 1$，分别绕 x 轴旋转，故 x 保持不变，而将 y 换成 $\pm \sqrt{y^2 + z^2}$，得旋转曲面的方程为

$$\frac{x^2}{a^2} + \frac{y^2}{b^2} + \frac{z^2}{b^2} = 1,$$

该曲面称为旋转椭球面. 其特征是: 以平面 $x = h$ ($-a < h < a$) 截该曲面得到的截痕曲线是圆, 而分别以平面 $y = h(-b < h < b)$、$z = h(-b < h < b)$ 截曲面所得的截痕曲线都是椭圆 (图 7 - 29(a)).

类似地, 该椭圆绕 y 轴旋转而得的旋转椭球面的方程为

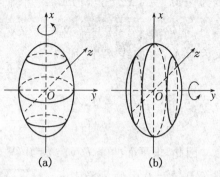

$$\frac{x^2}{a^2} + \frac{y^2}{b^2} + \frac{z^2}{a^2} = 1.$$

其特征为: 以平面 $y = h(-a < h < a)$ 截该曲面得到的截痕曲线是圆, 而分别以平面 $x = h(-b < h < b)$、$z = h(-b < h < b)$ 截曲面所得的截痕曲线都是椭圆 (图 7 - 29(b)).

图 7 - 29

一般地, 方程

$$\frac{x^2}{a^2} + \frac{y^2}{b^2} + \frac{z^2}{c^2} = 1$$

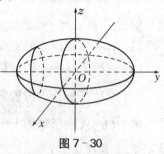

所表示的曲面称为椭球面. 其特征是: 用坐标面或平行于坐标面的平面 $x = m, y = n, z = h(-a < m < a, -b < n < b, -c < h < c)$ 截曲面所得到的交线都是椭圆 (见图 7 - 30).

当 a、b、c 中有 $a = b$ 或 $b = c$ 或 $a = c$ 时, 即为旋转椭球面; 当 $a = b = c$ 时, 即为球面.

图 7 - 30

三、空间曲线的方程

1. 空间曲线的一般方程

我们知道, 空间直线可以看作两个平面的交线. 同样, 空间曲线 Γ 也可以看作是两个曲面的交线. 若两个曲面的方程为 $F_1(x, y, z) = 0$ 和 $F_2(x, y, z) = 0$, 则其交线 Γ 的方程为

$$\begin{cases} F_1(x, y, z) = 0, \\ F_2(x, y, z) = 0. \end{cases} \tag{7 - 14}$$

方程 (7 - 14) 称为空间曲线的一般方程.

例 23 下列方程组表示什么曲线?

(1) $\begin{cases} x^2 + y^2 + z^2 = 25, \\ z = 3; \end{cases}$ (2) $\begin{cases} x^2 + y^2 + z^2 = 25, \\ z = 0. \end{cases}$

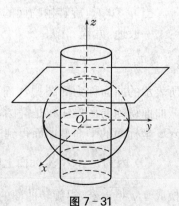

解 (1) 因为 $x^2 + y^2 + z^2 = 25$ 是球心在原点、半径为 5 的球面, $z = 3$ 是平行于 xOy 坐标面的平面, 因而它们的交线是在平面 $z = 3$ 上的圆 (见图 7 - 31).

(2) 因为第一个方程所表示的球面与 (1) 相同, $z = 0$ 是 xOy 坐标面, 因而它们的交线是在 xOy 坐标面上的圆 $x^2 + y^2 = 25$.

图 7 - 31

若把(2)写成同解方程组 $\begin{cases} x^2 + y^2 = 25, \\ z = 0, \end{cases}$

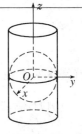

它表示母线平行于 z 轴的圆柱面与 xOy 坐标面的交线.这样更清楚地看出它是 xOy 坐标面上的圆 $x^2 + y^2 = 25$(见图 7 - 32).

从(2)可以知道,表示空间曲线的方程组不是唯一的,如(1)表示的圆,

也可以用同解方程组 $\begin{cases} x^2 + y^2 = 16, \\ z = 3 \end{cases}$ 来表示.

图 7 - 32

2. 空间曲线的参数方程

空间曲线 Γ 上动点 M 的坐标 x、y、z 也可以用另一个变量 t 的函数来表示,即

$$\begin{cases} x = x(t), \\ y = y(t), \\ z = z(t). \end{cases} \tag{7-15}$$

当 t 取定一个值时,由(7-15)就得到曲线上一点的坐标;通过 t 的变动,可以得到曲线上所有的点.形如(7-15)的方程组称为**曲线 Γ 的参数方程**,t 为参数.

例 24 设质点在圆柱面 $x^2 + y^2 = R^2$ 上以均匀的角速度 ω 绕 z 轴旋转,同时又以均匀的线速度 v 向平行于 z 轴的方向上升.运动开始,即 $t = 0$ 时,质点在 $P_0(R, 0, 0)$ 处,求质点的运动方程.

解 设时间为 t 时,质点的位置为 $P(x, y, z)$,由 P 作 xOy 坐标面的垂线,垂足为 $Q(x, y, 0)$(见图 7 - 33),则从 P_0 到 P 所转过的角 $\theta = \omega t$,上升的高度 $QP = vt$,即质点的运动方程为

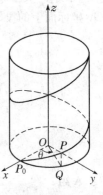

$$\begin{cases} x = R\cos\omega t, \\ y = R\sin\omega t, \\ z = vt. \end{cases}$$

此方程为螺旋线方程.

图 7 - 33

四、空间曲线在坐标面上的投影

设 Γ 为已知空间曲线,则以 Γ 为准线,平行于 z 轴的直线为母线的柱面,称为空间曲线 Γ 关于 xOy 坐标面的**投影柱面**.而投影柱面与 xOy 坐标面的交线 C 称为曲线 Γ 在 xOy 坐标面的**投影曲线**.类似地,可以定义曲线 Γ 关于 yOz 坐标面、zOx 坐标面的投影柱面及投影曲线.

下面讨论投影曲线方程的求法.

设空间曲线 Γ 的方程为

$$\begin{cases} F_1(x, y, z) = 0, \\ F_2(x, y, z) = 0, \end{cases}$$

消去 z,得

$$G(x, y) = 0.$$

可知满足曲线 Γ 的方程一定满足方程 $G(x, y) = 0$,而 $G(x, y) = 0$ 是母线平行于 z 轴的柱面方程,因此,柱面 $G(x, y) = 0$ 就是曲线 Γ 关于 xOy 坐标面的投影柱面.而

$$\begin{cases} G(x,y)=0, \\ z=0 \end{cases}$$

就是曲线 Γ 在 xOy 坐标面上的投影曲线的方程.

例如,例 23(1)中的空间曲线 $\begin{cases} x^2+y^2+z^2=25, \\ z=3 \end{cases}$ 关于 xOy 坐标面的投影柱面方程是

$x^2+y^2=16$,而在 xOy 坐标面上的投影曲线的方程为 $\begin{cases} x^2+y^2=16, \\ z=0. \end{cases}$

同理,从曲线 Γ 的方程中消去 x 或者 y,就可得到 Γ 关于 yOz 坐标面或者 zOx 坐标面的投影柱面方程,从而也可得到相应的投影曲线的方程.

例 25 求曲线 Γ: $\begin{cases} z=x^2+y^2, \\ 3x+5y-z=0 \end{cases}$ 在 xOy 坐标面上的投影曲线

(见图 7-34)的方程.

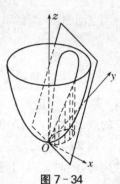

解 从曲线 Γ 的方程中消去 z,得 $x^2+y^2-3x-5y=0$,即

$$\left(x-\frac{3}{2}\right)^2+\left(y-\frac{5}{2}\right)^2=\frac{17}{2}.$$

它是曲线 Γ 关于 xOy 坐标面的投影柱面——圆柱面的方程,Γ 在 xOy 坐标面上的投影曲线是圆

$$\begin{cases} \left(x-\frac{3}{2}\right)^2+\left(y-\frac{5}{2}\right)^2=\frac{17}{2}, \\ z=0. \end{cases}$$

图 7-34

习题 7-6

A 组

1. 方程 $x^2+y^2+z^2-2x+4y-4z-7=0$ 表示什么曲面?

2. 求 $\begin{cases} \dfrac{x^2}{3}+\dfrac{z^2}{4}=1, \\ y=0 \end{cases}$ 绕 z 轴旋转,所得旋转曲面方程.

3. 求 $\begin{cases} z^2=5x, \\ y=0 \end{cases}$ 绕 x 轴旋转,所得旋转曲面方程.

4. 求 $\begin{cases} x^2+y^2-z=0, \\ z=x+1 \end{cases}$ 在 xy 坐标面上的投影曲线的方程.

5. 指出下列各方程表示哪种曲面:

(1) $x^2+y^2-2z=0$;(2) $x^2=4y$;(3) $\dfrac{x^2}{9}+\dfrac{y^2}{16}=1$;

(4) $z^2-x^2-y^2=0$;(5) $\dfrac{z}{3}=\dfrac{x^2}{4}+\dfrac{y^2}{9}$;(6) $4x^2+y^2-z^2=4$.

B 组

1. 指出下列方程各表示什么曲面?是否是旋转曲面,若是,则指出它是如何形成的.

(1) $x^2 + y^2 + 4z^2 - 1 = 0$；(2) $x^2 + y^2 - z = 0$；(3) $\dfrac{x^2}{4} + \dfrac{y^2}{9} + \dfrac{z^2}{9} = 1$；

(4) $x^2 + y^2 + z^2 = 9$；(5) $x^2 + 2y^2 + 3z^2 = 9$。

总复习题七

1. 单项选择题

(1) 下列平面中通过坐标原点的平面是（　　）.

    A. $x = 1$　　　　　　　　　　　　B. $x + 2y + 3z + 4 = 0$

    C. $3(x - 1) - y + (z + 3) = 0$　　　D. $x + y + z = 1$

(2) xoz 坐标面上的直线 $x = z - 1$ 绕 z 轴旋转一周而成的圆锥面方程是（　　）.

    A. $x^2 + y^2 = z - 1$　　　　　　　B. $z^2 = x^2 + y^2 + 1$

    C. $(z - 1)^2 = x^2 + y^2$　　　　　　D. $(x + 1)^2 = y^2 + z^2$

(3) 方程 $x^2 + y^2 = 4x$ 在空间直角坐标系下表示（　　）.

    A. 圆柱面　　　　B. 圆　　　　　　C. 点　　　　　　D. 旋转抛物面

(4) 同时垂直于向量 $\boldsymbol{a} = \{1,1,1\}$ 和 y 轴的单位向量是（　　）.

    A. $\pm\dfrac{\sqrt{3}}{3}\{1,1,1\}$　　　　　　　B. $\pm\dfrac{\sqrt{3}}{3}\{1,1,-1\}$

    C. $\pm\dfrac{\sqrt{2}}{2}\{1,0,1\}$　　　　　　　D. $\pm\dfrac{\sqrt{2}}{2}\{1,0,-1\}$

(5) 平面 $\pi: x + 2y - z + 3 = 0$ 与直线 $L: \dfrac{x-1}{3} = \dfrac{y+1}{-1} = \dfrac{z-2}{1}$ 的位置关系是（　　）.

    A. 互相垂直　　　　　　　　　　B. 互相平行但直线不在平面上

    C. 既不平行也不垂直　　　　　　D. 直线在平面上

(6) 在空间直角坐标系下，下列方程中为平面方程的是（　　）.

    A. $x = y^2$　　　　　　　　　　　B. $\begin{cases} x + y + z = 0, \\ x + 2y + z = 1 \end{cases}$

    C. $\dfrac{x+1}{1} = \dfrac{y-1}{2} = \dfrac{z}{3}$　　　　D. $x + y = 0$

2. 填空题

(1) 若 $|\boldsymbol{a}| = 1$，$|\boldsymbol{b}| = 4$，$\boldsymbol{a} \cdot \boldsymbol{b} = 2$，则 $|\boldsymbol{a} \times \boldsymbol{b}| = $ _____。

(2) 设 $|\boldsymbol{a}| = 1$，$\boldsymbol{a} \perp \boldsymbol{b}$，，则 $\boldsymbol{a} \cdot (\boldsymbol{a} + \boldsymbol{b}) = $ _____。

(3) 已知空间三点 $A(1,1,1)$，$B(2,3,4)$，$C(3,4,5)$ 则 $\triangle ABC$ 的面积为 _____.

(4) 已知向量设 $\boldsymbol{a} = (1,2,3)$，$\boldsymbol{b} = (2,5,k)$，若 $\boldsymbol{a}$ 与 $\boldsymbol{b}$ 垂直，则常数 $k = $ _____。

(5) 已知向量设 $\boldsymbol{a} = (1,0,-1)$，$\boldsymbol{b} = (1,-2,1)$ 则 $\boldsymbol{a} + \boldsymbol{b}$ 与 $\boldsymbol{a}$ 的夹角为 _____。

(6) 已知 $\boldsymbol{a}, \boldsymbol{b}$ 均为单位向量，且 $\boldsymbol{a} \cdot \boldsymbol{b} = \dfrac{1}{2}$，则以向量为邻边的平行四边形的面积为

_____。

3. 计算

(1) 已知点 $A(1,-1,2)$、$B(3,3,1)$ 和 $C(3,1,3)$，求垂直于 $\overrightarrow{AB}$ 和 $\overrightarrow{BC}$ 的单位向量。

(2) 求过三点 $A(1,1,-1)$、$B(-2,-2,2)$ 和 $C(1,-1,2)$ 三点的平面方程。

(3) 求经过点 $A(1,-1,1)$、$B(0,1,-3)$ 且平行于向量 $c=(1,1,1)$ 的平面方程。

(4) 已知平面 $\pi_1: kx-2y+3z-2=0$ 和 $\pi_2: 3x-2y-z+5=0$ 垂直，求 k。

(5) 判定直线 $\begin{cases} x+y+3z+1=0, \\ 2x-y-z-2=0 \end{cases}$ 和平面 $2x-y-z+3=0$ 的位置关系。

(6) 求过点 $M(1,0,-2)$ 且垂直于平面 $\pi: 2x+4y-3z-9=0$ 的直线方程。

(7) 求直线使它经过点 $M(5,0,-2)$ 且平行于直线 $\begin{cases} x-4y+2z=0, \\ 2x+3y-z+1=0 \end{cases}$。

(8) 求平面 π 使它经过点 $M(3,2,-1)$，且平行于直线 $L_1: \dfrac{x-1}{5}=\dfrac{y-2}{3}=\dfrac{z+1}{-2}$ 和 $L_1:$
$\dfrac{x+3}{4}=\dfrac{y}{2}=\dfrac{z-1}{3}$。

(9) 求直线 $\dfrac{x-1}{1}=\dfrac{y-3}{1}=\dfrac{z-4}{2}$ 与平面 $2x+y+z-6=0$ 的交点。

第八章　多元微分学

在前面已经讨论了含有一个自变量的函数(又称为一元函数),但在自然科学和工程技术中,还会遇到两个及两个以上自变量的函数,即多元函数.本章将讨论多元函数的微分,主要以二元函数为主,多元函数的相关性质可以类推.

二元函数与一元函数有许多相似之处,但在某些方面存在着本质区别,学习时应注意它们的联系与区别.

第一节　多元函数的基本概念

一、平面区域

平面上几条曲线所围成的部分平面称为**平面区域**,区域一般用 D 表示.围成平面区域的曲线称为该区域的**边界线**.例如满足下列不等式(组)的点集都是平面区域,它们相应的图形分别如图 8-1~图 8-4 所示.

(1) $x^2 + y^2 \leqslant 16$;(2) $x + y > 0$;(3) $\begin{cases} |x| \leqslant 2, \\ 3 \leqslant y \leqslant 4; \end{cases}$(4) $x^2 + y^2 > 16$.

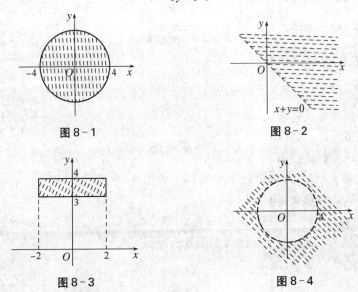

图 8-1　　　　　　　　　　图 8-2

图 8-3　　　　　　　　　　图 8-4

包括边界线的区域称为**闭区域**,如图 8-1 和图 8-3 所示.不包括边界线的区域称为**开区域**,如图 8-2 和图 8-4 所示.如果一个区域可以被一个适当的圆所覆盖,则称该区域为有界区域,如图 8-1 和图 8-3 所示;否则称为**无界区域**,如图 8-2 和图 8-4 所示.

二、多元函数的概念

引例 1　矩形的边长分别为 x 和 y,则矩形的面积 S 为
$$S = xy.$$

引例 2　在直流电路中,电流 I、电压 U 与电阻 R 之间具有关系
$$I = \frac{U}{R}.$$

上面两个例子,虽然来自不同的问题,但是都说明了 3 个变量之间的一种关系.这种关系给出了一个变量与两个变量之间的对应法则.依照这个法则,当这两个变量在允许的范围内取定一组数时,另一个变量有唯一确定的值与之对应.由此我们可抽象出二元函数的概念.

定义 1(二元函数的定义)　设有三个变量 x,y 和 z,D 是平面上的一个区域,如果当变量 x,y 取区域 D 内的任意一点 (x,y) 时,按照某一确定的对应法则 f,变量 z 总有唯一确定的值与之对应,则称 z 是变量 x,y 的**二元函数**,记为
$$z = f(x, y).$$
区域 D 称为该函数的定义域,x,y 称为自变量,z 称为因变量,数集 $\{z \mid z = f(x, y), (x, y) \in D\}$ 称为该函数的值域.

对于定义域 D 内的一点 (x_0, y_0),其对应的 z 值称为函数在点 (x_0, y_0) 处的函数值,记作 $f(x_0, y_0)$,$z \big|_{\substack{x = x_0 \\ y = y_0}}$ 或 $z \big|_{(x_0, y_0)}$.

类似地,可以定义三元函数、四元函数、……. 二元及二元以上的函数,统称为**多元函数**. 多元函数的定义域、函数值和对应法则的求法与一元函数的定义域、函数值和对应法则的求法基本相似.

例 1　求下列二元函数的定义域:

(1) $z = f(x, y) = \sqrt{16 - x^2 - y^2} + \dfrac{1}{\sqrt[4]{x^2 + y^2 - 4}}$;

(2) $z = f(x, y) = \ln(y - x^2)$;

(3) $z = f(x, y) = \arcsin \dfrac{x}{2} + \arcsin \dfrac{y}{3}$.

解　(1) 要使表达式有意义,须
$$\begin{cases} 16 - x^2 - y^2 \geqslant 0, \\ x^2 + y^2 - 4 > 0 \end{cases} \Rightarrow 4 < x^2 + y^2 \leqslant 16,$$
故该函数的定义域为 $\{(x, y) \mid 4 < x^2 + y^2 \leqslant 16\}$,如图 8-5 所示.

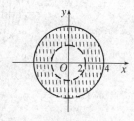

图 8-5

(2) 要使表达式有意义,须
$$y - x^2 > 0 \Rightarrow y > x^2,$$
故该函数的定义域为 $\{(x, y) \mid y > x^2\}$,如图 8-6 所示.

(3) 要使表达式有意义,须

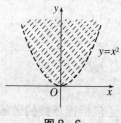

图 8-6

$$\begin{cases} \left|\dfrac{x}{2}\right| \leqslant 1, \\ \left|\dfrac{y}{3}\right| \leqslant 1 \end{cases} \Rightarrow \begin{cases} -2 \leqslant x \leqslant 2, \\ -3 \leqslant y \leqslant 3, \end{cases}$$

故该函数的定义域为 $\{(x,y) \mid -2 \leqslant x \leqslant 2, -3 \leqslant y \leqslant 3\}$，如图 8-7 所示.

注：① 一元函数的定义域是实数轴上点的集合，一般来说是一个或几个区间；二元函数的定义域是平面上点的集合，一般为一个或几个平面区域.

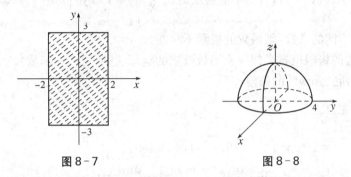

图 8-7　　　　　　　　图 8-8

② 一元函数 $y = f(x)$ 在几何上表示平面上一条曲线；二元函数 $z = f(x,y)$ 在几何上表示空间上的一个曲面. 例如函数 $z = \sqrt{16 - x^2 - y^2}$ 的图像是以坐标原点为球心，以 4 为半径的上半球面，如图 8-8 所示.

例 2　设 $f(x,y) = 2x^2 - y^2 + \dfrac{x+y}{xy}$，求 $f(1,-2)$，$f\left(3, \dfrac{y}{x}\right)$.

解　　　　　$f(1,-2) = 2 \times 1^2 - (-2)^2 + \dfrac{1-2}{1 \times (-2)} = -\dfrac{3}{2}$；

$$f\left(3, \frac{y}{x}\right) = 2 \times 3^2 - \left(\frac{y}{x}\right)^2 + \frac{3 + \dfrac{y}{x}}{3 \cdot \dfrac{y}{x}} = 18 - \frac{y^2}{x^2} + \frac{3x + y}{3y}.$$

例 3　已知 $f(x+y, x-y) = \dfrac{xy}{x^2 + y^2}$，求 $f(x,y)$.

解　设 $x + y = u$，$x - y = v$，则 $x = \dfrac{u+v}{2}$，$y = \dfrac{u-v}{2}$.

将 x, y 代入原式得

$$f(u,v) = \frac{\dfrac{u+v}{2} \cdot \dfrac{u-v}{2}}{\left(\dfrac{u+v}{2}\right)^2 + \left(\dfrac{u-v}{2}\right)^2} = \frac{u^2 - v^2}{2u^2 + 2v^2},$$

即　　　　　　　　　　$f(x,y) = \dfrac{x^2 - y^2}{2x^2 + 2y^2}.$

三、二元函数的极限

定义 2　设二元函数 $z = f(x,y)$，如果当点 (x,y) 以任意方式趋于点 (x_0, y_0) 时，$f(x,y)$ 总趋于一个确定的常数 A，那么就称 A 是二元函数 $z = f(x,y)$ 当 $(x,y) \rightarrow (x_0, y_0)$

时的**极限**,记为

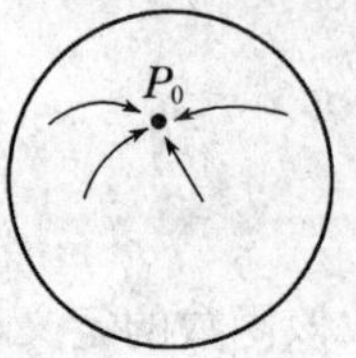

$$\lim_{\substack{x\to x_0 \\ y\to y_0}} f(x,y)=A, \text{或} \lim_{(x,y)\to(x_0,y_0)} f(x,y)=A,$$

$$\text{或} f(x,y)\to A((x,y)\to(x_0,y_0)).$$

注: ① 点(x,y)趋于点$P_0(x_0,y_0)$的方式是任意的,如图 $8-9$ 所示.只有当点(x,y)以任意方式趋于点(x_0,y_0)时,$f(x,y)$都趋于常数A,这时才有$\lim\limits_{\substack{x\to x_0 \\ y\to y_0}} f(x,y)=A$,否则不能得出此结论.若点$(x,y)$以不同方式趋于点$(x_0,y_0)$时,$f(x,y)$趋于不同的常数,则函数的极限不存在.

图 8-9

② 二元函数的极限也有类似一元函数极限的运算法则(见一元函数).

例4 求下列二元函数的极限:

(1) $\lim\limits_{\substack{x\to 0 \\ y\to 0}} \dfrac{\sin(x^2+y^2)}{x^2+y^2}$;   (2) $\lim\limits_{\substack{x\to 0 \\ y\to 0}} \dfrac{\sqrt{1+x+y}-1}{x+y}$.

解 (1) 令 $u=x^2+y^2$,当 $x\to 0,y\to 0$ 时,$u\to 0$,

$$\lim_{\substack{x\to 0 \\ y\to 0}} \frac{\sin(x^2+y^2)}{x^2+y^2}=\lim_{u\to 0}\frac{\sin u}{u}=1.$$

(2) 令 $u=x+y$,当 $x\to 0,y\to 0$ 时,$u\to 0$,

$$\lim_{\substack{x\to 0 \\ y\to 0}} \frac{\sqrt{1+x+y}-1}{x+y}=\lim_{u\to 0}\frac{\sqrt{1+u}-1}{u}=\lim_{u\to 0}\frac{u}{u(\sqrt{1+u}+1)}=\lim_{u\to 0}\frac{1}{\sqrt{1+u}+1}=\frac{1}{2}.$$

例5 讨论极限$\lim\limits_{\substack{x\to 0 \\ y\to 0}}\dfrac{xy}{x^2+y^2}$是否存在.

解 因为当点(x,y)沿直线 $y=0$ 趋于点$(0,0)$时,有

$$\lim_{\substack{x\to 0 \\ y\to 0}}\frac{xy}{x^2+y^2}=\lim_{x\to 0}\frac{x\cdot 0}{x^2+0^2}=\lim_{x\to 0}0=0,$$

当点(x,y)沿直线 $y=x$ 趋于点$(0,0)$时,有

$$\lim_{\substack{x\to 0 \\ y\to 0}}\frac{xy}{x^2+y^2}=\lim_{x\to 0}\frac{x^2}{x^2+x^2}=\lim_{x\to 0}\frac{1}{2}=\frac{1}{2},$$

所以$\lim\limits_{\substack{x\to 0 \\ y\to 0}}\dfrac{xy}{x^2+y^2}$不存在.

四、二元函数的连续

定义3 设函数 $f(x,y)$ 在点(x_0,y_0)的某邻域内有意义,如果

$$\lim_{\substack{x\to x_0 \\ y\to y_0}} f(x,y)=f(x_0,y_0), \tag{8-1}$$

则称函数 $f(x,y)$ 在点(x_0,y_0)处**连续**.

若函数 $z=f(x,y)$ 在区域 D 内的每一点都连续,则称函数 $z=f(x,y)$ 在区域 D 内连续.二元连续函数的图形是一张没有空隙和裂缝的连续曲面.

根据极限四则运算法则及有关复合函数的极限定理,可以证明,二元连续函数的和、差、积、商(分母为零的情形除外)及复合函数都是连续的.由此我们可以得出:二元初等函数在

其有定义的区域内是连续的.

例 6 $\lim\limits_{\substack{x\to 0 \\ y\to 1}}\arcsin\sqrt{x^2+y^2}$.

解 因为 $f(x,y)=\arcsin\sqrt{x^2+y^2}$ 是初等函数,在其定义区域 $\{(x,y)\mid x^2+y^2\leqslant 1\}$ 上连续,所以 $f(x,y)$ 在点 $(0,1)$ 处连续,因此有

$$\lim\limits_{\substack{x\to 0 \\ y\to 1}}\arcsin\sqrt{x^2+y^2}=\arcsin\sqrt{0^2+1^2}=\frac{\pi}{2}.$$

有界闭区域上的二元连续函数也有类似于一元连续函数在闭区间上的性质:

定理 1(最值定理) 设函数 $z=f(x,y)$ 在闭区域 D 上连续,则函数 $z=f(x,y)$ 在闭区域 D 上必存在最大值和最小值.

定理 2(介值定理) 设函数 $z=f(x,y)$ 在闭区域 D 上连续,且 z_1 和 z_2 为 D 上两个不同的函数值,若数 c 介于 z_1,z_2 之间,则至少存在一点 $(\xi,\eta)\in D$,使得

$$f(\xi,\eta)=c.$$

习题 $8-1$

A 组

1. 求下列函数的定义域 D,并作出 D 的图形.

(1) $z=\ln(x-y)$; (2) $z=\sqrt{1-x^2-y^2}$;

(3) $z=\arcsin\dfrac{x^2+y^2}{4}+\arccos\dfrac{1}{x^2+y^2}$; (4) $z=\sqrt{x^2-4}+\sqrt{4-y^2}$.

2. 设 $f(x,y)=xy+\dfrac{x}{y}$,求 $f\left(\dfrac{1}{2},3\right),f(1,1),f(x+y,x-y)$.

3. 求极限:

(1) $\lim\limits_{\substack{x\to 0 \\ y\to 1}}\arcsin\sqrt{x^2+y^2}$; (2) $\lim\limits_{\substack{x\to 0 \\ y\to 0}}\dfrac{\sin(xy)}{x}$;

(3) $\lim\limits_{\substack{x\to 0 \\ y\to 0}}\dfrac{2-\sqrt{xy+4}}{xy}$; (4) $\lim\limits_{\substack{x\to 2 \\ y\to 3}}\dfrac{xy+2x^2y^2}{x-y}$.

4. 设 $f(x,y)=\dfrac{x+y}{x-y}$,当 $(x,y)\to(0,0)$ 时,讨论 $f(x,y)$ 的极限是否存在.

B 组

1. 设 $f(x+y,x-y)=xy+y^2$,求 $f(x,y)$.

2. 设 $f(xy,x-y)=x^2+y^2$,求 $f(x,y)$.

3. 求极限

(1) $\lim\limits_{\substack{x\to 0 \\ y\to 0}}\dfrac{3-\sqrt{x^2+y^2+9}}{x^2+y^2}$; (2) $\lim\limits_{\substack{x\to 0 \\ y\to 0}}\dfrac{x^2y}{x^2+y^2}\sin\dfrac{1}{x^2+y^2}$; (3) $\lim\limits_{\substack{x\to 3 \\ y\to +\infty}}\dfrac{xy-2}{3y+1}$.

第二节 偏 导 数

一、偏导数的概念

在一元函数微分学中,我们研究过函数 $y = f(x)$ 的导数,即函数 y 对于自变量 x 的变化率. 函数 $y = f(x)$ 在 x 处的导数是指当自变量在 x 处有一个增量 Δx 时,函数的增量 $\Delta y = f(x + \Delta x) - f(x)$ 与自变量的增量 Δx 的比值等于自变量增量 $\Delta x \to 0$ 时的极限,即

$$\frac{\mathrm{d}y}{\mathrm{d}x} = \lim_{\Delta x \to 0} \frac{\Delta y}{\Delta x} = \lim_{\Delta x \to 0} \frac{f(x + \Delta x) - f(x)}{\Delta x}.$$

对于多元函数,我们也常常需要研究它对某个自变量的变化率的问题,这就有了偏导数的概念.

定义 4 设函数 $z = f(x, y)$ 在点 (x_0, y_0) 的某个邻域内有定义,当自变量 y 保持定值 y_0 不变,而自变量 x 在 x_0 处有增量 Δx 时,函数 $z = f(x, y)$ 相应地有增量(关于 x 的偏增量)

$$\Delta z_x = f(x_0 + \Delta x, y_0) - f(x_0, y_0).$$

如果极限

$$\lim_{\Delta x \to 0} \frac{\Delta z_x}{\Delta x} = \lim_{\Delta x \to 0} \frac{f(x_0 + \Delta x, y_0) - f(x_0, y_0)}{\Delta x}$$

存在,则称此极限值为函数 $z = f(x, y)$ 在点 (x_0, y_0) 处对 x 的**偏导数**,记作

$$\frac{\partial z}{\partial x}\bigg|_{\substack{x = x_0 \\ y = y_0}}, \frac{\partial f}{\partial x}\bigg|_{\substack{x = x_0 \\ y = y_0}}, z'_x(x_0, y_0) \text{ 或 } f'_x(x_0, y_0),$$

即

$$f'_x(x_0, y_0) = \lim_{\Delta x \to 0} \frac{f(x_0 + \Delta x, y_0) - f(x_0, y_0)}{\Delta x}. \tag{8-2}$$

类似地,可以定义 $z = f(x, y)$ 在点 (x_0, y_0) 处对 y 的偏导数,记作

$$\frac{\partial z}{\partial y}\bigg|_{\substack{x = x_0 \\ y = y_0}}, \frac{\partial f}{\partial y}\bigg|_{\substack{x = x_0 \\ y = y_0}}, z'_y(x_0, y_0) \text{ 或 } f'_y(x_0, y_0),$$

即

$$f'_y(x_0, y_0) = \lim_{\Delta x \to 0} \frac{f(x_0, y_0 + \Delta y) - f(x_0, y_0)}{\Delta y}. \tag{8-3}$$

若函数 $z = f(x, y)$ 在区域 D 内的任意一点处对 x 的偏导数都存在,那么这个偏导数是 x, y 的函数,此函数称为函数 $z = f(x, y)$ 对自变量 x 的**偏导函数**,记作 $\frac{\partial z}{\partial x}, \frac{\partial f}{\partial x}, z'_x$ 或 $f'_x(x, y)$. 类似地,可以定义函数 $z = f(x, y)$ 对自变量 y 的偏导函数,记作 $\frac{\partial z}{\partial y}, \frac{\partial f}{\partial y}, z'_y$ 或 $f'_y(x, y)$. 在不引起混淆的情况下偏导函数简称偏导数.

根据以上定义,可以发现二元函数对 x 求偏导数,实际上就是将 y 看成常数,只把 x 看成变量的一元函数对 x 求导数;二元函数对 y 求偏导数,实际上就是将 x 看成常数,只把 y 看成变量的一元函数对 y 求导数.

类似地,可以定义多元函数的偏导数.如三元函数 $u = f(x,y,z)$ 的偏导数有三个,分别为 $\dfrac{\partial u}{\partial x}$(或 $\dfrac{\partial f}{\partial x}, u'_x, f'_x(x,y,z)$), $\dfrac{\partial u}{\partial y}$(或 $\dfrac{\partial f}{\partial y}, u'_y, f'_y(x,y,z)$), $\dfrac{\partial u}{\partial z}$(或 $\dfrac{\partial f}{\partial z}, u'_z, f'_z(x,y,z)$).

例7　设 $z = x^2 + 3xy + 4y^2$,求 $\dfrac{\partial z}{\partial x}, \dfrac{\partial z}{\partial y}, \dfrac{\partial z}{\partial x}\Big|_{\substack{x=1\\y=2}}$.

解　$\dfrac{\partial z}{\partial x} = (x^2 + 3xy + 4y^2)'_x = 2x + 3y$,

$\dfrac{\partial z}{\partial y} = (x^2 + 3xy + 4y^2)'_y = 3x + 8y$,

$\dfrac{\partial z}{\partial x}\Big|_{\substack{x=1\\y=2}} = (2x + 3y)\Big|_{\substack{x=1\\y=2}} = 8$.

例8　设 $z = \arctan \dfrac{y}{x}$,求 z'_x, z'_y.

解　$z'_x = \dfrac{1}{1 + \left(\dfrac{y}{x}\right)^2} \cdot \left(\dfrac{y}{x}\right)'_x = \dfrac{1}{1 + \left(\dfrac{y}{x}\right)^2} \cdot \left(-\dfrac{y}{x^2}\right) = -\dfrac{y}{x^2 + y^2}$,

$z'_y = \dfrac{1}{1 + \left(\dfrac{y}{x}\right)^2} \cdot \left(\dfrac{y}{x}\right)'_y = \dfrac{1}{1 + \left(\dfrac{y}{x}\right)^2} \cdot \dfrac{1}{x} = \dfrac{x}{x^2 + y^2}$.

例9　设 $z = e^{xy} + \sin(x^2 y)$,求 z'_x, z'_y.

解　$z'_x = (e^{xy})'_x + \left[\sin(x^2 y)\right]'_x$

$\qquad = e^{xy} \cdot (xy)'_x + \cos(x^2 y) \cdot (x^2 y)'_x$

$\qquad = ye^{xy} + 2xy\cos(x^2 y)$;

$\quad z'_y = (e^{xy})'_y + \left[\sin(x^2 y)\right]'_y$

$\qquad = e^{xy} \cdot (xy)'_y + \cos(x^2 y) \cdot (x^2 y)'_y$

$\qquad = xe^{xy} + x^2\cos(x^2 y)$.

例10　$z = x^y (x > 0, x \neq 1)$,证明: $\dfrac{x}{y}\dfrac{\partial z}{\partial x} + \dfrac{1}{\ln x}\dfrac{\partial z}{\partial y} = 2z$.

证明　因为 $\dfrac{\partial z}{\partial x} = yx^{y-1}, \dfrac{\partial z}{\partial y} = x^y \ln x$,所以

$$\dfrac{x}{y}\dfrac{\partial z}{\partial x} + \dfrac{1}{\ln x}\dfrac{\partial z}{\partial y} = \dfrac{x}{y}yx^{y-1} + \dfrac{1}{\ln x}x^y \ln x = x^y + x^y = 2z.$$

例11　设 $u = \sqrt{x^2 + y^2 + z^2}$,求 $\dfrac{\partial u}{\partial x}, \dfrac{\partial u}{\partial y}, \dfrac{\partial u}{\partial z}, \dfrac{\partial u}{\partial y}\Big|_{(0,1,-1)}$.

解　$\dfrac{\partial u}{\partial x} = \dfrac{2x}{2\sqrt{x^2 + y^2 + z^2}} = \dfrac{x}{\sqrt{x^2 + y^2 + z^2}}$,

$\dfrac{\partial u}{\partial y} = \dfrac{2y}{2\sqrt{x^2 + y^2 + z^2}} = \dfrac{y}{\sqrt{x^2 + y^2 + z^2}}$,

$\dfrac{\partial u}{\partial z} = \dfrac{2z}{2\sqrt{x^2 + y^2 + z^2}} = \dfrac{z}{\sqrt{x^2 + y^2 + z^2}}$,

$\dfrac{\partial u}{\partial y}\Big|_{(0,1,-1)} = \dfrac{y}{\sqrt{x^2 + y^2 + z^2}}\Big|_{(0,1,-1)} = \dfrac{1}{\sqrt{2}} = \dfrac{\sqrt{2}}{2}$.

例12 求函数 $z = f(x, y) = \begin{cases} \dfrac{xy}{x^2 + y^2}, & x^2 + y^2 \neq 0, \\ 0, & x^2 + y^2 = 0 \end{cases}$ 在点 $(0,0)$ 处的两个偏导数.

解 $f'_x(0,0) = \lim\limits_{\Delta x \to 0} \dfrac{f(0 + \Delta x, 0) - f(0,0)}{\Delta x} = \lim\limits_{\Delta x \to 0} \dfrac{\frac{\Delta x \cdot 0}{(\Delta x)^2}}{\Delta x} = 0,$

同理 $\qquad\qquad\qquad\qquad f'_y(0,0) = 0.$

一元函数可导必连续,但对于二元函数,由本例和本章第一节的例5可知,即使两个偏导数都存在(也称可导)也不能保证二元函数的连续性.

二、高阶偏导数

类似于一元函数的高阶导数,我们也可以定义二元函数的高阶偏导数.若二元函数 $z = f(x, y)$ 的偏导数 $f'_x(x, y)$ 和 $f'_y(x, y)$ 对 x 和 y 的偏导数存在,则称这些偏导数为 $z = f(x, y)$ 的二阶偏导数.二元函数的二阶偏导数有如下4个:

$$\frac{\partial}{\partial x}\left(\frac{\partial z}{\partial x}\right) = \frac{\partial^2 z}{\partial x^2} = f''_{xx}(x, y), \quad \frac{\partial}{\partial y}\left(\frac{\partial z}{\partial x}\right) = \frac{\partial^2 z}{\partial x \partial y} = f''_{xy}(x, y),$$

$$\frac{\partial}{\partial x}\left(\frac{\partial z}{\partial y}\right) = \frac{\partial^2 z}{\partial y \partial x} = f''_{yx}(x, y), \quad \frac{\partial}{\partial y}\left(\frac{\partial z}{\partial y}\right) = \frac{\partial^2 z}{\partial y^2} = f''_{yy}(x, y).$$

其中 $f''_{xy}(x, y)$, $f''_{yx}(x, y)$ 称为**二阶混合偏导**.用同样的方法可得二阶以上的偏导数.

例13 设 $z = x^3 y - 3x^2 y^3 - xy^2 + 2$,求其所有二阶偏导数.

解 $\dfrac{\partial z}{\partial x} = 3x^2 y - 6xy^3 - y^2,\quad \dfrac{\partial z}{\partial y} = x^3 - 9x^2 y^2 - 2xy,$

$\dfrac{\partial^2 z}{\partial x^2} = (3x^2 y - 6xy^3 - y^2)'_x = 6xy - 6y^3,$

$\dfrac{\partial^2 z}{\partial x \partial y} = (3x^2 y - 6xy^3 - y^2)'_y = 3x^2 - 18xy^2 - 2y,$

$\dfrac{\partial^2 z}{\partial y \partial x} = (x^3 - 9x^2 y^2 - 2xy)'_x = 3x^2 - 18xy^2 - 2y,$

$\dfrac{\partial^2 z}{\partial y^2} = (x^3 - 9x^2 y^2 - 2xy)'_y = -18x^2 y - 2x.$

由上例我们发现,其中的两个二阶混合偏导数相等,这不是偶然的,可以证明下面定理:

定理3 若函数 $z = f(x, y)$ 在区域 D 上的两个混合偏导数 $f''_{xy}(x, y)$ 和 $f''_{yx}(x, y)$ 连续,则在该区域内必有

$$f''_{xy}(x, y) = f''_{yx}(x, y).$$

根据该定理,二阶混合偏导数在连续的条件下与求偏导数次序无关,且该定理对于多元函数的更高阶的混合偏导数也成立.

例14 设 $z = y^2 e^x + x^3 y^4 + \sin(xy)$,求其所有二阶导数.

解 $\dfrac{\partial z}{\partial x} = y^2 e^x + 3x^2 y^4 + y\cos(xy),\quad \dfrac{\partial z}{\partial y} = 2y e^x + 4x^3 y^3 + x\cos(xy),$

$\dfrac{\partial^2 z}{\partial x^2} = \left[y^2 e^x + 3x^2 y^4 + y\cos(xy)\right]'_x = y^2 e^x + 6xy^4 - y^2\sin(xy),$

$$\frac{\partial^2 z}{\partial x \partial y} = [y^2 e^x + 3x^2 y^4 + y\cos(xy)]'_y = 2ye^x + 12x^2 y^3 + \cos(xy) - xy\sin(xy),$$

$$\frac{\partial^2 z}{\partial y \partial x} = [2ye^x + 4x^3 y^3 + x\cos(xy)]'_x = 2ye^x + 12x^2 y^3 + \cos(xy) - xy\sin(xy),$$

$$\frac{\partial^2 z}{\partial y^2} = [2ye^x + 4x^3 y^3 + x\cos(xy)]'_y = 2e^x + 12x^3 y^2 - x^2 \sin(xy).$$

例 15　设 $u = \dfrac{1}{\sqrt{x^2 + y^2 + z^2}}$，证明：$\dfrac{\partial^2 u}{\partial x^2} + \dfrac{\partial^2 u}{\partial y^2} + \dfrac{\partial^2 u}{\partial z^2} = 0.$

证明　$u = \dfrac{1}{\sqrt{x^2 + y^2 + z^2}} = (x^2 + y^2 + z^2)^{-\frac{1}{2}}.$

$$\frac{\partial u}{\partial x} = -\frac{1}{2}(x^2 + y^2 + z^2)^{-\frac{3}{2}} \cdot 2x = -x\,(x^2 + y^2 + z^2)^{-\frac{3}{2}},$$

$$\frac{\partial^2 u}{\partial x^2} = -(x^2 + y^2 + z^2)^{-\frac{3}{2}} - x\left(-\frac{3}{2}\right)(x^2 + y^2 + z^2)^{-\frac{5}{2}} \cdot 2x$$

$$= -(x^2 + y^2 + z^2)^{-\frac{3}{2}} + 3x^2\,(x^2 + y^2 + z^2)^{-\frac{5}{2}}.$$

类似地，可得 $\dfrac{\partial^2 u}{\partial y^2} = -(x^2 + y^2 + z^2)^{-\frac{3}{2}} + 3y^2\,(x^2 + y^2 + z^2)^{-\frac{5}{2}},$

$$\frac{\partial^2 u}{\partial z^2} = -(x^2 + y^2 + z^2)^{-\frac{3}{2}} + 3z^2\,(x^2 + y^2 + z^2)^{-\frac{5}{2}}.$$

所以 $\dfrac{\partial^2 u}{\partial x^2} + \dfrac{\partial^2 u}{\partial y^2} + \dfrac{\partial^2 u}{\partial z^2} = -3\,(x^2 + y^2 + z^2)^{-\frac{3}{2}} + 3(x^2 + y^2 + z^2) \cdot (x^2 + y^2 + z^2)^{-\frac{5}{2}} = 0.$

习题 8－2

A 组

1. 求下列函数的偏导数

(1) $z = x^2 + y^2$；

(2) $z = \dfrac{\cos x^2}{y}$；

(3) $z = \arctan \dfrac{y}{x}$；

(4) $z = \dfrac{x + y}{x - y}$；

(5) $z = (\sin x)^{\cos y}$；

(6) $z = e^{\frac{x}{y}}\cos(x + y)$；

(7) $z = \sin \dfrac{x}{y} + x e^{-xy}$；

(8) $u = y^{\frac{z}{x}}$.

2. 求下列各函数在指定点处的偏导数：

(1) $f(x,y) = x + y - \sqrt{x^2 + y^2}$，求 $f'_x(3,4)$；

(2) $f(x,y) = \sin \dfrac{x}{y} \cos \dfrac{y}{x}$，求 $f'_x(2,\pi)$，$f'_y(2,\pi)$.

3. 求下列函数的所有二阶偏导数：

(1) $z = x^4 - 4x^2 y^2 + y^4$；

(2) $z = x\ln(xy)$；

(3) $z = \dfrac{x}{\sqrt{x^2 + y^2}}$；

(4) $z = x^y\,(x > 0 \text{ 且 } x \neq 1)$.

4. 设 $f(x, y, z) = xy^2 + yz^2 + zx^2$，求 $f''_{xx}(0,0,1)$，$f''_{xy}(1,0,2)$，$f''_{yz}(0,-1,0)$，$f'''_{zzx}(2,0,1)$.

5. 证明：(1) 设 $z = \mathrm{e}^{\frac{x}{y^2}}$，证明：$2x \dfrac{\partial z}{\partial x} + y \dfrac{\partial z}{\partial y} = 0$.

(2) 设 $z = x\mathrm{e}^{\frac{y}{x}}$，证明：$x \dfrac{\partial z}{\partial x} + y \dfrac{\partial z}{\partial y} = z$.

(3) 设 $u = \dfrac{1}{\sqrt{x^2 + y^2 + z^2}}$，证明：$\dfrac{\partial^2 u}{\partial x^2} + \dfrac{\partial^2 u}{\partial y^2} + \dfrac{\partial^2 u}{\partial z^2} = 0$.

B 组

1. 求下列函数的偏导数

(1) $z = \ln\left(\dfrac{1}{\sqrt{x}} - \dfrac{1}{\sqrt{y}}\right)$；(2) $f(x, y, z) = \sin\dfrac{y}{x}\cos\dfrac{x}{y} + 2z^3$

(3) $z = (1 + xy)^y$；(4) $z = f(x^2 - y^2, \mathrm{e}^{xy})$（$f$ 具有一阶连续偏导）.

2. 求下列函数的所有二阶偏导数

(1) $z = \sin^2(ax + by)$（a, b 为常数）；

(2) $f(x, y) = x^2\arctan\dfrac{y}{x} - y^2\arctan\dfrac{x}{y}$.

3. 设 $u = yf\left(\dfrac{x}{y}\right) + xg\left(\dfrac{y}{x}\right)$，其中函数 f, g 具有二阶连续导数，证明 $x \dfrac{\partial^2 u}{\partial x^2} + y \dfrac{\partial^2 u}{\partial x \partial y} = 0$.

第三节　全　微　分

我们在第二章学习过一元函数的微分，对一元函数 $y = f(x)$ 来说，当自变量 x 在 x_0 处有一个增量 Δx 时，相应地，函数有一个增量 $\Delta y = f(x_0 + \Delta x) - f(x_0)$. 如果 Δy 可以表示成 $A\Delta x + o(\Delta x)$（其中 A 与 Δx 无关，$o(\Delta x)$ 是 Δx 的高阶无穷小），则称函数 $y = f(x)$ 在 x_0 处可微，$A\Delta x$ 称为函数 $y = f(x)$ 在 x_0 处的微分.

类似于一元函数微分的概念，我们可以引入二元函数全微分的概念. 看下面的例子：

设矩形的长和宽分别为 x, y，则此矩形的面积为 $S = xy$. 若在 (x_0, y_0) 处有增量 Δx，Δy，则该矩形面积有增量（称为全增量）

$$\Delta S = (x_0 + \Delta x)(y_0 + \Delta y) - x_0 y_0 = y_0\Delta x + x_0\Delta y + \Delta x\Delta y.$$

上式右端包含两个部分，一部分是 $y_0\Delta x + x_0\Delta y$，它是关于 $\Delta x, \Delta y$ 的线性组合，另一部分是 $\Delta x\Delta y$，当 $\rho = \sqrt{(\Delta x)^2 + (\Delta y)^2} \to 0$ 时，$\Delta x\Delta y$ 是比 ρ 高阶的无穷小量. 因此，线性组合部分 $y_0\Delta x + x_0\Delta y$ 代表了全增量 ΔS 的主要部分，我们就把它称为函数 $S = xy$ 在点 (x_0, y_0) 处的全微分.

定义 5　设函数 $z = f(x, y)$ 在点 (x_0, y_0) 的某个邻域内有定义，当自变量 x, y 在 (x_0, y_0) 处分别有增量 $\Delta x, \Delta y$ 时，其全增量 $\Delta z = f(x_0 + \Delta x, y_0 + \Delta y) - f(x_0, y_0)$. 如果 Δz 可以表示为 $A\Delta x + B\Delta y + o(\rho)$（其中 A, B 是与 $\Delta x, \Delta y$ 无关的量，$\rho = \sqrt{(\Delta x)^2 + (\Delta y)^2}$，$o(\rho)$ 表示 ρ 的高阶无穷小），则称 $z = f(x, y)$ 在点 (x_0, y_0) 处**可微**，$A\Delta x + B\Delta y$ 称为 $z =$

$f(x,y)$ 在 (x_0,y_0) 处的**全微分**,记作 $\mathrm{d}z\Big|_{(x_0,y_0)}$ 或 $\mathrm{d}z\Big|_{\substack{x\to x_0\\y\to y_0}}$,即

$$\mathrm{d}z\Big|_{(x_0,y_0)}=A\Delta x+B\Delta y.$$

若函数 $z=f(x,y)$ 在区域 D 内每一点都可微,则称函数 $z=f(x,y)$ 在区域 D 内可微.

与一元函数类似,我们有下面定理:

定理 4 若 $z=f(x,y)$ 在点 (x_0,y_0) 可微,则 $z=f(x,y)$ 在点 (x_0,y_0) 连续.

证明 因为 $z=f(x,y)$ 在点 (x_0,y_0) 可微,即

$$\Delta z=f(x_0+\Delta x,y_0+\Delta y)-f(x_0,y_0)=A\Delta x+B\Delta y+o(\rho),$$

所以

$$\lim_{\substack{\Delta x\to 0\\\Delta y\to 0}}\Delta z=\lim_{\substack{\Delta x\to 0\\\Delta y\to 0}}[A\Delta x+B\Delta y+o(\rho)]=\lim_{\substack{\Delta x\to 0\\\Delta y\to 0}}(A\Delta x+B\Delta y)+\lim_{\rho\to 0}o(\rho)=0.$$

定理 4 也告诉我们,如果 $f(x,y)$ 在 (x_0,y_0) 处不连续,则 $f(x,y)$ 在 (x_0,y_0) 处不可微.

如果 $f(x,y)$ 在 (x_0,y_0) 处可微,如何求 A、B 呢?

定理 5(可微的必要条件) 如果函数 $z=f(x,y)$ 在点 (x_0,y_0) 处可微,则函数 $z=f(x,y)$ 在点 (x_0,y_0) 处的偏导数 $\dfrac{\partial z}{\partial x},\dfrac{\partial z}{\partial y}$ 存在,且

$$A=\frac{\partial z}{\partial x}\Big|_{(x_0,y_0)},B=\frac{\partial z}{\partial y}\Big|_{(x_0,y_0)}.$$

证明 因为函数 $z=f(x,y)$ 在点 (x_0,y_0) 处可微,所以在点 (x_0,y_0) 处的全增量可以表示为 $\Delta z=A\Delta x+B\Delta y+o(\rho)$,其中 A,B 是与 $\Delta x,\Delta y$ 无关的量,$\rho=\sqrt{(\Delta x)^2+(\Delta y)^2}$,$o(\rho)$ 表示 ρ 的高阶无穷小.

当 $\Delta y=0$ 时,全增量就转化为偏增量

$$\Delta_x z=f(x_0+\Delta x,y_0)-f(x_0,y_0)=A\Delta x+o(\rho).$$

而 $\rho=|\Delta x|$,从而 $\dfrac{\Delta_x z}{\Delta x}=A+\dfrac{o(\rho)}{\Delta x}$,所以有

$$\lim_{\Delta x\to 0}\frac{\Delta_x z}{\Delta x}=\lim_{\Delta x\to 0}\Big[A+\frac{o(\rho)}{\Delta x}\Big]=\lim_{\Delta x\to 0}\Big[A+\frac{o(\rho)}{|\Delta x|}\frac{|\Delta x|}{\Delta x}\Big]$$
$$=A+\lim_{\Delta x\to 0}\Big[\frac{o(\rho)}{\rho}\frac{\rho}{\Delta x}\Big]=A,$$

即 $A=\dfrac{\partial z}{\partial x}\Big|_{(x_0,y_0)}$.同理可证 $B=\dfrac{\partial z}{\partial y}\Big|_{(x_0,y_0)}$,从而

$$\mathrm{d}z\Big|_{(x_0,y_0)}=\frac{\partial z}{\partial x}\Big|_{(x_0,y_0)}\Delta x+\frac{\partial z}{\partial y}\Big|_{(x_0,y_0)}\Delta y.$$

与一元函数一样,自变量的增量等于自变量的微分 $\Delta x=\mathrm{d}x,\Delta y=\mathrm{d}y$,则函数 $z=f(x,y)$ 在点 (x_0,y_0) 处的全微分为

$$\mathrm{d}z\Big|_{(x_0,y_0)}=\frac{\partial z}{\partial x}\Big|_{(x_0,y_0)}\mathrm{d}x+\frac{\partial z}{\partial y}\Big|_{(x_0,y_0)}\mathrm{d}y. \tag{8-4}$$

一般地,函数 $z=f(x,y)$ 在点 (x,y) 处的全微分

$$\mathrm{d}z=\frac{\partial z}{\partial x}\mathrm{d}x+\frac{\partial z}{\partial y}\mathrm{d}y. \tag{8-5}$$

在一元函数中,可微与可导是等价的,但在多元函数里,这个结论并不成立.例如由第一节例 5 及第二节例 12 知 $g(x,y) = \begin{cases} \dfrac{xy}{x^2+y^2}, & x^2+y^2 \neq 0, \\ 0, & x^2+y^2 = 0 \end{cases}$ 在点 $(0,0)$ 处的两个偏导数存在,但是 $\lim\limits_{\substack{x \to 0 \\ y \to 0}} g(x,y)$ 不存在,从而 $g(x,y)$ 在点 $(0,0)$ 处不连续,由定理 4 可知 $g(x,y)$ 在点 $(0,0)$ 处不可微.因此,两个偏导数存在只是函数可微的必要条件,那么,全微分存在的充分条件是什么呢?

定理 6(可微的充分条件) 如果函数 $z = f(x,y)$ 的偏导数 $\dfrac{\partial z}{\partial x}, \dfrac{\partial z}{\partial y}$ 在 (x_0,y_0) 的某一邻域内连续,则函数 $z = f(x,y)$ 在点 (x_0,y_0) 处可微.(证明略)

二元函数全微分的概念可以类似地推广到二元以上的函数,如三元函数 $u = f(x,y,z)$,如果它的三个偏导数 $\dfrac{\partial u}{\partial x}, \dfrac{\partial u}{\partial y}, \dfrac{\partial u}{\partial z}$ 连续,则它可微,且其全微分为

$$\mathrm{d}u = \frac{\partial u}{\partial x}\mathrm{d}x + \frac{\partial u}{\partial y}\mathrm{d}y + \frac{\partial u}{\partial z}\mathrm{d}z. \tag{8-6}$$

例 16 求函数 $z = x\sin(x+y)$ 的全微分 $\mathrm{d}z$ 及 $\mathrm{d}z\Big|_{\substack{x=0 \\ y=\frac{\pi}{2}}}$.

解 $\dfrac{\partial z}{\partial x} = \sin(x+y) + x\cos(x+y)$,

$\dfrac{\partial z}{\partial y} = x\cos(x+y)$,

$\mathrm{d}z = \dfrac{\partial z}{\partial x}\mathrm{d}x + \dfrac{\partial z}{\partial y}\mathrm{d}y = [\sin(x+y) + x\cos(x+y)]\mathrm{d}x + x\cos(x+y)\mathrm{d}y$,

$\mathrm{d}z\Big|_{\substack{x=0 \\ y=\frac{\pi}{2}}} = \dfrac{\partial z}{\partial x}\Big|_{\substack{x=0 \\ y=\frac{\pi}{2}}}\mathrm{d}x + \dfrac{\partial z}{\partial y}\Big|_{\substack{x=0 \\ y=\frac{\pi}{2}}}\mathrm{d}y = \mathrm{d}x$.

例 17 求函数 $z = x\mathrm{e}^{xy}$ 的全微分 $\mathrm{d}z$.

解 $\dfrac{\partial z}{\partial x} = \mathrm{e}^{xy} + xy\mathrm{e}^{xy} = (1+xy)\mathrm{e}^{xy}$,

$\dfrac{\partial z}{\partial y} = x^2\mathrm{e}^{xy}$,

$\mathrm{d}z = \dfrac{\partial z}{\partial x}\mathrm{d}x + \dfrac{\partial z}{\partial y}\mathrm{d}y = (1+xy)\mathrm{e}^{xy}\mathrm{d}x + x^2\mathrm{e}^{xy}\mathrm{d}y$.

例 18 求函数 $u = x^2 + \sin\dfrac{y}{2} + \arctan\dfrac{z}{y}$ 的全微分 $\mathrm{d}u$ 及 $\mathrm{d}u\Big|_{(1,0,-1)}$.

解 $\dfrac{\partial u}{\partial x} = 2x$,

$\dfrac{\partial u}{\partial y} = \dfrac{1}{2}\cos\dfrac{y}{2} + \dfrac{1}{1+\left(\dfrac{z}{y}\right)^2} \cdot \left(-\dfrac{z}{y^2}\right) = \dfrac{1}{2}\cos\dfrac{y}{2} - \dfrac{z}{y^2+z^2}$,

$\dfrac{\partial u}{\partial z} = \dfrac{1}{1+\left(\dfrac{z}{y}\right)^2} \cdot \dfrac{1}{y} = \dfrac{y}{y^2+z^2}$,

$$du = \frac{\partial u}{\partial x}dx + \frac{\partial u}{\partial y}dy + \frac{\partial u}{\partial z}dz = 2xdx + \left(\frac{1}{2}\cos\frac{y}{2} - \frac{z}{y^2+z^2}\right)dy + \frac{y}{y^2+z^2}dz,$$

$$du\Big|_{(1,0,-1)} = 2dx + \frac{3}{2}dy.$$

习题 8 – 3

A 组

1. 求下列函数的全微分:

(1) $z = xy + \dfrac{x}{y}$;

(2) $z = \arcsin\dfrac{x}{y}$;

(3) $z = \sin(x^2 + y^2)$;

(4) $z = \ln\sqrt{x^2 + y^2}$.

2. 设 $z = x^2 y^3$,求 $dz, dz\Big|_{\substack{x=1 \\ y=2}}$.

B 组

1. 求下列函数的全微分:

(1) $z = \sqrt{x^2 + y^2}$;

(2) $u = x^{yz}$.

第四节 多元复合函数与隐函数的微分法

一、多元复合函数的求导法则

在第二章里,我们学过一元函数的复合函数的求导法则,如果函数 $y = f(u)$ 对 u 可导,$u = \varphi(x)$ 对 x 可导,则复合函数 $y = f[\varphi(x)]$ 对 x 可导,且

$$\frac{dy}{dx} = \frac{dy}{du} \cdot \frac{du}{dx} = f'(u) \cdot \varphi'(x).$$

多元复合函数的求导问题比较复杂,我们先从一种特殊情况开始讨论.

定理7 设一元函数 $u = \varphi(x)$ 与 $v = \psi(x)$ 在 x 处均可导,二元函数 $z = f(u,v)$ 在 x 的对应点 (u,v) 处有一阶连续偏导数 $\dfrac{\partial z}{\partial u}, \dfrac{\partial z}{\partial v}$,则复合函数 $z = f[\varphi(x), \psi(x)]$ 对 x 的导数存在,且有

$$\frac{dz}{dx} = \frac{\partial z}{\partial u}\frac{du}{dx} + \frac{\partial z}{\partial v}\frac{dv}{dx}. \tag{8-7}$$

证明 给 x 以增量 Δx,则 u, v 有相应的增量 Δu、Δv,从而 $z = f(u,v)$ 有全增量

$$\Delta z = f(u + \Delta u, v + \Delta v) - f(u,v).$$

根据假设,$z = f(u,v)$ 在 (u,v) 处偏导数连续,从而知其可微,所以

$$\Delta z = \frac{\partial z}{\partial u} \cdot \Delta u + \frac{\partial z}{\partial v} \cdot \Delta v + o(\rho),$$

其中 $\rho = \sqrt{(\Delta u)^2 + (\Delta v)^2}$. 又因一元函数 u 与 v 可导,所以 u 与 v 均连续,得 $\lim\limits_{\Delta x \to 0} \rho = 0$. 于是

$$\lim_{\Delta x \to 0} \left[\frac{o(\rho)}{\Delta x} \right]^2 = \lim_{\Delta x \to 0} \left[\frac{o(\rho)}{\rho} \right]^2 \frac{\rho^2}{(\Delta x)^2} = \lim_{\Delta x \to 0} \left[\frac{o(\rho)}{\rho} \right]^2 \lim_{\Delta x \to 0} \frac{(\Delta u)^2 + (\Delta v)^2}{(\Delta x)^2}$$

$$= \lim_{\rho \to 0} \left[\frac{o(\rho)}{\rho} \right]^2 \left[\left(\frac{\mathrm{d}u}{\mathrm{d}x} \right)^2 + \left(\frac{\mathrm{d}v}{\mathrm{d}x} \right)^2 \right] = 0,$$

因此 $\lim\limits_{\Delta x \to 0} \dfrac{o(\rho)}{\Delta x} = 0$.

$$\frac{\mathrm{d}z}{\mathrm{d}x} = \lim_{\Delta x \to 0} \frac{\Delta z}{\Delta x} = \lim_{\Delta x \to 0} \frac{\dfrac{\partial z}{\partial u} \Delta u + \dfrac{\partial z}{\partial v} \Delta v + o(\rho)}{\Delta x}$$

$$= \lim_{\Delta x \to 0} \frac{\partial z}{\partial u} \frac{\Delta u}{\Delta x} + \lim_{\Delta x \to 0} \frac{\partial z}{\partial v} \frac{\Delta v}{\Delta x} + \lim_{\Delta x \to 0} \frac{o(\rho)}{\Delta x}$$

$$= \frac{\partial z}{\partial u} \frac{\mathrm{d}u}{\mathrm{d}x} + \frac{\partial z}{\partial v} \frac{\mathrm{d}v}{\mathrm{d}x}.$$

注: 该复合函数复合后,实质上是一元函数,公式中的导数 $\dfrac{\mathrm{d}z}{\mathrm{d}x}$ 称为全导数.

例 19 设 $z = \mathrm{e}^{u^2 + v^2}$,$u = \sin 2x$,$v = x^2$,求 $\dfrac{\mathrm{d}z}{\mathrm{d}x}$.

解 因为

$$\frac{\partial z}{\partial u} = 2u\mathrm{e}^{u^2 + v^2}, \quad \frac{\partial z}{\partial v} = 2v\mathrm{e}^{u^2 + v^2},$$

$$\frac{\mathrm{d}u}{\mathrm{d}x} = 2\cos 2x, \quad \frac{\mathrm{d}v}{\mathrm{d}x} = 2x,$$

据公式(8-7),得

$$\frac{\mathrm{d}z}{\mathrm{d}x} = 2u\mathrm{e}^{u^2 + v^2} \cdot 2\cos 2x + 2v\mathrm{e}^{u^2 + v^2} \cdot 2x$$

$$= 4\sin 2x \cos 2x\,\mathrm{e}^{\sin^2 2x + x^4} + 4x^3\,\mathrm{e}^{\sin^2 2x + x^4}.$$

如果把 $u = \sin 2x$,$v = x^2$ 代入 $z = \mathrm{e}^{u^2 + v^2}$ 中,再用一元函数的求导方法解题,将得到同一答案.

现在,我们假定所设的函数 $z = f(u, v)$ 可微,而 $u = \varphi(x, y)$ 和 $v = \psi(x, y)$ 的两个一阶偏导数都存在.这时,复合函数 $z = f[\varphi(x, y), \psi(x, y)]$ 对 x 与 y 的偏导数存在,且

$$\frac{\partial z}{\partial x} = \frac{\partial z}{\partial u} \frac{\partial u}{\partial x} + \frac{\partial z}{\partial v} \frac{\partial v}{\partial x},$$

$$\frac{\partial z}{\partial y} = \frac{\partial z}{\partial u} \frac{\partial u}{\partial y} + \frac{\partial z}{\partial v} \frac{\partial v}{\partial y}.$$

$$(8-8)$$

这是因为当 z 对 x 求偏导数时,应把 y 看成常数,此时的 u 和 v 也只当做是 x 的函数,所以可运用公式(8-7),并把相应的导数记号写成偏导数记号,于是就可得到(8-8)中的第一式,同理可得出第二式.

为方便记忆复合函数的求导公式,可先画出各变量之间的关系图.例如公式(8-8)中复合函数各个变量之间的依赖关系可用图 8-10 表达.在图 8-10 中,从 z 引出的两个箭头指向 u, v,表示 z 是 u 和 v 的函数,同

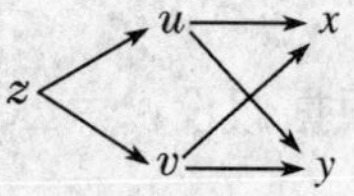

图 8-10

理 u 和 v 又同时是 x 和 y 的函数. 怎样由关系图记住公式 $\dfrac{\partial z}{\partial x} = \dfrac{\partial z}{\partial u}\dfrac{\partial u}{\partial x} + \dfrac{\partial z}{\partial v}\dfrac{\partial v}{\partial x}$ 呢？从关系图中看到，从 z 到 x 的途径有两条：$z \to u \to x$ 和 $z \to v \to x$，表示 z 对 x 的偏导数包括两项，每条途径由两个箭头组成，表示每项由两个（偏）导数相乘而得，其中每个箭头表示前一个变量对后一个变量的（偏）导数，如 $z \to u$、$u \to x$ 分别表示 $\dfrac{\partial z}{\partial u}$，$\dfrac{\partial u}{\partial x}$.

可以看出中间变量在偏导数的计算中起到连接因变量和自变量的"链条"的作用，且中间变量的个数决定了每一个偏导数公式中右端的项数. 公式(8-8)又称为"链式法则"，它是一元函数"链式法则"的推广.

多元复合函数的复合情况比较复杂，"链式法则"也可以推广到其他情形. 下面列出另两个常见多元复合函数的求导公式：

(1) 当 $z = f(u, v, w)$，$u = \varphi(x, y)$，$v = \psi(x, y)$，$w = w(x, y)$ 时，其各变量之间的关系如图 8-11 所示. 则

$$\frac{\partial z}{\partial x} = \frac{\partial z}{\partial u}\frac{\partial u}{\partial x} + \frac{\partial z}{\partial v}\frac{\partial v}{\partial x} + \frac{\partial z}{\partial w}\frac{\partial w}{\partial x},$$

$$\frac{\partial z}{\partial y} = \frac{\partial z}{\partial u}\frac{\partial u}{\partial y} + \frac{\partial z}{\partial v}\frac{\partial v}{\partial y} + \frac{\partial z}{\partial w}\frac{\partial w}{\partial y}.$$

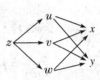

图 8-11

(2) 当 $z = f(u)$，$u = \varphi(x, y)$ 时，其各变量之间的关系如图 8-12 所示. 则

$$\frac{\partial z}{\partial x} = \frac{\mathrm{d}z}{\mathrm{d}u}\frac{\partial u}{\partial x}, \quad \frac{\partial z}{\partial y} = \frac{\mathrm{d}z}{\mathrm{d}u}\frac{\partial u}{\partial y}.$$

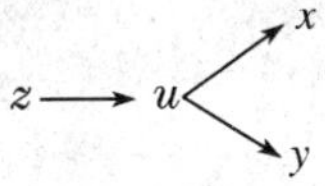

图 8-12

注： 在复合函数求导过程中，凡出现一元函数的，涉及的导数记号应写成一元函数的导数记号. 另外公式(8-7)中各变量关系可用图 8-13 表示.

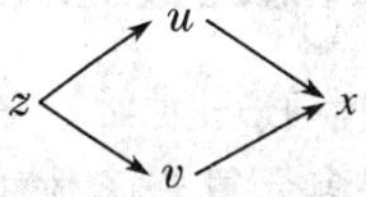

图 8-13

例 20 设 $z = \mathrm{e}^{u}\cos v$，$u = xy$，$v = 2x - y$，求 $\dfrac{\partial z}{\partial x}$，$\dfrac{\partial z}{\partial y}$.

解 因为 $\dfrac{\partial z}{\partial u} = \mathrm{e}^{u}\cos v$，$\dfrac{\partial z}{\partial v} = -\mathrm{e}^{u}\sin v$，$\dfrac{\partial u}{\partial x} = y$，$\dfrac{\partial v}{\partial x} = 2$，$\dfrac{\partial u}{\partial y} = x$，$\dfrac{\partial v}{\partial y} = -1$，
由公式(8-8)可得

$$\frac{\partial z}{\partial x} = \mathrm{e}^{u}\cos v \cdot y - \mathrm{e}^{u}\sin v \cdot 2 = \mathrm{e}^{xy}[y\cos(2x - y) - 2\sin(2x - y)],$$

$$\frac{\partial z}{\partial y} = \mathrm{e}^{u}\cos v \cdot x - \mathrm{e}^{u}\sin v \cdot (-1) = \mathrm{e}^{xy}[x\cos(2x - y) + \sin(2x - y)].$$

例 21 设 $z = f(3x - 7y^2, \mathrm{e}^{xy})$，求 $\dfrac{\partial z}{\partial x}$，$\dfrac{\partial z}{\partial y}$.

解 令 $u = 3x - 7y^2$，$v = \mathrm{e}^{xy}$，于是 $z = f(u, v)$.

因为 $$\frac{\partial z}{\partial u} = f'_u, \quad \frac{\partial z}{\partial v} = f'_v,$$

$$\frac{\partial u}{\partial x} = 3, \quad \frac{\partial v}{\partial x} = y\mathrm{e}^{xy}, \quad \frac{\partial u}{\partial y} = -14y, \quad \frac{\partial v}{\partial y} = x\mathrm{e}^{xy},$$

由公式(8-8)，有

$$\frac{\partial z}{\partial x} = f'_u \cdot 3 + f'_v \cdot y\mathrm{e}^{xy} = 3f'_u + y\mathrm{e}^{xy}f'_v,$$

$$\frac{\partial z}{\partial y} = f_u' \cdot (-14y) + f_v' \cdot xe^{xy} = -14yf_u' + xe^{xy}f_v'.$$

为表达简便起见,我们用 f_i' 表示 z 对第 i 个中间变量的偏导数,有了这种记法,就不一定要明显地写出中间变量 u, v, w 等.

例 22 设 $z = f\left(\dfrac{y}{x}, x + 2y, y\sin x\right)$,其中 f 为已知的偏导数存在的函数,求 $\dfrac{\partial z}{\partial x}, \dfrac{\partial z}{\partial y}$.

解 $\dfrac{\partial z}{\partial x} = f_1' \cdot \left(-\dfrac{y}{x^2}\right) + f_2' \cdot 1 + f_3' \cdot y\cos x = -\dfrac{y}{x^2}f_1' + f_2' + y\cos x f_3'$,

$\dfrac{\partial z}{\partial y} = f_1' \cdot \dfrac{1}{x} + f_2' \cdot 2 + f_3' \cdot \sin x = \dfrac{1}{x}f_1' + 2f_2' + \sin x f_3'$.

例 23 设 $z = f\left(xy, \dfrac{x}{y}\right)$,其中 f 为已知的一、二阶偏导数连续的函数,求 $\dfrac{\partial^2 z}{\partial x\partial y}$.

解 $\dfrac{\partial z}{\partial x} = f_1' \cdot y + f_2' \cdot \dfrac{1}{y} = yf_1' + \dfrac{1}{y}f_2'$,

$$\frac{\partial^2 z}{\partial x\partial y} = f_1' + y\left[f_{11}'' \cdot x + f_{12}'' \cdot \left(-\frac{x}{y^2}\right)\right] - \frac{1}{y^2}f_2' + \frac{1}{y}\left[f_{21}'' \cdot x + f_{22}'' \cdot \left(-\frac{x}{y^2}\right)\right]$$

$$= f_1' - \frac{1}{y^2}f_2' + xyf_{11}'' - \frac{x}{y}f_{12}'' + \frac{x}{y}f_{21}'' - \frac{x}{y^3}f_{22}''$$

$$= f_1' - \frac{1}{y^2}f_2' + xyf_{11}'' - \frac{x}{y^3}f_{22}''.$$

(因为 f 为已知的一、二阶偏导数连续的函数,所以 $f_{12}'' = f_{21}''$.)

二、隐函数的求导公式

在一元函数中,我们曾学习过隐函数的求导求法,但未能给出一般的求导公式.现在根据多元复合函数的求导法,就可以给出一元隐函数的求导公式.

设方程 $F(x, y) = 0$ 确定了函数 $y = y(x)$,则将它代入方程变为恒等式

$$F[x, y(x)] \equiv 0,$$

两端对 x 求导,得

$$F_x' + F_y' \cdot \frac{dy}{dx} = 0.$$

若 $F_y' \neq 0$,则

$$\frac{dy}{dx} = -\frac{F_x'}{F_y'}. \tag{8-9}$$

这就是一元隐函数的求导公式.

例 24 设 $x^2 + y^2 = 2x$,求 $\dfrac{dy}{dx}$.

解 令 $F(x, y) = x^2 + y^2 - 2x$,则

$$F_x' = 2x - 2, \quad F_y' = 2y.$$

由公式 (8-9) 得

$$\frac{dy}{dx} = -\frac{2x - 2}{2y} = \frac{1 - x}{y}.$$

下面我们来推导二元隐函数的求导公式.设方程 $F(x, y, z) = 0$ 确定了隐函数

$$z = z(x, y),$$

若 F'_x, F'_y, F'_z 连续,且 $F'_z \neq 0$,则可仿照一元函数的隐函数的求导方法,得出 z 对 x、y 的两个偏导数的求导公式.

将 $z = z(x, y)$ 代入方程 $F(x, y, z) = 0$,得恒等式

$$F[x, y, z(x, y)] \equiv 0,$$

两端分别对 x、y 求偏导,得

$$F'_x + F'_z \frac{\partial z}{\partial x} = 0,$$

$$F'_y + F'_z \frac{\partial z}{\partial y} = 0.$$

因为 $F'_z \neq 0$,所以

$$\frac{\partial z}{\partial x} = -\frac{F'_x}{F'_z}, \quad \frac{\partial z}{\partial y} = -\frac{F'_y}{F'_z}. \tag{8-10}$$

这就是二元隐函数的求导公式.

例 25 由方程 $\frac{x}{z} = \ln \frac{z}{y}$ 确定 z 为 x, y 的函数,求 $\frac{\partial z}{\partial x}, \frac{\partial z}{\partial y}$.

解 令 $F(x, y, z) = \frac{x}{z} - \ln \frac{z}{y} = \frac{x}{z} - \ln z + \ln y$,则

$$F'_x = \frac{1}{z}, F'_y = \frac{1}{y}, F'_z = -\frac{x}{z^2} - \frac{1}{z} = -\frac{x+z}{z^2},$$

$$\frac{\partial z}{\partial x} = -\frac{F'_x}{F'_z} = -\frac{\dfrac{1}{z}}{-\dfrac{x+z}{z^2}} = \frac{z}{x+z},$$

$$\frac{\partial z}{\partial y} = -\frac{F'_y}{F'_z} = -\frac{\dfrac{1}{y}}{-\dfrac{x+z}{z^2}} = \frac{z^2}{xy + yz}.$$

例 26 $z^x - y^z = 0$,求 $\mathrm{d}z$.

解 令 $F(x, y, z) = z^x - y^z$,则

$$F'_x = z^x \ln z, F'_y = -zy^{z-1}, F'_z = xz^{x-1} - y^z \ln y,$$

$$\frac{\partial z}{\partial x} = -\frac{F'_x}{F'_z} = -\frac{z^x \ln z}{xz^{x-1} - y^z \ln y},$$

$$\frac{\partial z}{\partial y} = -\frac{F'_y}{F'_z} = \frac{zy^{z-1}}{xz^{x-1} - y^z \ln y},$$

$$\mathrm{d}z = -\frac{z^x \ln z}{xz^{x-1} - y^z \ln y} \mathrm{d}x + \frac{zy^{z-1}}{xz^{x-1} - y^z \ln y} \mathrm{d}y.$$

例 27 设 $z = f(x-y, y-z)$ 确定 $z = z(x, y)$,其中 f 为已知的可微函数,证明:$\frac{\partial z}{\partial x} + \frac{\partial z}{\partial y} = 1$.

解 令 $F(x, y, z) = f(x-y, y-z)$,则

$$F'_x = f'_1, F'_y = -f'_1 + f'_2, F'_z = -f'_2,$$

$$\frac{\partial z}{\partial x} = -\frac{f_1'}{-f_2'} = \frac{f_1'}{f_2'},$$

$$\frac{\partial z}{\partial y} = -\frac{-f_1' + f_2'}{-f_2'} = \frac{-f_1' + f_2'}{f_2'},$$

因此
$$\frac{\partial z}{\partial x} + \frac{\partial z}{\partial y} = 1.$$

习题 8-4

A 组

1. 求下列函数的导数:

(1) $z = \arcsin(x - y), x = 3t, y = 4t^3,$ 求 $\dfrac{\mathrm{d}z}{\mathrm{d}t}$;

(2) $u = \mathrm{e}^x(y - z), x = t, y = \sin t, z = \cos t,$ 求 $\dfrac{\mathrm{d}u}{\mathrm{d}t}$.

2. 求下列函数的一阶偏导数:

(1) $z = u^2 v - uv^2, u = x\cos y, v = x\sin y,$ 求 $\dfrac{\partial z}{\partial x}, \dfrac{\partial z}{\partial y}$;

(2) $z = u^2 \ln v, u = \dfrac{x}{y}, v = 3x - 2y,$ 求 $\dfrac{\partial z}{\partial x}, \dfrac{\partial z}{\partial y}$;

(3) $z = u^v, u = x^2 + y^2, v = xy,$ 求 $\dfrac{\partial z}{\partial x}, \dfrac{\partial z}{\partial y}$.

3. 设 $z = f(x^2 - y^2, \mathrm{e}^{xy})$, 其中 f 可微, 求 $\dfrac{\partial z}{\partial x}, \dfrac{\partial z}{\partial y}$.

4. 设 $z = f(x, xy)$, 其中 f 有二阶连续的偏导数, 求 $\dfrac{\partial z}{\partial x}, \dfrac{\partial^2 z}{\partial x \partial y}$.

5. 设 $z = \dfrac{y^2}{3x} + f(xy)$, 其中 f 可微, 证明: $x^2 \dfrac{\partial z}{\partial x} - xy \dfrac{\partial z}{\partial y} + y^2 = 0$.

6. 求下列方程中所确定的隐函数的导数 $\dfrac{\mathrm{d}y}{\mathrm{d}x}$:

(1) $x^2 y^2 - x^4 - y^4 = 16$;   (2) $\ln \sqrt{x^2 + y^2} = \arctan \dfrac{y}{x}$.

7. 求下列各题所确定的隐函数 $z = z(x, y)$ 的偏导数 $\dfrac{\partial z}{\partial x}, \dfrac{\partial z}{\partial y}$:

(1) $\dfrac{x}{z} = \ln \dfrac{z}{y}$;   (2) $z^3 + 3xyz = 14$;

8. 设 $x^3 + y^3 + z^3 + xyz = 6$ 确定隐函数 $z = z(x, y)$, 求 $\left.\left|\dfrac{\partial z}{\partial x}\right|\right._{(1,2,-1)}$ 及 $\left.\left|\dfrac{\partial z}{\partial y}\right|\right._{(1,2,-1)} s$.

9. 设 $2\sin(x + 2y - 3z) = x + 2y - 3z$, 证明:

$$\frac{\partial z}{\partial x} + \frac{\partial z}{\partial y} = 1.$$

B 组

1. 求下列函数的导数

（1）$z = \tan(3t + 2x^2 + y^3)$，$x = \dfrac{1}{t}$，$y = \sqrt{t}$，求$\dfrac{\mathrm{d}z}{\mathrm{d}t}$；

（2）$z = u^v$，$u = \sin x$，$v = \cos x$，求$\dfrac{\mathrm{d}z}{\mathrm{d}x}$.

2. 求下列函数的一阶偏导数：

（1）$z = \dfrac{x^2}{y}$，$x = s - 2t$，$y = 2s + t$，求$\dfrac{\partial z}{\partial x}$，$\dfrac{\partial z}{\partial y}$；

（2）$z = (2x + y)^{2x + y}$，求$\dfrac{\partial z}{\partial x}$，$\dfrac{\partial z}{\partial y}$；

（3）$z = x^{x^y}$（$= x^{(x^y)}$），求$\dfrac{\partial z}{\partial x}$，$\dfrac{\partial z}{\partial y}$.

3. 设 $u = f(x^3, xy, xyz)$，其中 f 可微，求$\dfrac{\partial u}{\partial x}$，$\dfrac{\partial u}{\partial y}$，$\dfrac{\partial u}{\partial z}$.

4. 设 $z = xyf\left(\dfrac{x}{y}, \dfrac{y}{x}\right)$，其中 f 可微，求$\dfrac{\partial z}{\partial x}$，$\dfrac{\partial z}{\partial y}$.

5. 求下列各题所确定的隐函数 $z = z(x, y)$ 的偏导数$\dfrac{\partial z}{\partial x}$，$\dfrac{\partial z}{\partial y}$：

（1）$x + y + z = \mathrm{e}^{-(x + y + z)}$；　　　　（2）$\mathrm{e}^{xy} - \arctan z + xyz = 0$.

第五节　多元函数的极值和最值

在一元函数微分学中，我们研究过一元函数的极值、极值存在的必要条件和充分条件，也学习过求一元函数的最值问题. 本节将研究多元函数中的相应问题.

一、二元函数的极值

定义 6　设函数 $z = f(x, y)$ 在点 $P_0(x_0, y_0)$ 的某邻域内有定义，对于该邻域内异于点 $P_0(x_0, y_0)$ 的点 $P(x, y)$，如果总有 $f(x, y) < f(x_0, y_0)$，则称函数 $z = f(x, y)$ 在点 $P_0(x_0, y_0)$ 处取得极大值 $f(x_0, y_0)$，点 $P_0(x_0, y_0)$ 为函数 $z = f(x, y)$ 的极大值点；如果总有 $f(x, y) > f(x_0, y_0)$，则称函数 $z = f(x, y)$ 在点 $P_0(x_0, y_0)$ 处取得极小值 $f(x_0, y_0)$，点 $P_0(x_0, y_0)$ 为函数 $z = f(x, y)$ 的极小值点.

极大值与极小值统称为极值，极大值点与极小值点统称为极值点.

根据定义知函数 $z = \sqrt{x^2 + y^2}$ 在点 $(0, 0)$ 处有极小值 0，因为对于 $(0, 0)$ 点周围任何一点 $(x, y) \neq (0, 0)$，一定有 $f(x, y) > f(0, 0) = 0$，如图 8-14 所示. 函数 $z = -(x^2 + y^2)$ 在点 $(0, 0)$ 处有极大值 0，因为对于 $(0, 0)$ 点周围任何一点 $(x, y) \neq (0, 0)$，一定有 $f(x, y) < f(0, 0) = 0$，如图 8-15 所示. 又如函数 $z = xy$ 在 $(0, 0)$ 处不取极值，因为对于 $(0, 0)$ 点周围的点 $(x, y) \neq (0, 0)$，不能使 $f(x, y) > f(0, 0)$ 或 $f(x, y) < f(0, 0)$ 恒成立.

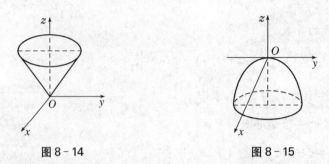

图 8-14　　　　　　　　　　　图 8-15

同一元函数相类似,可以利用偏导数来求二元函数的极值.

定理 8(极值的必要条件)　设函数 $z = f(x, y)$ 在点 $P_0(x_0, y_0)$ 处有极值,且在该点偏导数存在,则

$$\begin{cases} f_x'(x_0, y_0) = 0, \\ f_y'(x_0, y_0) = 0. \end{cases}$$

证明　因为点 $P_0(x_0, y_0)$ 是函数 $z = f(x, y)$ 的极值点,所以一元函数 $z = f(x, y_0)$ 在 $x = x_0$ 处、$z = f(x_0, y)$ 在 $y = y_0$ 处也取得极值.又 $f_x'(x_0, y_0)$、$f_y'(x_0, y_0)$ 存在,根据一元函数极值存在的必要条件可知

$$\begin{cases} f_x'(x_0, y_0) = 0, \\ f_y'(x_0, y_0) = 0. \end{cases}$$

同时满足 $\begin{cases} f_x'(x_0, y_0) = 0, \\ f_y'(x_0, y_0) = 0 \end{cases}$ 的点 (x_0, y_0) 称为函数 $f(x, y)$ 的驻点.与一元函数类似,驻点不一定是极值点,如函数 $z = xy$,$(0, 0)$ 为驻点,但非极值点.那么在什么条件下,驻点是极值点呢?

定理 9(极值的充分条件)　设 (x_0, y_0) 是函数 $z = f(x, y)$ 的驻点,且函数在点 (x_0, y_0) 的某邻域内有二阶连续的偏导数,记

$$A = f_{xx}''(x_0, y_0),\ B = f_{xy}''(x_0, y_0), C = f_{yy}''(x_0, y_0), \Delta = B^2 - AC,$$

那么:

(1) 当 $\Delta < 0$ 时,$f(x_0, y_0)$ 是极值,且当 $A < 0$ 时,$f(x_0, y_0)$ 是极大值;当 $A > 0$ 时,$f(x_0, y_0)$ 是极小值.

(2) 当 $\Delta > 0$ 时,$f(x_0, y_0)$ 非极值.

(3) 当 $\Delta = 0$ 时,$f(x_0, y_0)$ 可能是极值也可能不是极值.

证明略.

综上所述,若函数 $z = f(x, y)$ 的二阶偏导数连续,我们就可以按照下列的步骤求该函数的极值:

(1) 先求偏导数 $f_x', f_y', f_{xx}'', f_{xy}'', f_{yy}''$;

(2) 解方程组 $\begin{cases} f_x'(x, y) = 0, \\ f_y'(x, y) = 0, \end{cases}$ 求出驻点.

(3) 对每个驻点分别求出其对应的 A, B, C 及 Δ 的值,根据 Δ 的符号判定该驻点是否为极值点,并求出极值.

例 28 求函数 $f(x,y) = x^3 + y^3 - 3xy$ 的极值.

解
$$f_x'(x,y) = 3x^2 - 3y, f_y'(x,y) = 3y^2 - 3x,$$
$$f_{xx}''(x,y) = 6x, f_{xy}''(x,y) = -3, f_{yy}''(x,y) = 6y.$$

令 $\begin{cases} f_x'(x,y) = 3x^2 - 3y = 0, \\ f_y'(x,y) = 3y^2 - 3x = 0, \end{cases}$ 得驻点 $(0,0)$ 和 $(1,1)$.

对于驻点 $(0,0)$:
$$A = 6x\Big|_{(0,0)} = 0, B = -3, C = 6y\Big|_{(0,0)} = 0, \Delta = B^2 - AC = 9.$$

因为 $\Delta = 9 > 0$, 所以点 $(0,0)$ 不是极值点.

对于驻点 $(1,1)$:
$$A = 6x\Big|_{(1,1)} = 6, B = -3, C = 6y\Big|_{(1,1)} = 6, \Delta = B^2 - AC = -27,$$

因为 $\Delta = -27 < 0$, 所以点 $(1,1)$ 是极值点. 又因为 $A = 6 > 0$, 故点 $(1,1)$ 为函数的极小值, 极小值为 $f(1,1) = -1$.

注: 在讨论一元函数的极值时, 我们知道函数的极值可能在驻点取得, 也可能在导数不存在的点处取得. 同样, 二元函数的极值也可能在个别偏导数不存在的点处取得. 例如点 $(0,0)$ 是函数 $z = \sqrt{x^2 + y^2}$ 的极小值点, 但函数 $z = \sqrt{x^2 + y^2}$ 在点 $(0,0)$ 处的偏导数不存在, 因此在求函数的极值时, 除了考虑函数的驻点以外, 还要考虑那些偏导数不存在的点.

二、二元函数的最值

由本章定理 1 可知, 有界闭区域 D 上的连续函数一定有最大值和最小值. 与一元函数类似, 函数的最大值或最小值可能在区域 D 内部的驻点或者是一阶偏导数中至少有一个不存在的点处取得, 也可能在该区域的边界上取得. 因此, 求有界闭区域 D 上的二元函数的最值的方法是: 求出函数在 D 内的驻点、一阶偏导数不存在的点处的函数值及该函数在 D 的边界上的最大值、最小值, 比较这些值, 其中最大者就是该函数在闭区域 D 上的最大值, 最小者就是该函数在闭区域 D 上的最小值.

即便如此, 求多元函数的最值有时还是相当复杂, 但是若根据问题的实际意义, 知道函数在区域 D 内存在最大值 (最小值), 又知函数在 D 内可微, 且只有唯一的驻点, 则该点处的函数值就是所求的最大值 (最小值).

例 29 做一个长方体, 求它的长、宽、高使其体积为 2 立方米, 而其表面积为最小.

解 设长方体的长为 x 米, 宽为 y 米, 则高为 $\dfrac{2}{xy}$ 米, 该长方体的表面积为

$$S = 2\left(xy + x\frac{2}{xy} + y\frac{2}{xy}\right) = 2\left(xy + \frac{2}{y} + \frac{2}{x}\right), x > 0, y > 0.$$

令 $\begin{cases} S_x' = 2\left(y - \dfrac{2}{x^2}\right) = 0, \\ S_y' = 2\left(x - \dfrac{2}{y^2}\right) = 0, \end{cases}$ 得唯一驻点 $(\sqrt[3]{2}, \sqrt[3]{2})$.

由题意知表面积的最小值一定存在, 故 $x = \sqrt[3]{2}, y = \sqrt[3]{2}$ 就是所求的最小值点, 此时高为 $\sqrt[3]{2}$. 即长方体的长、宽、高都为 $\sqrt[3]{2}$ 米时长方体的表面积最小.

三、条件极值

对于例 29,若设长方体的长、宽、高分别为 x、y、z,则问题实际为求表面积函数 $S(x,y,z) = 2(xy + xz + yz)$ 在约束条件 $xyz = 2$ 下的最值.像这种对自变量有附加条件的极值问题,我们称为**条件极值问题**.在有些情况下,可将条件极值问题转化为无条件极值问题.例如在上例中,可以从条件 $xyz = 2$ 解出 $z = \dfrac{2}{xy}$ 并代入目标函数中,这样就将条件极值转化为无条件极值问题.但在很多情况下,条件极值并不容易转化为无条件极值,为此我们介绍一种直接求解条件极值的方法——拉格朗日乘数法.

设二元函数 $z = f(x,y)$ 和 $\varphi(x,y)$ 在所考虑的区域内有一阶连续的偏导数,则求二元函数 $z = f(x,y)$ 在约束条件 $\varphi(x,y) = 0$ 下的极值,可用下面的步骤来求:

(1) 构造辅助函数 $F(x,y) = f(x,y) + \lambda\varphi(x,y)$,称为**拉格朗日函数**,$\lambda$ 称为**拉格朗日乘数**.

(2) 解方程组

$$\begin{cases} F'_x = f'_x(x,y) + \lambda\varphi'_x(x,y) = 0, \\ F'_y = f'_y(x,y) + \lambda\varphi'_y(x,y) = 0, \\ \varphi(x,y) = 0, \end{cases}$$

得可能的极值点 (x,y).在实际问题中,若求出可能的极值点只有一个,而根据问题的性质可判断出一定存在最大(小)值点,则该点就是所求的最大(小)值点.

拉格朗日乘数法可以推广到二元以上的函数或一个以上约束条件的情况.

例 30 某农场欲围一个面积为 60 平方米的矩形场地,正面所用材料每米造价 10 元,其余三面每米造价 5 元,问:场地的长、宽各为多少时所用材料费最少?

解 设场地的正面长、侧面宽分别为 x、y 米,则总造价为
$$f(x,y) = 10x + 5(2y + x),$$
约束条件为
$$xy = 60.$$

构造函数 $F(x,y) = 15x + 10y + \lambda(xy - 60)$,其中 λ 为待定常数.

解方程组

$$\begin{cases} F'_x(x,y) = 15 + \lambda y = 0, \\ F'_y(x,y) = 10 + \lambda x = 0, \\ xy - 60 = 0, \end{cases}$$

得驻点 $(2\sqrt{10}, 3\sqrt{10})$.

由于函数只有一个驻点,而根据实际情况最小值一定存在,故该点就是函数的最小值点.因此当场地的长、宽分别为 $2\sqrt{10}$ 米、$3\sqrt{10}$ 米时所用材料费最省.

例 31 用拉格朗日乘数法解例 29.

解 按题意,要求函数 $S(x,y,z) = 2(xy + xz + yz)$ 在约束条件 $xyz = 2$ 下的最小值,构造辅助函数
$$F(x,y,z) = 2(xy + yz + xz) + \lambda(xyz - 2).$$

解方程组

$$
\begin{cases}
F'_x = 2(y+z) + \lambda yz = 0, \\
F'_y = 2(x+z) + \lambda xz = 0, \\
F'_y = 2(x+y) + \lambda xy = 0, \\
xyz = 2,
\end{cases}
$$

得 $x = y = z = \sqrt[3]{2}$ 为唯一可能的极值点,根据实际问题的性质,确实存在最小值,所以当长方体的长、宽、高都为 $\sqrt[3]{2}$ 米时长方体的表面积最小.

习题 8-5

A 组

1. 求下列函数的极值:

(1) $f(x,y) = x^2 + xy + y^2 + x - y + 1$;

(2) $z = x^3 + y^3 - 3(x^2 + y^2)$;

(3) $f(x,y) = 4(x-y) - x^2 - y^2$;

(4) $f(x,y) = (6x - x^2)(4y - y^2)$.

2. 把正数 a 分成三个正数之各,使它们的乘积为最大.

3. 将长为 l 的线段分为三段,分别围成圆、正方形和正三角形,问怎样分法才能使它们的面积之和为最小.

4. 求函数 $z = x^2 + y^2$ 在条件 $2x + y = 1$ 下的极值.

B 组

1. 求下列函数的极值:

(1) $z = e^{2x}(x + 2y + y^2)$;

(2) $z = xy$,其中 $x + y = 1$;

(3) $z = xy(x^2 + y^2 - 1)$;

(4) $f(x,y) = \sin x + \cos y + \cos(x - y)$,其中 $0 \leqslant x \leqslant \dfrac{\pi}{2}, 0 \leqslant y \leqslant \dfrac{\pi}{2}$.

总复习题八

1. 单项选择题

(1) 二元函数 $z = \ln(xy)$ 的定义域是(　　).

　A. $x \geqslant 0, y \geqslant 0$　　　　　　　B. $x \leqslant 0, y \leqslant 0$ 或 $x \geqslant 0, y \geqslant 0$

　C. $x < 0, y < 0$　　　　　　　　D. $x > 0, y > 0$ 或 $x < 0, y < 0$

(2) 设 $z = \dfrac{1}{xy}$,则 $\dfrac{\partial z}{\partial y} = ($　　$)$.

　A. $\dfrac{1}{x}$　　　　　　B. $-\dfrac{1}{x}$　　　　　　C. $-\dfrac{1}{xy^2}$　　　　　　D. $\dfrac{1}{xy^2}$

(3) 设 $z = x^2 + \sin y$，则 $\dfrac{\partial^2 z}{\partial x \partial y} = ($ $)$.

    A. $2x + \cos y$ B. $-\sin y$ C. 0 D. 2

(4) 函数 $z = x^2 + y^2$ 在点 $(1,1)$ 处的全微分 $\mathrm{d}z\big|_{(1,1)} = ($ $)$.

    A. $\mathrm{d}x + \mathrm{d}y$ B. $2\mathrm{d}x + 2\mathrm{d}y$ C. $2\mathrm{d}x + \mathrm{d}y$ D. $\mathrm{d}x + 2\mathrm{d}y$

(5) 设 $f'(\ln x) = 1 + x$，则 $f(x) = ($ $)$.

    A. $x + \mathrm{e}^x + C$ B. $\mathrm{e}^x + \dfrac{1}{2}x^2 + C$

    C. $\ln x + \dfrac{1}{2}\ln^2 x + C$ D. $\mathrm{e}^x + \dfrac{1}{2}\mathrm{e}^{2x} + C$

(6) 设 $f(x + y, x - y) = xy + y^2$，则 $f(x, y) = ($ $)$.

    A. $\dfrac{x}{2}(x - y)$ B. $xy + y^2$ C. $\dfrac{x}{2}(x + y)$ D. $x^2 - xy$

(7) 函数 $z = \mathrm{e}^{xy}$ 在点 $(1,1)$ 的全微分 $\mathrm{d}z = ($ $)$.

    A. $\mathrm{e}^2(\mathrm{d}x + \mathrm{d}y)$ B. $\mathrm{e}^{xy}(\mathrm{d}x + \mathrm{d}y)$ C. $\mathrm{e}(\mathrm{d}x + \mathrm{d}y)$ D. $\mathrm{d}x + \mathrm{d}y$

2. 填空题

(1) 设 $z = \mathrm{e}^{x^2 y}$，则 $\dfrac{\partial z}{\partial x} = $ _____.

(2) 设 $z = \ln(xy + \ln y)$，则 $\dfrac{\partial z}{\partial y} = $ _____.

(3) 设 $z = y\cos x$，则 $\dfrac{\partial^y z}{\partial x \partial y} = $ _____.

(4) $z = \ln(1 + x^2 - y^2)$ 的全微分 $\mathrm{d}z = $ _____.

(5) 设 $z = \ln\left(x + \dfrac{y}{2x}\right)$，则 $\dfrac{\partial z}{\partial x}\bigg|_{(1,0)} = $ _____.

(6) 函数 $f(x, y) = 4(x - y) - x^2 - y^2$ 的极大值点是 _____.

3. 解答题

(1) 设 $z = \ln(2 - x + y)$，求 $\dfrac{\partial z}{\partial x}, \dfrac{\partial z}{\partial x \partial y}$.

(2) 设 $z = \mathrm{e}^{y(x^2 + y^2)}$，求 $\mathrm{d}z$.

(3) 设 $z = x\mathrm{e}^{-xy} + \sin(xy)$，求 $\mathrm{d}z$.

(4) 设 $z = z(x, y)$ 是由方程 $x^2 + y^2 - xyz^2 = 0$ 确定，求 $\dfrac{\partial z}{\partial x}, \dfrac{\partial z}{\partial y}$.

(5) 设 $z = z(x, y)$ 是由方程 $x^2 + y^2 = 2y\mathrm{e}^z$ 确定，求 $\mathrm{d}z$.

(6) 求函数 $z = xy + \dfrac{x}{y}$ 的二阶偏导数.

(7) 求 $z = x\sin(x + y)$ 的二阶偏导数.

(8) 已知 $z = u^2 \ln v, u = \dfrac{x}{y}, v = 3x - 2y$，求 $\dfrac{\partial z}{\partial x}, \dfrac{\partial z}{\partial y}$.

(9) 求函数 $f(x, y) = x^3 - y^3 - 3xy$ 的极值.

(10) 求函数 $f(x, y) = x^3 - 4x^2 + 2xy - y^2$ 的极值.

第九章 二重积分

在一元函数积分学中,定积分是某种确定形式的和式的极限,若将这种和式的极限的概念推广到定义在平面区域上的二元函数的情形,便得到二重积分的概念.本章将介绍二重积分的概念、计算方法以及它的一些应用.

第一节 二重积分的概念与性质

一、二重积分的概念

1. 引例 曲顶柱体的体积

引例 1 设有一立体,它的底面是 xOy 平面上的有界闭区域 D,侧面是以 D 的边界曲线为准线、母线平行于 z 轴的柱面,顶是由二元连续函数 $z = f(x, y)$($f(x, y) \geqslant 0$)所表示的曲面,如图 9-1 所示,这个立体称为区域 D 上的曲顶柱体.下面我们来求该曲顶柱体的体积.

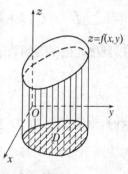

图 9-1

我们知道,对于平顶柱体,即当 $f(x, y) = h$(h 为整数,$h > 0$)时,它的体积 $V = $ 底面积×高 $= \sigma \times h$,其中 σ 是有界闭区域 D 的面积.现在柱体的顶是曲面,它的高 $f(x, y)$ 在 D 上是变量,它的体积就不能用上面的公式来计算.但是我们可仿照求曲边梯形面积的思路,把 D 分成许多小区域.由于 $f(x, y)$ 在 D 上连续,因此它在每个小区域上的变化很小,因而相应每个小区域上的小曲顶柱体的体积就可用平顶柱体的体积来近似替代,且区域 D 分割得愈细,近似值的精度就愈高.于是我们就可以像求曲边梯形的面积一样,用"分割、取近似、求和、取极限"四个步骤来求曲顶柱体的体积.

(1)分割:将区域 D 任意分成 n 个小区域,称为子域:$\Delta\sigma_1, \Delta\sigma_2, \cdots, \Delta\sigma_n$,并以 $\Delta\sigma_i$($i = 1, 2, \cdots, n$)表示第 i 个小区域的面积.然后对每个小区域作以它的边界曲线为准线、母线平行于 z 轴的柱面.这些柱面就把原来的曲顶柱体分成 n 个小曲顶柱体.

(2)取近似:在每个小曲顶柱体的底 $\Delta\sigma_i$ 上任取 (ξ_i, η_i)($i = 1, 2, \cdots, n$),用以 $f(\xi_i, \eta_i)$ 为高、$\Delta\sigma_i$ 为底的

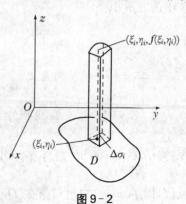

图 9-2

平顶柱体的体积 $f(\xi_i, \eta_i)\Delta\sigma_i$ 近似替代第 i 个小曲顶柱体的体积(见图 9-2),即

$$\Delta V_i = f(\xi_i, \eta_i)\Delta\sigma_i.$$

(3) 求和:将这 n 个小平顶柱体的体积相加,得到原曲顶柱体体积的近似值,即

$$V = \sum_{i=1}^{n} \Delta V_i \approx \sum_{i=1}^{n} f(\xi_i, \eta_i)\Delta\sigma_i.$$

(4) 取极限:将区域 D 无限细分使每一个小区域趋向于缩成一点,这个近似值就趋向于原曲顶柱体的体积,即

$$V = \lim_{\lambda \to 0} \sum_{i=1}^{n} f(\xi_i, \eta_i)\Delta\sigma_i,$$

其中 λ 是这 n 个小区域的最大直径(有界闭区域的直径是指区域中任意两点间距离的最大值).

2. 二重积分的定义

上面这个引例可归结为二元函数在平面区域上的一个和式的极限.在物理学、力学、几何学以及工程技术中,有很多量的计算都会归结为上述特定和式的极限,抛开它的具体意义,就可以抽象出下述二重积分的定义:

定义 设二元函数 $z = f(x, y)$ 定义在有界闭区域 D 上,将区域 D 任意分成 n 个小区域 $\Delta\sigma_i (i = 1, 2, \cdots, n)$,并以 $\Delta\sigma_i$ 表示第 i 个小区域的面积,在 $\Delta\sigma_i$ 上任取一点 (ξ_i, η_i),作和式 $\sum_{i=1}^{n} f(\xi_i, \eta_i)\Delta\sigma_i$,如果当各个小区域的直径中的最大值 λ 趋于零时,此和式的极限存在,则称此极限为函数 $f(x, y)$ 在区域 D 上的**二重积分**,记作 $\iint\limits_{D} f(x, y)\,\mathrm{d}\sigma$,即

$$\iint\limits_{D} f(x, y)\mathrm{d}\sigma = \lim_{\lambda \to 0} \sum_{i=1}^{n} f(\xi_i, \eta_i)\Delta\sigma_i.$$

这时,称 $f(x, y)$ 在 D 上可积,其中 $f(x, y)$ 称为被积函数,$f(x, y)\mathrm{d}\sigma$ 称为被积表达式,$\mathrm{d}\sigma$ 称为面积元素,D 称为积分区域,"$\iint$"称为二重积分号.

与一元函数定积分存在定理一样,如果 $f(x, y)$ 在有界闭区域 D 上连续,则无论 D 如何分法、点 (ξ_i, η_i) 如何取法,上述和式的极限一定存在.即有界闭区域上连续的函数,一定可积.(证明从略)

根据二重积分的定义,曲顶柱体的体积就是曲顶函数 $f(x, y)(f(x, y) \geqslant 0)$ 在底面区域 D 上的二重积分,即

$$V = \iint\limits_{D} f(x, y)\mathrm{d}\sigma.$$

3. 二重积分的几何意义

当 $f(x, y) \geqslant 0$ 时,二重积分 $\iint\limits_{D} f(x, y)\,\mathrm{d}\sigma$ 的几何意义就是图 9-1 所示的曲顶柱体的体积;当 $f(x, y) < 0$ 时,柱体在 xOy 平面的下方,二重积分 $\iint\limits_{D} f(x, y)\,\mathrm{d}\sigma$ 表示该柱体体积的相反值,即 $f(x, y)$ 的绝对值在 D 上的二重积分 $\iint\limits_{D} |f(x, y)|\,\mathrm{d}\sigma$ 才是该曲顶柱体的体积;当

$f(x,y)$ 在 D 上有正有负时,如果我们规定在 xOy 平面上方的柱体体积取正号,在 xOy 平面下方的柱体体积取负号,则二重积分 $\iint\limits_{D} f(x,y)\mathrm{d}\sigma$ 的值就是上下方柱体体积的代数和.

二、二重积分的性质

性质 1 $\iint\limits_{D} kf(x,y)\mathrm{d}\sigma = k\iint\limits_{D} f(x,y)\mathrm{d}\sigma(k$ 为常数$)$.

性质 2 $\iint\limits_{D} [f(x,y) \pm g(x,y)]\mathrm{d}\sigma = \iint\limits_{D} f(x,y)\mathrm{d}\sigma \pm \iint\limits_{D} g(x,y)\mathrm{d}\sigma$.

性质 3(积分区域可加性) 如果区域 D 被分成两个子域 D_1 与 D_2,则在 D 上的二重积分等于各子域 D_1、D_2 上的二重积分之和,即

$$\iint\limits_{D} f(x,y)\mathrm{d}\sigma = \iint\limits_{D_1} f(x,y)\mathrm{d}\sigma + \iint\limits_{D_2} f(x,y)\mathrm{d}\sigma.$$

性质 4 如果在 D 上,$f(x,y)=1$,且 D 的面积为 σ,则

$$\iint\limits_{D} 1\mathrm{d}\sigma = \iint\limits_{D} \mathrm{d}\sigma = \sigma.$$

性质 5 如果在 D 上,$f(x,y)\leqslant g(x,y)$,则

$$\iint\limits_{D} f(x,y)\mathrm{d}\sigma \leqslant \iint\limits_{D} g(x,y)\mathrm{d}\sigma.$$

推论 函数在 D 上的二重积分的绝对值不大于函数的绝对值在 D 上的二重积分,即

$$\left| \iint\limits_{D} f(x,y)\mathrm{d}\sigma \right| \leqslant \iint\limits_{D} | f(x,y) | \mathrm{d}\sigma.$$

性质 6(估值定理) 如果 M,m 分别是函数 $f(x,y)$ 在 D 上的最大值与最小值,σ 为区域 D 的面积,则

$$m\sigma \leqslant \iint\limits_{D} f(x,y)\mathrm{d}\sigma \leqslant M\sigma.$$

性质 7(中值定理) 设函数 $f(x,y)$ 在有界闭区域 D 上连续,记 σ 是 D 的面积,则在 D 上至少存在一点 (ξ,η),使得

$$\iint\limits_{D} f(x,y)\mathrm{d}\sigma = f(\xi,\eta)\sigma.$$

这些性质的证明与相应的定积分的性质的证法类似,证明从略.

习题 9-1

A 组

1. 用二重积分表示半球 $x^2+y^2+z^2 \leqslant a^2$,$z \geqslant 0$ 的体积.

2. 利用二重积分的几何意义,不经计算直接给出下列二重积分的值.

(1) $\iint\limits_{D} \mathrm{d}\sigma$,$D: x^2 + y^2 \leqslant 1$;

(2) $\iint\limits_{D} \sqrt{R^2 - x^2 - y^2}\mathrm{d}\sigma, D: x^2 + y^2 \leqslant R^2$.

3. 利用二重积分的性质,比较下列二重积分的大小.

(1) $I_1 = \iint\limits_{D}(x + y)^2\mathrm{d}\sigma$ 与 $I_2 = \iint\limits_{D}(x + y)^3\mathrm{d}\sigma$,其中积分区域 D 是由 x 轴、y 轴与直线 $x + y = 1$ 所围成的区域.

(2) $I_1 = \iint\limits_{D}(x + y)^2\mathrm{d}\sigma$ 与 $I_2 = \iint\limits_{D}(x + y)^3\mathrm{d}\sigma$,其中积分区域 D 是由圆周 $(x - 2)^2 + (y - 1)^2 = 2$ 所围成的区域.

B 组

1. 利用二重积分的性质,比较 $I_1 = \iint\limits_{D}\ln(x + y)\mathrm{d}\sigma$ 与 $I_2 = \iint\limits_{D}[\ln(x + y)]^2\mathrm{d}\sigma$(其中 D 是矩形区域)的大小.

2. 利用二重积分的性质,估计积分 $I = \iint\limits_{D}(x + 3y + 7)\mathrm{d}\sigma$ 的值,其中 D 是矩形区域:$0 \leqslant x \leqslant 1, 0 \leqslant y \leqslant 2$.

第二节 二重积分的计算

与定积分定义类似,按定义来计算二重积分显然是很困难的,需要找一种实际可行的计算方法.我们首先介绍在直角坐标系中的计算方法,然后再介绍在极坐标系中的计算方法.

一、在直角坐标系下二重积分的计算

在直角坐标系中,用平行于 x 轴和 y 轴的两族直线分割 D 时,面积元素 $\mathrm{d}\sigma = \mathrm{d}x\mathrm{d}y$,这时二重积分可表示为

$$\iint\limits_{D}f(x, y)\mathrm{d}\sigma = \iint\limits_{D}f(x, y)\mathrm{d}x\mathrm{d}y.$$

现在先假定 $f(x, y) \geqslant 0$,从二重积分的几何意义来讨论它的计算问题,所得到的结果对于一般的二重积分也适用.

1. 设积分区域 D 可用不等式组表示为

$$\begin{cases} \varphi_1(x) \leqslant y \leqslant \varphi_2(x), \\ a \leqslant x \leqslant b, \end{cases}$$

其中函数 $\varphi_1(x), \varphi_2(x)$ 在区间 $[a, b]$ 上连续,如图 9-3 所示.这种区域的特点是:穿过区域内部且平行于 y 轴的直线与区域 D 的边界的交点不超过两点(或与边界线有一段重合),我们称之为 X 型区域.下面我们用微元法来计算二重积分 $\iint\limits_{D}f(x, y)\mathrm{d}\sigma$

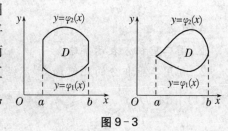

图 9-3

所表示的柱体的体积.

选择 x 为积分变量,$x \in [a,b]$,任取子区间 $[x,x+\mathrm{d}x] \subset [a,b]$.设 $A(x)$ 表示过点 x 且垂直 x 轴的平面与曲顶柱体相交的截面的面积(见图 9-4),则曲顶柱体体积 V 的微元

$$\mathrm{d}V = A(x)\mathrm{d}x,$$

从而得曲顶柱体的体积

$$V = \int_a^b A(x)\mathrm{d}x.$$

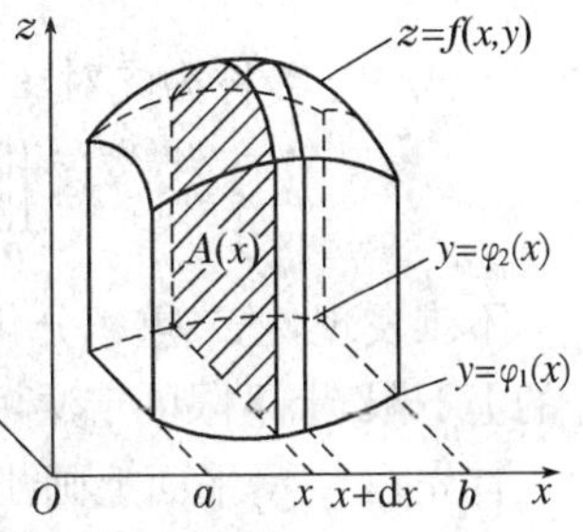

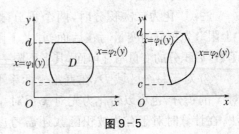

图 9-4

截面面积 $A(x)$ 又如何确定呢? 由图 9-4 可见,该截面是一个以区间 $[\varphi_1(x),\varphi_2(x)]$ 为底边、以曲线 $z = f(x,y)$(x 是固定的)为曲边的曲边梯形,由定积分的定义知其面积可表示为

$$A(x) = \int_{\varphi_1(x)}^{\varphi_2(x)} f(x,y)\mathrm{d}y.$$

将 $A(x)$ 代入上式,则曲顶柱体的体积

$$V = \int_a^b \left[\int_{\varphi_1(x)}^{\varphi_2(x)} f(x,y)\mathrm{d}y \right] \mathrm{d}x.$$

于是,二重积分

$$\iint_D f(x,y)\mathrm{d}\sigma = \int_a^b \left[\int_{\varphi_1(x)}^{\varphi_2(x)} f(x,y)\mathrm{d}y \right] \mathrm{d}x. \tag{9-1}$$

由此看到,二重积分的计算可化为先对 y 后对 x 的二次积分.第一次积分,把 x 看作常数,把 $f(x,y)$ 只看作变量 y 的函数对变量 y 积分,它的积分限一般是 x 的函数,结果得到一个关于 x 的函数;第二次积分是把第一次算得的结果对变量 x 积分,它的积分限是常量,从而最终得到一个常数.这种先对一个变量积分,然后再对另一个变量积分的方法,称为**累次积分法**.公式(9-1)称为先对 y 后对 x 的**累次积分公式**,通常写作:

$$\iint_D f(x,y)\mathrm{d}\sigma = \int_a^b \mathrm{d}x \int_{\varphi_1(x)}^{\varphi_2(x)} f(x,y)\mathrm{d}y. \tag{9-2}$$

2. 设积分区域 D 可用不等式组表示为

$$\begin{cases} \varphi_1(y) \leqslant x \leqslant \varphi_2(y), \\ c \leqslant y \leqslant d, \end{cases}$$

其中函数 $\varphi_1(y),\varphi_2(y)$ 在区间 $[c,d]$ 上连续,如图 9-5 所示.这种区域的特点是:穿过区域内部且平行于 x 轴的直线与区域 D 的边界的交点不超过两点(或与边界线有一段重合),我们称之为 Y 型区域.用垂直于 y 轴的平面切曲顶柱体,可类似地得到曲顶柱体的体积

图 9-5

$$V = \int_c^d \left[\int_{\varphi_1(y)}^{\varphi_2(y)} f(x,y)\mathrm{d}x \right] \mathrm{d}y.$$

于是,二重积分

$$\iint\limits_D f(x,y)\mathrm{d}\sigma = \int_c^d \left[\int_{\varphi_1(y)}^{\varphi_2(y)} f(x,y)\mathrm{d}x\right]\mathrm{d}y. \tag{9-3}$$

公式(9-3)称为先对 x 后对 y 的累次积分公式,它通常也可写成

$$\iint\limits_D f(x,y)\mathrm{d}\sigma = \int_c^d \mathrm{d}y \int_{\varphi_1(y)}^{\varphi_2(y)} f(x,y)\mathrm{d}x. \tag{9-4}$$

不难发现,把二重积分化为累次积分,其关键是根据所给出的积分域 D,定出两次定积分的上下限.上下限的定法可用如下直观方法确定:

首先在 xOy 平面上画出区域 D 的图形.在区域 D 内部作平行于 y 轴的直线,如果平行于 y 轴的直线与区域 D 的边界的交点不超过两点(或与边界线有一段重合),则区域 D 为 X 型区域,二重积分可以化为先对 y 后对 x 的二次积分,两个交点的 y 坐标(即交点所在的曲线方程)分别为 y 的上下限(上交点是上限,下交点是下限),直线左右平行移动,不超过 D 的区域,看 x 在哪两个常数之间,从而得到 x 的上下限,如图 9-6 所示.转化成二次积分为

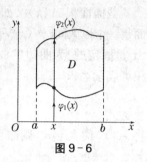

图 9-6

$$\iint\limits_D f(x,y)\mathrm{d}\sigma = \int_a^b \mathrm{d}x \int_{\varphi_1(x)}^{\varphi_2(x)} f(x,y)\mathrm{d}y.$$

若区域 D 不是 X 型区域,可以在区域 D 内部作平行于 x 轴的直线,如果平行于 x 轴的直线与区域 D 的边界的交点不超过两点(或与边界线有一段重合),则区域 D 为 Y 型区域,二重积分可以化为先对 x 后对 y 的二次积分,两个交点的 x 坐标(即交点所在的曲线方程用 y 表示 x)分别为 x 的上下限(左交点是下限,右交点是上限),直线上下平行移动,不超过 D 的区域,看 y 在哪两个常数之间,从而得到 y 的上下限,如图 9-7 所示.转化成二次积分为

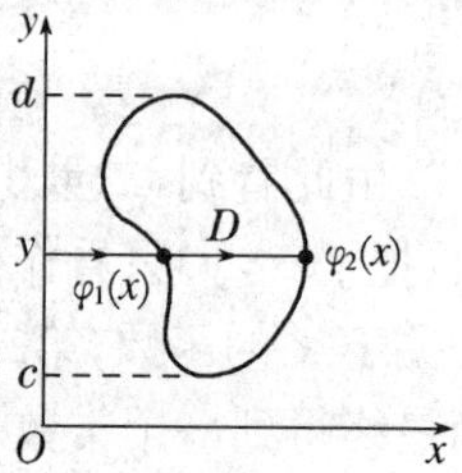

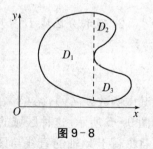

图 9-7

$$\iint\limits_D f(x,y)\mathrm{d}\sigma = \int_c^d \mathrm{d}y \int_{\varphi_1(y)}^{\varphi_2(y)} f(x,y)\mathrm{d}x.$$

若区域 D 既不是 X 型区域,也不是 Y 型区域,可用平行于坐标轴的直线将其分割成几个 X 型或 Y 型区域,然后利用积分关于区域的可加性,分别计算相应的二重积分再求和即可.如图 9-8 所示的区域 D,就要用如图所示的一条平行于 y 轴的虚线把 D 分割成三部分 D_1,D_2,D_3.

注: ① 化为二次积分时,两个积分限都必须是"下限"小于"上限".先积分的变量写在后面,其上下限一般是后积分变量的函数,后积分的变量写在前面,其上下限一定是常数.

② 对于每个区域 D,在直角坐标系下都有两种方法可以做,即可以转化为先对 y 后对 x 的积分,也可以转化为先对 x 后对 y 的积分,我们可以根据 D 的图形选择方便的方法.在计算时对于有些被积函数还需考虑计算问题,从而根据被积函数选择合适的积分次序.

图 9-8

例 1 计算二重积分 $\iint\limits_{D}(x-y)\mathrm{d}\sigma$,其中 D 是由直线 $y=x$,$y=0$,$x=1$ 所围成的区域.

解 画出积分区域 D 的图形.

(方法一)在区域 D 内部作平行于 y 轴的直线,该平行于 y 轴的直线与区域 D 的边界有两个交点,因此二重积分可以化为先对 y 后对 x 的二次积分,如图 9-9(a) 所示.两个交点的 y 坐标(即交点所在的曲线方程,上交点坐标 $y=x$,下交点坐标

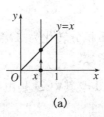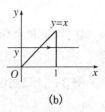

(a)　　　　　(b)

图 9-9

$y=0$)分别为 y 的上下限(即上限为 $y=x$,下限为 $y=0$).直线左右平行移动,不超过 D 的区域,x 在常数 0 到 1 之间,从而得到 x 的积分区间为 $[0,1]$.因此二重积分转化成二次积分为

$$\iint\limits_{D}(x-y)\mathrm{d}\sigma = \iint\limits_{D}(x-y)\mathrm{d}x\mathrm{d}y = \int_0^1 \mathrm{d}x \int_0^x (x-y)\mathrm{d}y$$

$$= \int_0^1 \left[\left(xy-\frac{1}{2}y^2\right)\Big|_0^x\right]\mathrm{d}x = \int_0^1 \frac{1}{2}x^2\mathrm{d}x$$

$$= \frac{1}{6}x^3\Big|_0^1 = \frac{1}{6}.$$

(方法二)在区域 D 内部作平行于 x 轴的直线,该平行于 x 轴的直线与区域 D 的边界有两个交点,因此二重积分可以化为先对 x 后对 y 的二次积分,如图 9-9(b)所示.两个交点的 x 坐标(即交点所在的曲线方程,左交点坐标 $x=y$,右交点坐标 $x=1$)分别为 x 的上下限(即下限为 $x=y$,上限为 $x=1$).直线上下平行移动,不超过 D 的区域,y 在常数 0 到 1 之间,从而得到 y 的积分区间为 $[0,1]$.因此二重积分转化成二次积分为

$$\iint\limits_{D}(x-y)\mathrm{d}\sigma = \iint\limits_{D}(x-y)\mathrm{d}x\mathrm{d}y = \int_0^1 \mathrm{d}y \int_y^1 (x-y)\mathrm{d}x$$

$$= \int_0^1 \left[\left(\frac{1}{2}x^2-yx\right)\Big|_y^1\right]\mathrm{d}y = \int_0^1 \left(\frac{1}{2}-y+\frac{1}{2}y^2\right)\mathrm{d}y$$

$$= \left(\frac{1}{2}y-\frac{1}{2}y^2+\frac{1}{6}y^3\right)\Big|_0^1 = \frac{1}{6}.$$

注:由例 1 可以看出,对于此题中的区域 D 用两种方法都同样简单,最终的结果也是一样的.

例 2 计算二重积分 $\iint\limits_{D}x^2y\mathrm{d}\sigma$,其中 D:$1\leqslant x\leqslant 2$,$0\leqslant y\leqslant 1$.

解 画出积分区域 D 的图形,如图 9-10 所示,这是一个矩形区域.

(方法一)如图 9-10(a)所示,

$$\iint\limits_{D}x^2y\mathrm{d}\sigma = \int_1^2 \mathrm{d}x \int_0^1 x^2y\mathrm{d}y$$

$$= \int_1^2 x^2\left(\frac{1}{2}y^2\Big|_0^1\right)\mathrm{d}x$$

$$= \int_1^2 \frac{1}{2}x^2\mathrm{d}x = \frac{1}{6}x^3\Big|_1^2 = \frac{7}{6}.$$

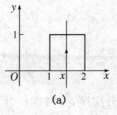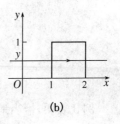

(a)　　　　　(b)

图 9-10

(方法二)如图 9-10(b)所示，$\iint\limits_{D} x^2 y \mathrm{d}\sigma = \int_0^1 \mathrm{d}y \int_1^2 x^2 y \mathrm{d}x = \int_0^1 y \left(\frac{1}{3} x^3 \Big|_1^2 \right) \mathrm{d}y$

$$= \int_0^1 \frac{7}{3} y \mathrm{d}y = \frac{7}{6} y^2 \Big|_0^1 = \frac{7}{6}.$$

注：在直角坐标系下将二重积分转化为二次积分，当区域 D 为矩形区域时，转化为二次积分，两次积分的上下限都是常数.

例 3 计算二重积分 $\iint\limits_{D} \frac{y^2}{x^2} \mathrm{d}\sigma$，其中 D 是由 $y = 2, y = x, xy = 1$ 所围成的区域.

解 画出积分区域 D 的图形，求出交点坐标为 $\left(\frac{1}{2}, 2 \right)$，$(1, 1)$，$(2, 2)$，如图 9-11 所示.

(方法一)在区域 D 内部作平行于 y 轴的直线，该平行于 y 轴的直线与区域 D 的边界有两个交点，但是这条线画在交点 $(1,1)$ 左右两侧不同的地方，下交点所在的曲线不同，因此

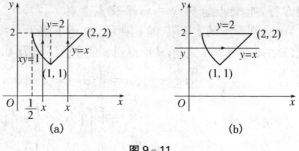

图 9-11

下交点的坐标不同，我们必须用经过交点 $(1,1)$ 且平行于 y 轴的直线将 D 划分为 D_1 和 D_2 两部分，如图 9-11(a)所示，然后在 D_1 和 D_2 上分别把二重积分化为先对 y 后对 x 的二次积分.

$$\iint\limits_{D} \frac{y^2}{x^2} \mathrm{d}\sigma = \iint\limits_{D} \frac{y^2}{x^2} \mathrm{d}x\mathrm{d}y = \iint\limits_{D_1} \frac{y^2}{x^2} \mathrm{d}x\mathrm{d}y + \iint\limits_{D_2} \frac{y^2}{x^2} \mathrm{d}x\mathrm{d}y$$

$$= \int_{\frac{1}{2}}^1 \mathrm{d}x \int_{\frac{1}{x}}^2 \frac{y^2}{x^2} \mathrm{d}y + \int_1^2 \mathrm{d}x \int_x^2 \frac{y^2}{x^2} \mathrm{d}y$$

$$= \int_{\frac{1}{2}}^1 \left(\frac{8}{3x^2} - \frac{1}{3x^5} \right) \mathrm{d}x + \int_1^2 \left(\frac{8}{3x^2} - \frac{x}{3} \right) \mathrm{d}x$$

$$= \left(-\frac{8}{3x} + \frac{1}{12x^4} \right) \Big|_{\frac{1}{2}}^1 + \left(-\frac{8}{3x} - \frac{x^2}{6} \right) \Big|_1^2 = \frac{9}{4}.$$

(方法二)对于区域 D，如果转化为先对 x 后对 y 的二次积分，则不需要分成两个区域，如图 9-11(b)所示.

$$\iint\limits_{D} \frac{y^2}{x^2} \mathrm{d}\sigma = \int_1^2 \mathrm{d}y \int_{\frac{1}{y}}^y \frac{y^2}{x^2} \mathrm{d}x = \int_1^2 y^2 \left(-\frac{1}{x} \right) \Big|_{\frac{1}{y}}^y \mathrm{d}y$$

$$= \int_1^2 y^2 \left(-\frac{1}{y} + y \right) \mathrm{d}y = \int_1^2 (-y + y^3) \mathrm{d}y$$

$$= \left(-\frac{y^2}{2} + \frac{y^4}{4} \right) \Big|_1^2 = \frac{9}{4}.$$

例 3 表明，恰当地选择积分次序，有时能使计算简便许多.

例 4 计算二重积分 $\iint\limits_{D} xy \mathrm{d}\sigma$，其中 D 是由直线 $y = x - 2$ 和抛物线 $y^2 = x$ 所围成的区域.

解 画出积分区域 D 的图形，求出交点坐标为 $(1, -1)$，$(4, 2)$，如图 9-12 所示.由图可

见,先对 x 后对 y 积分比较简便.因此有

$$\iint\limits_{D} xy\mathrm{d}\sigma = \int_{-1}^{2}\mathrm{d}y\int_{y^2}^{y+2}xy\mathrm{d}x = \int_{-1}^{2}y\left(\frac{x^2}{2}\right)\Big|_{y^2}^{y+2}\mathrm{d}y$$

$$= \frac{1}{2}\int_{-1}^{2}\left[y(y+2)^2 - y^5\right]\mathrm{d}y$$

$$= \frac{1}{2}\left(\frac{y^4}{4} + \frac{4}{3}y^3 + 2y^2 - \frac{y^6}{6}\right)\Big|_{-1}^{2}$$

$$= 5\frac{5}{8}.$$

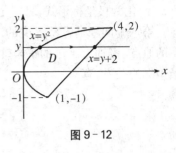

图 9-12

例5 计算二重积分 $\iint\limits_{D}\mathrm{e}^{-x^2}\mathrm{d}\sigma$,其中 D 是由 $y=0$,$y=x$,$x=1$ 所围成的区域.

解 画出积分区域 D 的图形,如图 9-13 所示.

对于这个积分区域,如果先对 x 积分,e^{-x^2} 无法积分,因此只能采用先对 y 后对 x 的次序积分.

$$\iint\limits_{D}\mathrm{e}^{-x^2}\mathrm{d}\sigma = \int_{0}^{1}\mathrm{d}x\int_{0}^{x}\mathrm{e}^{-x^2}\mathrm{d}y = \int_{0}^{1}\mathrm{e}^{-x^2}\left(y\Big|_{0}^{x}\right)\mathrm{d}x$$

$$= \int_{0}^{1}\mathrm{e}^{-x^2}x\mathrm{d}x = -\frac{1}{2}\int_{0}^{1}\mathrm{e}^{-x^2}\mathrm{d}(-x^2)$$

$$= -\frac{1}{2}\mathrm{e}^{-x^2}\Big|_{0}^{1} = \frac{1}{2} - \frac{1}{2\mathrm{e}}.$$

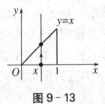

图 9-13

例6 计算二重积分 $\iint\limits_{D}\dfrac{\sin y}{y}\mathrm{d}\sigma$,其中 D 是由 $x=0$,$y=x$,$y=\pi$ 所围成的区域.

解 画出积分区域 D 的图形,如图 9-14 所示.

对于被积函数 $\dfrac{\sin y}{y}$,如果先对 y 积分,则无法积分,因此只能选择先对 x 后对 y 的次序积分.

图 9-14

$$\iint\limits_{D}\frac{\sin y}{y}\mathrm{d}\sigma = \int_{0}^{\pi}\mathrm{d}y\int_{0}^{y}\frac{\sin y}{y}\mathrm{d}x = \int_{0}^{\pi}\frac{\sin y}{y}\left(x\Big|_{0}^{y}\right)\mathrm{d}y$$

$$= \int_{0}^{\pi}\sin y\mathrm{d}y = -\cos y\Big|_{0}^{\pi} = 2.$$

综上所述,积分次序的选择,不仅要看积分区域的特征,而且还要考虑到被积函数的特点.原则是既要使计算能进行,又要使计算尽可能地简便.

二、极坐标系下二重积分的计算

前面我们介绍了二重积分在直角坐标系下的计算方法,但是对某些被积函数和某些积分区域(如与圆有关的区域)用极坐标计算会比较简便.下面我们来介绍二重积分在极坐标系下的计算.

将二重积分 $\iint\limits_{D}f(x,y)\mathrm{d}\sigma$ 化为极坐标形式,会遇到两个问题:一个是如何把被积函数

$f(x,y)$ 化为极坐标形式,另一个是如何把面积元素 $d\sigma$ 化为极坐标形式.

第一个问题是容易解决的.如果我们选取极点 O 为直角坐标系的原点、极轴为 x 轴的正半轴,如图 9-15 所示,则由直角坐标与极坐标的关系,有

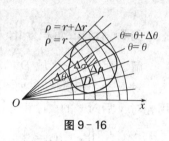

$$\begin{cases} x = r\cos\theta, \\ y = r\sin\theta. \end{cases}$$

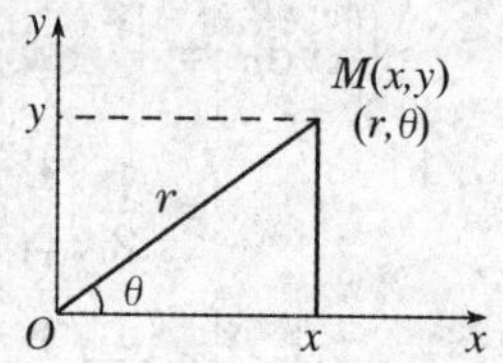

图 9-15

即有

$$f(x,y) = f(r\cos\theta, r\sin\theta).$$

对于第二个问题,在极坐标系中,我们可以用 $\theta =$ 常数和 $r =$ 常数两族曲线,即一族从极点发出的射线和另一族圆心在极点的同心圆,把 D 分割成许多子域,这些子域除了靠边界曲线的一些子域外,绝大多数的都是扇形域(见图 9-16)(当分割更细时,这些不规则子域的面积之和趋向于 0,所以不必考虑).图 9-16 中阴影所示的子域的面积近似等于以 $rd\theta$ 为长、dr 为宽的矩形面积,因此在极坐标系中的面积元素可记为

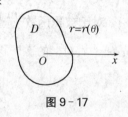

图 9-16

$$d\sigma = rdrd\theta,$$

于是二重积分的极坐标形式为

$$\iint\limits_{D} f(r\cos\theta, r\sin\theta) rdrd\theta.$$

需要注意的是,面积元素的极坐标形式中有一个因子 r,请读者在运用中切勿遗漏.

极坐标系中,区域 D 的边界曲线方程,通常用 $r = r(\theta)$ 来表示,因此在极坐标系中计算二重积分,一般是选择先积 r 后积 θ 的次序.

实际计算中,分两种情形来考虑:

(1)原点在积分域 D 内,且边界方程为 $r = r(\theta)$,如图 9-17 所示,则二重积分化为累次积分为

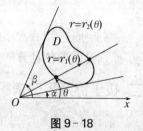

$$\iint\limits_{D} f(r\cos\theta, r\sin\theta) rdrd\theta = \int_{0}^{2\pi} \left[\int_{0}^{r(\theta)} f(r\cos\theta, r\sin\theta) rdr \right] d\theta$$

$$= \int_{0}^{2\pi} d\theta \int_{0}^{r(\theta)} f(r\cos\theta, r\sin\theta) rdr.$$

图 9-17

(2)原点不在积分域 D 内(包括原点在 D 的边界线上的情形),则从原点作两条射线 $\theta = \alpha$ 和 $\theta = \beta(\alpha \leqslant \beta)$(见图 9-18)夹紧区域 D. α, β 分别是对 θ 积分的下限和上限.在 α 与 β 之间作任一条射线与积分域 D 的边界交于两点,它们的极径分别为 $r = r_1(\theta)$, $r = r_2(\theta)$.假定 $r_1(\theta) \leqslant r_2(\theta)$,那么 $r_1(\theta)$ 与 $r_2(\theta)$ 分别是对 r 积分的下限与上限,即

图 9-18

$$\iint\limits_{D} f(r\cos\theta, r\sin\theta) rdrd\theta = \int_{\alpha}^{\beta} \left[\int_{r_1(\theta)}^{r_2(\theta)} f(r\cos\theta, r\sin\theta) rdr \right] d\theta$$

$$= \int_{\alpha}^{\beta} d\theta \int_{r_1(\theta)}^{r_2(\theta)} f(r\cos\theta, r\sin\theta) rdr.$$

例7 计算二重积分 $\iint\limits_{D}(1-x^2-y^2)\mathrm{d}\sigma$,其中 $D=\{(x,y)\mid 1\leqslant x^2+y^2\leqslant 4\}$.

解 画出积分区域 D 的图形,如图 9-19 所示,这是一个圆环形
区域,因而在极坐标下计算比较简单.

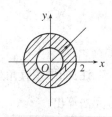

$$\iint\limits_{D}(4-x^2-y^2)\mathrm{d}\sigma=\iint\limits_{D}(4-r^2)r\mathrm{d}r\mathrm{d}\theta=\int_0^{2\pi}\mathrm{d}\theta\int_1^2(4r-r^3)\mathrm{d}r$$

$$=\int_0^{2\pi}\left(2r^2-\frac{r^4}{4}\right)\Big|_1^2\mathrm{d}\theta=\frac{9}{2}\pi.$$

图 9-19

注:当积分区域是圆心在极点的圆或者圆环、扇形区域时,选择在
极坐标下计算会比较简单,而且此时两次积分的上下限都是常数.同时
由于在这个二次积分中,被积函数与 θ 无关,且对 r 积分的积分限是常数,所以两次积分可
以同时进行.

例8 把 $\iint\limits_{D}f(x,y)\mathrm{d}\sigma$ 化为极坐标系中的累次积分.其中,D 是由圆 $x^2+y^2=2y$ 所围成
的区域.

解 画出积分区域 D 的图形,如图 9-20 所示,并把 D 的边界曲
线化为极坐标方程:

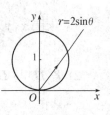

$$r=2\sin\theta.$$

原点不在 D 的内部,区域 D 被夹在射线 $\theta=0$ 和 $\theta=\pi$ 之间,在
$[0,\pi]$ 中任作射线与区域边界交于两点 $r_1=0,r_2=2\sin\theta$,因此得

图 9-20

$$\iint\limits_{D}f(x,y)\mathrm{d}\sigma=\iint\limits_{D}f(r\cos\theta,r\sin\theta)r\mathrm{d}r\mathrm{d}\theta$$

$$=\int_0^{\pi}\mathrm{d}\theta\int_0^{2\sin\theta}f(r\cos\theta,r\sin\theta)r\mathrm{d}r.$$

例9 计算二重积分 $\iint\limits_{D}\arctan\dfrac{y}{x}\mathrm{d}\sigma$,其中 D 是由 $y=x,y=0,x^2+y^2=R^2(R>0)$ 所围
成的在第一象限的区域.

解 画出积分区域 D 的图形,如图 9-21 所示,并把 D 的边界曲
线化为极坐标方程:

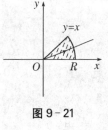

$$r=R.$$

二重积分可以化为

$$\iint\limits_{D}\arctan\frac{y}{x}\mathrm{d}\sigma=\int_0^{\frac{\pi}{4}}\mathrm{d}\theta\int_0^R\theta r\mathrm{d}r=\int_0^{\frac{\pi}{4}}\theta\left(\frac{r^2}{2}\right)\Big|_0^R\mathrm{d}\theta$$

图 9-21

$$=\frac{R^2}{2}\int_0^{\frac{\pi}{4}}\theta\mathrm{d}\theta=\frac{R^2}{2}\frac{\theta^2}{2}\Big|_0^{\frac{\pi}{4}}=\frac{\pi^2}{64}R^2.$$

例10 计算二重积分 $\iint\limits_{D}\mathrm{e}^{-x^2-y^2}\mathrm{d}\sigma$,其中 D 是由 $x^2+y^2=R^2$
$(R>0)$ 围成的在第一象限的区域.

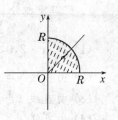

解 画出积分区域 D 的图形,如图 9-22 所示,并把 D 的边界曲
线化为极坐标方程:

$$r=R.$$

图 9-22

二重积分可以化为

$$\iint\limits_{D}e^{-x^2-y^2}d\sigma = \int_0^{\frac{\pi}{2}}d\theta\int_0^R re^{-r^2}dr = \frac{\pi}{2}\cdot\left(-\frac{1}{2}\right)\int_0^R e^{-r^2}d(-r^2)$$

$$= -\frac{\pi}{4}e^{-r^2}\bigg|_0^R = \frac{\pi}{4}(1-e^{-R^2}).$$

注:如果用直角坐标系计算,由于积分 $\int e^{-x^2}dx$ 不能用初等函数表示,所以上述二重积分无法算出.

由以上例子可以看出,如果二重积分的被积函数是以 x^2+y^2 为变量的函数,或积分区域是圆形、环形、扇形等,那么,它在极坐标系中的计算一般要比在直角坐标系中的计算简单.

三、二重积分的对称性

设 $f(x,y)$ 在有界区域 D 上为连续函数,D 可以分为 D_1,D_2 两个子区域.

(1) 若 D_1 与 D_2 是关于 y 轴对称的区域,则

$$\iint\limits_{D}f(x,y)dxdy = \begin{cases} 2\iint\limits_{D_1}f(x,y)dxdy, & f(x,y) \text{ 为 } x \text{ 的偶函数}; \\ 0, & f(x,y) \text{ 为 } x \text{ 的奇函数}. \end{cases}$$

(2) 若 D_1 与 D_2 是关于 x 轴对称的区域,则

$$\iint\limits_{D}f(x,y)dxdy = \begin{cases} 2\iint\limits_{D_1}f(x,y)dxdy, & f(x,y) \text{ 为 } y \text{ 的偶函数}; \\ 0, & f(x,y) \text{ 为 } y \text{ 的奇函数}. \end{cases}$$

例如:设积分区域 D 是由曲线 $y=1-x^2$ 与 $y=x^2-1$ 所围成的区域(见图 9-23),则

$$\iint\limits_{D}xe^{y^2}dxdy = 0,$$

$$\iint\limits_{D}ye^{x^2}dxdy = 0.$$

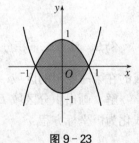

图 9-23

习题 9-2

A 组

1. 化二重积分 $\iint\limits_{D}f(x,y)d\sigma$ 为累次积分(用两种不同的次序),其中积分域 D 是

(1) $1\leqslant x\leqslant 2, 0\leqslant y\leqslant\frac{\pi}{2}$;

(2) 由直线 $y=x$ 及抛物线 $y^2=4x$ 所围成的区域;

(3) 由直线 $x+y=1, x-y=1, x=0$ 所围成的区域;

(4) 由直线 $y=x, y=2x$ 及双曲线 $xy=2$ 所围成的第一象限部分的区域.

2. 计算下列二重积分：

(1) $\iint\limits_{D} e^{x+y} d\sigma$，其中 $D: |x| \leqslant 1, |y| \leqslant 1$；

(2) $\iint\limits_{D} \left(\dfrac{x}{y}\right)^2 d\sigma$，其中 D 由 $y = x, xy = 1, x = 2$ 所围成的区域；

(3) $\iint\limits_{D} x^2 y d\sigma$，其中 D 是由曲线 $y = x^2$ 和直线 $y = x$ 围成的区域；

(4) $\iint\limits_{D} \dfrac{\sin y}{y} d\sigma$，其中 D 是由 $y = x, x = 0, y = \dfrac{\pi}{2}, y = \pi$ 所围成的区域.

3. 交换下列二次积分的次序：

(1) $\displaystyle\int_{-a}^{a} dx \int_{0}^{\sqrt{a^2 - x^2}} f(x, y) dy$；

(2) $\displaystyle\int_{0}^{\frac{1}{2}} dx \int_{x}^{1-x} f(x, y) dy$；

(3) $\displaystyle\int_{0}^{2} dy \int_{y^2}^{2y} f(x, y) dx$；

(4) $\displaystyle\int_{0}^{1} dy \int_{0}^{2y} f(x, y) dx + \int_{1}^{3} dy \int_{0}^{3-y} f(x, y) dx$.

4. 计算下列二重积分：

(1) $\iint\limits_{D} (1 + x^2 + y^2) d\sigma, D: x^2 + y^2 \leqslant R^2, x \geqslant 0, y \geqslant 0$；

(2) $\iint\limits_{D} \sin \sqrt{x^2 + y^2} d\sigma, D: x^2 + y^2 \leqslant 1$；

(3) $\iint\limits_{D} \sqrt{R^2 - x^2 - y^2} d\sigma, D: x^2 + y^2 \leqslant Rx$；

(4) $\iint\limits_{D} \arctan \dfrac{y}{x} d\sigma, D: 1 \leqslant x^2 + y^2 \leqslant 4, y \geqslant 0, y \leqslant x$.

B 组

1. 计算下列二重积分

(1) $\iint\limits_{D} \dfrac{1}{(x - y)^2} d\sigma, D: 1 \leqslant x \leqslant 2, 3 \leqslant y \leqslant 4$；

(2) $\iint\limits_{D} x^2 y \cos(xy^2) d\sigma, D: 0 \leqslant x \leqslant \dfrac{\pi}{2}, 0 \leqslant y \leqslant 2$.

2. 交换下列累次积分的积分顺序

1. (1) $\displaystyle\int_{-1}^{1} dx \int_{x^2+x}^{x+1} f(x, y) dy$；

(2) $\displaystyle\int_{0}^{1} dx \int_{\sqrt{2+x^2}}^{\sqrt{4-x^2}} f(x, y) dy$.

3. 把二重积分 $\iint\limits_{D} f(x, y) d\sigma$ 化为极坐标系中的累次积分（先积 r 后积 θ）.

(1) $D: x^2 + y^2 \leqslant 2x$；

(2) D 由 $y = \sqrt{R^2 - x^2}, y = \pm x$ 围成；

(3) D 是 $x^2 + y^2 = 2y, x^2 + y^2 = 4y$ 之间的区域;

(4) $D: 2x \leqslant x^2 + y^2 \leqslant 4$.

第三节　二重积分在几何上的应用

根据二重积分的几何意义,我们知道:当 $f(x, y) \geqslant 0$ 时,$\iint\limits_{D} f(x, y) \mathrm{d}\sigma$ 表示以 D 为底、曲面 $z = f(x, y)$ 为顶的曲顶柱体的体积,因此二重积分在几何上可用于求空间立体的体积.现举例说明如下:

例 11　求由旋转抛物面 $z = 6 - x^2 - y^2$ 与 xOy 坐标平面所围的立体的体积.

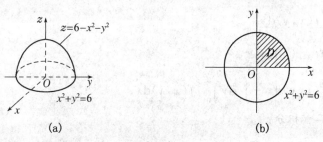

图 9 - 24

解　由图 9 - 24(a)可见,该立体是以曲面 $z = 6 - x^2 - y^2$ 为顶,$x^2 + y^2 = 6$ 为底的曲顶柱体.因此,其体积

$$V = \iint\limits_{D} (6 - x^2 - y^2) \mathrm{d}\sigma,$$

其中区域 D 如图 9 - 24(b)所示.用极坐标计算较为方便.

$$V = \int_0^{2\pi} \mathrm{d}\theta \int_0^{\sqrt{6}} (6 - r^2) r \mathrm{d}r = 18\pi.$$

例 12　求由锥面 $z = \sqrt{x^2 + y^2}$ 及旋转抛物面 $z = 6 - x^2 - y^2$ 所围成的立体的体积.

解　画出该立体的图形(见图 9 - 25).求出这两个曲面的交线

$$\begin{cases} z = \sqrt{x^2 + y^2}, \\ z = 6 - x^2 - y^2 \end{cases}$$ 在 xOy 面上的投影曲线为

$$\begin{cases} x^2 + y^2 = 4, \\ z = 0. \end{cases}$$

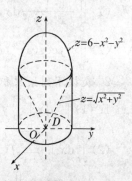

图 9 - 25

它是所求立体在 xOy 面上的投影区域 D 的边界曲线.由图 9 - 25 可见,所求立体的体积 V 可以看作以 $z = 6 - x^2 - y^2$ 为顶、以 D 为底的曲顶柱体的体积 V_2 减去以 $z = \sqrt{x^2 + y^2}$ 为顶、在同一底上的曲顶柱体的体积 V_1 所得,即

$$V = V_2 - V_1 = \iint\limits_{D} (6 - x^2 - y^2) \mathrm{d}\sigma - \iint\limits_{D} \sqrt{x^2 + y^2} \mathrm{d}\sigma$$

$$= \iint\limits_{D}(6 - x^2 - y^2 - \sqrt{x^2 + y^2})\mathrm{d}\sigma.$$

显然,这个二重积分放在极坐标系中计算比较简单. 即有

$$V = \iint\limits_{D}(6 - r^2 - r)r\mathrm{d}r\mathrm{d}\theta = \int_0^{2\pi}\mathrm{d}\theta\int_0^2(6r - r^3 - r^2)\mathrm{d}r$$

$$= \int_0^{2\pi}\left(3r^2 - \frac{r^4}{4} - \frac{r^3}{3}\right)\Big|_0^2\mathrm{d}\theta = \frac{32}{3}\pi.$$

习题 9 – 3

A 组

1. 求下列曲面所围成的立体的体积.

(1) $z^2 = x^2 + y^2, z = \sqrt{8 - x^2 - y^2}$;

(2) $z = x^2 + 2y^2, z = 6 - 2x^2 - y^2$;

(3) $z = \frac{1}{4}(x^2 + y^2), x^2 + y^2 = 8x, z = 0$.

B 组

1. 求下列曲面所围成的立体的体积.

(1) $z = 1 - x^2 - y^2, y = x, y = \sqrt{3x}, z = 0$;

(2) $az = y^2, x^2 + y^2 = k^2, z = 0(a > 0, k > 0)$.

总复习题九

1. 单项选择题

(1) 设 $f(x, y)$ 是连续函数,则 $\int_0^a \mathrm{d}x \int_0^x f(x, y)\mathrm{d}y = ($　　$)$,其中 $a > 0$.

　A. $\int_0^a \mathrm{d}y \int_y^a f(x, y)\mathrm{d}x$
　　　　　　　B. $\int_0^a \mathrm{d}y \int_x^a f(x, y)\mathrm{d}x$

　C. $\int_0^a \mathrm{d}y \int_0^y f(x, y)\mathrm{d}x$
　　　　　　　D. $\int_0^a \mathrm{d}y \int_a^y f(x, y)\mathrm{d}x$

(2) 设 $D = \{(x, y) \mid x^2 + y^2 \leqslant 1, x \geqslant 0, y \geqslant 0\}$,则在极坐标系下 $\iint\limits_{D}\mathrm{e}^{\sqrt{x^2+y^2}}\mathrm{d}x\mathrm{d}y = $
(　　).

　A. $\int_0^{\pi}\mathrm{d}\theta\int_0^1 \mathrm{e}^r\mathrm{d}r$
　　　　　　　B. $\int_0^{\frac{\pi}{2}}\mathrm{d}\theta\int_0^1 \mathrm{e}^r\mathrm{d}r$

　C. $\int_0^{\pi}\mathrm{d}\theta\int_0^1 r\mathrm{e}^r\mathrm{d}r$
　　　　　　　D. $\int_0^{\frac{\pi}{2}}\mathrm{d}\theta\int_0^1 r\mathrm{e}^r\mathrm{d}r$

(3) 设 $D = \{(x, y) \mid a \leqslant x \leqslant b, c \leqslant y \leqslant d\}$,则 $\iint\limits_{D}\mathrm{d}\sigma = ($　　$)$.

A. $a+b+c+d$ B. $abcd$

C. $(b-a)(d-c)$ D. $(a-b)(d-c)$

(4) 设 $D: x^2+y^2 \leqslant R^2$，则 $\iint\limits_{D}(xy^2+1)\mathrm{d}\sigma$ （   ）.

A. 0   B. πR^2 C. $2\pi R$ D. $2\pi R^2$

2. 填空题

(1) 设 $D=\{(x,y)\,|\,0 \leqslant x \leqslant 1, x^2+y^2 \leqslant a^2\}$，若 $\iint\limits_{D}\sqrt{a^2-x^2-y^2}\,\mathrm{d}\sigma=\dfrac{\pi}{12}$，则 $a=$ _____

_____.

(2) 若 $D: 4 \leqslant x^2+y^2 \leqslant 9$，则 $\iint\limits_{D}\mathrm{d}x\mathrm{d}y=$ _____.

(3) 设 $D: x^2+y^2 \leqslant R^2$，则 $\iint\limits_{D}x(x^2+y^2)\mathrm{d}x\mathrm{d}y=$ _____.

(4) 设 $D: x^2+y^2 \leqslant 4$，则 $\iint\limits_{D}(2-\sqrt{x^2+y^2})\mathrm{d}x\mathrm{d}y=$ _____.

(5) 设 $D=\{(x,y)\,|\,0 \leqslant x \leqslant 1, -1 \leqslant y \leqslant 0\}$，则 $\iint\limits_{D}x\mathrm{e}^{xy}\mathrm{d}x\mathrm{d}y=$ _____.

(6) $I=\displaystyle\int_0^1 \mathrm{d}x \int_{\sqrt{x}}^1 f(x,y)\mathrm{d}y$ 交换积分次序后，则 $I=$ _____.

3. 计算下列二重积分

(1) $\iint\limits_{D}(x+2y)\mathrm{d}\sigma$，其中 $D: -1 \leqslant x \leqslant 1, 0 \leqslant y \leqslant 2$；

(2) $\iint\limits_{D}\mathrm{e}^{x+y}\mathrm{d}\sigma$，其中 $D: 0 \leqslant x \leqslant 1, 0 \leqslant y \leqslant 1$；

(3) $\iint\limits_{D}(x-y)\mathrm{d}\sigma$，其中 D 是由 $y=x, x=1, x$ 轴所围成的区域；

(4) $\iint\limits_{D}(x^2+y^2-y)\mathrm{d}\sigma$，其中 D 是由 $y=x, y=\dfrac{x}{2}, y=2$ 所围成的区域；

(5) $\iint\limits_{D}\cos(x+y)\mathrm{d}\sigma$，其中 D 是由 $x=0, y=\pi, y=x$ 所围成的区域；

(6) $\iint\limits_{D}xy^2\mathrm{d}\sigma$，其中 D 是由 $x^2+y^2=4, y$ 轴所围成的区域.

第十章　无穷级数

迄今为止,我们主要研究的对象是初等函数.初等函数可由基本初等函数经有限次四则运算得到.因此,只是考虑有限个函数相加生成新的函数.在数学和其他学科中还会涉及无穷多个数或无穷多个函数相加的问题,而相加后又能否得到和? 为此,本章引入无穷级数的概念.无穷级数也是高等数学的重要组成部分,它在自然科学、工程技术和数学的许多分支中都有广泛的应用.

第一节　常数项级数的概念与性质

一、常数项级数的基本概念

定义 1　设 $a_1, a_2, \cdots, a_n, \cdots$ 是一个给定的数列,把数列中各项依次用加号连接起来的式子:

$$a_1 + a_2 + \cdots + a_n + \cdots$$

称为**常数项无穷级数**,简称**级数**,记作 $\sum\limits_{n=1}^{\infty} a_n$,即

$$\sum_{n=1}^{\infty} a_n = a_1 + a_2 + \cdots + a_n + \cdots. \tag{10-1}$$

数列的各项 $a_1, a_2, \cdots, a_n, \cdots$ 称为级数的**项**,a_n 称为级数的**通项**或**一般项**.

例如,

$$\sum_{n=1}^{\infty} \frac{1}{n} = 1 + \frac{1}{2} + \frac{1}{3} + \cdots + \frac{1}{n} + \cdots,$$

$$\sum_{n=1}^{\infty} (-1)^{n-1} \frac{1}{n} = 1 - \frac{1}{2} + \frac{1}{3} - \cdots + (-1)^{n-1} \frac{1}{n} + \cdots,$$

$$\sum_{n=1}^{\infty} \frac{1}{n(n+1)} = \frac{1}{1 \cdot 2} + \frac{1}{2 \cdot 3} + \cdots + \frac{1}{n(n+1)} + \cdots$$

都是无穷级数.

将等比数列: $a, aq, aq^2, \cdots, aq^{n-1}, aq^n, \cdots (a \neq 0)$ 各项依次相加得级数

$$\sum_{n=1}^{\infty} aq^{n-1} = a + aq + aq^2 + \cdots + aq^{n-1} + aq^n + \cdots,$$

称为**等比级数**或**几何级数**,数 q 称为等比级数的**公比**.

级数 $\sum\limits_{n=1}^{\infty} a_n$ 的前 n 项之和记为 S_n,即

$$S_n = a_1 + a_2 + \cdots + a_n$$

称为级数 $\sum\limits_{n=1}^{\infty} a_n$ 的**前 n 项部分和**,简称为**部分和**.当 $n = 1$ 时,$S_1 = a_1$;当 $n = 2$ 时,$S_2 = a_1 + a_2$,$\cdots$.于是,得到数列:

$$S_1, S_2, \cdots, S_n, \cdots. \qquad\qquad (10-2)$$

数列$(10-2)$称为级数 $\sum\limits_{n=1}^{\infty} a_n$ 的**部分和数列**$\{S_n\}$.

定义 2 若级数 $\sum\limits_{n=1}^{\infty} a_n$ 的部分和数列$\{S_n\}$当 $n \to \infty$ 时有极限S,即有

$$\lim_{n \to \infty} S_n = S,$$

则称该级数**收敛于** S,S 称为该级数的**和**,记作 $\sum\limits_{n=1}^{\infty} a_n = S$.若部分和数列$\{S_n\}$当 $n \to \infty$ 时极限不存在,则称该级数**发散**.

由定义 2 可知,研究级数的收敛性问题实际上是研究它的部分和数列的收敛性问题.

例 1 讨论级数 $\sum\limits_{n=1}^{\infty} \dfrac{1}{n(n+1)}$ 的敛散性.

解 该级数的前 n 项部分和

$$S_n = \frac{1}{1 \cdot 2} + \frac{1}{2 \cdot 3} + \cdots + \frac{1}{n(n+1)}$$

$$= \left(1 - \frac{1}{2}\right) + \left(\frac{1}{2} - \frac{1}{3}\right) + \cdots + \left(\frac{1}{n} - \frac{1}{n+1}\right) = 1 - \frac{1}{n+1}.$$

由于

$$\lim_{n \to \infty} S_n = \lim_{n \to \infty} \left(1 - \frac{1}{n+1}\right) = 1,$$

故所讨论的级数收敛,且其和等于 1.

例 2 讨论等比级数(也称几何级数) $\sum\limits_{n=1}^{\infty} aq^{n-1}(a \neq 0)$ 的敛散性.

解 等比级数的前 n 项部分和

$$S_n = a + aq + \cdots + aq^{n-1} = \begin{cases} \dfrac{a(1-q^n)}{1-q}, & q \neq 1; \\ an, & q = 1. \end{cases}$$

于是,当 $|q| < 1$ 时,$\lim\limits_{n \to \infty} q^n = 0$,因此

$$\lim_{n \to \infty} S_n = \lim_{n \to \infty} \frac{a(1-q^n)}{1-q} = \frac{a}{1-q}.$$

此时,等比级数 $\sum\limits_{n=1}^{\infty} aq^{n-1}$ 收敛,且其和等于 $\dfrac{a}{1-q}$.

当 $|q| > 1$ 时,由于 $\lim\limits_{n \to \infty} q^n = \infty$,因此 $\lim\limits_{n \to \infty} S_n = \lim\limits_{n \to \infty} \dfrac{a(1-q^n)}{1-q} = \infty$.该等比级数发散.

当 $q = -1$ 时,$\lim\limits_{n \to \infty} (-1)^n$ 不存在,从而 $\lim\limits_{n \to \infty} S_n$ 不存在.该等比级数发散.

当 $q = 1$ 时,$S_n = na$,$\lim\limits_{n \to \infty} S_n = \infty$,该等比级数发散.

综上所述,关于等比级数 $\sum\limits_{n=1}^{\infty} aq^{n-1}(a \neq 0)$ 的敛散性,有下面的结论:

当 $|q|<1$ 时,级数 $\sum\limits_{n=1}^{\infty} aq^{n-1}$ 收敛,且 $\sum\limits_{n=1}^{\infty} aq^{n-1} = \dfrac{a}{1-q}$;

当 $|q| \geqslant 1$ 时,级数 $\sum\limits_{n=1}^{\infty} aq^{n-1}$ 发散.

例3　讨论级数 $\sum\limits_{n=1}^{\infty} \ln\left(1+\dfrac{1}{n}\right)$ 的敛散性.

解　该级数的前 n 项部分和

$$S_n = \ln 2 + \ln\frac{3}{2} + \ln\frac{4}{3} + \cdots + \ln\frac{n+1}{n}$$

$$= \ln\left(2 \cdot \frac{3}{2} \cdot \frac{4}{3} \cdot \cdots \cdot \frac{n+1}{n}\right) = \ln(n+1).$$

由于

$$\lim_{n \to \infty} S_n = \lim_{n \to \infty} \ln(n+1) = \infty,$$

故该级数发散.

例4　证明级数 $\sum\limits_{n=1}^{\infty} \dfrac{1}{n}$（**调和级数**）发散.

证明　该级数的部分和不易求得,我们可以用例3中级数 $\sum\limits_{n=1}^{\infty} \ln\left(1+\dfrac{1}{n}\right)$ 的敛散性来判断.

首先证明不等式 $x \geqslant \ln(1+x)(x \geqslant 0)$.

令 $f(x) = x - \ln(1+x)$,有 $f(0) = 0, f'(x) = 1 - \dfrac{1}{1+x} > 0 (x > 0)$.

因此 $f(x)$ 是 $(0, +\infty)$ 上的增函数,即当 $x \geqslant 0$ 时,$f(x) \geqslant 0$,于是 $x \geqslant \ln(1+x)(x \geqslant 0)$,从而有 $\dfrac{1}{n} \geqslant \ln\left(1+\dfrac{1}{n}\right)$,于是

$$S_n = 1 + \frac{1}{2} + \frac{1}{3} + \cdots + \frac{1}{n} \geqslant \ln 2 + \ln\frac{3}{2} + \ln\frac{4}{3} + \cdots + \ln\frac{n+1}{n} = \ln(n+1),$$

当 $n \to \infty$ 时,$\ln(n+1) \to \infty$,所以 $S_n \to \infty$,故调和级数 $\sum\limits_{n=1}^{\infty} \dfrac{1}{n}$ 发散.

二、收敛级数的性质

性质1（级数收敛的必要条件）　若级数 $\sum\limits_{n=1}^{\infty} a_n$ 收敛,则必有 $\lim\limits_{n \to \infty} a_n = 0$.

证明　设 $\sum\limits_{n=1}^{\infty} a_n = S$.

由 $S_n = a_1 + a_2 + \cdots + a_{n-1} + a_n = S_{n-1} + a_n$,有 $a_n = S_n - S_{n-1}$,因此

$$\lim_{n \to \infty} a_n = \lim_{n \to \infty}(S_n - S_{n-1}) = \lim_{n \to \infty} S_n - \lim_{n \to \infty} S_{n-1} = S - S = 0.$$

注:① 该性质的逆命题不真,也就是说:如果级数 $\sum\limits_{n=1}^{\infty} a_n$ 满足 $\lim\limits_{n \to \infty} a_n = 0$,该级数不一定

收敛. 如调和级数 $\sum\limits_{n=1}^{\infty} \dfrac{1}{n}$, 虽然 $\lim\limits_{n\to\infty} \dfrac{1}{n} = 0$, 但它是发散的.

② 该性质的逆否命题可作为我们判断级数发散的一种方法: 若 $\lim\limits_{n\to\infty} a_n \neq 0$, 则级数 $\sum\limits_{n=1}^{\infty} a_n$ 发散.

例 5 讨论下列级数的敛散性:

(1) $\sum\limits_{n=1}^{\infty} \left(\dfrac{n}{n+1} \right)^n$; (2) $\sum\limits_{n=1}^{\infty} (-1)^{n-1}$.

解 (1) 由于

$$\lim_{n\to\infty} a_n = \lim_{n\to\infty} \left(\frac{n}{n+1} \right)^n = \lim_{n\to\infty} 1 \Big/ \left(1 + \frac{1}{n} \right)^n = \frac{1}{e} \neq 0,$$

因此级数 $\sum\limits_{n=1}^{\infty} \left(\dfrac{n}{n+1} \right)^n$ 发散.

(2) 由于 $\lim\limits_{n\to\infty} (-1)^{n-1}$ 不存在, 因此级数 $\sum\limits_{n=1}^{\infty} (-1)^{n-1}$ 发散.

性质 2 级数 $\sum\limits_{n=1}^{\infty} ka_n$ (常数 $k \neq 0$) 与 $\sum\limits_{n=1}^{\infty} a_n$ 同时收敛或发散, 收敛时 $\sum\limits_{n=1}^{\infty} ka_n = k \sum\limits_{n=1}^{\infty} a_n$.

性质 3 若级数 $\sum\limits_{n=1}^{\infty} a_n$ 与 $\sum\limits_{n=1}^{\infty} b_n$ 都收敛, 则级数 $\sum\limits_{n=1}^{\infty} (a_n + b_n)$ 与 $\sum\limits_{n=1}^{\infty} (a_n - b_n)$ 都收敛, 且

$$\sum_{n=1}^{\infty} (a_n \pm b_n) = \sum_{n=1}^{\infty} a_n \pm \sum_{n=1}^{\infty} b_n.$$

性质 4 在级数前面加上有限项或去掉有限项, 或改变有限项, 不会影响级数的敛散性 (在收敛的情形下, 级数的和可能改变).

性质 5 将收敛级数任意加括号后得到的新级数仍然收敛, 且与原级数有相同的和.

由性质 5 可知, 发散级数去括号后必是发散级数. 但应该注意, 发散级数加括号后得到的新级数可能收敛. 或者说, 一个级数加括号后得到的新级数收敛, 而原来的级数不一定收敛. 这也就是说, 一收敛级数去括号后得到的新级数可能发散. 例如, 级数

$$(1-1) + (1-1) + \cdots + (1-1) + \cdots$$

收敛, 且其和等于 0. 但去括号得到的级数:

$$1 - 1 + 1 - 1 + \cdots + (-1)^{n-1} + \cdots$$

发散(参见例 5(2)).

习题 10 - 1

A 组

1. 写出下列级数的通项:

(1) $-1+\dfrac{1}{2}-\dfrac{1}{4}+\dfrac{1}{8}-\cdots$; 　　　　(2) $1+\dfrac{1}{\sqrt{2^3}}+\dfrac{1}{\sqrt{3^3}}+\dfrac{1}{\sqrt{4^3}}\cdots$.

2. 根据级数收敛和发散的定义,判断下列级数的敛散性,如果收敛,则求其和.

(1) $\displaystyle\sum_{n=1}^{\infty}\dfrac{1}{(5n-4)\cdot(5n+1)}$; 　　(2) $\displaystyle\sum_{n=1}^{\infty}\left(\dfrac{2}{3}\right)^n$; 　　(3) $\displaystyle\sum_{n=1}^{\infty}\left(\dfrac{9}{8}\right)^n$.

3. 判定下列各题中级数的敛散性:

(1) $\displaystyle\sum_{n=1}^{\infty}\dfrac{1}{n+3}$; 　　　　　　(2) $\displaystyle\sum_{n=1}^{\infty}\dfrac{2+(-1)^n}{2^n}$;

(3) $\displaystyle\sum_{n=1}^{\infty}(-1)^n2$; 　　　　　　(4) $\displaystyle\sum_{n=1}^{\infty}\left(\dfrac{n+1}{n}\right)^n$.

B 组

1. 写出下列级数的通项:

(1) $\dfrac{2}{1\cdot3}+\dfrac{3}{2\cdot4}+\dfrac{4}{3\cdot5}+\dfrac{5}{4\cdot6}+\cdots$; 　　(2) $\dfrac{\sqrt{x}}{2}+\dfrac{x}{2\cdot4}+\dfrac{x\sqrt{x}}{2\cdot4\cdot6}+\dfrac{x^2}{2\cdot4\cdot6\cdot8}+\cdots$.

2. 判定下列各题中级数的敛散性:

(1) $\displaystyle\sum_{n=1}^{\infty}\dfrac{(-1)^{n-1}n}{2n+1}$; 　　　　(2) $\displaystyle\sum_{n=1}^{\infty}\sqrt{\dfrac{n}{n+1}}$.

第二节　常数项级数的收敛判别法

在上一节中我们引入了级数收敛、发散的概念.虽然我们应用定义判定了几个级数的敛散性,但能用定义来判断敛散性的级数是很有限的.因此,必须另行寻求级数的敛散性的判别法.

一、正项级数及其敛散性判别法

定义　若级数 $\displaystyle\sum_{n=1}^{\infty}a_n$ 中的每一项 $a_n\geqslant0\,(n=1,2,\cdots)$,则称级数 $\displaystyle\sum_{n=1}^{\infty}a_n$ 为**正项级数**.

定理 1　正项级数 $\displaystyle\sum_{n=1}^{\infty}a_n$ 收敛的充分必要条件是它的部分和数列 $\{S_n\}$ 有界.

证明　(必要性)　若正项级数 $\displaystyle\sum_{n=1}^{\infty}a_n$ 收敛,则它的部分和数列 $\{S_n\}$ 收敛,所以 $\{S_n\}$ 有界.

(充分性)　由于正项级数的每一项 $a_n\geqslant0$,而 $S_{n+1}=S_n+a_{n+1}$,因此 $S_n\leqslant S_{n+1}$,即数列 $\{S_n\}$ 是单调递增的.又由假设 $\{S_n\}$ 有界,据单调有界数列一定收敛,得数列 $\{S_n\}$ 收敛.故级数 $\displaystyle\sum_{n=1}^{\infty}a_n$ 收敛.

应用定理 1,可以证明 ***p* 级数**

$$\sum_{n=1}^{\infty}\dfrac{1}{n^p}$$

当 $p>1$ 时收敛,当 $p\leqslant1$ 时发散.特别地,当 $p=1$ 时,级数

$$\sum_{n=1}^{\infty} \frac{1}{n}$$

为调和级数,它是发散的(参见例4).

定理2(比较判别法)

设 $\sum\limits_{n=1}^{\infty} a_n$ 与 $\sum\limits_{n=1}^{\infty} b_n$ 都是正项级数,且有

$$a_n \leqslant b_n (n=1,2,\cdots),$$

那么:

(1) 若级数 $\sum\limits_{n=1}^{\infty} b_n$ 收敛,则级数 $\sum\limits_{n=1}^{\infty} a_n$ 也收敛;

(2) 若级数 $\sum\limits_{n=1}^{\infty} a_n$ 发散,则级数 $\sum\limits_{n=1}^{\infty} b_n$ 也发散.

证明 以 S_n, T_n 分别表示 $\sum\limits_{n=1}^{\infty} a_n$ 与 $\sum\limits_{n=1}^{\infty} b_n$ 的前 n 项部分和.由 $a_n \leqslant b_n(n=1,2,\cdots)$ 可知 $S_n \leqslant T_n(n=1,2,\cdots)$.

(1) 由假设 $\sum\limits_{n=1}^{\infty} b_n$ 收敛,据定理1知数列 $\{T_n\}$ 有界,因而数列 $\{S_n\}$ 也有界.再由定理1知级数 $\sum\limits_{n=1}^{\infty} a_n$ 收敛.

(2) 若级数 $\sum\limits_{n=1}^{\infty} a_n$ 发散,则据定理1知数列 $\{S_n\}$ 无界,从而数列 $\{T_n\}$ 无界.再由定理1知级数 $\sum\limits_{n=1}^{\infty} b_n$ 发散.

注:① 由性质4可知,若不等式 $a_n \leqslant b_n$ 只对足够大的 n 成立,定理2的结论仍然成立.

② 在利用比较判别法判断正项级数 $\sum\limits_{n=1}^{\infty} a_n$ 的敛散性时,通常将它与**等比级数** $\sum\limits_{n=1}^{\infty} aq^{n-1}(a \neq 0)$(当 $|q|<1$ 时,收敛;当 $|q| \geqslant 1$ 时,发散.)和 **p 级数** $\sum\limits_{n=1}^{\infty} \frac{1}{n^p}$(当 $p>1$ 时收敛,当 $p \leqslant 1$ 时发散)比较.

例6 讨论级数 $\sum\limits_{n=1}^{\infty} \frac{3^n}{4^n+n}$ 的敛散性.

解 所讨论的级数是正项级数.由于

$$\frac{3^n}{4^n+n} < \frac{3^n}{4^n} = \left(\frac{3}{4}\right)^n,$$

而 $\sum\limits_{n=1}^{\infty} \left(\frac{3}{4}\right)^n$ 是公比为 $\frac{3}{4}$ 的等比级数,收敛.故由比较判别法知级数 $\sum\limits_{n=1}^{\infty} \frac{3^n}{4^n+n}$ 收敛.

例7 讨论级数 $\sum\limits_{n=1}^{\infty} \frac{n+1}{n^2+5n+2}$ 的敛散性.

解 所讨论的级数是正项级数.由于 $n+1>n, n^2+5n+2 \leqslant 8n^2$,所以

$$\frac{n+1}{n^2+5n+2} > \frac{n}{8n^2} = \frac{1}{8n}(n=1,2,3,\cdots).$$

而调和级数 $\sum\limits_{n=1}^{\infty} \dfrac{1}{n}$ 发散，从而 $\sum\limits_{n=1}^{\infty} \dfrac{1}{8n}$ 发散，因此据比较判别法知正项级数

$\sum\limits_{n=1}^{\infty} \dfrac{n+1}{n^2+5n+2}$ 发散.

例8 讨论级数 $\sum\limits_{n=1}^{\infty} \dfrac{1}{n\sqrt{2n+3}}$ 的敛散性.

解 所讨论的级数是正项级数.因为 $\dfrac{1}{n\sqrt{2n+3}} < \dfrac{1}{\sqrt{2}n^{\frac{3}{2}}}$ $(n=1,2,3,\cdots)$，而 p 级数

$\sum\limits_{n=1}^{\infty} \dfrac{1}{n^{\frac{3}{2}}}\left(p=\dfrac{3}{2}>1\right)$ 收敛，由比较判别法知级数 $\sum\limits_{n=1}^{\infty} \dfrac{1}{n\sqrt{2n+3}}$ 收敛.

分析例7和例8不难发现，如果正项级数的通项 u_n 是分式，而且分子、分母都是 n 的多项式（常数是零次多项式）或无理式时，只要分母的次数比分子的次数高一次以上（不包含一次），该正项级数收敛，否则发散.

比较判别法需要建立两正项级数的一般项之间的不等式关系，这是有一定困难的.下面，我们给出比较判别法的极限形式.

定理3（极限形式的比较判别法） 设 $\sum\limits_{n=1}^{\infty} a_n$ 与 $\sum\limits_{n=1}^{\infty} b_n$ 均为正项级数，$b_n \neq 0$ $(n=1,$ $2,\cdots)$，且

$$\lim_{n\to\infty} \dfrac{a_n}{b_n} = l,$$

其中 l 为有限数或 $+\infty$，那么：

(1) 当 $0 < l < +\infty$ 时，级数 $\sum\limits_{n=1}^{\infty} a_n$ 与 $\sum\limits_{n=1}^{\infty} b_n$ 同时收敛或同时发散；

(2) 当 $l=0$ 时，若级数 $\sum\limits_{n=1}^{\infty} b_n$ 收敛，则级数 $\sum\limits_{n=1}^{\infty} a_n$ 收敛；

(3) 当 $l=+\infty$ 时，若级数 $\sum\limits_{n=1}^{\infty} b_n$ 发散，则级数 $\sum\limits_{n=1}^{\infty} a_n$ 发散.

例9 讨论下列正项级数的敛散性.

(1) $\sum\limits_{n=1}^{\infty} \sin\dfrac{x}{n}$ $(0<x<\pi)$；　　　(2) $\sum\limits_{n=1}^{\infty} \left(1-\cos\dfrac{\pi}{n}\right)$.

解 (1) 由于

$$\lim_{n\to\infty} \sin\dfrac{x}{n}\Big/\dfrac{x}{n} = 1,$$

而调和级数 $\sum\limits_{n=1}^{\infty} \dfrac{1}{n}$ 发散，从而 $\sum\limits_{n=1}^{\infty} \dfrac{x}{n}$ $(0<x<\pi)$ 发散，故级数 $\sum\limits_{n=1}^{\infty} \sin\dfrac{x}{n}$ 也发散.

(2) 由于

$$\lim_{n\to\infty} \left(1-\cos\dfrac{\pi}{n}\right)\Big/\left(\dfrac{\pi}{n}\right)^2 = \dfrac{1}{2},$$

而级数 $\sum\limits_{n=1}^{\infty} \left(\dfrac{\pi}{n}\right)^2 = \sum\limits_{n=1}^{\infty} \dfrac{\pi^2}{n^2}$ 收敛，故级数 $\sum\limits_{n=1}^{\infty} \left(1-\cos\dfrac{\pi}{n}\right)$ 也收敛.

注：应用比较判别法，需要与一个已知敛散性的级数比较，有一定的难度，当正项级数的

通项中含有 a^n 或 $n!$ 等形式时,难度更大.下面介绍比值判别法,这种方法只要利用级数自身后一项与前一项的比值,就能判别级数的敛散性.

定理 4(比值判别法) 设 $\sum\limits_{n=1}^{\infty} a_n$ 为正项级数,如果极限

$$\lim_{n \to \infty} \frac{a_{n+1}}{a_n} = \rho \text{ 存在},$$

则:(1) 当 $\rho < 1$ 时,级数 $\sum\limits_{n=1}^{\infty} a_n$ 收敛;

(2) 当 $\rho > 1$ 时,级数 $\sum\limits_{n=1}^{\infty} a_n$ 发散;

(3) 当 $\rho = 1$ 时,本判别法失效.

例 10 讨论下列正项级数的敛散性:

(1) $\sum\limits_{n=1}^{\infty} \frac{n+1}{2^n}$;　　　　(2) $\sum\limits_{n=1}^{\infty} \frac{4^n}{n^4 3^n}$;　　　　(3) $\sum\limits_{n=1}^{\infty} \frac{n!}{e^n}$.

解 (1) 由于

$$\lim_{n \to \infty} \frac{n+2}{2^{n+1}} \Big/ \frac{n+1}{2^n} = \lim_{n \to \infty} \frac{n+2}{2(n+1)} = \frac{1}{2} < 1,$$

因此级数 $\sum\limits_{n=1}^{\infty} \frac{n+1}{2^n}$ 收敛.

(2) 由于

$$\lim_{n \to \infty} \frac{4^{n+1}}{(n+1)^4 3^{n+1}} \Big/ \frac{4^n}{n^4 3^n} = \lim_{n \to \infty} \frac{4}{3} \left(\frac{n}{n+1} \right)^4 = \frac{4}{3} > 1,$$

因此级数 $\sum\limits_{n=1}^{\infty} \frac{4^n}{n^4 3^n}$ 发散.

(3) 由于

$$\lim_{n \to \infty} \frac{(n+1)!}{e^{n+1}} \Big/ \frac{n!}{e^n} = \lim_{n \to \infty} \frac{n+1}{e} = +\infty,$$

因此级数 $\sum\limits_{n=1}^{\infty} \frac{n!}{e^n}$ 发散.

例 11 判别级数 $\sum\limits_{n=1}^{\infty} \frac{a^n n!}{n^n} (a > 0)$ 的敛散性.

解 由于

$$\lim_{n \to \infty} \frac{a^{n+1}(n+1)!}{(n+1)^{n+1}} \Big/ \frac{a^n n!}{n^n} = \lim_{n \to \infty} \frac{a n^n}{(n+1)^n} = \lim_{n \to \infty} \frac{a}{\left(1+\frac{1}{n}\right)^n} = \frac{a}{e},$$

故当 $0 < a < e$ 时原级数收敛,当 $a > e$ 时原级数发散.

当 $a = e$ 时,虽然不能利用比值判别法直接得到级数收敛或发散的结论,但由于 $\dfrac{u_{n+1}}{u_n} = \dfrac{e}{\left(1+\dfrac{1}{n}\right)^n} > 1$,从而 $u_{n+1} > u_n$,进而 $n \to \infty$ 时通项 u_n 不是以零为极限,故原级数发散.

注:① 一般地,对通项中含有阶乘、指数函数、幂指函数等因式的正项级数,在讨论其敛

散性时优先考虑用比值判别法.

② 虽然比值判别法对于 $\rho = 1$ 的情形,不能判定级数的收敛性,但若能确定在 $\lim\limits_{n \to \infty} \dfrac{u_{n+1}}{u_n} = 1$ 的过程中,$\dfrac{u_{n+1}}{u_n}$ 总是从大于 1 的方向趋向于 1,则也可以判定级数是发散的.此外,凡是用比值差判别法判定的发散级数($\rho > 1$),都必有 $\lim\limits_{n \to \infty} u_n \neq 0$.

有时,需要综合运用比较判别法和比值判别法.

例 12 判别级数 $\sum\limits_{n=1}^{\infty} \dfrac{(n+2)\cos^2 \dfrac{n\pi}{3}}{3^n}$ 的敛散性.

解 因为 $\dfrac{(n+2)\cos^2 \dfrac{n\pi}{3}}{3^n} < \dfrac{n+2}{3^n}$,对级数 $\sum\limits_{n=1}^{\infty} \dfrac{n+2}{3^n}$,由于

$$\lim_{n \to \infty} \frac{n+3}{3^{n+1}} \bigg/ \frac{n+2}{3^n} = \lim_{n \to \infty} \frac{n+3}{3(n+2)} = \frac{1}{3},$$

所以级数 $\sum\limits_{n=1}^{\infty} \dfrac{n+2}{3^n}$ 收敛.

根据比较判别法,级数 $\sum\limits_{n=1}^{\infty} \dfrac{(n+2)\cos^2 \dfrac{n\pi}{3}}{3^n}$ 收敛.

二、任意项级数

如果一个级数 $\sum\limits_{n=1}^{\infty} a_n$ 的每一项 a_n 既可以是正数又可以是负数或零,那么称这个级数为**任意项级数**或**一般项级数**.

1. 交错级数

设 $a_n > 0 (n = 1, 2, \cdots)$,则级数 $\sum\limits_{n=1}^{\infty} (-1)^{n-1} a_n$ 或 $\sum\limits_{n=1}^{\infty} (-1)^n a_n$ 称为**交错级数**.

关于交错级数的敛散性,我们有下面的莱布尼茨判别法.

定理 5(莱布尼茨定理) 设交错级数 $\sum\limits_{n=1}^{\infty} (-1)^{n-1} a_n$ 满足条件:

(1) $a_n \geq a_{n+1} (n = 1, 2, \cdots)$;(2) $\lim\limits_{n \to \infty} a_n = 0$,

则级数 $\sum\limits_{n=1}^{\infty} (-1)^{n-1} a_n$ 收敛,且它的和 $S \leq a_1$.

注:① 定理 5 中的条件(1)可以改为 $a_n \geq a_{n+1} (n = k, k+1, \cdots, k$ 为某一正整数).

② 对于交错级数 $\sum\limits_{n=1}^{\infty} (-1)^n a_n$,莱布尼茨定理仍然成立.

例 13 讨论下列交错级数的敛散性:

(1) $\sum\limits_{n=1}^{\infty} (-1)^{n-1} \dfrac{1}{n}$; (2) $\sum\limits_{n=1}^{\infty} (-1)^{n-1} \dfrac{2n-1}{n^2}$.

解 (1) 由于

$$a_n = \frac{1}{n} > \frac{1}{n+1} = a_{n+1},$$

又

$$\lim_{n \to \infty} a_n = \lim_{n \to \infty} \frac{1}{n} = 0,$$

因此据莱布尼茨定理知,该级数收敛.

(2) 令 $f(x) = \dfrac{2x-1}{x^2}$,则 $f'(x) = \dfrac{2(1-x)}{x^3} < 0\ (x > 1)$.因此,当 $x > 1$ 时,函数 $f(x)$ 单调递减,从而 $\left\{\dfrac{2n-1}{n^2}\right\}$ 是单调递减数列($n > 1$),即

$$a_n = \frac{2n-1}{n^2} > \frac{2(n+1)-1}{(n+1)^2} = a_{n+1}\,(n=2,3,\cdots).$$

又

$$\lim_{n \to \infty} \frac{2n-1}{n^2} = 0,$$

故由莱布尼茨定理知,该级数收敛.

2. 绝对收敛和条件收敛

设 $\sum\limits_{n=1}^{\infty} a_n$ 是任意项级数.若级数 $\sum\limits_{n=1}^{\infty} |a_n|$ 收敛,则称级数 $\sum\limits_{n=1}^{\infty} a_n$ **绝对收敛**;若 $\sum\limits_{n=1}^{\infty} |a_n|$ 发散,但 $\sum\limits_{n=1}^{\infty} a_n$ 收敛,则称级数 $\sum\limits_{n=1}^{\infty} a_n$ **条件收敛**.

定理 6 若级数 $\sum\limits_{n=1}^{\infty} |a_n|$ 收敛,则原级数 $\sum\limits_{n=1}^{\infty} a_n$ 必收敛.

证明 令

$$p_n = \frac{|a_n| + a_n}{2},\ q_n = \frac{|a_n| - a_n}{2},$$

则 $a_n = p_n - q_n$,且 $p_n \geqslant 0$,$q_n \geqslant 0$,因此 $\sum\limits_{n=1}^{\infty} p_n$,$\sum\limits_{n=1}^{\infty} q_n$ 都是正项级数.

由于

$$p_n \leqslant |a_n|,\ q_n \leqslant |a_n|,$$

以及假设 $\sum\limits_{n=1}^{\infty} |a_n|$ 收敛,因此由本章定理 2 知,$\sum\limits_{n=1}^{\infty} p_n$ 与 $\sum\limits_{n=1}^{\infty} q_n$ 都收敛,从而级数 $\sum\limits_{n=1}^{\infty} a_n = \sum\limits_{n=1}^{\infty} (p_n - q_n)$ 收敛.定理得证.

注:对于任意项级数 $\sum\limits_{n=1}^{\infty} a_n$ 的收敛性判断,可先考虑其绝对值级数 $\sum\limits_{n=1}^{\infty} |a_n|$ 的收敛性(它是正项级数,可用正项级数的收敛判别法来判别).若 $\sum\limits_{n=1}^{\infty} |a_n|$ 收敛,则原任意项级数绝对收敛;若 $\sum\limits_{n=1}^{\infty} |a_n|$ 发散,再来考虑 $\sum\limits_{n=1}^{\infty} a_n$ 的敛散性,如果它为交错级数,可以用交错级数的莱布尼茨判别法判别.

用上述方法,我们容易得出级数

$$\sum_{n=1}^{\infty} (-1)^{n-1} \frac{1}{n^p}$$

当 $p>1$ 时,绝对收敛;当 $0<p\leqslant 1$ 时,条件收敛.

例 14 讨论下列级数的绝对收敛性.若不绝对收敛,则是否条件收敛?

(1) $\sum_{n=1}^{\infty} (-1)^{n-1} \dfrac{n+3}{2n+1}$; (2) $\sum_{n=1}^{\infty} \dfrac{\cos n\alpha}{n\sqrt{n}}$ (α 为常数);

(3) $\sum_{n=1}^{\infty} (-1)^{n-1} \dfrac{n}{2^n}$; (4) $\sum_{n=1}^{\infty} (-1)^{n-1} \dfrac{\sqrt{n}}{n+100}$.

解 (1) 由于

$$\lim_{n\to\infty} \frac{n+3}{2n+1} = \frac{1}{2},$$

因此 $\lim\limits_{n\to\infty} (-1)^{n-1} \dfrac{n+3}{2n+1}$ 不存在. 故级数 $\sum\limits_{n=1}^{\infty} (-1)^{n-1} \dfrac{n+3}{2n+1}$ 发散.

(2) 由于

$$\left| \frac{\cos n\alpha}{n\sqrt{n}} \right| \leqslant \frac{1}{n\sqrt{n}} = \frac{1}{n^{3/2}},$$

$\sum\limits_{n=1}^{\infty} \dfrac{1}{n^{3/2}}$ 收敛,因此级数 $\sum\limits_{n=1}^{\infty} \left| \dfrac{\cos n\alpha}{n\sqrt{n}} \right|$ 收敛. 故级数 $\sum\limits_{n=1}^{\infty} \dfrac{\cos n\alpha}{n\sqrt{n}}$ 绝对收敛.

(3) 我们有

$$\sum_{n=1}^{\infty} \left| (-1)^{n-1} \frac{n}{2^n} \right| = \sum_{n=1}^{\infty} \frac{n}{2^n}.$$

由于

$$\lim_{n\to\infty} \frac{n+1}{2^{n+1}} \Big/ \frac{n}{2^n} = \lim_{n\to\infty} \frac{n+1}{2n} = \frac{1}{2} < 1,$$

因此级数 $\sum\limits_{n=1}^{\infty} \left| (-1)^{n-1} \dfrac{n}{2^n} \right|$ 收敛. 故级数 $\sum\limits_{n=1}^{\infty} (-1)^{n-1} \dfrac{n}{2^n}$ 绝对收敛.

(4) 我们有

$$\sum_{n=1}^{\infty} \left| (-1)^{n-1} \frac{\sqrt{n}}{n+100} \right| = \sum_{n=1}^{\infty} \frac{\sqrt{n}}{n+100}.$$

级数 $\sum\limits_{n=1}^{\infty} \dfrac{\sqrt{n}}{n+100}$ 发散. 但是 $\lim\limits_{n\to\infty} \dfrac{\sqrt{n}}{n+100} = 0$, 令 $f(x) = \dfrac{\sqrt{x}}{x+100}$, 则 $f'(x) =$

$\dfrac{100-x}{2\sqrt{x}\,(x+100)^2} < 0$ $(x>100)$. 因此,当 $n>100$ 时, $\dfrac{\sqrt{n}}{n+100}$ 单调递减,即有

$$a_n = \frac{\sqrt{n}}{n+100} > \frac{\sqrt{n+1}}{n+1+100} = a_{n+1}.$$

由莱布尼茨判别法知交错级数 $\sum\limits_{n=1}^{\infty} (-1)^{n-1} \dfrac{\sqrt{n}}{n+100}$ 收敛,故原级数条件收敛.

习题 10 - 2

A 组

1. 判定下列各题中正项级数的敛散性：

(1) $\sum\limits_{n=1}^{\infty} \dfrac{1}{(n+1)(n+2)}$;

(2) $\sum\limits_{n=1}^{\infty} \dfrac{n+2}{n(n+1)}$;

(3) $\sum\limits_{n=1}^{\infty} \dfrac{1}{\sqrt{n(n^2+1)}}$.

2. 判定下列各题中正项级数的敛散性：

(1) $\sum\limits_{n=1}^{\infty} \dfrac{3^n}{n \cdot 2^n}$;

(2) $\sum\limits_{n=1}^{\infty} \dfrac{n^n}{n!}$;

(3) $\sum\limits_{n=1}^{\infty} \dfrac{3 \cdot 5 \cdot 7 \cdots (2n+1)}{4 \cdot 7 \cdot 10 \cdots (3n+1)}$;

(4) $\sum\limits_{n=1}^{\infty} \dfrac{n}{3^n}$.

3. 判定下列各题中级数是否收敛，如果收敛，指出其是绝对收敛还是条件收敛.

(1) $\sum\limits_{n=1}^{\infty} (-1)^{n-1} \dfrac{1}{\sqrt{n}}$;

(2) $\sum\limits_{n=1}^{\infty} \dfrac{(-1)^n}{n \cdot 2^n}$;

(3) $\sum\limits_{n=1}^{\infty} (-1)^{n-1} \dfrac{\sqrt{n}}{n+1}$;

(4) $\sum\limits_{n=1}^{\infty} (-1)^n \left(\dfrac{2}{3}\right)^n$.

B 组

1. 判定下列各题中正项级数的敛散性：

(1) $\sum\limits_{n=1}^{\infty} (\sqrt{n^2+a} - \sqrt{n^2-a})(a>0)$;

(2) $\sum\limits_{n=1}^{\infty} \dfrac{n+1}{2n^4-1}$;

(3) $\sum\limits_{n=1}^{\infty} \sin \dfrac{\pi}{2^n}$.

2. 判定下列各题中正项级数的敛散性：

(1) $\sum\limits_{n=1}^{\infty} 2^n \sin \dfrac{\pi}{3^n}$;

(2) $\sum\limits_{n=1}^{\infty} \dfrac{1}{(n!)^2}$;

(3) $\sum\limits_{n=1}^{\infty} \dfrac{n \cos^2 \dfrac{n\pi}{3}}{2^n}$.

3. 判定下列各题中级数是否收敛，如果收敛，指出其是绝对收敛还是条件收敛.

(1) $\sum\limits_{n=1}^{\infty} \dfrac{\cos n\pi}{n^3}$;

(2) $\sum\limits_{n=1}^{\infty} (-1)^{n-1} \dfrac{n}{2n-1}$;

(3) $\sum\limits_{n=1}^{\infty} (-1)^{\frac{n(n-1)}{2}} \dfrac{1}{3^n}$;

(4) $\sum\limits_{n=1}^{\infty} (-1)^{\frac{n(n-1)}{2}} \dfrac{\sin \dfrac{n\pi}{2}}{3^n}$.

4. 讨论级数 $\sum\limits_{n=1}^{\infty} (-1)^{n-1} \dfrac{1}{n^p}$ 的收敛性(p 为常数，$p>0$).

第三节　幂　级　数

一、幂级数及其收敛性

在自然科学和工程技术中运用级数这一工具时,经常用到的不是常数项级数,而是幂级数,下面我们就在常数项级数的基础上来研究幂级数.

设有函数序列 $f_1(x), f_2(x), f_3(x), \cdots, f_n(x), \cdots$,其中每一个函数都在同一个区间 I 上有定义,那么表达式 $\sum_{n=1}^{\infty} f_n(x) = f_1(x) + f_2(x) + f_3(x) + \cdots + f_n(x) + \cdots$ 称为定义在 I 上的**函数项级数**.

现在考察形如

$$\sum_{n=0}^{\infty} a_n x^n = a_0 + a_1 x + a_2 x^2 + \cdots + a_n x^n + \cdots \tag{10-3}$$

的级数,其中 x 是自变量,$a_0, a_1, a_2, \cdots, a_n, \cdots$ 都是给定的实数.该级数的各项都是幂函数,我们称这种级数为 x 的**幂级数**,其中 $a_n (n = 0, 1, 2, \cdots)$ 称为幂级数的**系数**.

任取一实数 $x = x_0$,由幂级数(10-3)得相应的常数项级数

$$\sum_{n=0}^{\infty} a_n x_0^n = a_0 + a_1 x_0 + a_2 x_0^2 + \cdots + a_n x_0^n + \cdots. \tag{10-4}$$

若级数(10-4)收敛,则称幂级数(10-3)在点 x_0 处**收敛**,x_0 称为**收敛点**.若级数(10-4)发散,则称幂级数(10-3)在点 x_0 处**发散**,x_0 称为**发散点**.幂级数(10-3)的全体收敛点的集合称为该幂级数的**收敛域**,全体发散点称为**发散域**.

幂级数(10-3)对其收敛域上的每一个 x 值都有和,记作 $S(x)$,即

$$S(x) = a_0 + a_1 x + a_2 x^2 + \cdots + a_n x^n + \cdots.$$

显然 $S(x)$ 是定义在幂级数(10-3)的收敛域上的函数,称为幂级数(10-3)的**和函数**.

例 15　讨论幂级数 $\sum_{n=0}^{\infty} x^n = 1 + x + x^2 + \cdots + x^n + \cdots$ 的收敛性.

解　这是一个公比为 x 的等比级数,因此当 $|x| < 1$ 时,该级数收敛,其和 $S = \dfrac{1}{1-x}$;当 $|x| \geqslant 1$ 时,该级数发散.

所以,该幂级数的收敛域为 $(-1, 1)$,相应的和函数为 $S(x) = \dfrac{1}{1-x}$,发散域为 $(-\infty, -1] \cup [1, +\infty)$.

形如

$$\sum_{n=0}^{\infty} a_n (x - x_0)^n = a_0 + a_1 (x - x_0) + a_2 (x - x_0)^2 + \cdots + a_n (x - x_0)^n + \cdots$$

的级数称为关于 $(x - x_0)$ 的幂级数.这类幂级数可以通过变换 $t = x - x_0$ 化为形如(10-3)的形式:$\sum_{n=0}^{\infty} a_n t^n$.因此,我们主要讨论幂级数 $\sum_{n=0}^{\infty} a_n x^n$.

现在讨论幂级数的敛散性问题.

定理 7(阿贝尔(Abel)定理) 若幂级数 $\sum\limits_{n=0}^{\infty} a_n x^n$ 在点 $x_0(x_0 \neq 0)$ 处收敛,则对于满足 $|x| < |x_0|$ 的一切 x,该级数绝对收敛;反之,若级数 $\sum\limits_{n=0}^{\infty} a_n x^n$ 在点 x_0 处发散,则对于满足 $|x| > |x_0|$ 的一切 x,该级数发散.

对于任何幂级数 $\sum\limits_{n=0}^{\infty} a_n x^n$,原点 $x_0 = 0$ 必为它的收敛点.

若一个幂级数 $\sum\limits_{n=0}^{\infty} a_n x^n$ 除了原点外,再也没有收敛点,则它的收敛域是 $\{0\}$. 若一个幂级数 $\sum\limits_{n=0}^{\infty} a_n x^n$ 没有发散点,则它在 $(-\infty, +\infty)$ 内的每一点都绝对收敛,收敛域为 $(-\infty, +\infty)$.

若一个幂级数 $\sum\limits_{n=0}^{\infty} a_n x^n$ 除了原点外还有收敛点 $x_0(\neq 0)$,则由阿贝尔定理知在区间 $(-|x_0|, |x_0|)$ 内的每一点 x,$\sum\limits_{n=0}^{\infty} a_n x^n$ 都绝对收敛. 再若 $\sum\limits_{n=0}^{\infty} a_n x^n$ 还有发散点 x_1(它必在区间 $[-|x_0|, |x_0|]$ 外),则它在区间 $(-\infty, -|x_1|] \cup [|x_1|, +\infty)$ 上发散. 在区间 $(|x_0|, |x_1|)$ 内任取一点 x_2,若 $\sum\limits_{n=0}^{\infty} a_n x^n$ 在点 x_2 处收敛,则它在区间 $(-x_2, x_2)$ 内绝对收敛,继续在区间 $(x_2, |x_1|)$ 内任取一点 x_3,考察 $\sum\limits_{n=0}^{\infty} a_n x^n$ 在 x_3 是否收敛. 若 $\sum\limits_{n=0}^{\infty} a_n x^n$ 在点 x_2 处发散,则它在 $(-\infty, -x_2] \cup [x_2, +\infty)$ 上发散,再在区间 $(|x_0|, x_2)$ 内取一点 x_3,考察 $\sum\limits_{n=0}^{\infty} a_n x^n$ 在点 x_3 处是否收敛. 如此继续下去,可以想象必然存在一个分界点 R,可能是收敛点,也可能是发散点,使得当 $x \in (-R, R)$ 时,幂级数 $\sum\limits_{n=0}^{\infty} a_n x^n$ 绝对收敛;当 $x \in (-\infty, -R) \cup (R, +\infty)$ 时,幂级数 $\sum\limits_{n=0}^{\infty} a_n x^n$ 发散.

根据上述分析,可以得到下面的结论.

设幂级数 $\sum\limits_{n=0}^{\infty} a_n x^n$ 不是仅在 $x = 0$ 一点收敛,也不是在区间 $(-\infty, +\infty)$ 内每一点都收敛,那么必存在一个正数 R,使得

(1) 当 $x \in (-R, R)$ 时,幂级数 $\sum\limits_{n=0}^{\infty} a_n x^n$ 绝对收敛;

(2) 当 $x \in (-\infty, -R) \cup (R, +\infty)$ 时,幂级数 $\sum\limits_{n=0}^{\infty} a_n x^n$ 发散;

(3) 当 $x = R$ 或 $x = -R$ 时,幂级数 $\sum\limits_{n=0}^{\infty} a_n x^n$ 可能收敛也可能发散.

这样的正数 R 称为幂级数 $\sum\limits_{n=0}^{\infty} a_n x^n$ 的**收敛半径**,$(-R, R)$ 称为**收敛区间**. 若幂级数 $\sum\limits_{n=0}^{\infty} a_n x^n$ 在 $x = R$ 及 $-R$ 处均发散,则它的收敛域为 $(-R, R)$. 若幂级数在 R(或 $-R$)处收敛,则它

的收敛域为$(-R,R]$(或$[-R,R)$). 若幂级数$\sum\limits_{n=0}^{\infty}a_nx^n$在$R$及$-R$处都收敛,则它的收敛域为$[-R,R]$.

若幂级数$\sum\limits_{n=0}^{\infty}a_nx^n$仅在$x=0$处收敛,则规定它的收敛半径$R=0$,此时收敛域为$\{0\}$;

若幂级数$\sum\limits_{n=0}^{\infty}a_nx^n$对一切实数$x$都收敛,则规定它的收敛半径$R=+\infty$,此时收敛区间为$(-\infty,+\infty)$,它也是收敛域.

注:有些著作也将幂级数的收敛域称为幂级数的收敛区间(除了收敛域是$\{0\}$).

下面的定理,告诉我们可以利用幂级数的相邻前后项系数比的极限来求幂级数的收敛半径.

定理8 设幂级数$(10-3)$的所有系数a_n都不为0.若

$$\lim_{n\to\infty}\left|\frac{a_{n+1}}{a_n}\right|=\rho,$$

则:

(1) 当$\rho\in(0,+\infty)$时,幂级数$(10-3)$的收敛半径$R=\dfrac{1}{\rho}$;

(2) 当$\rho=0$时,幂级数$(10-3)$的收敛半径$R=+\infty$;

(3) 当$\rho=+\infty$时,幂级数$(10-3)$的收敛半径$R=0$.

例16 求下列幂级数的收敛半径和收敛域:

(1) $\sum\limits_{n=0}^{\infty}n!x^n$; (2) $\sum\limits_{n=0}^{\infty}\dfrac{1}{n!}x^n$; (3) $\sum\limits_{n=0}^{\infty}(-1)^n\dfrac{x^n}{2^n}$; (4) $\sum\limits_{n=0}^{\infty}(-1)^n\dfrac{x^n}{n2^n}$.

解 (1) 由

$$\lim_{n\to\infty}\left|\frac{(n+1)!}{n!}\right|=\lim_{n\to\infty}(n+1)=+\infty$$

可知,所给幂级数的收敛半径$R=0$,收敛域为$\{0\}$.

(2) 由

$$\lim_{n\to\infty}\left|\frac{1}{(n+1)!}\right|\Big/\left|\frac{1}{n!}\right|=\lim_{n\to\infty}\frac{1}{n+1}=0$$

可知,所给幂级数的收敛半径$R=+\infty$,收敛域为$(-\infty,+\infty)$.

(3) 由

$$\lim_{n\to\infty}\left|(-1)^{n+1}\frac{1}{2^{n+1}}\right|\Big/\left|(-1)^n\frac{1}{2^n}\right|=\lim_{n\to\infty}\frac{1}{2}=\frac{1}{2}$$

可知,所给幂级数的收敛半径$R=2$,收敛区间为$(-2,2)$.

当$x=2$时,所给级数成为$\sum\limits_{n=0}^{\infty}(-1)^n\dfrac{2^n}{2^n}=\sum\limits_{n=0}^{\infty}(-1)^n$,该级数发散;当$x=-2$时,级数

成为$\sum\limits_{n=0}^{\infty}(-1)^n\dfrac{(-2)^n}{2^n}=\sum\limits_{n=0}^{\infty}1$,该级数发散.故所给幂级数的收敛域为$(-2,2)$.

(4) 由

$$\lim_{n\to\infty}\left|(-1)^{n+1}\frac{1}{(n+1)2^{n+1}}\right|\Big/\left|(-1)^n\frac{1}{n2^n}\right|=\lim_{n\to\infty}\frac{n}{2(n+1)}=\frac{1}{2}$$

可知,所给幂级数的收敛半径 $R=2$,收敛区间为$(-2,2)$.

当 $x=2$ 时,所给级数成为 $\sum\limits_{n=0}^{\infty}(-1)^n\dfrac{1}{n}$,它是收敛的;当 $x=-2$ 时,级数成为 $\sum\limits_{n=0}^{\infty}\dfrac{1}{n}$,它是调和级数,因而发散.故所求收敛域为$(-2,2]$.

注:幂级数 $\sum\limits_{n=0}^{\infty}a_n(x-x_0)^n$ 的收敛半径与 $\sum\limits_{n=0}^{\infty}a_nx^n$ 的收敛半径的求法相同,求出收敛半径 R 后利用 $-R<x-x_0<R$,得出 $-R+x_0<x<R+x_0$,再讨论两端点处级数的收敛性,从而得出级数的收敛域.

例 17 求幂级数 $\sum\limits_{n=1}^{\infty}\dfrac{(x-2)^n}{n^2}$ 的收敛半径和收敛域.

解 由于

$$\lim_{n\to\infty}\frac{1}{(n+1)^2}\Big/\frac{1}{n^2}=\lim_{n\to\infty}\frac{n^2}{(n+1)^2}=1,$$

因此幂级数 $\sum\limits_{n=1}^{\infty}\dfrac{(x-2)^n}{n^2}$ 的收敛半径 $R=1$. 当 $-1<x-2<1$ 即 $1<x<3$ 时,$\sum\limits_{n=1}^{\infty}\dfrac{(x-2)^n}{n^2}$ 绝对收敛.

当 $x=3$ 时,级数成为 $\sum\limits_{n=1}^{\infty}\dfrac{(3-2)^n}{n^2}=\sum\limits_{n=1}^{\infty}\dfrac{1}{n^2}$,因而收敛;当 $x=1$ 时,级数成为 $\sum\limits_{n=1}^{\infty}\dfrac{(1-2)^n}{n^2}=\sum\limits_{n=1}^{\infty}(-1)^n\dfrac{1}{n^2}$,因而收敛.故幂级数 $\sum\limits_{n=1}^{\infty}\dfrac{(x-2)^n}{n^2}$ 的收敛域为$[1,3]$.

注:级数

$$\sum_{n=0}^{\infty}a_nx^{2n},\quad\sum_{n=0}^{\infty}a_nx^{2n+1},\quad\sum_{n=0}^{\infty}a_n(x-x_0)^{2n},\quad\sum_{n=0}^{\infty}a_n(x-x_0)^{2n+1}$$

又称为缺项幂级数.关于缺项幂级数的收敛半径和收敛域的求法可以考虑其绝对收敛性,利用正项级数的比值判别法直接判定.

例 18 求下列幂级数的收敛半径和收敛域.

(1) $\sum\limits_{n=1}^{\infty}\dfrac{1}{2^n}x^{2n-1}$;　　　　(2) $\sum\limits_{n=0}^{\infty}(-1)^n\dfrac{(x+1)^{2n}}{(3n+1)\cdot6^n}$.

解 (1) 我们有

$$\lim_{n\to\infty}\left|\frac{1}{2^{n+1}}x^{2(n+1)-1}\right|\Big/\left|\frac{1}{2^n}x^{2n-1}\right|-\frac{1}{2}x^2.$$

当 $\dfrac{1}{2}x^2<1$,即 $|x|<\sqrt{2}$时,所给幂级数绝对收敛,因此收敛半径 $R=\sqrt{2}$.

当 $x=\sqrt{2}$时,所给级数成为 $\sum\limits_{n=1}^{\infty}\dfrac{1}{2^n}(\sqrt{2})^{2n-1}=\sum\limits_{n=1}^{\infty}\dfrac{1}{\sqrt{2}}$,因而发散;当 $x=-\sqrt{2}$ 时,所给级数成为 $\sum\limits_{n=1}^{\infty}\dfrac{1}{2^n}(-\sqrt{2})^{2n-1}=\sum\limits_{n=1}^{\infty}\left(-\dfrac{1}{\sqrt{2}}\right)$,因而发散.故所给幂级数的收敛域为$(-\sqrt{2},\sqrt{2})$.

(2) 我们有

$$\lim_{n\to\infty}\left|\frac{(-1)^{n+1}(x+1)^{2n+2}}{(3n+4)\cdot6^{n+1}}\right|\Big/\left|\frac{(-1)^n(x+1)^{2n}}{(3n+1)\cdot6^n}\right|=\frac{1}{6}|x+1|^2.$$

当 $\frac{1}{6}|x+1|^2<1$，即 $|x+1|<\sqrt{6}$，亦即 $-\sqrt{6}-1<x<\sqrt{6}-1$ 时，所给幂级数绝对收敛，因此收敛半径 $R=\sqrt{6}$.

当 $x=\pm\sqrt{6}-1$ 时，所给级数成为

$$\sum_{n=0}^{\infty}(-1)^n\frac{(\pm\sqrt{6}-1+1)^{2n}}{(3n+1)\cdot 6^n}=\sum_{n=0}^{\infty}(-1)^n\frac{1}{3n+1},$$

它是交错级数，满足莱布尼茨定理的条件，因而收敛. 故所给幂级数的收敛域为 $[-\sqrt{6}-1,\sqrt{6}-1]$.

二、幂级数的运算性质及和函数的求法

设有两个幂级数 $\sum_{n=0}^{\infty}a_nx^n$ 与 $\sum_{n=0}^{\infty}b_nx^n$，且

$$\sum_{n=0}^{\infty}a_nx^n=S_1(x),\ -R_1<x<R_1,$$

$$\sum_{n=0}^{\infty}b_nx^n=S_2(x),\ -R_2<x<R_2,$$

记 $R=\min(R_1,R_2)$，则有下列几个性质：

性质 1 $\sum_{n=0}^{\infty}(a_n\pm b_n)x^n=S_1(x)\pm S_2(x),\ -R<x<R$.

性质 2 $\sum_{n=0}^{\infty}a_nx^n\cdot\sum_{n=0}^{\infty}b_nx^n=S_1(x)\cdot S_2(x),\ -R<x<R$.

性质 3 若幂级数 $\sum_{n=0}^{\infty}a_nx^n$ 的收敛半径为 R，则和函数 $S(x)$ 在其收敛区间上连续.

性质 4 若幂级数 $\sum_{n=0}^{\infty}a_nx^n$ 的收敛半径为 R，则幂级数的和函数 $S(x)$ 在 $(-R,R)$ 内可逐项求导，即有

$$S'(x)=\left(\sum_{n=0}^{\infty}a_nx^n\right)'=\sum_{n=0}^{\infty}(a_nx^n)'=\sum_{n=0}^{\infty}a_nnx^{n-1},$$

所得幂级数仍在 $(-R,R)$ 内收敛，但在收敛区间端点处的收敛性可能改变.

性质 5 若幂级数 $\sum_{n=0}^{\infty}a_nx^n$ 的收敛半径为 R，则幂级数的和函数 $S(x)$ 在 $(-R,R)$ 内可逐项积分，即有

$$\int_0^x S(x)\mathrm{d}x=\int_0^x\sum_{n=0}^{\infty}a_nx^n\mathrm{d}x=\sum_{n=0}^{\infty}\int_0^x a_nx^n\mathrm{d}x=\sum_{n=0}^{\infty}\frac{a_n}{n+1}x^{n+1},$$

所得幂级数仍在 $(-R,R)$ 内收敛，但在收敛区间端点处的收敛性可能改变.

由等比级数得到的一些求和公式：

等比级数

$$\sum_{n=1}^{\infty}aq^{n-1}=\sum_{n=0}^{\infty}aq^n=a+aq+aq^2+\cdots=\frac{a}{1-q},\ |q|<1.$$

据此有

$$\sum_{n=1}^{\infty} x^{n-1} = \sum_{n=0}^{\infty} x^n = 1 + x + x^2 + \cdots = \frac{1}{1-x}, \qquad -1 < x < 1;$$

$$\sum_{n=1}^{\infty} x^n = \frac{x}{1-x}, \qquad -1 < x < 1;$$

$$\sum_{n=1}^{\infty} (-1)^{n-1} x^n = \frac{x}{1+x}, \qquad -1 < x < 1.$$

利用这些公式可求一些有关的级数的和函数.

例19 求下列级数的和函数,并指出收敛区间.

(1) $\displaystyle\sum_{n=0}^{\infty} (x-3)^n$; (2) $\displaystyle\sum_{n=0}^{\infty} 2^n x^{2n+1}$.

解 (1) $\displaystyle\sum_{n=0}^{\infty} (x-3)^n = \frac{1}{1-(x-3)} = \frac{1}{4-x}$,

由 $|x-3| < 1$ 得收敛区间为 $(2,4)$.

(2) $\displaystyle\sum_{n=0}^{\infty} 2^n x^{2n+1} = \sum_{n=0}^{\infty} x (2x^2)^n = x \sum_{n=0}^{\infty} (2x^2)^n = x \cdot \frac{1}{1-2x^2}$,

由 $|2x^2| < 1$ 得收敛区间为 $\left(-\dfrac{\sqrt{2}}{2}, \dfrac{\sqrt{2}}{2} \right)$.

我们可以利用逐项积分和微分法,即先求导后积分或先积分后求导方法,求一些幂级数的和函数.

例20 求幂级数 $\displaystyle\sum_{n=1}^{\infty} \frac{x^n}{n}$ 的和函数.

解 (方法一)由于

$$\lim_{n \to \infty} \left| \frac{a_n}{a_{n+1}} \right| = \lim_{n \to \infty} \frac{n+1}{n} = 1,$$

又 $\displaystyle\sum_{n=1}^{\infty} \frac{(-1)^n}{n} = \sum_{n=1}^{\infty} (-1)^n \frac{1}{n}$ 收敛, $\displaystyle\sum_{n=1}^{\infty} \frac{1}{n}$ 发散,因此收敛区间为 $[-1,1)$.

令 $f(x) = \displaystyle\sum_{n=1}^{\infty} \frac{x^n}{n}$,则

$$f'(x) = \left(\sum_{n=1}^{\infty} \frac{x^n}{n} \right)' = \sum_{n=1}^{\infty} \left(\frac{x^n}{n} \right)' = \sum_{n=1}^{\infty} x^{n-1} = \frac{1}{1-x}.$$

又 $f(0) = 0$,于是

$$f(x) = \int_0^x f'(x) \mathrm{d}x = \int_0^x \frac{1}{1-x} \mathrm{d}x = -\ln(1-x), \ x \in [-1,1).$$

(方法二) $\displaystyle f(x) = \sum_{n=1}^{\infty} \frac{x^n}{n} = \sum_{n=1}^{\infty} \int_0^x x^{n-1} \mathrm{d}x = \int_0^x \left(\sum_{n=1}^{\infty} x^{n-1} \right) \mathrm{d}x$

$$= \int_0^x \frac{1}{1-x} \mathrm{d}x = -\ln(1-x), \qquad x \in [-1,1).$$

例21 求幂级数 $\displaystyle\sum_{n=1}^{\infty} nx^n$ 的和函数.

解 (方法一)此级数的收敛区间为 $(-1,1)$.

$$\sum_{n=1}^{\infty} nx^n = x \sum_{n=1}^{\infty} nx^{n-1} = x \sum_{n=1}^{\infty} (x^n)'$$

$$= x \left(\sum_{n=1}^{\infty} x^n \right)' = x \left(\frac{x}{1-x} \right)' = \frac{x}{(1-x)^2}, x \in (-1,1).$$

（方法二） 由于

$$\sum_{n=1}^{\infty} nx^n = x \sum_{n=1}^{\infty} nx^{n-1},$$

$$\int_0^x \left(\sum_{n=1}^{\infty} nx^{n-1} \right) dx = \sum_{n=1}^{\infty} \int_0^x nx^{n-1} dx = \sum_{n=1}^{\infty} x^n = \frac{x}{1-x},$$

因此
$$\sum_{n=1}^{\infty} nx^n = x \left(\frac{x}{1-x} \right)' = \frac{x}{(1-x)^2}, x \in (-1,1).$$

三、将初等函数展开为幂级数

泰勒(Taylor)级数 设函数 $f(x)$ 在 $x = x_0$ 的某一邻域内有任意阶导数 $f'(x), f''(x), \cdots$, $f^{(n)}(x), \cdots$, 且

$$\lim_{n \to \infty} r_n(x) = \lim_{n \to \infty} \frac{1}{(n+1)!} f^{(n+1)}(\xi) (x - x_0)^{n+1} = 0,$$

其中 ξ 在 x 与 x_0 之间, 则有

$$f(x) = \sum_{n=0}^{\infty} \frac{1}{n!} f^{(n)}(x_0)(x - x_0)^n$$

$$= f(x_0) + f'(x_0)(x - x_0) + \frac{f''(x_0)}{2!}(x - x_0)^2 + \cdots +$$

$$\frac{1}{n!} f^{(n)}(x_0)(x - x_0)^n + \cdots.$$

上式称为 $f(x)$ 在 $x = x_0$ 处展开的泰勒级数, 或者称为 $f(x)$ 展开为 $(x - x_0)$ 的幂级数.

注:级数

$$\sum_{n=0}^{\infty} \frac{1}{n!} f^{(n)}(x_0)(x - x_0)^n$$

收敛且其和为 $f(x)$ 的充分必要条件是 $\lim_{n \to \infty} r_n(x) = 0$.

若 $f(x)$ 在 $x = 0$ 展开, 则有

$$f(x) = \sum_{n=0}^{\infty} \frac{1}{n!} f^{(n)}(0) x^n = f(0) + f'(0)x + \frac{f''(0)}{2!} x^2 + \cdots + \frac{1}{n!} f^{(n)}(0) x^n + \cdots.$$

上式称为 $f(x)$ 的**麦克劳林(Maclaurin)级数**, 或者称为 $f(x)$ 展开为 x 的幂级数.

根据麦克劳林级数, 我们可以得到几个常用的初等函数的幂级数展开式:

$$\frac{1}{1-x} = \sum_{n=0}^{\infty} x^n \qquad\qquad (-1 < x < 1),$$

$$\frac{1}{1+x} = \sum_{n=0}^{\infty} (-1)^n x^n \qquad\qquad (-1 < x \leqslant 1),$$

$$\ln(1+x) = \sum_{n=1}^{\infty} (-1)^{n-1} \frac{x^n}{n} \qquad\qquad (-1 < x \leqslant 1),$$

$$\ln(1-x) = -\sum_{n=1}^{\infty} \frac{x^n}{n} \qquad\qquad (-1 \leqslant x < 1),$$

$$e^x = \sum_{n=0}^{\infty} \frac{x^n}{n!} \qquad\qquad (-\infty < x < +\infty),$$

$$\sin x = \sum_{n=0}^{\infty} (-1)^n \frac{x^{2n+1}}{(2n+1)!} \qquad\qquad (-\infty < x < +\infty),$$

$$\cos x = \sum_{n=0}^{\infty} (-1)^n \frac{x^{2n}}{2n!} \qquad\qquad (-\infty < x < +\infty).$$

利用上面这些函数的幂级数展开式,通过恒等变形、变量替换及逐项求导、逐项积分等方法,可以将其他函数形式展开为幂级数.

例 22 将 $f(x) = \dfrac{1}{x-3}$ 展开为(1) x 的幂级数;(2) $(x-1)$ 的幂级数.

解 注意到 $\dfrac{1}{x-3}$ 与 $\dfrac{1}{1-x}$ 相近,因此,我们将 $\dfrac{1}{x-3}$ 变形再利用 $\dfrac{1}{1-x}$ 的幂级数展开式.

(1) $f(x) = \dfrac{1}{x-3} = \dfrac{1}{-3\left(1-\dfrac{x}{3}\right)} = -\dfrac{1}{3}\sum_{n=0}^{\infty}\left(\dfrac{x}{3}\right)^n = -\sum_{n=0}^{\infty}\dfrac{x^n}{3^{n+1}}, \qquad -3 < x < 3.$

(2) 令 $x-1=t$,则 $x = t+1$,

$$f(x) = \frac{1}{x-3} = \frac{1}{t-2} = \frac{1}{-2\left(1-\dfrac{t}{2}\right)} = -\frac{1}{2}\sum_{n=0}^{\infty}\left(\frac{t}{2}\right)^n$$

$$= -\sum_{n=0}^{\infty}\frac{t^n}{2^{n+1}} = -\sum_{n=0}^{\infty}\frac{(x-1)^n}{2^{n+1}}, \qquad -1 < x < 3.$$

例 23 将 $f(x) = \dfrac{1}{2+x-x^2}$ 展开为 x 的幂级数.

解 $f(x) = \dfrac{1}{(1+x)(2-x)} = \dfrac{1}{3}\left(\dfrac{1}{1+x} + \dfrac{1}{2-x}\right)$

$$= \frac{1}{3}\left(\frac{1}{1+x} + \frac{1}{2}\cdot\frac{1}{1-\dfrac{x}{2}}\right) = \frac{1}{3}\left[\sum_{n=0}^{\infty}(-1)^n x^n + \frac{1}{2}\sum_{n=0}^{\infty}\left(\frac{x}{2}\right)^n\right]$$

$$= \sum_{n=0}^{\infty}\left[\frac{1}{3}(-1)^n + \frac{1}{3}\cdot\frac{1}{2^{n+1}}\right]x^n, \qquad |x| < 1.$$

例 24 将 $f(x) = \dfrac{1}{2}(e^x + e^{-x})$ 展开为 x 的幂级数.

解 $f(x) = \dfrac{1}{2}(e^x + e^{-x}) = \dfrac{1}{2}\left[\sum_{n=0}^{\infty}\dfrac{x^n}{n!} + \sum_{n=0}^{\infty}\dfrac{(-x)^n}{n!}\right]$

$$= \frac{1}{2}\sum_{n=0}^{\infty}\frac{1}{n!}[1+(-1)^n]x^n = \sum_{n=0}^{\infty}\frac{1}{(2n)!}x^{2n}, \qquad -\infty < x < +\infty.$$

例 25 将 $f(x) = \cos^2 2x$ 展开为 x 的幂级数.

解 $f(x) = \cos^2 2x = \dfrac{1+\cos 4x}{2} = \dfrac{1}{2} + \dfrac{1}{2}\cos 4x$

$$= \frac{1}{2} + \frac{1}{2}\sum_{n=0}^{\infty}(-1)^n\frac{1}{(2n)!}(4x)^{2n}$$

$$= \frac{1}{2} + \sum_{n=0}^{\infty} (-1)^n \frac{4^{2n}}{2 \cdot (2n)!} x^{2n}, \qquad -\infty < x < +\infty.$$

习题 $10-3$

A 组

1. 求下列幂级数的收敛区间：

(1) $\sum_{n=0}^{\infty} nx^n$；

(2) $\sum_{n=0}^{\infty} \frac{x^n}{n!} (0! = 1)$；

(3) $\sum_{n=0}^{\infty} \frac{n!}{n^n} x^n$；

(4) $\sum_{n=0}^{\infty} \frac{2n+1}{n!} x^n$；

(5) $\sum_{n=1}^{\infty} \frac{x^n}{2^n n^2}$；

(6) $\sum_{n=0}^{\infty} \frac{x^n}{3^n}$.

2. 将下列各题中的函数展开成幂级数：

(1) 将 $f(x) = \frac{1}{4+x}$ 展开成 x 的幂级数；

(2) 将 $f(x) = \frac{1}{2+x}$ 展开成 $x-2$ 的幂级数；

(3) 将 $f(x) = \ln(2-x)$ 展开成 x 的幂级数；

B 组

1. 求下列幂级数的收敛区间：

(1) $\sum_{n=1}^{\infty} \frac{(x+2)^n}{n 2^n}$；

(2) $\sum_{n=1}^{\infty} \frac{2^n}{n} (x-1)^n$；

(3) $\sum_{n=0}^{\infty} (-1)^n \frac{x^{2n+1}}{2n+1}$；

(4) $\sum_{n=1}^{\infty} \frac{(-1)^n x^{2n}}{(2n)!}$.

2. 求下列幂函数的和函数：

(1) $\sum_{n=1}^{\infty} (-1)^n \frac{x^n}{n}, |x| < 1$；

(2) $\sum_{n=1}^{\infty} 2n x^{2n-1}, |x| < 1$.

3. 将下列各题中的函数展开成幂级数：

(1) 将 $f(x) = \ln(2-x-x^2)$ 展开成 x 的幂级数；

(2) 将 $f(x) = \sin^2 x$ 展开成 x 的幂级数；

(3) 将 $f(x) = \frac{x}{2x^2+3x-2}$ 展开成 x 的幂级数.

总复习题十

1. 选择题

(1) 下列级数中收敛的是(　　).

A. $\sum_{n=1}^{\infty} \dfrac{4^n+8^n}{8^n}$ B. $\sum_{n=1}^{\infty} \dfrac{8^n-4^n}{8^n}$ C. $\sum_{n=1}^{\infty} \dfrac{4^n+2^n}{8^n}$ D. $\sum_{n=1}^{\infty} \dfrac{4^n \cdot 8^n}{8^n}$

(2) 级数 $\sum_{n=1}^{\infty} \dfrac{x^n}{n}$ 的收敛域为(　　).

A. $[-1,1]$ B. $[-1,1)$ C. $(-1,1]$ D. $(-1,1)$

(3) 级数 $\sum_{n=1}^{\infty} (-1)^n \dfrac{1}{n^{\frac{5}{4}}}$ 是(　　).

A. 绝对收敛   B. 条件收敛   C. 不定   D. 发散

(4) 下列级数中不收敛的是(　　).

A. $\sum_{n=1}^{\infty} \ln\left(1+\dfrac{1}{n}\right)$ B. $\sum_{n=1}^{\infty} \dfrac{1}{3^n}$

C. $\sum_{n=1}^{\infty} \dfrac{1}{n(n+2)}$ D. $\sum_{n=1}^{\infty} \dfrac{3^n+(-1)^n}{4^n}$

(5) 如果 $\sum_{n=1}^{\infty} u_n$ 收敛,则下列级数收敛的是(　　).

A. $\sum_{n=1}^{\infty} (u_n+0.001)$ B. $\sum_{n=1}^{\infty} u_n+100$

C. $\sum_{n=1}^{\infty} 2^n u_n$ D. $\sum_{n=1}^{\infty} \dfrac{1000}{u^n}$

(6) 下列级数中收敛的是(　　).

A. $\sum_{n=1}^{\infty} \dfrac{n+1}{n^{\frac{1}{2}}}$ B. $\sum_{n=1}^{\infty} \left(\dfrac{n}{n+1}\right)^n$ C. $\sum_{n=1}^{\infty} \dfrac{n!}{2^n}$ D. $\sum_{n=1}^{\infty} \dfrac{\sqrt{n}}{3^n}$

(7) 若函数 $f(x)=\dfrac{1}{2+x}$ 的幂级数展开式为 $f(x)=\sum_{n=0}^{\infty} a_n x^n (-2<x<2)$,则系数 a_n 为(　　).

A. $\dfrac{1}{2^n}$ B. $\dfrac{1}{2^{n+1}}$ C. $\dfrac{(-1)^n}{2^n}$ D. $\dfrac{(-1)^n}{2^{n+1}}$

2. 填空题

(1) 将 $\dfrac{1}{1+x^2}$ 展开成 x 的幂级数为_____.

(2) 幂级数 $\sum_{n=1}^{\infty} \dfrac{2^n}{\sqrt{n}} x^n$ 的收敛域为_____.

(3) 幂级数 $\sum_{n=1}^{\infty} (2n-1)x^n$ 的收敛域为_____.

(4) 幂级数 $\sum_{n=1}^{\infty} \dfrac{x^n}{n \cdot 2^n}$ 的收敛域为_____.

(5) 幂级数 $\sum_{n=0}^{\infty} \dfrac{x^n}{\sqrt{n+1}}$ 的收敛域为_____.

3. 计算题

(1) 设函数 $f(x)=\dfrac{x^2}{2-x-x^2}$ 展开为 x 的幂级数,并求出收敛区间.

(2) 设函数 $f(x) = \ln(1+x)$ 展开为 x 的幂级数，并求出收敛区间.

(3) 求幂级数 $\displaystyle\sum_{n=1}^{\infty} \frac{2n-1}{2^n} x^{2n-2}$ 的收敛区间.

(4) 求幂级数 $\displaystyle\sum_{n=1}^{\infty} (-1)^{n-1} \frac{(x-5)^n}{n \cdot 3^n}$ 的收敛半径和收敛区间.

习题答案

第一章

习题 1-1

A 组

1. (1) 不同,因为定义域不同;   (2) 相同,因为定义域和对应法则都相同;

    (3) 不同,因为定义域不同;   (4) 不同,因为对应法则不同.

2. (1) $(-\infty, -1) \cup (-1, +\infty)$;(2) $[0,3]$;(3) $(-\infty, 1) \cup (4, +\infty)$;(4) $[-3,4]$;

    (5) $[-3,1) \cup (1,3]$;(6) $[-1,2)$.

3. $-4;0;2a^2+2b^2+2a+2b-8;2x^4+2x^2-4$.

4. $0;0;-\dfrac{3}{4}$.

5. $\dfrac{x-1}{x+1};\dfrac{1+x}{1-x}$.

6. (1) 偶;(2) 奇;(3) 奇;(4) 非奇非偶;(5) 奇;(6) 偶.

7. (1) $y=\sqrt{u}, u=3x^2+1$;   (2) $y=\log_3 u, u=1+10^x$;   (3) $y=\cos u, u=5x$;

    (4) $y=\arctan u, u=3-x$;   (5) $y=\mathrm{e}^u, u=\sin v, v=x^2$;

    (6) $y=u^4, u=\sin v, v=5x$;   (7) $y=\ln u, u=\ln v, v=\ln x$;

    (8) $y=\lg u, u=\arcsin v, v=5x^4+2$.

8. $V=\pi h\left(r^2-\dfrac{h^2}{4}\right), h\in(0,2r)$.

9. (1) $C(q)=160+8q, \bar{C}(q)=\dfrac{160}{q}+8$;(2) $R(q)=15q$;(3) $L(q)=7q-160$.

B 组

1. (1) $(0,-1]$;(2) $(-1,0) \cup (0,3]$;(3) $(-\infty,0) \cup (0,2)$;(4) $(-\infty,-4]$.

2. $[-2,2]$.

3. $2-2x^2, 2\sin^2 x$.

4. $f(x)=x^2-2$.

5. (1) 奇;(2) 奇;(3) 奇;(4) 非奇非偶;(5) 偶;(6) 非奇非偶.

6. (1) $y=\sqrt[5]{u}, u=\sin v, v=x^2+1$;

    (2) $y=\arctan u, u=\dfrac{x-1}{x+1}$;

    (3) $y=\tan u, u=\sqrt[3]{v}, v=\sin t, t=w^2, w=x+\dfrac{1}{2}$;

(4) $y = \mathrm{e}^u$, $u = \arctan v$, $v = 1 + \ln x$.

习题 1-2

A 组

1. (1) 0;(2) 0;(3) 2;(4) 1;(5) 极限不存在.

2. (d)

3. (1) 7;(2) 0;(3) -3;(4) 0.

4. $\lim\limits_{x \to +\infty} f(x) = 0$,$\lim\limits_{x \to -\infty} f(x)$ 不存在,$\lim\limits_{x \to \infty} f(x)$ 不存在.

5. $\lim\limits_{x \to 1} f(x)$ 不存在.

6. $\lim\limits_{x \to 0} f(x)$ 不存在,值为 1.

7. (1) 错;(2) 错;(3) 错;(4) 对;(5) 对;(6) 错.

8. (1) 无穷小;(2) 无穷小;(3) 无穷大.

9. (1) 0;(2) 0;(3) 0;(4) 0.

10. $x^2 - x^3$

B 组

1. (1) 0;(2) 不存在;(3) 1;(4) 0.

2. (1) 0;(2) 不存在;(3) 2;(4) 1.

3. 1.

4. (1) 0;(2) 0.

5. (1) 同阶无穷小;(2) x^2 是 $\sqrt{1+x^2}$ 的高阶无穷小($x \to 0$).

6. (1) $\dfrac{3}{5}$;(2) 5;(3) $\dfrac{1}{2}$.

习题 1-3

A 组

1. (1) 错;(2) 错.

2. (1) 9;(2) $\dfrac{\pi}{2}$;(3) 5;(4) 2;(5) $\dfrac{2}{3}$;(6) ∞.

3. (1) $\dfrac{1}{2}$;(2) $\dfrac{2}{5}$;(3) $\dfrac{5}{6}$;(4) 1;(5) $\sqrt{2}$;(6) 2.

4. (1) 0;(2) ∞;(3) $\dfrac{3}{4}$;(4) 5;(5) 0;(6) $\dfrac{2}{7}$;(7) $\dfrac{1}{4}$;(8) 0.

5. (1) 1;(2) 1;(3) 0;(4) 0.

6. (1) $\dfrac{5}{3}$;(2) 0;(3) 2;(4) 2;(5) 1;(6) 4.

7. (1) e^5;(2) e^{-8};(3) e^9;(4) e^6;(5) e^{-1};(6) e^2.

8. 2.

B 组

1. (1) 错;(2) 错.

2. (1) 30;(2) 8;(3) $\dfrac{4}{3}$;(4) $\dfrac{9}{4}$;(5) $-\dfrac{1}{2}$;(6) -2;(7) -2;(8) e.

3. $k = 2$,极限值为 1.

习题 1-4

A组

1.连续.

2.$f(x)$在$[0,2]$上连续.

3.$k=-1$.

4.(1) $x=3$是第二类(无穷)间断点;

   (2) $x=1$是第一类(可取)间断点,$x=2$是第二类(无穷)间断点;

   (3) $x=1$是第一类(跳跃)间断点;

   (4) $x=0$是第一类(可去)间断点.

5.略.

6.略.

B组

1.$a=2,b=3$.

2.第二类间断点.

3.(1) $k=e^2$;(2) $k=1$.

4.略.

总复习题一

1.(1) C;(2) C;(3) D;(4) B;(5) A.

2.(1) a 为任意常数,b;(2) 1;(3) ∞;(4) 同阶;(5) 第一类间断点

3.(1) $\dfrac{3}{2}$;(2) 1;(3) ∞;(4) $\dfrac{3}{7}$;(5) 0;(6) ∞;(7) -1;(8) $\dfrac{1}{3}$;(9) 2;(10) $\dfrac{1}{e}$;(11) e^{-k}.

第二章

习题 2-1

A组

1. -12.

2. $\dfrac{1}{9}$.

3. $\dfrac{1}{4}$.

4. 2.

5. 切线方程:$x-y+1=0$,法线方程:$x+y-1=0$.

6. 切线方程:$x-y+1=0$,法线方程:$x+y-3=0$.

7. (b).

8. 可导且 $f'(0)=0$.

B组

1. $\dfrac{1}{4}$.

2. $\dfrac{2}{-x^3}$.

3. $f(x)$ 在 $x=1$ 处连续、可导且 $f'(1)=2$.

4. 略.

习题 2-2

A 组

1. (1) $4x^3+6x^2-2$;(2) $x-\dfrac{4}{x^3}$;(3) $-10^x\ln10+\dfrac{3}{x\ln3}$;(4) e^x+ex^{e-1};

(5) $2\cos x+\sin x-\dfrac{1}{x^2}$;(6) $\dfrac{2}{\sqrt{1-x^2}}+\dfrac{3}{1+x^2}$;(7) $-2x-2$;

(8) $e^x(\cos x-\sin x)$;(9) $\tan x+x\sec^2 x$;(10) $2x\arctan x+1$;

(11) $\dfrac{xe^x-e^x}{x^2}$;(12) $\dfrac{1}{1+\cos x}$;(13) $\dfrac{16x}{(4-x^2)^2}$;(14) $\dfrac{2-\ln x}{2x\sqrt{x}}+2e^x$.

2. (1) $60(1+2x)^{29}$;(2) $2x\cdot2^{x^2}\ln2$;(3) $-\sin x\cdot e^{\cos x}$;(4) $\dfrac{3}{3x+1}$;

(5) $\dfrac{\cos\ln x}{x}$;(6) $5\sin(1-5x)$;(7) $\sec^2\left(x-\dfrac{\pi}{8}\right)$;(8) $\dfrac{1}{\sqrt{9-x^2}}$;

(9) $\dfrac{e^x}{1+e^{2x}}$;(10) $20\sin^3 5x\cos5x$;(11) $\dfrac{1}{x\cdot\ln x\cdot\ln\ln x}$;(12) $2\sin2x\cdot e^{-\cos2x}$;

(13) $e^{\frac{1}{x}}(2x-1)$;(14) $\dfrac{3x\cos3x-\sin3x}{x^2}$.

3. (1) $27-27\ln3$;(2) $1+\dfrac{2}{\ln2}$;(3) π^2.

4. (1) $\dfrac{y-2x}{2y-x}$;(2) $\dfrac{3ex^2-y}{e^y+x}$;(3) $\dfrac{ye^y-2xy}{1-xye^y}$;(4) $\dfrac{y^2-e^x}{\cos y-2xy}$.

5. $\dfrac{3}{2}$.

6. (1) $\dfrac{2\ln x\cdot x^{\ln x}}{x}$;(2) $(\cos x)^x(\ln\cos x-x\tan x)$.

B 组

1. (1) $8x^3-15x^2-6x$;(2) $2x\operatorname{arccot} x-1$;(3) $\dfrac{3}{2}\sqrt{e^{3x}}$;

(4) $21\sin^6(3x-1)\cdot\cos(3x-1)$;(5) $\dfrac{19\ln^2(3x+1)}{3x+1}$;(6) $\sec^2(x\ln x)\cdot(1+\ln x)$;

(7) $\dfrac{9\left(\arctan\dfrac{x}{3}\right)^2}{9+x^2}$;(8) $2x[1+\ln(1+x^2)]$.

2. (1) $\dfrac{16x}{3y^2-16y}$;(2) $\dfrac{x+y}{x-y}$;(3) $-\dfrac{y^2e^x}{ye^x+2\ln y}$;(4) $-\dfrac{y^2+e^{-x}}{2ye^{y^2}+2xy}$.

3. (1) $\dfrac{2x^2+x-2}{x(x^2-1)}\cdot x^2\cdot\sqrt{\dfrac{1-x}{1+x}}$;(2) $\dfrac{\sqrt{x+2}(3-x)^4}{(x+1)^5}\cdot\left[\dfrac{1}{2(x+2)}-\dfrac{4}{3-x}-\dfrac{5}{x+1}\right]$.

4. (1) $\dfrac{\cos t-\sin t}{\sin t+\cos t}$;(2) -1.

习题 2-3

A 组

1. (1) $90x^8 + 60x^3$;　　　　(2) $60x\ln x + 5x$;

   (3) $\dfrac{2 - 2\ln x}{x^2}$;　　　　(4) $e^{x^2}(4x^3 + 6x)$.

2. 280.

B 组

1. (1) $\dfrac{2 - x^2}{\sqrt{(1 + x^2)^5}}$;　　　　(2) $\dfrac{x}{\sqrt{(x^2 - a^2)^3}}$;

   (3) $e^{-x^2}(4x^2 - 2)$;　　　　(4) $\dfrac{2(\sqrt{1 - x^2} + x\arcsin x)}{\sqrt{(1 - x^2)^3}}$.

2. (1) 65; (2) $\dfrac{-3}{4e^4}$; (3) $2\sqrt{3}$; (4) 0.

3. $\dfrac{6y(3y^4 - 2x^2 y^2 - x^4)}{(3y^2 - x^2)^3}$.

4. $\dfrac{2 + t^2}{a\,(\cot - t\sin t)^3}$.

习题 2-4

A 组

1. $\triangle x = 0.1, \mathrm{d}y = 1.2$.

2. (1) $\dfrac{5}{2}x^2$; (2) $-\dfrac{1}{\omega}\cos\omega x$; (3) e^x; (4) $2\sqrt{x}$; (5) $\tan x$; (6) $\arctan x$.

3. (1) $\mathrm{d}y = (12x^2 - 4x^3)\mathrm{d}x$; (2) $\mathrm{d}y = \dfrac{x\cos x - \sin x}{x^2}\mathrm{d}x$; (3) $\mathrm{d}y = \dfrac{3^{\ln x} \cdot \ln 3}{x}\mathrm{d}x$;

   (4) $\mathrm{d}y = 2(e^{2x} - e^{-2x})\mathrm{d}x$; (5) $\mathrm{d}y = \dfrac{1}{1 + e^x}\mathrm{d}x$; (6) $\mathrm{d}y = 2(\cos 2x - \sin 2x)\mathrm{d}x$.

4. $\mathrm{d}y = \dfrac{y^2}{xy + 1}\mathrm{d}x$;

B 组

1. -0.0059.

2. (1) $\mathrm{d}y = \left(\dfrac{1}{\sqrt[3]{x^2}} + \dfrac{1}{x^2}\right)\mathrm{d}x$;

   (2) $\mathrm{d}y = e^{-x^2}(1 - 2x^2)\mathrm{d}x$;

   (3) 当 $x \in [-1, 0)$ 时 $\mathrm{d}y = \dfrac{1}{\sqrt{1 - x^2}}\mathrm{d}x$, 当 $x \in [0, 1]$ 时 $\mathrm{d}y = \dfrac{-1}{\sqrt{1 - x^2}}\mathrm{d}x$;

   (4) $\mathrm{d}y = 4x\tan(1 + x^2)\sec^2(1 + x^2)\mathrm{d}x$;

   (5) $\mathrm{d}y = -3^{\ln\cos x}\tan x\ln 3\mathrm{d}x$;

   (6) $\mathrm{d}y = 4xe^{x^2+1}\sec^2 e^{x^2+1}\tan(e^{x^2+1})\mathrm{d}x$.

3. (1) 10.001; (2) 0.87476.

总复习题二

1. (1) D; (2) D; (3) C; (4) D; (5) B; (6) D; (7) C.

2. (1) $\dfrac{1}{2}$; (2) $ex^{e-1} + e^x + \dfrac{1}{x}$; (3) $\dfrac{1}{x}, \dfrac{1}{2}$; (4) $\dfrac{1}{2 - \cos y}\mathrm{d}x$; (5) $x^x(\ln x + 1)$; (6) 0.

3. (1) $y' = 3x^2 - 6x + 5$;　　　　　　(2) $y' = -\dfrac{20}{x^6} - \dfrac{28}{x^5} + \dfrac{2}{x^2}$;

(3) $y' = 15x^2 - 2^x \ln 2 + 3e^x$;　　　(4) $y' = 2\sec^2 x + \sec x \tan x$;

(5) $y' = \dfrac{1}{x}\left(1 - \dfrac{2}{\ln 10} + \dfrac{3}{\ln 2}\right)$;　(6) $y' = 3e^x(\cos x - \sin x)$;

(7) $y' = \dfrac{x\cos x - \sin x}{x^2}$;　　　(8) $y' = \dfrac{x-2}{x^3}e^x$;

(9) $y' = 2x\ln x\cos x + x\cos x - x^2\ln x\sin x$;　(10) $y' = 8(2x+5)^3$;

(11) $y' = \dfrac{2x}{1+x^4}$;　　　　　　(12) $y' = \dfrac{2\arcsin x}{\sqrt{1-x^2}}$;

(13) $y' = -2^{\tan\frac{1}{x}}\dfrac{\ln x}{x^2}\sec^2\dfrac{1}{x}$;　(14) $y' = \dfrac{e^{\arctan\sqrt{x}}}{2\sqrt{x}(1+x)}$.

第三章

习题 3−1

A 组

1. (1) 满足,$\xi = \dfrac{1}{2}$;(2) 满足,$\xi = \pm\dfrac{\pi}{2}$.

2. (1) 满足,$\xi = \sqrt{3}$;(2) 满足,$\xi = \dfrac{9}{4}$.

B 组

1. 略.

2. $\xi = \dfrac{\sqrt{4\pi - \pi^2}}{\pi}$.

3. 略.

习题 3−2

A 组

1. (1) 0;(2) $\cos\alpha$;(3) 2;(4) $\dfrac{4}{e}$;(5) $\dfrac{5}{2}$;(6) $\dfrac{1}{3}$;(7) $+\infty$.

B 组

1. (1) $\dfrac{3}{2}$;(2) $\dfrac{e}{2}$;(3) 1;(4) $\dfrac{1}{6}$;(5) -4;

(6) 0;(7) 1;(8) $\dfrac{1}{2}$;(9) 1;(10) e;(11) 1.

2. 略.

习题 3−3

A 组

1. (1) 单调增加区间$(-\infty, +\infty)$,无极值;

(2) 单调增加区间$(-\infty, 0)$,单调减少区间$(0, +\infty)$,极大值 $f(0) = -1$;

(3) 单调减少区间$(0, 2)$,单调增加区间$(2, +\infty)$,极小值 $f(2) = 4 - 8\ln2$;

(4) 单调减少区间$(-\infty,0)$和$(1,+\infty)$,单调增加区间$(0,1)$,极小值$f(0)=0$,极大值$f(1)=1$;

(5) 单调减少区间$(-\infty,1)$,单调增加区间$(1,+\infty)$,极小值$f(1)=0$;

(6) 单调增加区间$(-\infty,0)$和$(1,+\infty)$,单调减少区间$(0,1)$,极大值$f(0)=0$,极小值$f(1)=-\dfrac{1}{3}$.

2. 略.

B组

1. (1) 单调减区间$\left(0,\dfrac{1}{2}\right)$,单调增区间$\left(\dfrac{1}{2},+\infty\right)$;

(2) 单调增区间$\left(-\infty,\dfrac{3}{4}\right)$,单调减区间$\left(\dfrac{3}{4},1\right)$;

(3) 单调增区间$(-\infty,+\infty)$;

(4) 单调减区间$\left(0,\dfrac{\pi}{3}\right)\bigcup\left(\dfrac{5}{3}\pi,2\pi\right)$,单调增区间$\left(\dfrac{\pi}{3},\dfrac{5}{3}\pi\right)$.

2. (1) 极大值点$x=\dfrac{3}{4}$,极大值为$\dfrac{5}{4}$;

(2) 极小值点$x=0$,极小值为0;

(3) 极小值点$x=-\dfrac{1}{2}\ln 2$,极小值为$2\sqrt{2}$;

(4) 极大值点$x=1$,极大值为$\dfrac{\pi}{4}-\dfrac{1}{2}\ln 2$.

3. 略.

4. $a=2,f\left(\dfrac{\pi}{3}\right)=\sqrt{3}$为极大值.

习题 3-4

A组

1. (1) 最大值$f(9)=\dfrac{3}{2}$;最小值$f(1)=-\dfrac{1}{2}$;

(2) 最大值$f(-2)=20$;最小值$f(1)=-7$.

2. (1) 最大值$f(0)=1$;(2) 最小值$f(2)=\ln 2+1$.

3. $x=6$ m,$h=3$ m.

4. 产量$x=\dfrac{3}{2}$(百台)时,平均成本最低,值为$\dfrac{51}{4}$(百元).

5. 产量$x=250$(百台)时,利润最大,值为425(百元).

B组

1. (1) 最大值为1,最小值为0;(2) 最大值为$\sqrt[3]{4}$,无最小值.

2. 略.

习题 3-5

A组

1. (1) 凸区间$(-\infty,2)$,凹区间$(2,+\infty)$,拐点$(2,-15)$;

(2) 凹区间$(-\infty,0)$和$\left(\dfrac{2}{3},+\infty\right)$,凸区间$\left(0,\dfrac{2}{3}\right)$,拐点$(0,1)$,$\left(\dfrac{2}{3},\dfrac{11}{27}\right)$;

(3) 凸区间$(-\infty,-1)$和$(1,+\infty)$,凹区间$(-1,1)$,拐点$(-1,\ln 2)$,$(1,\ln 2)$;

(4) 凸区间$(-\infty,0)$,凹区间$(0,+\infty)$,拐点$(0,0)$.

2. (1) 水平渐近线:$y=3$,垂直渐近线:$x=2$;

(2) 水平渐近线:$y=1$,垂直渐近线:$x=1$;

(3) 水平渐近线:$y=1$,垂直渐近线:$x=0$;

(4) 水平渐近线:$y=0$,垂直渐近线:$x=-1$.

3. 略.

B 组

1. (1) 拐点$(2,2\mathrm{e}^{-2})$,凸区间$(-\infty,2)$,凹区间$(2,+\infty)$;

(2) 无拐点,凹区间$(-\infty,+\infty)$;

(3) 拐点$\left(\dfrac{1}{2},\mathrm{e}^{\arctan\frac{1}{2}}\right)$,凸区间$\left(\dfrac{1}{2},+\infty\right)$,凹区间$\left(-\infty,\dfrac{1}{2}\right)$;

(4) 拐点$(1,-7)$,凸区间$(0,1)$,凹区间$(1,+\infty)$.

2. $a=3$,凸区间$(-\infty,1)$,凹区间$(1,+\infty)$,拐点$(1,-7)$.

3. 略.

总复习题三

1. (1) B;(2) D;(3) C;(4) B;(5) B;(6) A;(7) D;(8) B.

2. (1) $(0,\mathrm{e})$;(2) $-\dfrac{1}{2}$;(3) 1;(4) $y=\dfrac{1}{2}$;(5) $\dfrac{4}{\mathrm{e}}$.

3. (1) $\dfrac{1}{6}$;(2) 2;(3) $\dfrac{2}{3}\sqrt{2}$;(4) $\dfrac{1}{2}$;(5) $-\dfrac{1}{2}$;(6) 0.

4. (1) $(-1,2)$单调减少,$(-\infty,-1)\cup(2,+\infty)$单调增加,极大值$f(-1)=20$,极小值$f(2)=-7$;

(2) $(-2,0)\cup(0,2)$单调减少,$(-\infty,-2)\cup(2,+\infty)$单调增加,极大值$f(-2)=4$,极小值$f(2)=4$;

(3) $(-\infty,2)$单调增加,$(2,+\infty)$单调减少,极大值$f(-1)=20$,极大值$f(2)=1$;

(4) $(-\infty,0)$单调减少,$(0,+\infty)$单调增加,极小值$f(0)=5$;

(5) $(0,+\infty)$单调增加,无极值.

第四章

习题4-1

A 组

1. (1) $\arcsin(\sin 2x)$; (2) $\sqrt{1+x^2}\,\mathrm{d}x$; (3) $\dfrac{\sin x}{x}+C$; (4) $\dfrac{x^3}{1+x^2}$.

2. (1) $-\dfrac{1}{x}+C$; (2) $\dfrac{2}{5}x^{\frac{5}{2}}+C$;

(3) $2\sqrt{x}+C$; (4) $\dfrac{1}{3}x^3-\dfrac{3}{2}x^2+2x+C$;

(5) $\dfrac{(\frac{2}{3})^x}{\ln\frac{2}{3}}+C$; (6) $-\dfrac{2}{3}x^{-\frac{3}{2}}-\mathrm{e}^x+\ln|x|+C$;

(7) $x-\arctan x+C$; (8) $\ln|x|+\arctan x+C$.

3. $2x\ln x+x$.

4. $f(x)=2x\mathrm{e}^{x^2}$,$f'(x)=2\mathrm{e}^{x^2}(1+2x^2)$.

5. $y = x^2 - 2x + 1$.

6. $s = \dfrac{t^4}{12} + \dfrac{t^2}{2} + t$.

B 组

1. (1) $\dfrac{x^3}{3} - x + \arctan x + C$;　　(2) $x^3 + \arctan x + C$;　　(3) $e^x - x + C$;

(4) $2x - \tan x + C$;　　(5) $\arcsin x + C$;　　(6) $\dfrac{8}{15} x^{\frac{15}{8}} + C$;

(7) $\dfrac{1}{2}(\tan x + x) + C$;　　(8) $\sin x + \cos x + C$.

2. $f(x) = \arctan x + \dfrac{x}{1 + x^2}$.

3. $y = -x^4 + 7$.

习题 4-2

A 组

1. (1) $\dfrac{1}{a}$　　(2) $\dfrac{1}{7}$　　(3) $\dfrac{1}{2}$　　(4) $\dfrac{1}{10}$　　(5) $-\dfrac{1}{2}$

(6) $\dfrac{1}{12}$　　(7) $\dfrac{1}{2}$　　(8) 1　　(9) 1　　(10) 1

2. (1) $\dfrac{1}{303}(3x-2)^{101} + C$　　(2) $\dfrac{1}{5}e^{5x} + C$　　(3) $-\dfrac{1}{2}(2-3x)^{\frac{2}{3}} + C$

(4) $-\dfrac{1}{2}\ln|1-2x| + C$　　(5) $\dfrac{(\ln x)^2}{2} + C$　　(6) $-\dfrac{1}{4}\cos(4x-3) + C$

(7) $\dfrac{1}{2}e^{x^2} + C$　　(8) $\dfrac{1}{2}\sin x^2 + C$　　(9) $\dfrac{1}{5}\sin^5 x + C$

(10) $\dfrac{1}{2\cos^2 x} + C$　　(11) $\tan x + \dfrac{1}{2}\tan^2 x + C$　　(12) $-\dfrac{1}{9}(1-3x^2)^{\frac{3}{2}} + C$

(13) $-2\cos\sqrt{x} + C$　　(14) $\ln|\ln x| + C$　　(15) $\dfrac{1}{2}\arctan x^2 + C$

(16) $\dfrac{1}{2}(\arctan x)^2 + C$　　(17) $\cos\dfrac{1}{x} + C$　　(18) $\dfrac{1}{2}\ln(1+e^{2x}) + C$

(19) $\arctan e^x + C$　　(20) $(\arctan\sqrt{x})^2 + C$

3. (1) $\dfrac{2}{3}(1-x)^{\frac{3}{2}} - 2\sqrt{1-x} + C$　　　　(2) $2\arctan\sqrt{x} + C$

(3) $\sqrt{2x} - \ln|1 + \sqrt{2x}| + C$　　　　(4) $\dfrac{3}{2}x^{\frac{2}{3}} - 3\sqrt[3]{x} + 3\ln|1 + \sqrt[3]{x}| + C$

(5) $2(\sqrt{x+1} - \ln|1 + \sqrt{x+1}|) + C$　　　　(6) $-\dfrac{2}{3}\sqrt{2-3x} + C$

(7) $2\sqrt{x} - 3\sqrt[3]{x} + 6\sqrt[6]{x} - 6\ln|1 + \sqrt[6]{x}| + C$　　(8) $\dfrac{1}{6}(2x+1)^{\frac{3}{2}} + \dfrac{3}{2}\sqrt{2x+1} + C$

B 组

1. (1) D　(2) C　(3) B　(4) C　(5) C　(6) A

2. (1) $-\dfrac{2}{21}(1-3x)^{\frac{7}{2}} + C$　　(2) $\sqrt{2x+3} + C$　　(3) $\dfrac{1}{3}\sqrt{(u^2-5)^3} + C$

(4) $e^{\arcsin x} + C$　　(5) $\arcsin(\ln x) + C$　　(6) $-2\cos\sqrt{x+1} + C$

(7) $\dfrac{1}{3}\arctan 3x + C$　　(8) $\dfrac{1}{3}\arcsin 3x + C$　　(9) $\dfrac{1}{3}\sin^3 x - \dfrac{1}{5}\sin^5 x + C$

(10) $\dfrac{1}{2}\tan^2 x + C$ 　　　　(11) $\ln(e^x + e^{-x}) + C$ 　　　(12) $\arcsin e^x + C$

(13) $x - 2\sqrt{x+1} + 2\ln(x + \sqrt{x+1}) + C$ 　　　(14) $2\sqrt{x} - 4\sqrt[4]{x} + 4\ln(1 + \sqrt[4]{x}) + C$

(15) $\ln\dfrac{\sqrt{1+e^x} - 1}{\sqrt{1+e^x} + 1} + C$ 　　(16) $\dfrac{3}{2}\sqrt[3]{(x+2)^2} - 3\sqrt[3]{x+2} + 3\ln|1 + \sqrt[3]{x+2}| + C$

习题 4-3

A 组

1. (1) $-x\cos x + \sin x + C$; 　　　　(2) $x\ln x - x + C$;

(3) $-e^{-x}(x + 1) + C$; 　　　　(4) $\dfrac{1}{2}x^2\ln x - \dfrac{1}{9}x^2 + C$;

(5) $x\arccos x - \sqrt{1-x^2} + C$; 　　(6) $x\arctan x - \dfrac{1}{2}\ln(1+x^2) + C$;

(7) $x^2\sin x + 2x\cos x - 2\sin x + C$; 　(8) $x\ln(x^2+1) - 2x + 2\arctan x + C$;

(9) $e^x(x^2 - 2x + 2) + C$; 　　　(10) $\dfrac{1}{2}(\sec x\tan x + \ln|\sec x + \tan x|) + C$;

(11) $2e^{\sqrt{x}}(\sqrt{x} - 1) + C$; 　　(12) $\dfrac{1}{2}e^x(\sin x - \cos x) + C$.

2. 略.

3. 略.

B 组

1. (1) $-\dfrac{1}{5}x\cos 5x + \dfrac{1}{25}\sin 5x + C$; 　(2) $\dfrac{1}{3}xe^{3x} - \dfrac{1}{9}e^{3x} + C$;

(3) $\dfrac{1}{5}e^x(\sin 2x - 2\cos 2x) + C$; 　(4) $\dfrac{1}{3}(x^3 + 1)\ln(1+x) - \dfrac{1}{9}x^3 + \dfrac{1}{6}x^2 - \dfrac{1}{3}x + C$;

(5) $3e^{\sqrt[3]{x}}(\sqrt[3]{x^2} - 2\sqrt[3]{x} + 2) + C$; 　(6) $x\ln(x + \sqrt{1+x^2}) - \sqrt{1+x^2} + C$.

习题 4-4

A 组

1. (1) $2\ln|2x - 3| + C$; 　　　　(2) $\ln\left|\dfrac{x-1}{x}\right| + C$;

(3) $\dfrac{1}{3}x^3 - x - \arctan x + C$; 　(4) $\dfrac{1}{3}x^3 + \dfrac{1}{2}x^2 + x + \ln|x-1| + C$;

(5) $\ln\left|\dfrac{x-2}{x-1}\right| + C$; 　　　(6) $\ln|x| - \dfrac{1}{2}\ln(1+x^2) + C$;

(7) $6\ln|x-3| - 5\ln|x-2| + C$; 　(8) $\ln|x^2 - 3x + 2| + C$;

(9) $\dfrac{1}{2}\ln|x^2 + 2x + 5| - \dfrac{1}{2}\arctan\dfrac{x+1}{2} + C$.

B 组

1. (1) $4\ln|x-3| - 3\ln|x-2| + C$;

(2) $\ln|2x+1| - \dfrac{1}{2}\ln(x^2 + x + 1) + \dfrac{1}{3}\arctan\dfrac{2x+1}{\sqrt{3}} + C$;

(3) $\dfrac{1}{4}\ln\left|\dfrac{x-1}{x+1}\right| - \dfrac{1}{2}\arctan x + C$;

(4) $\ln|x+1| - \dfrac{1}{2}\ln(x^2 - x + 1) + \sqrt{3}\arctan\dfrac{2x-1}{\sqrt{3}} + C$.

总复习题四

一、1. C;2. B;3. A;4. C;5. A;6. D;7. B;8. D.

二、1. $\dfrac{1}{a}f(ax+b)+C$; 2. $1-2\csc^2 x\cot x+C$;

3. $\tan 2x+\ln x$; 4. e^{3x};

5. $2xe^{x^2}+3\cos 3x+C$; 6. $\dfrac{1}{2}\arctan x^2+C$.

三、1. $-\dfrac{1}{x}+2\arctan x+C$; 2. $\dfrac{x^2}{2}-x+C$;

3. $\dfrac{(2e)^x}{\ln 2e}+\arcsin x+C$; 4. x^3-x+C;

5. $\dfrac{1}{6}\arctan\left(\dfrac{3}{2}x\right)+C$; 6. $-\dfrac{1}{9x}-\dfrac{1}{27}\arctan\dfrac{x}{3}+C$;

7. $\ln(x^2+1)+\arctan x+C$; 8. $\ln\ln x+C$;

9. $\dfrac{1}{3}\sin(3x+1)+C$; 10. $\dfrac{1}{35}(5x-1)^7+C$;

11. $\ln(x^2+2x+2)-\arctan(x+1)+C$; 12. $\dfrac{1}{4}\sin^4 x+C$;

13. $-\cos e^x+C$; 14. $2\sqrt{x-1}-4\ln(2+\sqrt{x-1})+C$;

15. $\dfrac{1}{4}x^2-\dfrac{1}{4}x\sin 2x-\dfrac{1}{8}\cos 2x+C$; 16. $2(\sqrt{x}\arcsin\sqrt{x}+\sqrt{1-x})+C$.

第五章

习题 5-1

A 组

1. (1) $\displaystyle\int_0^1 x^2\,\mathrm{d}x>\int_0^1 x^3\,\mathrm{d}x$; (2) $\displaystyle\int_0^1 x\,\mathrm{d}x>\int_0^1 \sin x\,\mathrm{d}x$;

(3) $\displaystyle\int_1^2 \ln x\,\mathrm{d}x>\int_1^2 \ln^2 x\,\mathrm{d}x$; (4) $\displaystyle\int_1^e x\,\mathrm{d}x>\int_1^e \ln(1+x)\,\mathrm{d}x$.

2. (1) 0; (2) $\dfrac{1}{2}\pi R^2$; (3) 0; (4) 1.

3. (1) $1\leqslant\displaystyle\int_0^1\sqrt{1+x^2}\,\mathrm{d}x\leqslant\sqrt{2}$; (2) $\dfrac{\pi}{2}\leqslant\displaystyle\int_0^{\frac{\pi}{2}}(1+\sin^2 x)\,\mathrm{d}x\leqslant\pi$.

B 组

1. 略

2. (1) $\displaystyle\int_1^2 x\,\mathrm{d}x<\int_1^2 x^2\,\mathrm{d}x$; (2) $\displaystyle\int_0^{\frac{\pi}{4}}\cos x\,\mathrm{d}x>\int_0^{\frac{\pi}{4}}\sin x\,\mathrm{d}x$.

习题 5－2

A 组

1. (1) $\varphi'(x) = \sin x^2$;　　　　　(2) $\varphi'(x) = \cos^2 x$;

　(3) $F'(x) = -\dfrac{1}{\sqrt{2+x^2}}$;　　　(4) $\varphi'(x) = -\sqrt{1+x^2}$.

2. (1) $\dfrac{1}{2}$;　　(2) $\dfrac{1}{2}$.

3. (1) 24;　　(2) $\dfrac{17}{6}$;　　(3) $\dfrac{3}{8}\pi^2 + 1$;　　(4) 1;　　(5) $\dfrac{4}{\ln 5}$;　　(6) 3.

4. $\dfrac{\mathrm{d}y}{\mathrm{d}x} = -\dfrac{\cos x}{\mathrm{e}^y}$.

B 组

1. (1) $\varphi'(x) = 2x\sqrt{1+x^4}$;　　　　(2) $\varphi'(x) = 2x^5 \mathrm{e}^{-x^2} - x^2 \mathrm{e}^{-x}$

2. $\dfrac{\mathrm{d}y}{\mathrm{d}x}\Big|_{x=1} = \sqrt{2}$.

3. $\dfrac{\mathrm{d}y}{\mathrm{d}x} = \tan t$.

4. (1) $\dfrac{\pi}{8}$;(2) $1-\dfrac{\pi}{4}$;(3) 1;(4) 4;(5) $\dfrac{\pi}{3}$;(6) $\dfrac{271}{6}$.

习题 5－3

A 组

1. (1) $\dfrac{511}{9}$;　(2) $\ln 2$;　　(3) $\dfrac{5}{2}$;　(4) $\ln\dfrac{\mathrm{e}+2}{3}$;

　(5) $\dfrac{1}{4}$;　(6) $\dfrac{\sqrt{3}}{2} - \dfrac{1}{2}$;　(7) $\dfrac{1}{2}$;　(8) $\dfrac{13}{3}$.

2. (1) $4 - 2\ln 3$;(2) $4 - 2\arctan 2$;(3) $7 + 2\ln 2$;(4) $\dfrac{22}{3}$.

3. (1) 0;(2) $2 - \dfrac{\pi}{2}$;(3) 0;(4) $\dfrac{2}{3}\pi^3$;(5) 2π;(6) 0.

4. (1) $\dfrac{\pi}{2} - 1$;(2) 1;(3) $\dfrac{1}{4}(\mathrm{e}^2 + 1)$;(4) $\dfrac{1}{4}(\mathrm{e}^2 + 1)$;(5) 1;(6) $\dfrac{\pi}{2} - \dfrac{1}{2}$.

5. $-\pi\ln\pi - \sin 1$.

B 组

1. (1) $\pi - \dfrac{4}{3}$;　(2) $\arctan \mathrm{e} - \dfrac{\pi}{4}$;　(3) $\mathrm{e} - \mathrm{e}^{\frac{1}{2}}$;　　(4) $3(\mathrm{e}-1)$;　　(5) $\dfrac{\pi}{6}$;

　(6) $2 - \dfrac{\pi}{2}$;　(7) $4(2\ln 2 - 1)$;　(8) $\dfrac{1}{5}(\mathrm{e}^\pi - 2)$;　(9) 2;　　(10) 1.

2. 0.

习题 5－4

A 组

1. (1) 1;(2) 1;(3) 发散;(4) 发散;(5) 发散;(6) 1.

B 组

1. (1) $-\ln\dfrac{2}{3}$;(2) 发散;(3) π;(4) 2.

习题 5 - 5

A 组

1. (1) $\dfrac{1}{6}$;(2) $\dfrac{13}{3}$;(3) $\dfrac{\pi}{2}-1$;(4) $\dfrac{7}{6}$;(5) $e+e^{-1}-2$;(6) 18.

2. $\dfrac{9}{4}$.

B 组

1. (1) $\dfrac{16}{3}\sqrt{2}$;(2) 36.

2. (1) $\dfrac{15}{2}\pi$;(2) $\dfrac{3}{10}\pi$;(3) $2\pi^2$.

总复习题五

1. (1) D;(2) C;(3) A;(4) C;(5) A;(6) B;(7) C;(8) A.

2. (1) 0;(2) $\dfrac{1}{5}(e^5-1)$;(3) $\dfrac{4}{3}$;(4) $\sin x^2$;(5) $\displaystyle\int_0^1 (1-x^2)\mathrm{d}x$;(6) $\dfrac{x}{\sqrt{1+x^2}}$.

3. (1) -2;(2) 12;(3) $\dfrac{1}{2}\ln 2$;(4) 5;(5) $\dfrac{19}{3}$;(6) $\dfrac{1}{3}$;(7) $\dfrac{1}{2}$;(8) $2(e^3-e^2)$;(9) $\dfrac{8}{3}$;(10) $2\ln 2-1$;

(11) 1;(12) $\dfrac{1}{4}(e^2+1)$;(13) 1;(14) $\dfrac{\pi}{12}+\dfrac{\sqrt{3}}{2}-1$;(15) 8;(16) 2.

4. (1) $\dfrac{1}{6}$;(2) $\dfrac{13}{3}$;(3) $\dfrac{\pi}{2}-1$;(4) $\dfrac{7}{6}$.

第六章

习题 6 - 1

A 组

1. (1) 一阶;(2) 二阶;(3) 一阶;(4) 二阶.

2. (1) 是;(2) 是;(3) 不是;(4) 是.

3. (1) $y^2-x^2=25$;(2) $y=-\cos x$.

4. (1) $y'=x^2$;(2) $yy'+2x=0$.

B 组

1. (1) 通解;(2) 不是解.

2. $e^x-\dfrac{15}{16}=\left(x+\dfrac{1}{4}\right)^2$.

3. $\dfrac{\mathrm{d}P}{\mathrm{d}T}=k\dfrac{P}{T^2}$.

习题 6 - 2

A 组

1. (1) $1+y^2=Ce^{-\frac{1}{x}}$;(2) $r=C\cos\theta$;(3) $e^{y^2}=C(1+e^x)^2$;(4) $e^y=\dfrac{1}{2}e^{2x}+C$;(5) $\arctan y=x+$

$\dfrac{1}{2}x^2 + C.$

2. (1) $y + \sqrt{y^2 - x^2} = Cx^2$；(2) $\ln\dfrac{y}{x} = Cx + 1.$

3. (1) $y = \dfrac{1}{x}(C + \sin x) - \cos x$；(2) $y = \dfrac{C}{\ln x} + ax$；(3) $y = \dfrac{1}{2}e^x\left(x^2 - x + \dfrac{1}{2}\right) + Ce^{-x}$；

    (4) $x = Cye^{\frac{1}{y}} - y.$

4. (1) $2e^y = e^{2x} + 1$；(2) $\ln y = \csc x - \cot x$；(3) $e^x + 1 = 2\sqrt{2}\cos y$；(4) $x^2 y = 4.$

5. (1) $y^3 = y^2 - x^2$；(2) $y^3 = y^2 - x^2.$

6. $y = 2(e^x - x - 1).$

7. $v(t) = \dfrac{mg}{k}(\sin\alpha - l\cos\alpha)\left(1 - e^{-\frac{k}{m}t}\right).$

B 组

1. (1) $y^2 = x^2(2\ln|x| + C)$；(2) $x + 2ye^{\frac{x}{y}} = C.$

2. (1) $x = y(\ln^2 y + \ln y + C)$；(2) $x = Ce^{\sin y} - 2(1 + \sin y).$

3. (1) $y = x\sec x$；(2) $y = \dfrac{1}{x}(\pi - 1 - \cos x)$；(3) $y\sin x + 5e^{\cos x} = 1$；(4) $2y = x^3 - x^3 e^{\frac{1}{x^2} - 1}.$

习题 6 - 3

A 组

1. (1) $y = \dfrac{1}{6}x^3 - \sin x + C_1 x + C_2$；   (2) $y = (x - 3)e^x + C_1 x^2 + C_2 x + C_3$；

    (3) $y = x\arctan x - \dfrac{1}{2}\ln(1 + x^2) + C_1 x + C_2$；   (4) $y = -\ln|\cos(x + C_1)| + C_2.$

2. (1) $y = \dfrac{1}{a^3}e^{ax} - \dfrac{e^a}{2a}x^2 + \dfrac{e^a}{a^2}(a - 1)x + \dfrac{e^a}{2a^3}(2a - a^2 - 2)$；(2) $y = -\dfrac{1}{a}\ln(ax + 1).$

3. $y = \dfrac{1}{6}x^3 + \dfrac{x}{2} + 1.$

B 组

1. (1) $y = C_1 e^x - \dfrac{1}{2}x^2 - x + C_2$；(2) $y = C_1\ln|x| + C_2$；(3) $C_1 y^2 - 1 = (C_1 x + C_2)^2$；

    (4) $y = \arctan(C_2 e^x) + C_1.$

2. (1) $y = \arcsin x$；(2) $y = \left(\dfrac{1}{2}x + 1\right)^4.$

习题 6 - 4

A 组

1. $y = C_1 y_1 + C_2 y_2$ 不是方程的通解，$y = C_1 y_1 + C_2 y_3$ 是方程的通解.

2. $y = C_1 e^{2x} + C_2 e^{-x}$，$y = \dfrac{1}{2}e^{2x} + \dfrac{1}{2}e^{-x}.$

3. $y = C_1(x - e^x) + C_2(x - e^{-x}) + x.$

4. (1) $y = C_1 e^x + C_2 e^{-2x}$；(2) $y = C_1 + C_2 e^{4x}$；(3) $y = C_1\cos x + C_2\sin x$；(4) $y = e^{-3x}(C_1\cos 2x + C_2\sin 2x).$

5. (1) $y = 4e^x + 2e^{3x}$；(2) $y = (2 + x)e^{-\frac{x}{2}}$；(3) $y = e^{-x} - e^{4x}$；(4) $y = 3e^{-2x}\sin 5x.$

6. (1) $y = C_1 e^{\frac{x}{2}} + C_2 e^{-x} + e^x$；   (2) $y = C_1\cos ax + C_2\sin ax + \dfrac{1}{1 + a^2}e^x$；

(3) $y = C_1 + C_2 e^{-\frac{5}{2}x} + \frac{1}{3}x^3 - \frac{3}{5}x^2 + \frac{7}{25}x$; (4) $y = C_1 e^{-x} + C_2 e^{-2x} + \left(\frac{3}{2}x^2 - 3x\right)e^{-x}$;

(5) $y = C_1 e^{-x} + C_2 e^{-4x} - \frac{x}{2} + \frac{11}{8}$.

7. (1) $y = \frac{11}{6} + \frac{5}{16}e^{4x} - \frac{5}{4}x$;   (2) $y = -5e^x + \frac{7}{2}e^{2x} + \frac{5}{2}$;

(3) $y = \frac{1}{2}(e^{9x} + e^x) - \frac{1}{7}e^{2x}$;   (4) $y = e^x - e^{-x} + e^x(x^2 - x)$;

(5) $y = -\cos x - \frac{1}{3}\sin x + \frac{1}{3}\sin 2x$.

8. $x = \frac{mg}{k}t - \frac{m^2 g}{k^2}(1 - e^{-\frac{k}{m}t})$.

B 组

1. (1) $y = (C_1 + C_2 t)e^{\frac{5}{2}t}$; (2) $y = e^{2x}(C_1 \cos x + C_2 \sin x)$.

2. (1) $y = 2\cos 5x + \sin 5x$; (2) $y = e^{2x}\sin 3x$.

3. (1) $y = (C_1 + C_2 x)e^{3x} + x^2\left(\frac{1}{6}x + \frac{1}{2}\right)e^{3x}$;

(2) $y = C_1 e^{-x} + C_2 e^{-2x} + \frac{1}{2}(\sin x - \cos x)e^{-x}$;

(3) $y = C_1 \cos 2x + C_2 \sin 2x + \frac{1}{3}x\cos x + \frac{2}{9}\sin x$.

总复习题六

1. (1) C; (2) D; (3) B; (4) B; (5) C; (6) A; (7) A; (8) C.

2. (1) $y = \ln x + C$; (2) $y = Ce^{3x}$; (3) $y^2 + x^2 = 2\ln x + C$; (4) $y = \frac{1}{6}x^3 - \sin x + C_1 x + C_2$; (5) $y = C_1 y_1(x) + C_2 y_2(x)$; (6) $y = (C_1 + C_2 x)e^{2x}$; (7) $y = C_1 + C_2 e^{-x}$.

3. (1) $f(x) = x + \frac{1}{3}x^3 + C$; (2) $y^2 - 2x^2 = 1$; (3) $y = x(x-1)$; (4) $y = e^x - \frac{x^2}{2} - x - 1$; (5) $y = \frac{C_1}{4}(x + C_2) + \frac{1}{C_1}$; (6) $y = e^{-x} - 2e^{3x}$; (7) $y = \frac{1}{x}(e^x + C)$; (8) $y = C_1 e^x + C_2 e^{-2x} - \frac{1}{2}e^{-x}$; (9) $y = C_1 e^x + C_2 e^{-3x} + xe^x$; (10) $y = C_1 + C_2 e^{-3x} + \frac{1}{2}x^2 - \frac{1}{3}x$; (11) $y^* = \left(-\frac{1}{2}x + \frac{1}{4}\right)e^{-x}$.

第七章

习题 7-1

A 组

1. A, B, C, D 依次在第 Ⅳ, Ⅴ, Ⅷ, Ⅲ 卦限.

2. (1) $(3, 1, -2), (-3, 1, 2), (3, -1, 2), (2, -1, -3), (-2, -1, 3), (2, 1, 3)$;

(2) $(3, -1, -2), (-3, 1, -2), (-3, -1, 2), (2, 1, -3), (-2, -1, -3), (-2, 1, 3)$;

(3) $(-3, -1, -2), (-2, 1, -3)$.

3. (1) $5\sqrt{2}$; (2) $\sqrt{34}, \sqrt{41}, 5$; (3) $5, 4, 3$.

B 组

1. 略;2. $(1,5,0)$.

习题 7-2

A 组

1. $\overrightarrow{M_1M_2} = \{1,-2,-2\}$;$-2\overrightarrow{M_1M_2} = \{-2,4,4\}$.

2. $(3,2,9)$.

3. $2,\cos\alpha = -\dfrac{1}{2},\cos\beta = -\dfrac{\sqrt{2}}{2},\cos\gamma = \dfrac{1}{2}$;$\alpha = \dfrac{2\pi}{3},\beta = \dfrac{3\pi}{4},\gamma = \dfrac{\pi}{3}$.

4. (1) $\dfrac{\pi}{4}$ 或 $\dfrac{3\pi}{4}$;(2) $\dfrac{\pi}{3}$ 或 $\dfrac{2\pi}{3}$.

B 组

1. $2,\cos\alpha = -\dfrac{1}{2},\cos\beta = \dfrac{1}{2},\cos\gamma = -\dfrac{\sqrt{2}}{2}$;$\alpha = \dfrac{2\pi}{3},\beta = \dfrac{\pi}{3},\gamma = \dfrac{3\pi}{4},e^0 = \dfrac{1}{2}\{-1,1,-\sqrt{2}\}$

2. $a = \dfrac{3}{2}i + \dfrac{3\sqrt{2}}{2}j + \dfrac{3}{2}k$.

习题 7-3

A 组

1. (1) 3;(2) $3\sqrt{3}$;(3) -19.

2. (1) 8;(2) $\{8,5,-1\}$;(3) $3\sqrt{10}$;(4) $\dfrac{8}{\sqrt{154}}$.

B 组

1. 略

2. $\pm\dfrac{1}{\sqrt{17}}(3i-2j-2k)$.

3. $\{-8,4,-8\}$.

习题 7-4

A 组

1. $x - 2y + 3z + 3 = 0$.

2. $7x - 3y + z - 16 = 0$.

3. $x - 1 = 0$.

4. $x + 3y = 0$.

5. $9x - z - 38 = 0$.

B 组

1. $\dfrac{\pi}{3}$.

2. $x - 6y - 3z - 3 = 0$.

3. $2x + 3y + z = 6$.

4. $6x - 3y - 3z - 6 = 0$

习题 7－5

A 组

1. $\dfrac{x-2}{3}=\dfrac{y-3}{1}=\dfrac{z-1}{1}$.

2. $\dfrac{x-2}{2}=\dfrac{y-2}{1}=\dfrac{z+1}{5}$.

3. $\dfrac{x-2}{1}=\dfrac{y+2}{2}=\dfrac{z}{3}$.

4. $\dfrac{x-2}{3}=\dfrac{y+3}{-1}=\dfrac{z-4}{2}$.

5. $\theta=\arccos\dfrac{14}{39}$.

B 组

1. $x-y+2z+4=0$.

2. $8x-9y-22z-59=0$.

3. $k=-1$

习题 7－6

A 组

1. 以 $(1,-2,2)$ 为球心,半径为 4 的球面.

2. $\dfrac{x^2}{3}+\dfrac{y^2}{3}+\dfrac{z^2}{4}=1$.

3. $y^2+z^2=5x$.

4. $x^2+y^2-x-1=0, z=0$.

5. (1) 旋转抛物面;(2) 抛物柱面;(3) 椭圆柱面;(4) 圆锥面;(5) 椭圆抛物面;(6) 单页双曲面.

B 组

1. (1) $\begin{cases} y^2+4z^2-1=0 \\ x=0 \end{cases}$,绕 z 轴旋转而成的旋转椭球面。

(2) $\begin{cases} y^2-z^2=0 \\ x=0 \end{cases}$,绕 z 轴旋转而成的旋转抛物面。

(3) $\begin{cases} \dfrac{x^2}{4}+\dfrac{y^2}{9}=1 \\ z=0 \end{cases}$,绕 x 轴旋转而成的旋转椭球面。

(4) $\begin{cases} y^2+z^2=9 \\ x=0 \end{cases}$,绕 z 轴旋转而成的球面。

(5) 椭球面,非旋转曲面。

总复习题七

1. (1) C;(2) C;(3) A;(4) D;(5) D;(6) D.

2. (1) $2\sqrt{3}$;(2) 1;(3) $\dfrac{\sqrt{6}}{2}$; (4) -4;(5) $\dfrac{\pi}{3}$;(6) $\dfrac{\sqrt{3}}{2}$.

3. (1) $\vec{a^0}=\pm\dfrac{1}{\sqrt{68}}(6,-4,-4)$;   (2) $x-3y-2z=0$;   (3) $2x-y-z-2=0$;

(4) $k = -\dfrac{1}{3}$;　　　　　(5) 平行;　　　　　(6) $\dfrac{x-2}{2} = \dfrac{y}{4} = \dfrac{z+2}{-3}$;

(7) $\dfrac{x-5}{2} = \dfrac{y}{5} = \dfrac{z+2}{11}$;　　　(8) $13x - 23y - 2z + 5 = 0$;　　(9) $(1,2,2)$.

第八章

习题 8 - 1

A 组

1. 图略.(1) $D = \{(x,y) \mid x > y\}$;

　(2) $D = \{(x,y) \mid x^2 + y^2 \leqslant 1\}$;

　(3) $D = \{(x,y) \mid 1 \leqslant x^2 + y^2 \leqslant 4\}$;

　(4) $D = \left\{(x,y) \mid \begin{cases} x \geqslant 2 \text{ 或 } x \leqslant -2, \\ -2 \leqslant y \leqslant 2 \end{cases}\right\}$.

2. $\dfrac{5}{3}, 2, x^2 - y^2 + \dfrac{x+y}{x-y}$.

3. (1) $\dfrac{\pi}{2}$;(2) 0;(3) $-\dfrac{1}{4}$;(4) -78.

4. 不存在.

B 组

1. $f(x,y) = \dfrac{1}{2}x(x-y)$.

2. $f(x,y) = 2x + y^2$.

3. (1) $-\dfrac{1}{6}$;(2) 0;(3) 1.

习题 8 - 2

A 组

1. (1) $\dfrac{\partial z}{\partial x} = 2x, \dfrac{\partial z}{\partial y} = 2y$;(2) $\dfrac{\partial z}{\partial x} = -\dfrac{2x\sin x^2}{y}, \dfrac{\partial z}{\partial y} = -\dfrac{\cos x^2}{y^2}$;

　(3) $\dfrac{\partial z}{\partial x} = -\dfrac{y}{x^2 + y^2}, \dfrac{\partial z}{\partial y} = \dfrac{x}{x^2 + y^2}$;(4) $\dfrac{\partial z}{\partial x} = -\dfrac{2y}{(x-y)^2}, \dfrac{\partial z}{\partial y} = \dfrac{2x}{(x-y)^2}$;

　(5) $\dfrac{\partial z}{\partial x} = \cos x \cos y (\sin x)^{\cos y - 1}, \dfrac{\partial z}{\partial y} = -\sin y (\sin x)^{\cos y} \ln \sin x$;

　(6) $\dfrac{\partial z}{\partial x} = e^{\frac{x}{y}}\left[\dfrac{1}{y}\cos(x+y) - \sin(x+y)\right], \dfrac{\partial z}{\partial y} = -e^{\frac{x}{y}}\left[\dfrac{x}{y^2}\cos(x+y) + \sin(x+y)\right]$;

　(7) $\dfrac{\partial z}{\partial x} = \dfrac{x}{y}\cos\dfrac{x}{y} + e^{-xy} - xye^{-xy}, \dfrac{\partial z}{\partial y} = -\dfrac{x}{y^2}\cos\dfrac{x}{y} - x^2 e^{-xy}$;

　(8) $\dfrac{\partial u}{\partial x} = -\dfrac{z\ln y}{x^2}y^{\frac{z}{x}}, \dfrac{\partial u}{\partial y} = \dfrac{z}{x}y^{\frac{z}{x}-1}, \dfrac{\partial u}{\partial z} = \dfrac{1}{x}y^{\frac{z}{x}}\ln y$.

2. (1) $\dfrac{2}{5}$;(2) $\dfrac{\pi}{4}\sin\dfrac{2}{\pi}, -\dfrac{1}{2}\sin\dfrac{2}{\pi}$.

3. (1) $\dfrac{\partial^2 z}{\partial x^2} = 12x^2 - 8y^2, \dfrac{\partial^2 z}{\partial x \partial y} = -16xy, \dfrac{\partial^2 z}{\partial y^2} = 12y^2 - 8x^2$;

(2) $\dfrac{\partial^2 z}{\partial x^2} = \dfrac{1}{x^2}, \dfrac{\partial^2 z}{\partial x \partial y} = \dfrac{1}{y}, \dfrac{\partial^2 z}{\partial y^2} = -\dfrac{y}{x^2}$；

(3) $\dfrac{\partial^2 z}{\partial x^2} = -\dfrac{3xy^2}{(x^2+y^2)^{\frac{5}{2}}}, \dfrac{\partial^2 z}{\partial x \partial y} = \dfrac{2x^2 y - y^3}{(x^2+y^2)^{\frac{5}{2}}}, \dfrac{\partial^2 z}{\partial y^2} = \dfrac{2xy^2 - x^3}{(x^2+y^2)^{\frac{5}{2}}}$；

(4) $\dfrac{\partial^2 z}{\partial x^2} = x^{y-2} y(y-1), \dfrac{\partial^2 z}{\partial x \partial y} = x^{y-1}(1 + y\ln x), \dfrac{\partial^2 z}{\partial y^2} = x^y (\ln x)^2$.

4. $2,0,0,0$.

5. 略.

B 组

1. (1) $\dfrac{\sqrt{y}}{2x(\sqrt{x}-\sqrt{y})}, \dfrac{\sqrt{x}}{2y(\sqrt{y}-\sqrt{x})}$；

(2) $\dfrac{y}{x^2}\sin\dfrac{x}{y}\sin\dfrac{y}{x} + \dfrac{1}{y}\cos\dfrac{x}{y}\cos\dfrac{y}{x}, -\dfrac{x}{y^2}\cos\dfrac{x}{y}\cos\dfrac{y}{x} - \dfrac{1}{x}\sin\dfrac{x}{y}\sin\dfrac{y}{x}, 6z^2$；

(3) $2xf_1' + y\mathrm{e}^{xy}f_2', -2yf_1' + x\mathrm{e}^{xy}f_2'$.

2. (1) $2a^2\cos2(ax+by), 2ab\cos2(ax+by), 2b^2\cos2(ax+by)$；

(2) $2\left(\arctan\dfrac{y}{x} - \dfrac{xy}{x^2+y^2}\right), \dfrac{x^2-y^2}{x^2+y^2}, -2\left(\arctan\dfrac{x}{y} - \dfrac{xy}{x^2+y^2}\right)$.

3. 略.

习题 8-3

A 组

1. (1) $\mathrm{d}z = \left(y + \dfrac{1}{y}\right)\mathrm{d}x + x\left(x - \dfrac{1}{y^2}\right)\mathrm{d}y$；(2) $\mathrm{d}z = \dfrac{y\mathrm{d}x - x\mathrm{d}y}{y\sqrt{y^2-x^2}}$；

(3) $\mathrm{d}z = 2x\cos(x^2+y^2)\mathrm{d}x + 2y\cos(x^2+y^2)\mathrm{d}y$；(4) $\mathrm{d}z = \dfrac{y\mathrm{d}x + x\mathrm{d}y}{x^2+y^2}$.

2. $\mathrm{d}z = 2xy^3\mathrm{d}x + 3x^2 y^2\mathrm{d}y, \mathrm{d}z\Big|_{\substack{x=1 \\ y=2}} = 16\mathrm{d}x + 12\mathrm{d}y$.

B 组

1. (1) $\mathrm{d}z = \dfrac{x}{\sqrt{x^2+y^2}}\mathrm{d}x + \dfrac{y}{\sqrt{x^2+y^2}}\mathrm{d}y$；(2) $\mathrm{d}u = yzx^{yz-1}\mathrm{d}x + zx^{yz}\ln x\mathrm{d}y + yx^{yz}\ln x\mathrm{d}z$.

习题 8-4

A 组

1. (1) $\dfrac{3-12t^2}{\sqrt{1-(3t-4t^3)^2}}$；(2) $2\mathrm{e}^t\sin t$.

2. (1) $\dfrac{\partial z}{\partial x} = 3x^2\sin y\cos y(\cos y - \sin y), \dfrac{\partial z}{\partial y} = x^3(-2\sin^2 y\cos y + \sin^3 y + \cos^3 y - 2\sin y\cos^2 y)$；

(2) $\dfrac{\partial z}{\partial x} = \dfrac{2x}{y^2}\ln(3x-2y) + \dfrac{3x^2}{y^2(3x-2y)}, \dfrac{\partial z}{\partial y} = -\dfrac{2x^2\ln(3x-2y)}{y^3} - \dfrac{2x^2}{y^2(3x-2y)}$；

(3) $\dfrac{\partial z}{\partial x} = (x^2+y^2)^{xy}\left[y\ln(x^2+y^2) + \dfrac{2x^2 y}{x^2+y^2}\right], \dfrac{\partial z}{\partial y} = (x^2+y^2)^{xy}\left[x\ln(x^2+y^2) + \dfrac{2xy^2}{x^2+y^2}\right]$.

3. $\dfrac{\partial z}{\partial x} = 2xf_1' + y\mathrm{e}^{xy}f_2', \dfrac{\partial z}{\partial y} = -2yf_1' + x\mathrm{e}^{xy}f_2'$.

4. $\dfrac{\partial z}{\partial x} = f_1' + yf_2', \dfrac{\partial z}{\partial x \partial y} = xf_{12}'' + f_2' + xyf_{22}''$.

5. 略.

6. (1) $\dfrac{x(y^2 - 2x^2)}{y(2y^2 - x^2)}$; (2) $\dfrac{x + y}{x - y}$.

7. (1) $\dfrac{\partial z}{\partial x} = \dfrac{z}{x + z}, \dfrac{\partial z}{\partial y} = \dfrac{z^2}{y(x + z)}$; (2) $\dfrac{\partial z}{\partial x} = \dfrac{-yz}{xy + z^2}, \dfrac{\partial z}{\partial y} = \dfrac{-xz}{xy + z^2}$.

8. $\dfrac{\partial z}{\partial x}\Big|_{(1,2,-1)} = -\dfrac{1}{5}, \dfrac{\partial z}{\partial y}\Big|_{(1,2,-1)} = -\dfrac{11}{5}$.

9. 略

B 组

1. (1) $\left(3 - \dfrac{4}{t^3} + \dfrac{3}{2}\sqrt{t}\right)\sec^2\left(3t + \dfrac{2}{t^2} + \sqrt{t^3}\right)$;

   (2) $\cos^2 x\,(\sin x)^{\cos x - 1} - (\sin x)^{\cos x + 1}\ln\sin x$.

2. (1) $\dfrac{\partial z}{\partial x} = \dfrac{2x}{y} - \dfrac{2x^2}{y^2}, \dfrac{\partial z}{\partial y} = -\dfrac{4x}{y} - \dfrac{x^2}{y^2}$;

   (2) $\dfrac{\partial z}{\partial x} = 2(2x + y)^{2x+y}[1 + \ln(2x + y)], \dfrac{\partial z}{\partial y} = (2x + y)^{2x+y}[1 + \ln(2x + y)]$;

   (3) $\dfrac{\partial z}{\partial x} = x^{x^y + y - 1}(1 + y\ln x), \dfrac{\partial z}{\partial y} = x^{x^y + y}\ln^2 x$.

3. $\dfrac{\partial u}{\partial x} = 3x^2 f_1' + yf_2' + yzf_3', \dfrac{\partial u}{\partial y} = xf_2' + xzf_3', \dfrac{\partial u}{\partial z} = xyf_3'$.

4. $\dfrac{\partial u}{\partial x} = yf\left(\dfrac{x}{y}, \dfrac{y}{x}\right) + xf_1' - \dfrac{y^2}{x^2}f_2', \dfrac{\partial u}{\partial y} = xf\left(\dfrac{x}{y}, \dfrac{y}{x}\right) - \dfrac{x^2}{y}f_1' + yf_2'$.

5. (1) $\dfrac{\partial z}{\partial x} = -1, \dfrac{\partial z}{\partial y} = -1$; (2) $\dfrac{\partial u}{\partial x} = \dfrac{y(1 + z^2)(z + e^{xy})}{1 - xy(1 + z^2)}, \dfrac{\partial u}{\partial y} = \dfrac{x(1 + z^2)(z + e^{xy})}{1 - xy(1 + z^2)}$.

习题 8-5

A 组

1. (1) 极小值 $f(-1,1) = 0$;

   (2) 极大值 $f(0,0) = 0$, 极小值 $f(2,2) = -8$;

   (3) 极大值 $f(2, -2) = 8$;

   (4) 极大值 $f(3,2) = 36$.

2. $x = y = z = \dfrac{a}{3}$.

3. $\dfrac{\pi l}{\pi + 4 + 3\sqrt{3}}, \dfrac{4l}{\pi + 4 + 3\sqrt{3}}, \dfrac{3\sqrt{3}l}{\pi + 4 + 3\sqrt{3}}$.

4. 极小值 $z\Big|_{\left(\frac{2}{5}, \frac{1}{5}\right)} = \dfrac{1}{5}$.

B 组

1. (1) 极小值 $f\left(\dfrac{1}{2}, -1\right) = -\dfrac{e}{2}$;

   (2) 极大值 $f\left(\dfrac{1}{2}, \dfrac{1}{2}\right) = \dfrac{1}{4}$;

   (3) 极大值 $f\left(\pm\dfrac{1}{2}, \mp\dfrac{1}{2}\right) = \dfrac{1}{8}$, 极小值 $f\left(\pm\dfrac{1}{2}, \pm\dfrac{1}{2}\right) = -\dfrac{1}{8}$;

   (4) 极大值 $f\left(\dfrac{\pi}{3}, \dfrac{\pi}{6}\right) = \dfrac{3}{2}\sqrt{3}$.

总复习八

1. (1) D; (2) C; (3) C; (4) B; (5) B; (6) A; (7) C.

2. (1) $2xy\mathrm{e}^{x^2y}$;   (2) $\dfrac{xy+1}{y(xy+\ln y)}$;   (3) $-\sin x$;

  (4) $\dfrac{2(x\mathrm{d}x-y\mathrm{d}y)}{1+x^2-y}$;   (5) 1 ;   (6) $(2,-2)$.

3. (1) $\dfrac{\partial z}{\partial x}=-\dfrac{1}{2-x+y},\dfrac{\partial^2 z}{\partial x\partial y}=\dfrac{1}{(2-x+y)^2}$;

  (2) $\mathrm{d}z=\mathrm{e}^{x(x^2+y^2)}[2xy\mathrm{d}x+(x^2+3y^2)\mathrm{d}y]$;

  (3) $\mathrm{d}z=[\mathrm{e}^{-xy}-xy\mathrm{e}^{-xy}+y\cos(xy)]\mathrm{d}x+[-x^2\mathrm{e}^{-xy}+x\cos(xy)]\mathrm{d}y$;

  (4) $\dfrac{\partial z}{\partial x}=-\dfrac{1}{2(z-1)},\dfrac{\partial z}{\partial y}=-\dfrac{y}{(z-1)}$;

  (5) $\mathrm{d}z=\dfrac{x\mathrm{d}x-\mathrm{e}^z\mathrm{d}y}{y\mathrm{e}^z-z}$;

  (6) $z_{xx}=0,z_{xy}=1-\dfrac{1}{y^2}=z_{yx},z_{yy}=\dfrac{2x}{y^3}$;

  (7) $z_{xx}=2\cos(x+y)-x\sin(x+y),z_{xy}=\cos(x+y)-x\sin(x+y)=z_{yx},z_{yy}=-x\sin(x+y)$;

  (8) $\dfrac{\partial z}{\partial x}=\dfrac{2x}{y^2}\ln(3x-2y)+\dfrac{3x^2}{(3x-2y)y^2},\dfrac{\partial z}{\partial y}=-\dfrac{2x^2}{y^3}\ln(3x-2y)-\dfrac{2x^2}{(3x-2y)y^2}$

  (9) 极小值 $f(-1,1)=1$;

  (10) 极大值 $f(0,0)=0$.

第九章

习题 9-1

A 组

1. $\displaystyle\iint_{D}\sqrt{a^2-x^2-y^2}\mathrm{d}\sigma$,其中 D 为 $x^2+y^2=a^2$ 所围成的区域.

2. (1) π ;(2) $\dfrac{2}{3}\pi R^3$.

3. (1) $I_1>I_2$;(2) $I_1<I_2$.

B 组

1. $I_1<I_2$

2. $14\leqslant I\leqslant 28$.

习题 9-2

A 组

1. (1) $\displaystyle\int_1^2\mathrm{d}x\int_0^{\frac{\pi}{2}}f(x,y)\mathrm{d}y,\int_0^{\frac{\pi}{2}}\mathrm{d}y\int_1^2 f(x,y)\mathrm{d}x$;

  (2) $\displaystyle\int_0^4\mathrm{d}x\int_x^{2\sqrt{x}}f(x,y)\mathrm{d}y,\int_0^4\mathrm{d}y\int_{\frac{y^2}{4}}^y f(x,y)\mathrm{d}x$;

  (3) $\displaystyle\int_0^1\mathrm{d}x\int_{x-1}^{1-x}f(x,y)\mathrm{d}y,\int_{-1}^0\mathrm{d}y\int_0^{1+y}f(x,y)\mathrm{d}x+\int_0^1\mathrm{d}y\int_0^{1-y}f(x,y)\mathrm{d}x$;

  (4) $\displaystyle\int_0^1\mathrm{d}x\int_x^{2x}f(x,y)\mathrm{d}y+\int_1^{\sqrt{2}}\mathrm{d}x\int_x^{\frac{2}{x}}f(x,y)\mathrm{d}y,\int_0^{\sqrt{2}}\mathrm{d}y\int_{\frac{y}{2}}^y f(x,y)\mathrm{d}x+\int_{\sqrt{2}}^2\mathrm{d}y\int_{\frac{y}{2}}^{\frac{2}{y}}f(x,y)\mathrm{d}x$.

2. (1) $\left(e - \dfrac{1}{e}\right)^2$；(2) $\dfrac{9}{4}$；(3) $\dfrac{1}{35}$；(4) 1.

3. (1) $\displaystyle\int_0^a dy \int_{-\sqrt{a^2-y^2}}^{\sqrt{a^2-y^2}} f(x,y)dx$；(2) $\displaystyle\int_0^{\frac{1}{2}} dy \int_0^y f(x,y)dx + \int_{\frac{1}{2}}^1 dy \int_0^{1-y} f(x,y)dx$；

  (3) $\displaystyle\int_0^4 dx \int_{\frac{x}{2}}^{\sqrt{x}} f(x,y)dy$；(4) $\displaystyle\int_0^2 dx \int_{\frac{x}{2}}^{3-x} f(x,y)dy$.

4. (1) $\dfrac{\pi R^2}{4} + \dfrac{\pi R^4}{8}$；(2) $2\pi(\sin 1 - \cos 1)$；(3) $\dfrac{1}{3}R^3\left(\pi - \dfrac{4}{3}\right)$；(4) $\dfrac{3}{64}\pi$.

B 组

1. (1) $\ln \dfrac{4}{3}$；(2) $-\dfrac{\pi}{16}$.

2. (1) $\displaystyle\int_{-\frac{1}{4}}^1 dy \int_{-\frac{1}{2}-\frac{1}{2}\sqrt{1+4y}}^{-\frac{1}{2}+\frac{1}{2}\sqrt{1+4y}} f(x,y)dx + \int_0^2 dy \int_{y-1}^{-\frac{1}{2}+\frac{1}{2}\sqrt{1+4y}} f(x,y)dx$；

  (2) $\displaystyle\int_{\sqrt{2}}^{\sqrt{3}} dy \int_0^{\sqrt{y^2-2}} f(x,y)dx + \int_{\sqrt{3}}^2 dy \int_0^{\sqrt{4-y^2}} f(x,y)dx$.

3. (1) $\displaystyle\int_{-\frac{\pi}{2}}^{\frac{\pi}{2}} d\theta \int_0^{2\cos\theta} f(r\cos\theta, r\sin\theta)r\,dr$；(2) $\displaystyle\int_{-\frac{\pi}{4}}^{\frac{3\pi}{4}} d\theta \int_0^R f(r\cos\theta, r\sin\theta)r\,dr$；

  (3) $\displaystyle\int_0^\pi d\theta \int_{2\sin\theta}^{4\sin\theta} f(r\cos\theta, r\sin\theta)r\,dr$；

  (4) $\displaystyle\int_{-\frac{\pi}{2}}^{\frac{\pi}{2}} d\theta \int_{2\cos\theta}^2 f(r\cos\theta, r\sin\theta)r\,dr + \int_{\frac{\pi}{2}}^{\frac{3\pi}{2}} d\theta \int_0^2 f(r\cos\theta, r\sin\theta)r\,dr$.

习题 9 - 3

 A 组

1. (1) $\dfrac{32\pi}{3}(\sqrt{2}-1)$；(2) 6π；(3) 96π.

 B 组

1. (1) $\dfrac{\pi}{48}$；(2) $\dfrac{\pi k^4}{4a}$.

总复习题九

1. (1) A；(2) D；(3) C；(4) B.

2. (1) $\dfrac{1}{2}$；(2) 5π；(3) 0；(4) $\dfrac{8}{3}\pi$；(5) $\dfrac{1}{e}$；(6) $\displaystyle\int_0^1 dy \int_0^{y^2} f(x,y)dx$.

3. (1) 8；(2) $(e-1)^2$；(3) $\dfrac{1}{6}$；(4) $\dfrac{32}{3}$；(5) -2；(6) $\dfrac{64}{15}$.

第 十 章

习题 10 - 1

 A 组

1. (1) $\dfrac{(-1)^n}{2^{n-1}}$；(2) $\dfrac{1}{\sqrt{n^3}}$.

2. (1) 收敛，$S = \dfrac{1}{5}$；(2) 收敛，$S = 2$；(3) 发散.

3. (1) 发散；(2) 收敛；(3) 发散；(4) 发散.

B 组

1. (1) $\dfrac{n+1}{n(n+2)}$；(2) $\dfrac{x^{n/2}}{2 \cdot 4 \cdot 6 \cdots 2n}$.

2. (1) 发散；(2) 发散.

习题 10 - 2

A 组

1. (1) 收敛；(2) 发散；(3) 收敛.

2. (1) 发散；(2) 发散；(3) 收敛；(4) 收敛.

3. (1) 条件收敛；(2) 绝对收敛；(3) 条件收敛；(4) 绝对收敛.

B 组

1. (1) 发散；(2) 收敛；(3) 收敛.

2. (1) 收敛；(2) 收敛；(3) 收敛.

3. (1) 绝对收敛；(2) 发散；(3) 绝对收敛；(4) 绝对收敛.

4. 当 $0 < p \leqslant 1$ 时，条件收敛；当 $p > 1$ 时，绝对收敛.

习题 10 - 3

A 组

1. (1) $(-1,1)$；(2) $(-\infty, +\infty)$；(3) $(-e,e)$；(4) $(-\infty, +\infty)$；(5) $[-2,2]$；(6) $(-3,3)$；

2. (1) $\displaystyle\sum_{n=0}^{\infty} (-1)^n \dfrac{x^n}{4^{n+1}}, x \in (-4,4)$；(2) $\displaystyle\sum_{n=0}^{\infty} (-1)^n \dfrac{(x-2)^n}{4^{n+1}}, x \in (-2,6)$；

  (3) $\ln 2 - \displaystyle\sum_{n=1}^{\infty} \dfrac{x^n}{n2^n}, x \in [-2,2)$，(提示：$\ln(2-x) = \ln 2 + \ln\left(1 - \dfrac{x}{2}\right)$).

B 组

1. (1) $[-4,0)$；(2) $\left[\dfrac{1}{2}, \dfrac{3}{2}\right)$；(3) $[-1,1]$；(4) $(-\infty, +\infty)$.

2. (1) $-\ln(1+x)$；(2) $\dfrac{2x}{(1-x^2)^2}$.

3. (1) $\ln 2 - \displaystyle\sum_{n=1}^{\infty}\left[\dfrac{(-1)^{n-1}}{2^n} - \dfrac{1}{n}\right]x^n, x \in [-1,1)$，(提示：$\ln(2-x-x^2) = \ln(2+x) + \ln(1-x)$)；

(2) $\displaystyle\sum_{n=1}^{\infty} \dfrac{(-1)^{n-1}(2x)^{2n}}{2(2n)!}, x \in (-\infty, +\infty)$；

(3) $\dfrac{1}{5}\displaystyle\sum_{n=0}^{\infty}\left(\dfrac{(-1)^n}{2^n} - 2^n\right)x^n, x \in \left(-\dfrac{1}{2}, \dfrac{1}{2}\right)$，(提示：$\dfrac{x}{2x^2+3x-2} = \dfrac{1}{5}\left(\dfrac{1}{2x-1} + \dfrac{2}{x+2}\right) = \dfrac{1}{5}\left(\dfrac{1}{1+\dfrac{x}{2}} - \dfrac{1}{1-2x}\right)$).

总复习题十

1. (1) C；(2) B；(3) A；(4) A；(5) B；(6) D；(7) D.

2. (1) $\displaystyle\sum_{n=0}^{\infty}(-1)^n x^{2n}, x \in (-1,1)$；(2) $\left[-\dfrac{1}{2}, \dfrac{1}{2}\right)$；(3) $(-1,1)$；(4) $[-2,2)$；(5) $[-1,1)$.

3. (1)（提示：$f(x) = \dfrac{x^2}{(2+x)(1-x)} = \dfrac{x^2}{3}\left(\dfrac{1}{2+x} - \dfrac{1}{1-x}\right) = \dfrac{x^2}{6} \cdot \dfrac{1}{1+\frac{1}{2}x} + \dfrac{x^2}{3} \cdot \dfrac{1}{1-x}$）；

$$f(x) = \dfrac{x^2}{3}\sum_{n=0}^{\infty}\left[\dfrac{(-1)^n}{2^{n+1}} + 1\right]x^n = \sum_{n=0}^{\infty}\dfrac{1}{3}\left[\dfrac{(-1)^n}{2^{n+1}} + 1\right]x^{n+2};$$

(2) $f(x) = \displaystyle\sum_{n=0}^{\infty}\dfrac{(-1)^n}{n+1}x^{n+1} (-1 < x < 1)$；(3) $(-\sqrt{2}, \sqrt{2})$；(4) $R = 3, (2, 8]$.